兰州大学教材建设基金资助

应用心理测量学

杜林致 著

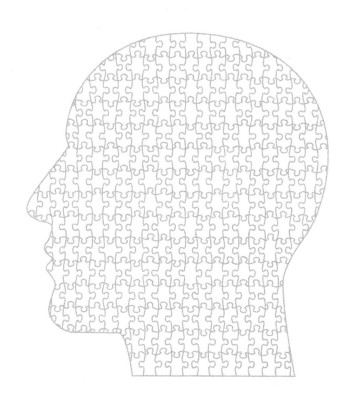

兰州大学出版社
LANZHOU UNIVERSITY PRESS

图书在版编目（ＣＩＰ）数据

应用心理测量学 / 杜林致著. -- 兰州 : 兰州大学
出版社，2018.8
ISBN 978-7-311-05485-4

Ⅰ.①应⋯ Ⅱ.①杜⋯ Ⅲ.①心理测量学—研究
Ⅳ.①B841.7

中国版本图书馆CIP数据核字(2018)第248795号

责任编辑　陈红升
封面设计　陈　文

书　　名	应用心理测量学
作　　者	杜林致　著
出版发行	兰州大学出版社　（地址:兰州市天水南路222号　730000）
电　　话	0931-8912613(总编办公室)　0931-8617156(营销中心)
	0931-8914298(读者服务部)
网　　址	http://press.lzu.edu.cn
电子信箱	press@lzu.edu.cn
印　　刷	北京虎彩文化传播有限公司
开　　本	710 mm×1020 mm　1/16
印　　张	25.5
字　　数	452千
版　　次	2018年8月第1版
印　　次	2018年8月第1次印刷
书　　号	ISBN 978-7-311-05485-4
定　　价	48.00元

前　言

　　心理测量学是心理学科中应用性很强的方法类课程，既有较为成熟的经典测量理论、概化理论、项目反应理论等理论体系做指导，又有能力测验（包括智力测验、创造力测验和能力倾向测验）、人格测验（包括性格、气质、兴趣、意志、情绪、态度、价值观等测验）、教育测验、神经心理测验等测验方法和具体的测量工具（量表）。心理测量学有很强的应用价值，被广泛应用于人才选拔、职业指导、临床诊断和教育评价等领域，因此该课程在心理学本科教学中越来越受到重视。

　　本书在概述心理测量的基本理论和方法的基础上，系统讲述各种心理测量工具在实际生活中的应用，主要内容包括三部分：第一部分是心理测量基础，包括理论和方法概述等；第二部分是心理测量类型，包括智力测验、人格测验、教育测验、职业测验和神经心理测验等心理测验的使用方法；第三部分是心理测量应用，包括教育、人力资源管理、心理咨询和治疗、职业生涯规划和辅导以及政治和军事等领域。

　　作为教材，本书适合于心理学、教育学、人力资源管理等专业本科生或专科生使用，也可作为硕士研究生和心理爱好者的参考书。

　　在编写本书的过程中，我们参阅了大量国内外同行有关心理测量的著述，这里对他们表示诚挚的感谢，如果没有他们前期丰富、精彩的理论和实践工作，我们的写作就无异于无本之木、无源之水。

　　由于时间仓促以及编者水平所限，本书中难免存在不妥之处，也有不少需要进一步深入探讨的方面，请读者朋友多提宝贵意见。

编　者

2018年1月

目　录

第二篇　心理测量类型

第三篇　心理测量应用

第一篇

心理测量基础

第一章 心理测量概述

第一节 心理测量的含义和特点

一、测量、心理测量、心理测验的定义

（一）测量的定义及类型

测量（measurement）是按照一定的法则、用数学方法对事物的属性进行描写的过程，"广义而言，测量是根据法则给事物赋予数量。"（斯蒂文森）。这里，"规则"是指在测量时所采用的方法；"事物"是指我们所感兴趣的东西，即引起我们兴趣的事物的属性或特征；用数字对事物加以确定，就是确定出一个事物或事物的某一属性的量。

要测量某个事物，必须有一个定有单位和参照点的连续体，将要测量的每个事物放在这个连续体的适当位置上，看它距离参照点的远近，以此得到一个测量值，这个连续体就叫量表（measurement scale）。根据测量的精确程度不同，斯蒂文森（S. S. Stevens）将测量从低级到高级分成四种水平，即名称量表、顺序量表、等距量表和比率量表。

1.名称量表

也称类别量表，指用数字或符号对事物属性进行分类，如性别、国籍等。名称量表是测量水平最低的量表，所得的数据或符号只有区分性，而没有序列性、等距性和可加性。因此，运用名称量表时不能作常用的数量化分析，只能计算频数、百分比、卡方等。

2.顺序量表

也称等级量表，是用数字将事物的属性分成等级，如优良中差、名次等。它

是次低水平的量表，所得的数据或符号，能区分不同类别，并能排出等级或顺序，但没有相等的单位，也没有绝对的零点，也就是说数据具备了序列性，但是仍然没有等距性和可加性，因此不能进行加、减、乘、除等代数运算，仅限于次数统计，以及中位数、百分位数、等级相关系数、肯德尔和谐系数、秩次变差分析等。

3. 等距量表

也称区间量表，指将事物属性等距划分，其单位等值，但没有绝对零点，如摄氏温度。它是较高水平的量表，所得的数据既具备区分性、序列性，也具备等距性和可加性，因此可进行加减运算，但不能进行乘除运算。等距量表数值可以使用的统计分析方法有平均数、标准差、积矩相关、t检验、F检验等。

4. 比率量表

也称比例量表，除具有等距量表的一切特性外，还具有绝对零点，因此它是最高水平的量表，也是一种理想的量表。使用比率量表，不仅可以知道测量对象之间相差的程度，而且可以知道它们之间的比例，可以进行加减乘除一切运算。比率量表数值可以使用的统计分析方法除上述外，还有几何平均、相对差异量、等比量数的测定等。

（二）心理测量的定义

心理测量（psychological measurement）是测量的一种类型，指根据一定的法则用数字对人的行为加以确定，即根据一定的心理学理论，使用一定的操作程序，给人的行为确定出一种数量化的价值。

一般来说，心理测量是在等级量表上进行的。但是，由于等距量表适合于大量的统计分析方法，所以人们总是试图将心理测量的结果用等距量表来解释。为了避免错误，一般把原始分数（测验分数）转换为标准分数。

（三）心理测验的定义

什么是心理测验（psychological test），不同的心理学家对它所下的定义不同。有两个定义被广泛接受：布朗（F. G. Brown）认为，"测验是测量行为样例的一种系统程序。"[1]安娜斯塔西（A. Anastasi）认为，"心理测验实质上是行为样例的客观和标准化的测量"。[2]从这两个定义中，我们可以归纳出心理测验的三个定义性

---

[1] Brown, F. G. Principles of Educational and Psychological Testing. Holt, Rinehart and Winstion, 1982, p. 7.

[2]（美）安妮·安娜期塔西（Anne Anastasi），苏珊娜·厄比纳（Susana Urbina）著. 心理测验. 杭州：浙江教育出版社，2001. 8。

特征：第一，一个心理测验是一个行为样本；第二，这个样本是在标准化条件下获得的；第三，在记分或从行为样本中获得量化（数字的）信息方面有已定的规则。据此，国内有心理学家把心理测验定义为：心理测验就是通过观察人的少数有代表性的行为，对于贯穿在人的全部行为活动中的心理特点作出推论和数量化分析的一种科学手段。[①]

二、心理测量的特点

心理测量与物理测量相比，具有以下特性：

1. 心理测量的间接性

由于人的心理现象十分复杂，我们无法直接测量人的心理实体，而只能根据人的外显行为，间接地测量人的心理活动的特点和水平，也就是说，我们只能通过一个人对测验项目的反应来推论出他的心理特质。所谓特质，即个体独有的、稳定的、可辨别的特征，它是描述一组内部相关或有内在联系的行为时所使用的术语，是在遗传与环境影响下，个人对刺激作反应的一种内在倾向。但特质又是一个抽象的产物，一个构想，而不是一个能被直接测量到的有实体的个人特点。由于特质是从行为模式中推论出来的，所以心理测量永远是间接的。

2. 心理测量的相对性

心理测量的结果既无绝对零点又无相等单位，比如我们无法确定一个人的智力、性格、兴趣、态度等的绝对零点是一个什么状态，我们只能人为地确定它们的相对零点。如智力年龄为零，实际上指的是零岁儿童的一般智力，而不能说没有智力。同时，我们还无法用等距的单位将测量结果表达出来。心理测验所测得的结果只是一个相对的量数，是一个连续的行为序列，是与所在团体的大多数人的行为或某种人为确定的标准相比较而言的。所谓测量，就是看每个人处在这个序列的什么位置上，由此测得一个人智力的高低、兴趣的大小等。

3. 心理测量的客观性

测量的客观性指测量的标准化问题，它要求测验用的项目或作业、施测说明、施测者的言语、态度及施测时的物理环境、评分计分的原则和手续、分数的转换和解释等，都必须保持一致性。由于在心理测量中要控制的因素很多，要保证完全的客观性非常困难，但心理测验是目前测量人的心理特性较为客观、科学的方法。

---

① 郑日昌.心理测量与测验.北京:中国人民大学出版社,2008.1。

三、测量、测验、评价的关系

日常生活中，测量、测验、评价三个概念往往被视为同义词来使用。实际上，尽管它们的内涵有一定的重叠性，但它们之间是有明显区别的。

（一）测量与测验的关系

测量是根据一定的法则用数字对事物加以确定，凡是涉及人的心理活动和心理属性的测量都可以称为心理测量。而心理测验是心理测量的一种，是高级形式的测量法，它不仅具备心理测量的所有属性，还具备其特定的含义。如主试给被试操行品德指派"甲、乙、丙、丁"四个等级，根据每个被试的表现（外显行为）打分，都属于心理测量，却不属于心理测验。心理测量的研究范围比测验广泛得多。

心理测量是一种实践性的活动，主要在"动词"意义上使用，而心理测验是了解人的心理与行为的工具，主要在"名词"意义上使用。概括地说，心理测验是心理测量的一种工具和手段。

（二）测量和评价的关系

测量和评价是紧密相连的两个问题。所谓评价，就是对测量的结果进行价值判定。测量是评价的基础，若没有测量，就没有可进行评价的素材。评价是对测量结果的进一步判定，若仅有测量，而不进行评价，则无法确定该事物属性的价值是优是劣，因此也可把评价的过程看作是一个总结的过程。

评价的内容一般多于测量。比如，评价某个被试的智力，是为了了解被试在常规学习中的能力。这样的评价不仅应显示被试的智力强项和弱点，也应有社会技能和判断。相反的，测验"可以不用直接回答特定问题，甚至没有测验者直接面向客户或被试而进行"（Maloney & Ward，1976，P9）。另外，在测量中，测验者可能"将正确答案的数量或特定类型回答的数量相加……很少注意内容是如何运作的"（Maloney & Ward，1976，P39）。评估更适用于集中于个体的过程是如何进行的，而不仅仅是过程的结果。

第二节 心理测验的要素和功能

一、心理测验的要素

1.行为样本

在测量或界定一个特定属性的行为时，心理测验并非要测量所有可能出现的行为，而是通过努力收集一个系统的行为样本，用行为样本来推论总体，这就用到取样的方法。一个测验的质量主要由样本的质量决定，因此取样必须：①足够多；②有代表性。

2.标准化

标准化（standardization）是指测验编制、实施、记分和测验分数解释必须遵循严格的统一的科学程序，保证对所有被测者来说施测的内容、条件、记分过程、解释系统都相同。包括：①测验题目的标准化；②实施过程和记分的标准化；③选用有代表性的常模。

3.难度与鉴别力

难度指被试通过每个项目的百分比。测验题目的难度水平影响到测验的客观性。当测验题目过于容易时，大部分个体得分普遍较高，称为天花板效应（ceiling effect）。当测验题目过难时，大部分个体得分普遍较低，称为地板效应（floor effect）。中等难度水平的测题最为理想。

鉴别力指不同水平的被试通过每个项目的百分比，用来衡量测题对不同水平被试区分程度的指标。通常以得分最高的27%的被试（高分组）与得分最低的27%的被试（低分组）答对该题的人数比率之差（D）来衡量。D值越大，项目鉴别力越大，表示项目的质量越好。

4.信度

信度（reliability）指测量结果的可靠性或一致性。在不同条件下，同一受试者性能稳定，可靠性大。如果两次测验的结果相差很大，便说明此测验不稳定，不可靠。检验测验的可靠性有如下办法：①重测信度：被测者在不同时间所测结果一致性；②内在一致性信度：同一测验内的各部分题目所测的是同一种行为或行为特征；③评分者信度：不同评分者对同一测验结果的评分一致性。

5. 效度

效度（validity）指测验的准确性，即测验是否精确的测量了想要测的东西。一种测验的效度，由测量内容结构的性质和目的而定。效度的确定方法主要有3大类：①效标关联效度：用测验分数和效标（如主试的评定、在校被试成绩、就业后的工作成绩、已经公认的标准化测验等）之间的相关系数来验证效度的高低。②内容效度：考察测量内容的合适性，即分析测量项目是否反映出足够的典型行为样例并具有适当的比例分配。③构想效度：用心理的某种理论观点来说明、分析测得分数意义。

二、心理测验的类型

按照不同的标准，可以把心理测验分成不同的类型。

（一）按照测验的功能分类

可以把心理测验划分为能力测验、成就测验和人格测验。

能力测验可分为实际能力测验与潜在能力测验。实际能力是指个人已有的知识、经验与技能，潜在能力则是指个人将来可能达到的水平。能力测验还可分为普通能力测验与特殊能力测验，前者即通常说的智力测验，后者多用于测量个人在音乐、美术、体育、机械等方面的特殊才能。

成就测验主要用于测量个人（或团体）经过某种正式教育或训练之后对知识和技能掌握的程度。因为所测得的主要是学习成就，所以称为成就测验，最常见的是学校中的学科测验。

人格测验主要用于测量性格、气质、态度等方面的个性特点。

（二）按测验对象分类

可以把心理测验划分为个别测验和团体测验。

个别测验每次仅以一位被试为测验对象，通常是由一位主试与一位被试在面对面的情形下进行。其优点在于主试对被试的行为反应有较多的观察与控制机会，主要缺点是不能在短时间内收集到大量的资料。

团体测验是在同一时间内由一位主试（必要时可配几名助手）对大量的被试施测。此类测验的优点主要是可以在短时间内收集到大量资料，因此，在教育上被广泛采用。团体测验的缺点是被试的行为不易控制，容易产生测量误差。

（三）按测验方式分类

可以把心理测验划分为纸笔测验、操作测验、口头测验和电脑测验。

纸笔测验所用的是文字或图形材料，实施方便，团体测验多采用此种方式编制。文字材料易受被试文化程度的影响，因而对不同教育背景下的人使用时，其有效性将降低，甚至无法使用。

操作测验项目多属于对图片、实物、工具、模型的辨认和操作，无需使用文字作答，所以不受文化因素的限制。操作测验大多数是个别施测的，以便主试能够记录被试犯错的数目以及完成每项任务所需的时间。例如，许多个别施测的智力测验不仅会产生一个言语分数（通常是口头的），还会产生一个表现性分数。主试可以比较这两个分数，确定被试是否有语言缺陷。能力倾向测验也使用操作测验项目来测量手和眼的协调能力。所有操作测验的一个普遍特征就是强调被试执行一项任务的能力，而不是回答问题的能力。操作测验的缺点是要花费大量的时间，一般不宜团体实施。

口头测验项目为言语材料，主试口头提问，被试口头作答。

电脑测验项目可为文字或图形，在电脑上显示，被试按键作答。

（四）按测验目的分类

可以把心理测验划分为描述性测验、诊断性测验和预示性测验。

描述性测验的目的在于对个人或团体的能力或团体的某种动力、性格等进行描述。诊断性测验的目的在于对行为问题进行诊断。预示性测验的目的则在于通过测验分数预示一个人将来的表现和所能达到的水平。

（五）按测验难度分类

可以把心理测验划分为速度测验和难度测验。

速度测验题目较为容易，一般不超出被试的能力水平，但数量较多，而且时限较短，几乎每个被试都不能做完所有题目。速度测验揭示在限定时间内被试回答简单题目的速度。例如，许多文书工作能力测验非常强调工人或被试从事诸如排序、分类等日常工作的速度。

难度测验则包含各种不同难度的题目，由易到难排列，其中有一些极难的题目，几乎所有被试都解答不了，但作答时间较为充裕，因此测量的是就解答难题的最高能力。难度测验的结果表明被试具有的知识或信息量。

（六）按测验要求分类

可以把心理测验划分为最高作为测验和典型作为测验。

最高作为测验要求被试尽可能作出最好的回答，主要与认知过程有关，有正确答案。能力测验、成就测验均属最高作为测验。

典型作为测验要求被试按通常的习惯方式作出反应，没有正确答案。一般说来，人格测验属于典型作为测验。

（七）按测验性质分类

可以把心理测验划分为构造性测验和投射性测验。

在构造性测验中，所呈现的刺激和被试的任务是明确的。而投射性测验的刺激则没有明确意义，问题模糊，对被试的反应也无明确规定。

（八）按测验解释分类

可以把心理测验划分为常模参照测验和标准参照测验。

常模参照测验是将一个人的分数与其他人比较，看其在某一团体中所处的位置。常模参照解释运用于下列情况：（1）学科内容不是由易到难排列的，被试也不必达到特定的能力水平。例如，社会研究的内容通常都不是按顺序组织的，漏掉一些课程也仍能在更"深"的课程内容上表现良好，在这样的课程中对被试成绩的反馈就应使用常模参照解释。（2）在选拔中，常模参照反馈对于择优录取的大学来说非常有用。例如，大学录取办公室可能只接受某所高中5%的考生，在这种情况下就是要在这所高中的所有考生间进行比较。（3）使用测验来预测成功的可能性时，应使用常模参照测验。因为不管使用什么标准来预测成功，个体都会有所不同，因此测验必须能够对被试进行区分。（4）对复杂的理解过程进行测验，使用常模参照解释。

标准参照测验则是将被试的分数与某种标准进行比较来解释。标准参照解释适用于下列情况：（1）如果一门学科的难度水平呈递增趋势，被试需要达到一定的熟练水平才能进行更高阶段的学习。像数学、外语、语文这样的课程，有一个基本技能的连续上升过程，被试必须依次通过这个过程。（2）在必须掌握的学科领域，要使用标准参照测验。例如，乘法表的知识就可以用标准参照测验的方法来测量。同样，其测量目的并不是将某个人与其他人进行比较，而是为了确认一些被认为是有能力的人确实已经达到了所要求的水平。（3）在诊断性的工作中，标准参照反馈比常模参照反馈更有用。也就是说，知道一个被试在特定的课程内容方面学习有困难（还没达到熟练水平）要比知道这个被试在班级中属于中等水平更重要。

常模参照反馈与标准参照反馈的主要区别在于解释的不同。如果主试详细说明被试掌握了什么内容，这就是一种标准参照解释；如果主试希望识别被试之间能力水平的差异，这就是常模参照解释。

（九）按测验应用分类

可以把心理测验划分为教育测验、职业测验和临床测验。

教育测验是在学校教育中使用的、用来对被试的学习成就或个性特点进行测评的测验类型，可以是成就测验，也可以是人格测验。

临床测验主要用于医务部门。除感觉运动和神经心理测验外，许多能力和人格测验也可以用来检查智力障碍或精神疾病，为临床诊断和心理治疗工作服务。

通过职业测验，可以将人员分配到与其相适宜的工作岗位上去，从而做到人尽其材，提高工作效率。

三、心理测验的功能

（一）心理测验在教育中的应用

1. 因材施教

学校教育就是要根据被试的智力差异和人格差异提出不同的教育要求，确定不同的教育内容，运用不同的教育方法，做到有的放矢，因材施教。而贯彻这一原则教育者首先要全面地、深入地了解教育对象，防止主观性片面性，遇事不抱成见，做到实事求是，这就要借助于心理测验才能达到。比如通过心理测验鉴别出超常人才，对他们施以特殊教育，有利于他们脱颖而出，为社会做出巨大贡献。

2. 促进努力

被试的学业成绩差，其原因以智能低与不努力为最普遍。对于智能既低又很懒惰的被试，只得改换训练方向。不过有的被试智能并不低下，学业成绩不好显然是不努力的结果。这样的被试，可由智力测验来发现。这方面有两个公式可以运用，一为教育商数，一为成绩商数，应用第一个公式，可以考察一个被试所受教育的等级，是否与其出生年龄相符合。应用第二个公式，则可以发现一个被试的智能与其受教育的结果的比率，即他努力成绩的指标。如若成绩商数若高，则算努力，成绩商数若低，则显示被试的不努力。

3. 指导职业选择

有的国家，自初中到高中用智力测验分阶段预测被试的升学可能性或者帮助被试选择合适的职业。至于职业的各门类，则有各种不同的能力倾向测验，而普通智能测验亦常用作辅助手段。除此之外，兴趣测验、气质测验、性格测验都能提供相应的参数，这样就可以使被试避免职业选择的盲目性。在美国，职业选择的指导是学校的一件大事，如果谁疏忽了这件事，就是严重的失职。随着我国教育体制改革的深入，如何帮助被试选择职业也成为教育部门不可推卸的责任。有相当数量的初中毕业生就面临着选择职业学校的课题，而大学毕业生自主择业更是常态，有的被试往往因职业选择失误而遗憾终身。心理测验可以预测人们从事各种活动的适宜性，向人们提供职业选择的科学化数据，可以大大减少职业选择的误差。

4.保护被试的身心健康

不同身心特点的被试其学习会面临不同的问题，根据被试的身心特点进行相应的教学、管理方式、方法的调整，可以有效地保护被试的身心健康。比如根据临床经验，高级神经活动有两种极端不平衡的类型，即不可遏止的强兴奋型和过分抑郁的弱抑制型，它们往往是精神病的主要候补者；强烈的愿望、过度的紧张与不知疲倦的劳累，常常使胆汁质者的抑制过程更加减弱，于是容易出现精神衰弱或发展为时而狂暴时而忧闷的躁郁性精神病；困难的任务，社会的冲突，个人的不幸遭遇，都会使神经过程本来脆弱的抑郁质，感到无法忍受，易于转入慢性抑制状态，于是容易出现受暗示和富于情绪的歇斯底里，或发展为精神分裂症。为了保护被试的心身健康，主试知晓被试的气质类型，诊断出这种极端不平衡类型者，采取一些特殊措施，如使第一类被试多得到工作与休息的交替机会，使后一类被试在集体中获得真正的友谊和生活的乐趣。心理测验具有诊断功能，能帮助主试做科学而有效的鉴别。

（二）心理测验在人事决策中的应用

在西方国家，心理测验在人事决策中得到广泛的应用。在企业员工招聘、管理人员选拔与晋升、公务员选拔、法官考试，以及参军、升学等领域，心理测验成为必不可少的手段。以美国为例，每年仅人才测评服务的直接收入多达十几亿美元，如果包括与测评服务相关的咨询和培训费用，多达100亿美元。

1.人才选拔

各行各业的人事部门经常面临选拔人才的问题，即要辨认和挑选那些具有极大成功可能性的人。心理测量学家根据对各种工作的性质和特点的分析，寻找出适应特定工作要求的心理模式，然后根据这种模式编制测验，借此识别适合从事这种工作的人。用测验法甄别人才不仅大大提高了选才的效率，而且可以避免选才过程中的各种人为因素的影响，从而提高选才的科学性和客观性。

2.人员安置

随着社会化大生产的发展，人们之间的分工越来越精细，不同的工作对人的素质要求有所不同，这就要求在人员和工作之间选择最佳匹配。通过人事测量，可以对个体的兴趣、人格、能力、技能等多方面进行分析，为实现人才的合理安置提供信息。

3.绩效考评与培训计划

在人事管理领域，对员工的能力水平、工作满意度水平及可供开发的潜力等方面进行评价，是对员工进行考核或培训时应了解的信息，而人事测量能够提供关于个体的行为的描述，形成对被测者的全面的评价，从而为人事考核及培训提供依据。

（三）心理诊断

对于智力缺陷者和心理障碍者的识别是推动心理测验发展的重要动力。直到现在，对各种智力落后、精神疾病和脑功能障碍应用心理测验来诊断仍然是一种重要的途径。心理测验获得的资料还可以作为从事心理咨询工作的依据。例如，综合成就测验、智力测验、能力倾向测验、职业兴趣测验和性格测验的资料，可以为一个人的未来职业方向提供咨询意见，以帮助来访者作出正确的职业选择。利用人格测验和临床精神障碍测验的资料，还可以帮助来访者改善心理环境，提高心理适应的能力。

心理测验的诊断功能不只限于临床，在教育工作中同样可以发挥作用。比如，对特殊儿童（天才儿童、智力低下儿童、问题儿童）进行心理诊断，作为教育措施的制定依据。

（四）促进自我了解和发展

"认识你自己"是古希腊神庙石碑上镌刻的箴言，是人类亘古以来永恒的话题，但认识自己并不是一件简单的事情。特别是人的性格、气质、需要、动机、价值观等内在心理活动，犹如深藏大海的冰山底层，无法直接透视，必须借助其他手段来间接感知。应用心理测验，就可以对人们在智力水平、人格特点等心理特质上的优势和劣势作出描述和评价，使一个人知道自己的长处和短处，以便扬长避短，更好地学习、工作和生活。

（五）科学研究

进行心理学研究的心理学工作者，为了提出或检验自己的某种理论，或解决某种现实问题，会编制和施测心理测验问卷。这类研究是纯学术性的，但正是这些研究成果的累积，才导致了今日如此丰富的心理学成果的应用。

第三节　心理测量的历史和发展

一、心理测量的渊源

世界上最早的教育测量出现于中国西周奴隶制时期。早在公元前2200年，中国人首先编制了正式的口头知识测验（DuBois，1970[1]）。那时候，帝王大禹就对政府官员进行了三年一次的个人"能力测验"。经过三次这样的考试后，官员们或者被晋升，或者被罢免。《礼记·射义》中记载道："古者，天子以射选诸侯、卿、大夫、士。射者，男子之事也，因而饰之以礼乐也。"根据杜彼依斯（DuBois）的记载，政府职务由那些擅长"礼、乐、射、御、书、数"的人来担任。

两千多年前，孔子在《论语》中就提出"性相近，习相远"的观点，他还在教育实践中根据自己的观察，将被试分为中上之人、中人和中下之人三类，这是对人类个别差异的认识。战国时期，孟子在《孟子》中说过"权然后知轻重，度然后知长短。物皆然，心为甚"，这就明确指出了对心理现象进行测量的必要性和可能性。

汉朝时期（公元前202年~公元220年）出现了有关书面测验的介绍，这些测验用来测量律法、军事、农业、税收以及地理。汉代学者董仲舒指出："一手画方，一手画圆，莫能成。"这实际上触及的是注意测验。汉代在考试的制度、类型和考试的功能等方面都有了重要的发展。在考试制度方面，调整太学考试时间，汉武帝初年制定了岁考制，把考试时间缩短为一年一考。在考试类型方面，开始使用三种考"口试"、"策试"、"射试"，在世界上首创笔试这一新的考试形式，比欧美国家早1800多年。在考试功能方面，汉代把考试运用于督促和检查被试的学习，使考试成为太学学校管理的一种手段。

取士制度自汉以来的发展，客观上对我国古代乃至西方的教育测取量发展起到了重要的推动作用。公元606年（隋炀帝大业二年），朝廷置进士科，这是科举制度的开端。唐代进一步完善了科举制度，把考核目的转向人的智能方面。当时考试的作业有：贴经（填补词句中的缺字）、口义（口试）、墨义（笔试）、策问

---

① DuBois, Phillip H. *A History of Psychological Testing*. Boston: Allyn and Bacon, 1970, p. 3.

（政事问答）和文（诗赋），作业内容主要以儒家经典为主。宋、元、明、清的科举大多承袭前朝，无重大改变。到了清末，这种封建制度由于不能适应时代的要求，于1905年被废止。在中国延续了1300年的科举制度不仅创造了分科考试、"弥封"、复评等方法，而且在命题、考试组织、反舞弊等方面形成了一整套制度，这些对欧美公务员制度的建立和教育测量的发展都产生了较大的影响。英国和美国的行政事务考试分别出现于1833年和1880年，欧洲大学毕业口语考试可以追溯到1219年的博洛尼亚，但是书面考试（耶稣会会士16世纪首次使用）则一直到有了廉价的纸张后才出现。

三国时刘邵对人物的研究有独到之处，他把人分为圣贤、豪杰、傲荡、拘栗四类，认为圣贤者思考问题严谨，符合伦理，志向远大；豪杰者心胸开阔，性情豪爽；而傲荡者心高但缺乏志向，并且高傲放荡；拘栗者谨小慎微，好受拘束。在他所著的《人物志》中提出了心理观察的一条基本原理，即"观其感变，以审常度"。意思是说，根据一个人的行为变化，来推知他一般的心理特点和水平。该书中，把人的才能和性格划分为12种类型，才能的12种类型各为清节、法家、术家、国体、器能、臧否、伎俩、智意、文章、儒学、口辩、雄杰，性格的12种类型为强毅、柔顺、雄悍、惧慎、凌楷、辩博、弘普、狷介、休动、沉静、朴露、韬谲。《人物志》是我国古代论述能力问题的著作，1937年被美国人施罗克（J. K. Shryok）译成英文，书名改为《人类能力的研究》。

注意测验方法的设计和使用，是从6世纪初南北朝时期我国著名文学家刘昼开始的。在创造力测验设计方面，早在1860年前我国已经有了七巧板。到了清代，人们将七巧板加以改造，变成了十五板。我国古代还有一些智力玩具与历史故事联系起来，"华容道"就是其中之一。

我国古代的心理测验实质上是一种分类思想，是描述性的定性分析，并且常常将心理特点与道德观念联系起来，因而带有明显的主观色彩。

二、现代心理测量的早期尝试

（一）对智力落后儿童的分类和训练的早期关注

在19世纪以前，智力落后者（mental retardation）和精神异常者（insane）遭到与精神病人同样的待遇，常常被忽视、禁闭甚至拷打。随着对精神病人的了解的增加，欧美对智力落后者的态度有所好转，有些国家还建立了特殊的医疗机构来收容他们。出于对智力落后者和精神病人治疗和帮助的需要，急需建立一种客观的分类标准和鉴别方法。法国医生艾斯克瑞尔（Esquril）首次提出了区别智力落后者和精神病者的方法：用观察个体使用语言的能力来判断个体的智力水平。这是促使测验发展的一个重要因素。

19世纪末，技术的进步使教育和心理测量得到繁荣发展。在西方一些国家，工业革命成功后，对劳动力的需要急剧增加，且分工日益精细，因而有了专门人才的训练、人员选拔与职业指导的需要，这是促使测验发展的另一个重要因素。为了使低能者能寻找到维持生计的职业，一些地方官员与工厂主定约：每招收20名童工，必须兼带一名低能者。为了设法使低能者尽可能适应工厂技术的要求，法国医生沈干开始训练智力落后儿童，并于1837年创办了第一所专门教育智力落后儿童的学校。1846年，沈干出版了《白痴：用生理学方法诊断与治疗》一书，专门研究从感觉辨别力和运动控制力方面来训练智力落后儿童，其中的一些方法如形式板为后来的非言语智力测验所采用。

科学家最初发现人的心理具有个体差异是起因于天文学的一个事件。1796年，英国格林威治天文台的皇家天文学家N.马斯基林因为助手金内布鲁克观察星体通过的时间比自己迟0.8秒，认为他私心自用、不依法行事而将他辞退。此事在20年后引起另一天文学家贝塞尔的注意，他通过研究认为，这是一种不可避免的个人观察误差，于是引起了学者们对个体差异的研究。

（二）心理测验的先驱

心理测量学几乎与实验心理学同步并举，其先驱者首推冯特、高尔顿和卡特尔。美国著名的心理史学家波林曾指出：在测验领域中，"19世纪80年代是高尔顿的10年，90年代是卡特尔的10年，20世纪头10年则是比纳的10年"。

1. 冯特实验心理学的影响

19世纪中叶以后，由于社会生产力和科学技术的发展，心理学逐步和哲学分开。1879年，德国生理学家冯特（W. Wundt）在莱比锡大学建立了第一所心理实验室。由此，心理学开始成为一门独立的实验性科学。冯特试图用生理学和物理学的仪器来发现人类心理的一般规律，但在研究中发现不同被试对同一刺激的反应常常不同。最初他以为这是实验设计程序上的问题，经过长时间的实验才认识到，这种差异并不是偶然的错误，而是由于个人能力上的真正差异导致，这就为日后开展对个别差异的测量学研究提出了课题。

2. 高尔顿的个别差异测量

最先倡导测验运动的是优生学创始人、英国生物学家和心理学家高尔顿（F. Galton）。高尔顿开创了个别差异心理学研究，并采用了定量研究方法。1869年，他出版了《遗传的天才》一书，提出人的能力是由遗传决定的，每个人的遗传是有差异的，而这种差异又是可以测量的。高尔顿做了著名的双生子实验来证明他的假说。他在1884年于国际卫生展览会内创设"人类测量实验室"以测试人的身高、体重、阔度、呼吸力、听力、视力、色觉等项目，参观者只要付三便士就可以测量。后来，这个实验室迁移到伦敦的肯辛顿博物馆，继续开办六年，共测量9337人。他在1883年出版的《人的能力研究》一书中说到："外部世界的信息是通过我们的感觉到达我们的大脑的。我们的感觉越敏锐，获得的信息便越多；获得的信息越多，我们的判断与思维便越有用武之地。"高尔顿还注意到，白痴对于冷、热、痛的鉴别能力较低。这一观察结果使他进一步确信，感觉辨别能力基本上是心智能力中最高的能力。虽然他试图从这些生理的、感知觉的材料里推出心理差异的一般规律的努力失败了，但他在研究中提出的相关概念，却构成了心理测量学的重要思想和研究方法。高尔顿是应用等级评定量表、问卷法及自由联想法的先驱。高尔顿在1893年出版的《人类能力及其发展的研究》一书中，首次提出了"心理测量"和"测验"这两个术语，堪称直接推动心理测验产生的第一人。他的另一个重要贡献是把统计方法应用于对个体差异资料的研究。他将以前数学家们研究出来的统计技术改造为简单形式，使那些未经专门训练的调查者也能使用。他不但扩充了古特莱特（Gmtelet）的百分位法，还创造了一种浅显易用的计算相关系数的方法。他的被试皮尔逊（K. Pearson）推进其事业，创立了积差相关法，成为测量学重要的工具。

3. 卡特尔的早期"心理测验"

美国心理学家卡特尔是心理测量史上另一位重要的代表人物。他早年留学德国，是实验心理学创始人冯特的弟子。他继承了冯特和高尔顿二人的学说，在哥伦比亚大学实验室里编制了50个测验，测量哥伦比亚大学被试的肌肉力量、运动速度、反应时、痛感受性、视听敏度、记忆力等，使测验走出实验室。

卡特尔于1890年在《心理》杂志上发表了《心理测量与测量》一文，这是心理测量第一次出现于心理学文摘中。文中说道："心理学若不立足于实验与测量上，决不能有自然科学的精确"，"如果我们规定一个统一的手续在异时、异地得出的结果可以比较、综合，则测验的科学性和实用性都可以增加。"他当时就极力主张测验手续和考试方法应有统一规定，并要有常模以便比较。他的所有这些观点都是测验编制的重要指导思想。

卡特尔认为生理能量与心理能量密切相关，因此他对智力的测量主要是对感觉辨别力、反应时、动作过程等的测量。卡特尔的被试维斯勒（C. Wissler, 1901）进行了一项开创性的研究工作。他搜集了哥伦比亚大学和伯纳德大学300

名被试的智力测量分数和学习成绩，试图以被试的智力测量分数预测学习成绩。但研究结果令人失望，因为二者的相关极低。维斯勒的研究证明用简单的心理过程测量智力的方法是错误的，这启发后来的研究者通过其他途径来研究智力的差异，并为后来比纳—西蒙智力测验的制定提供了借鉴。

卡特尔的重要贡献还在于他为美国心理学界培养了很多优秀的被试，如桑代克（动物实验室创始人、教育测验的鼻祖）、弗朗兹（以研究大脑皮层机能定位而著称）等。

三、西方心理测量的诞生及其发展

（一）比纳和世界上第一个智力测验

在心理测量领域，高尔顿、卡特尔、克雷正林、艾宾浩斯、皮尔逊、斯皮尔曼等都是早期心理测量先驱者的代表人物，而比纳则被认为是心理测量的鼻祖，他是发明智力测验常模量表的第一人。

法国的比纳（Alfred Binet）1857年生于尼斯，其父是医生，其母是画家。他从小受父母熏陶，好奇心强，对不同领域的很多方面都感到兴趣，其中包括哲学、文艺和艺术，但最感兴趣的还是心理学，写出一些有独特见解的心理学著作。他1894年起就主持巴黎大学心理生理实验室工作，开始从多方面探索测量智力的方法。1886年，他发表了第一部著作《推理心理学》，认为当时的心理测验偏重于简单的感觉测量，而在他看来，智力是一个复杂的概念，决不仅仅限于感觉的能力。1903年，他出版另一本著作《智力的实验研究》，书中指出智力包含着一切高级的心理过程，非单一的、简单的直接方法所能测量。

1904年，法国公共教育部任命他为智力落后儿童特别委员会委员（这个委员会设立的目的是为了对智力落后儿童更好地进行教学）。比纳主张用测验法去辨别有心理缺陷的儿童，他与助手沃克卢斯精神病院医师奥多·西蒙（Theodore Simon）合作，1905年编制了世界上第一个比纳—西蒙智力测验量表（Binet-Simon Scale），同年他在《心理学年报》上发表《诊断异常儿童智力的新方法》一文介绍此量表，史称1905量表。1908年比纳对量表做了修订，采用了现代智力测验的一些重要概念，如效度等，这是心理测量史上的一个创新。1911年比纳对量表进行了第二次修订。同年比纳不幸去世，终年54岁。

目前世界上的智力测验很多，其基本原理和主要方法都是由比纳奠定的。美国心理学家宾特纳（R. Pintner）说："在心理学史上，如果我们称冯特为实验心理学的鼻祖，我们不得不称比纳为心理智力测量的鼻祖。"

（二）西方心理测验的发展

心理测验运动自20世纪初兴起，20年代进入狂热，40年代达到顶峰，50年代后转向稳步发展。在此期间测验主要有以下几个方面的发展。

1.智力测验的发展

比纳一西蒙量表问世之后，立刻传到世界各地，被广泛修订、应用。其中最著名的是美国斯坦福大学推孟（L. M. Terman）教授1916年修订的斯坦福～比纳量表（简称为斯比量表），其总测题为90题，适应的年龄组为3～14岁儿童，另加普通成人组和优秀成人组，其最大的改变是采用了智商（intelligence quotient，IQ）的概念，从此智商一词便为全世界所熟悉。此后，它分别在1937，1960，1972，1986和2003年五次被修订。

1939年，韦克斯勒（D. Wechsler）发表了第一个用于测量16～60岁成人智力的韦克斯勒一贝尔韦量表（W-BI），此后该量表又发展成为韦克斯勒成人智力量表（WAIS，1955；1981年修订本WAIS-R）和儿童智力量表（WISC，1949，测量对象为6～16岁儿童；1974年修订本WISC-R；1991年WISC第三版WISC-Ⅲ出版；2003年第三版WISC-IV发行）。1967年韦氏幼儿智力量表（WPPSI）出版。韦克斯勒智力量表的特点，一是在1949年出版的WISC中用离差智商代替比率智商；二是由各个分测验结果可以得到言语、操作和总体三个分数，既可以区分个别间差异，又可以评定个别内差异。在对人的智力的描述方面，从笼统地划分聪明不聪明，转向区分智力的不同侧面，说明人人皆有所长和所短。

1938年，英国心理学家瑞文（J. C. Raven）出版了瑞文标准推理测验，这是一个著名的非文字智力测验，既可弥补语言文字量表在理论上的缺陷，又可用于测试文盲和有语言障碍的人；既可用于个别测验，又可用于团体测验。1947年，瑞文又出版了彩色推理测验和高级推理测验。

推孟的研究生奥蒂斯（A. S. Otis）编制出的团体智力测验扩大了测验的应用范围。

心理测验在第一次世界大战期间大显身手，得到了迅猛的发展。以叶克斯为首的一些美国心理学家在原有心理测验的基础上编制出了"陆军甲种测验"（文字测验）和"陆军乙种测验"（非文字测验），并对200多万官兵进行了智力检查，取得了巨大的成功。战后，这些测验经过改造，广泛运用于民间，如教育界和工商界等。

近年来，斯坦福一比纳量表与韦克斯勒量表的新版变革，以及考夫曼儿童成套评价测验、达斯（J. P. Das）等人的DN认知评价系统，都体现了对于智力本质的进一步探讨及其在测量中的应用。

2. 教育测量的发展

在教育测验方面，我国早在公元606年的隋朝就开始了科举考试，而欧洲学校却一直没有笔试的传统，直到1702年英国剑桥大学才开始使用笔试录取被试。1845年美国也开始用笔试考核毕业生。客观的标准化教育测验的最初尝试者是英国格林威治医院的主试费舍（George Fisher）。他收集很多被试的书法、拼写、算术、语法、作文、历史、自然、图画等科的成绩，汇编成《量表集》，作为衡量被试各科成绩的标准。费舍对收入量表集的被试的成绩评定了等级，其他被试的各科成绩与这些标准相比就能判断出其优劣程度。收入量表集的被试相当于我们现在的常模样本组，量表集相当于常模量表。费舍的这一工作是教育测验史上重大的进步。但其各科成绩的等级评定是费舍本人主观决定的，缺乏客观的依据。

1904年，美国心理学家桑代克（E. L Thorndike）出版了《心理与社会测量导论》一书，这是关于测验理论的第一部著作。该书系统地介绍了统计方法及测验编制的基本原理，为测验的发展奠定了理论基础，并提出"事物的存在必有其数量"的著名观点。1909年，桑代克根据统计学"等距"原理为测验量表确定了单位。此外，他还编制了书法量表、拼写量表、图画量表、作文量表等。桑代克在测验原理及实践研究中的突出贡献使他被称为教育测量的鼻祖。

在桑代克的推动下，各国相继成立了专门管理考试的机构，组织专家编制、实施和管理测验。如美国教育测验服务社（Educational Testing Service，ETS）成立于1947年，为学校及政府机构编制了许多测验程序，如专门测量国外留被试的"作为外语的英语考试"（Test of English as a Foreign Language，TOEFL），研究生入学考试（Graduate Record Examination，GRE），用于大学入学的学能测验（SAT）等。另一个以大学入学考试起家的美国大学测验中心（ACT），成立于1959年。

3. 人格测验的发展

西方人格测验的先驱是克雷佩林（E. Kraepelin），他于1892年最早使用自由联想测验来诊断精神病人。此后，自由联想法一直是一种重要的临床诊断方法。人格测验的产生起初也主要是出于对病理诊断的需要。人格测验最先是被应用于临床，后来才应用于测量正常人的人格。

1917年，伍德沃斯（R. S. Woodworth）编制了第一个现代意义上的人格问卷，即伍德沃斯个人资料调查表，用于鉴别不能从事军事工作的精神病患者。问卷包括100多个关于精神病症状的问题，让被试根据自己的情况回答，称为自陈问卷（Self-Report Inventory）。该量表后来一直被奉为情绪适应调查表的范本。

自陈量表被认为是客观化和标准化的人格测验，在人格测验中占主导地位。著名的人格测验主要有明尼苏达多相人格测验（MMPI）、加利福尼亚心理调查表（CPI）、卡特尔16种人格因素问卷（16PF）、艾森克人格问卷（EPQ）等。

与自陈量表相对的是投射测验。1921年，瑞士精神病医生罗夏（Herman Rorschach）发表了第一个投射测验，即著名的罗夏墨迹测验，该测验通过被试对墨迹图的反应来区分正常人和精神分裂症患者，也可区分不同人格类型的正常人。另一个著名的投射测验是莫瑞（Murray）和摩根（Morgan）于1935年发表的主题统觉测验（TAT）。此外，还有句子完成测验、绘画测验等。后来，哈特松（H. Hartshorn）和梅（M. A. May）开创了品德测量的情境测验法，该方法是通过观察被试在特定情境中的行为以对其品德和人格进行评价。投射测验先被用于临床诊断，后也被用于测量正常人的人格和动机等。

4. 计算机技术引发的心理测验的变化

"二战"以来最显著的一个变化是电子计算机的发展。将计算机与光学扫描仪结合起来用于阅卷，就可以准确、迅速、自动地对上千份答题纸进行计分，并且还可以将答题纸上的数据保存在计算机中，以便做出进一步的分析。计算机也能够用于量体测验或序列测验（tailored or sequential test）。它给每个被试呈现一个要解答的题目，如果回答正确，计算机程序就会再给出一个难度更高的题目；如果回答错误，它就会给出一个比较简单的题目。这样就可以为每位考生"量身订制"一个测验，程序在评定每个被试的分数时可以考虑测验难度。当然，计算机也可以给每个被试呈现相同的题目，但这就意味着被试们要做许多对于他们来说难度并不合适的题目。为了防止作弊或者为了进行额外的练习，主试也可以为被试随机地选择类型相当的题目。计算机也能在一定的限度内完善测验。与测验编制者手工编制测验不同，计算机可以处理保存在存储器中的资料。一旦存储了必要的信息，计算机就可以方便快捷地编制出新的测验。与"二战"结束时的电子计算机相比，现代计算机对信息的存贮和处理能力更强了（而且其速度和精确度都提高了）。

5. 心理测量的当代趋势

20世纪50年代后心理测量转向稳步发展阶段，这一时期主要是经典测验理论趋于成熟并稳步发展，而60年代以后，测量理论出现了一些新的方向，概括起来主要有以下几个方面：一是由于心理加工心理学的兴起，测量学界倾向于将实验法和测验法相结合，产生了信息加工测验；二是由于计算机技术的迅速发展，传统的纸笔测验逐渐被电脑程序测验所取代，从而大大提高了测验的效率；三是针对经典测量理论的某些缺点，提出了一些新的测量理论，尤其是项目反应理论和概化理论，开创了测量领域新的里程碑；四是近20年来，针对项目反应理论的不足，出现了多维项目反应理论、非参数项目反应理论和认知诊断理论，尤其是20世纪90年代末兴起的认知诊断理论，被视为新一代心理测验理论的核心。

四、中国心理测量的发展

中国的心理测验大约起始于1914年前后，从"五四"前后到1928年最为昌盛，1929年开始走向衰弱，抗日战争爆发后直至1978年前，基本处于停滞状态；1978年后，心理测量和测验再次获得迅猛发展。

（一）旧中国心理测量的发展

清朝末期，西方心理学开始传入我国。1914年有人在广东对500名儿童进行了记忆的比喻理解测验。1916年，樊炳清首先介绍了"比纳—西蒙量表"，之后教育心理测量逐渐兴起。1918年俞子夷编制"小被试毛笔书法量表"，这是我国最早的心理测验之一。1920年廖世承和陈鹤琴先生首次在南京高等师范学校开设了心理测验课。1921年，他们二人合著出版了《心理测量法》一书。1922年，费培杰将比纳量表译成中文，并用该量表在江苏、浙江两省对小被试进行了测验同年，应中华教育改进社之邀，美国测量学家麦柯尔（W. A. McCall）来华讲学并主持编制测验。在麦柯尔的指导下，各地编制测验40余种。麦考尔对当时编制的测验评价很高，认为它们达到了美国的水平，有的测验项目还优于美国。1923年中华教育改进社对全国22个城市和11个乡镇的9.2万名小被试进行了测验。1924年，陆志伟修订了斯坦福—比纳智力量表，1936年又做了第二次修订。1931年由艾伟、陆志韦、陈鹤琴、萧哲嵘等倡议，组织并成立了中国测验学会。1932年《测验》杂志创刊。直到抗战争前夕，我国的测验运动一直呈发展的趋势。当时我国共有智力测验和人格测验约20种，教育测验50种。丁瓒等于1946年，1947—1952年分别将TAT（主题统觉测验）与韦克斯勒—贝尔韦测验用于临床。1948—1951年，刘范使用过RIT（罗夏墨迹图测验）。这期间陆志伟、廖世承、陈鹤琴、萧哲嵘、艾伟等人在智力测验、人格测验、教育测验、临床测验、测验出版发行等方面都做了很多重要工作。

（二）新中国成立后心理测量的发展

新中国成立后，由于受苏联和"左"倾错误的影响，我国心理测验的研究长期处于停滞状态。十一届三中全会后，心理测验又获得了快速发展。1984年第五届全国心理学年会成立了以北京师范大学教授张厚粲为首的测验工作委员会（后

改为测验专业委员会），加强了对测验工作的指导。此后相继出版了郑日昌编写的
《心理测量》，戴忠恒编写的《心理与教育测量》和王汉澜主编的《教育测量学》
等心理学测量方面的专著，标志着我国的测验理论研究逐步走向成熟。

中国的心理测量学家们首先在部分高校开设了心理测量课程，并消化和吸收
了西方的测量理论，修订了一些国际上应用比较广泛的标准化纸笔测验，如林传
鼎、张厚粲修订的《韦氏儿童智力量表》，吴天敏修订的《中国比纳测验》，龚耀
先主持修订的《韦氏成人智力量表》、《韦氏成人记忆量表》、《艾森克人格问卷》、
《韦氏学前和幼儿智力量表》和罗夏墨迹测验，宋维真修订的《明尼苏达多项人格
问卷》，以及张厚粲修订的《瑞文标准推理测验》等。此前在香港、台湾地区流行
的刘永和修订的《卡特尔十六种人格问卷》、张妙青修订的《明尼苏达多项人格问
卷》以及《爱德华个性偏好测验》等也传到内地。至 1990 年，国外流行的十大测
验已全部引入中国大陆。这些心理测验首先应用于精神卫生、特殊教育、学前和
小学教育等领域。

20 世纪 80 年代中期以来，心理测验的开发和应用有一些新特点。首先，由修
订国外开发的测验发展到开始编制一些针对中国人的测验，如张厚粲在中国儿童
发展中心帮助下编制的《中国儿童发展量表》，郑日昌等编制的《大被试心理健康
问卷》、中小学心检系统等；其次，将测验的修订和编制拓展到了管理、军事和人
事等多个领域。如戴忠恒等人修订的《基本能力测验》和凌文铨等修订的《Hol-
land 职业定向测验》，由中国科学院心理研究所、北京师范大学、北京大学等单位
联合开发的飞行员心理选拔测评系统以及在国家人事部组织下由北京师范大学等
单位共同编制用于公务员选拔的《行政职业能力测验》等。

随着心理测量研究的深入和应用领域的拓展，心理测量的组织建设也得到强
化。1984 年，中国心理学会组建心理测验工作委员会，后进一步扩建为心理测量
专业委员会。另外，教育界也成立了教育统计与测量学会。

为了培养测量学人才，1980 年北京师范大学心理系率先开设了"心理测量"
这门课程，之后许多大学的有关院系也都相继开设了"心理测量"或"心理与教
育测量"的课程。有些大学还招收测量学方面的硕士生、博士生，以培养高层次
的测量人才。

我国心理与教育测量的实践作用主要表现在指导测验编制、教育及社会考试
以及人才选拔和人事测评等方面。30 年来我国心理学家在各种测量理论的指导
下，修订和编制了大量的智力测验、人格测验、能力测验和神经心理测验等方面
量表，且无论是在内容上还是技术上都趋于成熟和完善。在教育及社会考试方
面，20 世纪 80 年代中期，在我国的教育考试改革中，CTT 和 IRT 在增加客观题

型、制定各学科的测量目标、对试题进行质和量两方面的分析、试题等值化、控制评分误差、测验分数的转化和常模制定等方面都作出了巨大的贡献（戴忠恒，1990），促进了我国考试改革的成功以及考试理论的发展，对考试的研究从教育领域扩展到了社会考试领域如公务员考试、专业资格考试、医学技能考试等方面。而在人才选拔及人事测评方面，20世纪80-90年代是中国人事测评的大发展时期。进入21世纪后，采用心理测量技术进行人事选拔已相当普遍，如企业员工招聘、公务员考试以及一些厅、局级干部的选拔都采用了心理测验方法。近年来，国内还兴起了情境测验、计算机模拟测验、网络测验和自适应测验等。标准化纸笔测验可以很好地度量人们的知识水平，但不足以考察人们复杂的个性特征，情境测验可以很好地体现个体差异性；计算机模拟测验可以模仿人的高级认知加工过程，以推断人的思维过程。

在心理测验实践方面取得重大成就的同时，我国的测验工作者也在开展心理测验理论的研究。除介绍经典测验理论外，我国学者还将项目反应理论和概化理论介绍到国内（张厚粲，丁艺兵，1985；余嘉元，1987；彭凯平，1989；漆书青，戴海崎，1992，1998），并进行了理论和实践研究。

目前，教育与心理测验在我国空前繁荣，测验在考试制度的改革、医疗、管理、军事等领域正发挥着越来越重要的作用。

第二章　心理测量的编制和实施

第一节　心理测量的编制

一、确定测量目标

测量目标是对测量工具用来干什么的说明。根据测量目的是显示个体的行为特点，还是预测其将来的行为表现，把测量分为：

显示性测量——反映被测者具有什么样的知识和特点，能完成什么样任务。如成就测验、态度测验等。

预测性测量——预测个体在不同情境下的行为。如各种能力倾向测验可以预测个体将来的工作绩效。

目标分析与测量目标是密切相关的。根据测量目标的不同，有以下三种情况：

1. 预测性测量工具的主要任务，是要对所预测的行为活动做具体分析，称之为任务分析（task analysis）或工作分析。这种分析包括两个步骤：

首先，确定为了使所预测的活动达到成功，需要哪些心理特质和行为。例如职业能力性向测验的编制，若某项工作包括打字，那么测量工具为编制者可以假定手指的灵活性、手眼协调等能力是必需的。这种确定可以通过参阅前人的工作从理论上分析，也可以通过对在某项活动中已经录用或已经成功的从业人员的行为进行分析后得出。当测验编制者确定某项工作需要哪些能力、技能或特质之后，他就可以编制测量这些能力或特质的测量工具。

其次，建立衡量被试成功与否的标准，这个标准称之为效标（criterion）。效标可以作为鉴别测量工具的预测是否有效的重要指标。

2. 如果测量工具用于测量一种特殊的心理品质或特质，那么首先就必须给所要测量的心理和行为特质下定义，然后找出该特质往往通过什么行为表现出来。例如创造力的测量，有人将创造力定义为发散性思维的能力，即对规定的刺激产生大量的、变化的、独特的反应的能力。根据这个操作性定义，创造能力则可以从反应的流畅性、灵活性、独创性和详尽性这四个方面来测量。

3. 如果测量工具是描述性的显示测验，它的目标分析的主要任务则是确定所要显示的内容和技能，从中取样。成就测验就是一种典型的描述性显示测验，它的内容分析可以利用双向细目表来完成。双向细目表（two way checklist）是一个由测量的内容材料维度和行为技能维度所构成的表格，它能帮助成就测量工具的编制者决定应该选择哪些方面的题目以及各类题目应占的比例。例如，学习成就测验的编制计划通常是一张双向细目表，其中一个维度是内容，就是某一学科教材中的各个课题，另一维度是在教学中要达到的行为目标。美国心理学家布鲁姆（B. S. Bloom）最早提出教育目标的分类问题。他把学习的心理活动分成认知、精神运动和情感三个领域，又把认知领域具体分为知识、理解、应用、分析、综合、评价6个层次。在布鲁姆等人编的《教育目标的分类》一书中，为每个认知层次提供了许多题目范例。后来人们一般依据布鲁姆的认知性行为目标编拟学科试题，以测量被试的学习结果。

二、设计测验编制方案、制定测验编制计划

测验编制方案的内容主要包括对测验目的详细分析、根据测验目的所设计的测验方案和具体的测验编制计划。测验编制方案要对测验的方法、测验的类型、测验的题型及其分布、测验的题量及其分布、测验的分数系统、测验质量的评价方法和测验质量的总体目标给出详细的设计和规定，同时要对整个的编制流程提出详细的设计和要求。测验编制方案必须科学、详细、可行。方案的科学性指方案从目标到内容、到方法都要符合心理学和心理测量学原理，方案的每项选择都必须是针对测验目的的各项要求，结合心理学理论与技术统筹考虑后的最佳选择。方案要详细一是因为只有设计时考虑周到详细才不至于中途夭折，二是有一个详细方案可以指导编制，使得编制流程合理有序。方案的可行性有两层含义：其一是科学意义上的可行，如果所设定的测验目的从科学的角度看是不可能达到的，则不要免强；其二是主客观条件意义上的可行，如果所设定的测验目的理论上可行，但是有些主客观条件目前还不具备，则也不要勉强。

三、题目编写

(一) 测验题目的来源

一个测验的好坏和测验材料的选择适当与否有密切关系,因此测验题目的来源至关重要。测验题目的来源有多种,包括从现成的测验中选取、按照现有理论设计、请专家设计等。

在收集题目时应注意几个问题:

1. 资料要丰富。资料搜集越齐全,设计题目编制越顺利,这样测验内容便不致有所偏颇,而且能提高行为样本的代表性。如编制人格测验,搜集的资料应包括:人格的主要理论,用于描述人格的术语,临床观察的资料,以及其他人格测验的题目等。

2. 资料要有普遍性。所选择的材料对测验对象要尽可能公平,即被试都有相等的学习机会。譬如,编制标准化的学科成就测验时,要以统一的教学大纲和统编教材作为题目来源,不能只考虑个别主试的意见,要考虑大多数主试和专家的意见。

3. 在编制智力或能力等本身不应体现文化影响的内容的测量题目时,要尽量避免文化背景差异的影响。

(二) 测验题目编写的原则

测验题目的编写要遵从一些原则,包括内容、语言、表达与理解四个方面。

1. 针对题目内容的原则

◇ 题目的内容符合测量工具的目的,避免贪多而乱出题目;

◇ 内容取样要有代表性,符合测量工具计划的内容;

◇ 各个试题必须彼此独立,不可互相重复或牵连,切忌一个题目的答案影响对另一个题目的回答。

2. 针对题目语言的原则

◇ 使用准确的当代语言,不要使用古僻艰深的词句;

◇ 文句须简明扼要,既排除与解题无关的陈述,又不要遗漏解题的必要条件;

◇ 最好一句话说明一个概念,不要使用两个或两个以上的观念;

◇ 意义必须明确,不得暧昧或含糊,尽量少使用双重否定句。

3. 针对题目表达的原则

◇ 尽量避免主观性和情绪化的字句;

◇ 不要伤害被试感情，避免涉及社会禁忌或隐私；

◇ 避免诱导和暗示答案；

◇ 避免令被试为难的问题（被试没有明确结论或羞于启齿的问题）。

在人格和态度测验问卷中，会出现社会赞许倾向性现象。所谓社会赞许性倾向，指被试对一些敏感性问题（如撒谎）附和社会规范，做出有利于自我形象的虚假回答。为了解决社会赞许性倾向问题，菲力普斯（Derek L. Phillips）列举了几条防止出现规范性答案的策略：

（1）因为从心理上讲，否定一个答案比肯定它更为困难，所以命题假定他具有某种行为，使他不得不在确实未有该行为时才予以否定。例如，"你多久才会出现上班迟到行为? 每天一次? 每周一次? 每月一次? 从不?"

（2）假定对规范无一致意见。例如，"有些医生认为饮酒有害，而其他一些医生则认为有益，你认为如何?"

（3）指出该行为不是异常的而是普遍的，即使它可能有违规范，也是多见的。例如，"多数人都有过撒谎行为，你呢?"

4. 针对题目理解的原则

◇ 题目应有确切答案，不应具有引起争议的可能（创造力测验、人格类测验例外）；

◇ 题目内容不要超出受测团体的知识和能力范围；

◇ 题目的格式不要引起误解。

（三）选择题目形式

测验编制者还必须测定测验内容的表现形式，是纸笔测验还是操作测验；是只要被试认出正确答案，还是需要他自己做出正确答案。因此，在选择题目形式时要考虑以下几点：

1. 测验的目的和材料的性质。如果要考查被试对概念和原理的记忆，宜用简答题；要考查对事物的辨别和判断的能力，宜用选择题；要考查综合运用知识的能力，宜用论文题。

2. 接受测验的团体的特点。如对幼儿宜用口头测验，对于文盲或识字不多的人不宜采用要求读和写的题目，而对有言语缺陷的（人如聋哑、口吃）则要尽量采用操作题目。

3. 各种实际因素。在考虑各种因素的情况下，譬如人数的多少、时间的长短、经费的多少以及实验仪器和设备等因素，选择测验形式时要注意：被试容易明了测验的做法；做测验时不会弄错；做法简明、省时；计分省时、省力、经济。

（四）编写和修订题目

修订题目的过程包括写出、编辑、预测和修改等一系列过程。在获得一个令人满意的题目之前，这些步骤是不断重复的。在这个过程中，编制者和有关方面专家要对题目反复审查修订，改正意义不明确的词语，取消一些重复的和不适用的题目，然后将初步选定的题目汇集起来组成一个预备测验。

编写题目要注意以下几个问题：（1）题目的范围要与测验计划相一致。（2）题目的数量要比最后所需的数目多一倍至几倍。（3）题目的难度必须符合测验目的的需要。（4）题目的说明必须清楚。

四、试测和分析

初步筛选出的题目虽然在内容上和形式上符合要求，但是是否具有适当的难度与鉴别作用，必须通过实践来检验，也就是要通过预测进行题目分析，为进一步筛选题目提供客观依据。

（一）预测

题目性能之优劣，不能仅凭测验编制者主观臆测来决定，必须将初步筛选出的题目组合成一种或几种预备测验，经过实际的试测而获得客观性资料。

预测应注意以下几个问题：①预测对象应取自将来正式测验准备应用的群体，取样人数不必太多，也不能太少，一般不应少于30人；②预测的实施过程与情境应力求于正式测试的情境相似；③预测的时限可适当放宽，最好能使得每个被试都能将题目做完，以搜集较充分反应资料，使统计分析的结果更为可靠；④在预测过程中，应随时记录被试的反应情形，如在不同时限内一般被试所完成的题数、题意不清之处及其他有关问题。

预测的目的在于获得被试对题目如何反应的资料，它既能提供哪些题目意义不清、容易引起误解等质量方面的信息，又能提供关于题目好坏的数量指标，而且通过预测还可以发现一些原来想不到的情况，如检验时限多长合适，在施测过程中还有哪些条件需要进一步控制等。

（二）项目分析

对项目分析包括质的和量的分析两个方面。前者是从内容取样的适当性、题目的思想性以及表达是否清楚等方面加以分析，后者是对预测结果进行统计分析，确定题目的难度、区分度、备选答案的适宜性等。

编制一套测验，只依据一次预测的结果所作的项目分析是不够的。由于预测的被试样本可能会有取样误差，故由此得到的项目分析结果未必完全可靠。为了检验所选出的题目的性能是否真正符合要求，有时需要选取来自同一总体的另一样本再测一次，并根据结果进行第二次项目分析，看两次分析结果是否一致。如果某个题目的测试结果前后相差较大，说明该题目性能值得怀疑。这种在两个独立样本中进行项目分析的过程叫做复核。

五、合成测验

经过预测和项目分析，对各个题目的性能已有可靠的资料作为评价的根据，下一步就可以选出性能优良的题目，加以适当编排，组合成测验。

（一）题目的选择

选择题目时，不但要考虑项目分析所提供的资料，还要考虑测验的目的、性质与功能。最好的题目，就是只测定所需要的特征，并能对该特征加以有效区分的难度合适的题目。一般来说，题目的区分度越高越好，而难度多大为合适并无一个重要的标准，是要根据测验目的来确定。

（二）题目的编排

题目选出后，必须根据测验的目的与性质，并考虑被试作答时的心理反应，加以合理安排。一般来讲，对题目编排的总的原则是由易到难，具体形式包括：

1. 并列直进式

将整个测验按题目内容或形式分为若干分测验，属同一分测验的题目，则依其难度由易到难排列。

2. 混合螺旋式

先将各类题目依难度分成若干不同的层次，再将不同性质的题目予以组合，作交叉式的排列，其难度则渐次上升。此种排列的优点是被试对答题题目循序作答，从而维持作答的兴趣。

题目编排的一般原则是：①将测量相同因素的测试题排列在一起；②尽可能将同一类型的测试题组合在一起；③难度测验的题目应该按由易到难的次序排列；④人格测验中，应尽量避免将测量统一特质的题目编排在一起，以免被试猜测出题目所要测查的因素。

六、信度和效度检验

测验的信度和效度的取证方法很多，特别是效度的取证，不仅方法有多种，证据的类型也有多种。各种不同的测验又可以选择不同的方法和不同的角度以证明自己的信度和效度是否达到要求。求取测验的信度一般只需测验自身的测试数据，求取测验的效度除了需要测验自身的测试数据，还需要测验外部的一些相关凭证，如有关测验目标内容结构或心理结构的文献、有关测验对象相关实践活动的档案记录等等。只有取得了足够的信、效度凭证并且所取得的信、效度凭证都达到了一定标准的测验才是可以付诸实际使用的测验。

七、编制测验分数系统

测验的原始分数或称测验的卷面分数是被试在测验上的成功率，是以测验内容为参照背景的一种分数。如果测验的目的就是为了获取以测验内容为参照背景的分数，原始分数就可以作为测验的报告分数。如果测验的目的是为了获取以被试群体为参照背景的分数，或是为了获取以某种客观标准为参照背景的分数，为了理解和解释的方便，就必须将原始分数转换成其他某种报告分数的形式，这一过程称为编制测验的分数系统。

八、编写测验使用手册

正规测验必须备有测验使用手册以便指导测验使用者正确使用测验。

测验使用手册一般含有以下内容：①测验目的与性质说明；②适用对象说明；③测验内容结构、题型结构介绍；④测验编制方法介绍；⑤测验施测方法说明；⑥评分方法与标准说明；⑦测试对象范围、数量、来源、抽样方法说明；⑧测验信、效度报告；⑨分数系统编制方法及分数解释方法介绍；⑩测验使用人员资质要求说明。

九、编制复本

为了增加实际的效用，一种测验有时需要有两个以上的等值型，称作复本，复本越多，使用起来越便利。如果测验只有一份，用两次就难免有练习的影响，两次测验结果的差异不能完全代表进步的大小。要是有几个复本替换使用，就可以免掉这种困难。测验的各份复本必须等值，所谓等值需符合下列几个条件：(1) 各份测验测量的是同一心理特质。(2) 各份测验包含相同的内容范围，但不应有重复。(3) 各份测验题型相同、题目数量相等，并且有大体相同的难度分布。

第二节　心理测量的实施

一、心理测量的一般步骤

（一）明确需求

要应用测评，第一步是明确测评的需求，做到有的放矢。比如，是将测评应用到哪项工作？是选拔高层管理者、招聘应届毕业生、还是员工职业发展？澄清了应用目标后，下一步还要明确需要应用测验评估哪些内容，例如，如果是用于应届毕业生招聘，就需要确定哪些素质对做好招聘岗位的工作是必须具备的？敏锐的洞察力？出色的人际沟通协调能力？还是关注并完善细节的能力？更进一步的，还要考虑"度"的问题：这些素质要达到什么程度才能胜任这个职位？是越高越好，还是中等即可？这些问题的答案可以从公司的职位要求、工作说明书、胜任力素质模型等渠道中获得，也可以从绩优员工、或者对职位有充分了解的上级主管处获取这些信息。如果是以员工普查、员工发展为目的，确定内容就相对简单，不一定需要设定可接受的标准。

（二）选择可信有效的测评工具

在确定了考察的需求点之后，就可以有针对性的去选择相应的测评方式和工具了。衡量测验的准确有效性如何，可以从信度、效度资料着手进行判断，同时，还要注意测验的常模是否有代表性，是否经过了本土化的修订等。

（三）分析和应用测验结果

在应用测验结果中需要注意的是，心理测验中测量的很多素质，并不是一般所认为的越高越好。例如，"挫折承受"指的是人们面临已知的或可能存在的困难与障碍、压力与失败时的心理感受。如果有位应聘者"挫折承受"的百分位等级达到98（表明他的挫折承受水平比人群中98％的人都高），是不是就表明他这方面的素质非常优秀呢？答案并非如此，这样的高分意味着他可能行事有莽撞的倾向，不顾后果，这对于一些需要谨慎周全的职位是不太适合的——例如财务部门。同样，像成功愿望、影响愿望、计划性、外向性等很多看上去"好"的特质，分数过高并不适合某些职位的要求。所以，在根据测验结果对人员做出评价的时候，关键要看得分是否与职位要求相匹配，而不是一味追求越高越好。

在参考测量结果做出相关决策时应该注意，测量结果只是决策信息的一部分，在利用人事测量辅助决策时，例如人员选拔任命等，也要通盘考虑其他因素和其他渠道获得的信息。另外，决策应该由企业中的相关人员做出，而不能由测验中给出的分数或者等级代替决策者做出决定，因为每个组织有其自身的特点，而且决策所带来的任何结果的承担者也是组织本身，而不是心理测验。

（三）跟踪检验和反馈

心理测量的应用是一项长期的工作，在多数情况下，还需要对测量结果及相关的决策结果进行跟踪，例如对于招聘中运用心理测量，要根据录用人员的工作绩效进行检验，进行测评的效果研究。比如如果有位员工工作绩效不高，或者几个月后就离职了，那么这位员工的问题出在哪里？是否由于测评中考察的内容不够全面，遗漏了某些重要的素质？还是对某项素质的要求标准有所偏差？这就为前面的工作提供了重要的反馈。这个步骤是非常重要的，可以不断修正测评的应用过程。

二、心理测量的实施

心理测量的目的是对受测者做出尽可能准确和公平的评估，这在很大程度上依赖于测验的公平实施、正确计分和合理解释。任何一个步骤出现问题，都会影响到结果的准确性。

（一）标准化指导语

指示语是在测量实施时说明测量进行方式以及如何回答问题的指导性语言。对受测者的指导语应力求清晰简单，说明他应该做什么，如何对题目作反应。指导语可以写在测验的开头部分让受测者自己阅读，也可以由测验的施测者朗读。

一般来说，对被试的指示语一般包括：（1）如何选择反应形式（画圈、画勾、填数字、口答、书写等）；（2）如何记录这些反应（答卷纸、录音、录像等）；（3）时间限制；（4）如果不能确定正确反应时，该如何去做（是否允许猜测等）以及计分的方法；（5）例题。当题目形式比较生疏时，应该给出附有正确答案的例题；（6）某些情况下告知被试测验目的。

例如"卡特尔16种人格因素问卷"的指导语为：

本测验包括一些有关个人的兴趣与态度等问题，每个人对这些问题是会有不同的看法的，只是表明你对这些问题的态度，请你要尽量表达个人的意见，不要有所顾忌。

作答时请注意以下四点：

1. 务请坦白地表达自己的兴趣和态度，对测题不要费时间去斟酌，应当顺其自然，根据你个人的反映进行选答。

2. 务请回答每一个测题，不要有遗漏。

3. 每一测题只能选择一个答案。

4. 要尽量少选中性答案，即"介于a、c之间"或"不确定"等答案。

（二）标准时限

关于测验时限的确定，最重要的考虑因素是测量的目标。大多数典型行为测验是不受时间限制的，比如人格测验，受测者的反应速度就不十分重要。但在最高作为测验中，速度是重要的指标，就必须严格限制时间。像能力测验，既要考虑反应的速度，又要考虑解决有较大难度题目的能力。在能力和成就测验中所使用的时间长度的确定，以预测中大约90%的被试能在规定的时间内完成会答的题目为限。

（三）测验的环境条件

测验环境也会影响测验的结果。对测验环境的基本要求是：（1）完全遵从测验手册的要求布置测验场所；（2）良好的物理环境，包括安静而宽敞的地点、适当的光线和通风条件，还要防止干扰。（3）施测过程中记录意外的测验环境因素，以便在解释结果时加以考虑。

（四）计算机辅助的测验实施

计算机实施测验，指导语可以通过视觉或录音呈现，并自动记录测验反应。计算机辅助测验控制更严格，更为标准化，优势有以下几点：（1）严格遵守计划和时间。（2）能按照受测者的表现选择题目，例如回答正确后呈现更高难度的题目。（3）不受施测人员疲劳、厌烦、注意涣散和记忆误差的影响，计算机能公正、一致地对待受测者。（4）能迅速准确的计分。

（五）施测者的职责

施测者又称"主试"（tester）或"考官"，是控制测试进程的主要人员。一般来说，主试的职责包括如下几方面：

1. 测验前的准备工作

（1）预告测验。比如，事先通知被试测验的时间、地点以及测验的内容、测题的类型等，使被试对测验有充分的准备。

（2）熟悉测验指导语。进行个体测试，主试应熟记指导语，保证在测验过程中面对被试的提问应付自如；在团体测试中，主试在朗读指导语时应流畅、自然，语气平和，避免紧张、焦虑等不安情绪对被试的干扰。

（3）准备测验材料。在个体测验中，测验材料一般应放在离测验桌不远的地方，主试可以伸手拿到而不干扰被试；当需要使用仪器时，主试要提前进行检查和校准。在团体测验中，所有的测验本、答卷纸、铅笔和其他必须的材料，都必须在测验前清点、检查和安排好。

（4）熟悉测验的具体程序。对于个体测验，主试通常需要进行施测前训练，包括演示实践及实习等。对于团体测验，特别是欲测大量被试时，准备工作中还应包括主试与监考的分工，使他们明确各自的任务。一般来说，主试宣读指示语，掌握时间和负责每个测试点的全面工作，监考则分发和收集材料，回答被试手册中所限定的问题和防止作弊。

（5）确保满意合适的测验环境。安排好测试地点，调整光线、通风、温度、噪音水平等物理条件。另外，为防止作弊，有时主试还有妥善安排座位的必要，如桌椅之间留出一定距离，隔位就坐等。

2. 测验中主试的职责

在测验中，主试的主要职责是按照指示语的要求实施测验，在被试询问指示语意义时，作进一步澄清，但注意不要作任何暗示。另外，在测验时，主试还要注意不要讲与测验无关的话，并能够对测验中的特殊情况作出灵活的解决。

一般来说，主试应做测试记录，记录下测试现场发生的、可能和结果评价、解释有关的细节，这对那些不用录音录像设备记录的测验来说，是很有帮助的。此外，这些信息还可为今后修订测验提供一定依据。

3. 建立协调关系

协调关系指的是主试和被试之间一种友好的、合作的、能促使被试最大限度地做好测验的一种关系。例如，能力测验中这种协调的关系能促使被试认真地注意测验任务，并尽其最大努力完成测验。在人格测验中，协调的关系能促使被试坦率而诚实地回答有关个人一般行为特点的问题。而在某些投射测验中，协调的关系能促使被试完整充分地报告刺激引起的各种联想内容。总之，建立协调关系就是要求促使被试尽可能地对测验感兴趣，遵从指示语，认真合作地进行应试。因此无论在个体或团体测验中，主试都应该采取热情、友好并且客观的态度，这是建立协调关系的前提。

主试对测量结果的影响表现在以下几方面：

1. 主试的人格特点

主试的不同特点对测验的实施及测验的评分等各环节都有影响。有些主试可能自己就不大善于建立和处理人际关系，对他来说在测验实施过程中与被试建立协调关系较为困难，因而由他施测的被试的测验结果可能就会受到影响。有些竞争性很强的主试，在测验时也往往苛求受测者。而有些主试过于宽容随和，在测验中给予过多的关心甚至评以高分，也会使测验出现偏差。

2. 主试的期望

在有些情况下，实验者所获得的资料及实验结果会受其本身期望的影响，这种现象称为罗森塔尔效应（Rosenthal Effect）。这是出自心理学家罗森塔尔所做的一个著名的实验：在训练大鼠走迷宫时，告诉一部分主试他们所评价的大鼠比较聪明，而告诉另外的主试他们所评价的大鼠比较笨。当然，实际上他们所评价的是同一群大鼠。但是，结果发现，被告知所评　价的是聪明大鼠的主试，对大鼠学会走迷宫的成绩评价明显要高，而另一组主试评分则明显偏低：也就是说，这些评分的主试们并不是完全根据老鼠走迷宫的成绩来评分，而是部分加入了自己的主观期望。最后的评分结果显然失去了客观意义。因此，这种效应又称做实验者期望误差（experimenter expectancy bias）。

在心理测验中也同样存在这种效应的影响。例如，要求正在进行智力测验实习的研究生给测验中一些暧昧、不清楚的答案记分。将评分的研究生随机分为两组，告诉其中一组他们所评分的答案是聪明的被试回答的，而告诉另一组研究生，他们所评判的答案是由较笨的被试回答的。结果发现，在对同一答案进行评分时，被告知答案由聪明被试做出的这组研究生所评分数高于另一组。

当然，相对来说，主试对测验结果的影响仍是有限的，是可以通过一定方法有效克服的。具体来说，就是要力求做到测验实施过程的标准化，将主试的个人因素对测验结果的影响尽可能降到最低。

（六）影响受测者反应的因素

受测者对测验题目做答时，很多因素会影响到受测者的反应，这些因素需要在选择和使用测验时加以注意和避免，或者在参考测验结果做出相关决策时把它们考虑在内。

1.测验的技巧与练习因素

（1）测验的技巧

如果某个被试熟悉测验程序及题目形式，而另一名被试是面对全然陌生的测验材料，这两者的测验结果是无法比较的。具有某种测验技巧的被试能够觉察正确答案与错误答案的细微差别，知道合理分配时间以及适应测验形式等。通过应用这些技巧，他们通常比 那些与他们能力相等但是测验技巧较差的被试获得更高的测验分数。因此，在测验标准化时，应尽量设法使每个被试对测验材料的步骤和所需技巧有相同的熟悉程度。必要时，可以增加练习测验，使所有应试者同等程度地熟悉测验形式。

（2）练习效应

有不少研究发现，应试者参加相同或重复的测验，会由于练习效应而使测验成绩提高。练习因素所产生的影响可以归纳为以下几点：

◇ 教育背景较差和经验较少者，其受练习因素的影响较为显著；

◇ 着重速度的测验，练习效果较为明显；

◇ 重复实施相同的测验，受练习影响的程度要大于施测复本测验；

◇ 练习的影响仅限于第一次及第二次重测，第二次以后的影响微不足道。平均而言，练习因素影响的幅度约在0.2个标准差以下。

2.焦虑和动机因素

（1）应试动机

被试参加测验的动机不同，会影响其回答问题的态度、注意力、持久性以及反应速度等，从而影响最后测量结果。在测量成就、智力和能力倾向等内容时，如果被试动机不强烈，就不会尽力回答，导致对被试能力的低估。在测量人格、兴趣、态度、价值观等典型行为的测验中，动机高的受测者为了给别人留下好印象，会产生社会赞许性做答的倾向，会降低测量的有效性。尤其是在测验与实际的选拔和录用有关时，被测者使自己的测验成绩更好或更符合录用的要求的倾向就更为明显。告知受测者测验的目的，以及测验结果对受测者的影响有助于引起受测者的兴趣。

（2）测验焦虑

焦虑（anxiety）是一种不愉快的、表现为焦急、恐惧和紧张的情绪体验，它主要是由于对可能出现的结果的担心或对应付这一结果的能力的担心而造成。大多数人都在测验前和测验中感到焦虑，故又称为测验焦虑或考试焦虑（test anxiety）。测验焦虑通常会影响到测验的结果。一般来说，适度的焦虑会使人的兴奋性提高，注意力增强，反应速度加快，从而对智力和学术性能力倾向有积极影响。过度的焦虑则会使工作要力降低，注意力分散，思维变得狭窄、刻板。毫无焦虑，则往往源于对测验的动机不高，因而成绩大多偏低。因此，在测量过程中，并不必担心被试者有适度的焦虑水平，但应注意消除可能造成应试者过于紧张的外在因素。

3. 反应定势

反应定势也称为反应的方式或反应风格，简单地说，就是每个人回答问题的习惯方式。由于每个人回答问题的习惯不同，可能会使有相同能力的被试获得不同的分数。影响测量结果的反应定势主要有以下几种：

（1）求"快"与求"精确"的反应定势

有些被试反应特别谨慎，体现为求"精确"的反应定势；另外有些人则特别快而且粗心大意，这就是求"快"的反应定势。在难度测验中，这两种反应定势的影响很小。但如果测验有时间限制，则这两种反应定势对测验成绩会有影响。为了避免这两种反应定势的出现，除非"反应速度"本身即为研究目标，否则应让被试有充分的反应时间（以90%的被试可以答完所有试题为准），同时应注明反应的时间，以减少"速度—准确"反应定势的影响。

（2）偏好正面叙述的反应定势

克伦巴赫发现，被试在无法确定"是非题"的正确答案时，选"是"的人多于选"非"的人。有趣的是，有些编制者在编制是非题时，也有"是"多于"非"的倾向。这种定势又称为肯定反应定势（positive response set）。为避免肯定定势，测验题目编写时要注意是非两种题目的比例大致相等。

（3）偏好特殊位置的反应定势

吉尔福特认为，被试如果完全不知道选择题的正确答案，则不会以完全随机的方式来决定该选择哪一个选项，而有偏好某一个位置的选项的倾向，而有些测验编制者也存在偏好某个位置的反应定势，这些现象称为位置定势（position set）。例如，很少将正确答案安排在第一个选项或最后一个选项。所以，在安排选项时要作到正确选项随机分布。

（4）偏好较长选项的反应定势

有人发现被试在无法确定正确答案时，有偏好选择较长选项的反应定势。只要我们在测题编制时，尽量使选项的长度一致就不难避免这类问题。

（5）猜测的反应定势

研究发现：有些被试不愿猜测，即使事先告诉他要答完所有题目，也无法使他改变；相反，另外有些被试即使告诉他答错要倒扣分，还是无法阻止其猜测行为。因此，如果不对猜测进行修正的话，那些敢于猜测的被试将比谨慎的被试更容易得高分。猜测分数的校正公式为：$S=R-W/(n-1)$，其中，S 是正确分数，R 是被试答对的题目数，W 为被试答错的题目数，n 为选项数目。

三、心理测量的计分

准确测量的另一个要求是客观计分，只有计分是客观的，才能把分数的差异归因于受测者的差异。所谓客观计分，可理解为两个或两个以上受过训练的合格评分者之间所评结果具有一致性，如果能达到90%以上就是较为客观的。

计分的基本步骤主要有三步：

（1）记录反应。及时和清楚地记录被试的反应。如果是纸笔类测验，被试的答案将由被试自己记录在答卷上。如果是口头回答、操作演示回答等，则需要主试进行记录。这种情况下，可以用录音和录像等较为技术化的记录方法，以避免记录时记忆的困难和记忆错误。

（2）检索标准答案。标准答案有时又称计分键。选择题测验的计分键是每一道题的正确答案的号码或编排字母；填充题的计分键是一系列正确答案以及所允许的变化；问答题的计分键为各种可接受的答案的要点；操作题的计分键则是指具有某种特点或能力的个体的典型反应。如果以上反应需要加权，权数也应在计分键中标明。

（3）反应和标准答案的比较，也就是将反应归类或赋予分数值。

客观题的计分可以使用计分板或机器计分，能够很好的保证有效客观。计算总分时也可以根据评价者所认为的重要性，在不同的题目上赋予不同的权重。能力测验和成就测验中，通常是按正确答案给1、不正确计0分来统计。人格测验没有答案正确与否的区分，但每种反映特定倾向的选项都可以用一个数字或符号进行标定，最后统计被试选择这种选项的次数。有时，不同的反应依据主试认为的重要性不同也可以给予不同的权数。另外，我们还可以根据被试回答问题时的确定程度给予不同的权数。表2-1表示这种"信心权数"的应用。

表2-1　伊贝尔是非题加权方法

被试对题目确定程度	该题答案应为"是"时得分	该题答案应为"否"时得分
是	2	–2
可能是	1	0
不知道	0.5	0.5
可能不是	0	1
不是	–2	2

对于主观题的计分，首先要记录受测者的反应，有些情境类的测量方式，如无领导小组讨论，可用录像记录，以避免记忆困难和记忆错误。然后将受测者的反应和标准答案加以比较，将受测者的做答归类或赋予分值。当评分者的判断可能成为影响分数的一个因素时（例如问答题、论文题），就需要对评分规则作详细的说明，可能的话由两位以上的评分者共同评分，取其平均值。

问答题是一种代表性的主观题，问答题计分中常见的误差有：宽容定势和晕轮效应。宽容定势（1eniency set）指主试的计分过于宽松，即使没有回答出题目所要求的答案，评分者也给予较高的分数；晕轮效应（halo effect）指给予被试某道题较高分数仅仅是由于被试在另外一些试题上获得了高分，也就是说对被试的一般印象影响到具体某个问题的评价。为了使问答题的计分更加客观和可信，主试应该首先考虑采用何种计分程序：整体计分还是分析计分。整体计分（global scoring）就是评分者根据总体印象给答案评一个总分。整体计分在实际中应用较为普遍。分析计分（analytic scoring）是给问答题的不同部分分派不同的权数，按照各部分的要求对答案中所包括的信息和技能评分，最后将各部分的权数和得分组合起来得到该问答题的分数。分析计分往往有答题的详细标准，因此相对更为客观。

为了保证问答题计分的客观性，需要遵循如下计分原则：

（1）与测量目标无关的回答不予计分，或单独给分数。评分应依据被试对问题的回答是否充分和恰当，所有其他因素，诸如文风、答案长短、书写等，在计分时应尽量不予考虑。

（2）确定标准答案。问答题应具备一定的标准答案和评分标准。例如，可以列出最佳回答的样例，答案中必须包含的内容或应体现的特点或能力，以及如何根据回答内容进行评分的详细说明。一般来说，在公布分数时最好将评分标准告知被试。

（3）评分时最好按题目顺序而不是按被试顺序进行，即对所有被试第一个问题答案计分完毕之后，再给下一题的答案计分。这样可使计分标准一致，亦可避免"晕轮效应"的影响。

（4）最好在评阅时不知道被试的名字，以减少个人偏见。

（5）安排两个或两个以上的主试来给问答题计分，取其平均值作为被试的分数。也可由一人在第一次评阅后，再作第二次审查，以确定评分是否偏颇。

3. 客观题计分

客观题的一个主要优点就是计分简单、客观。客观题的分数可由一个工作人员利用计分套板和计分器很快地、准确地算出。客观题的计分由题目的形式决定。能力测验和成就测验中，通常是按正确答案给1、不正确计0分来统计。

四、心理测量结果的解释

心理测量结果的解释不同于测量的施测和计分，它们是测量中两个相对独立的部分，测量过程和结果解释是分离的。测量的解释是一个相当复杂的系统程序，以一系列的统计工作为基础，并依赖于解释者的专业性。

从测验中直接获得的分数称为原始分数（row score），是通过受测者的反应与标准答案比较获得的，其本身的意义并不大。例如某位受测者的逻辑推理能力是25分，我们并不知道他的这项能力优秀与否，与平均水平相比是低还是高。我们必须有具有可比性的分数标准，也就是常模，常模来自于测验的目标人群总体的分数分布及其特征。原始分通过与常模的比较，可以转换成等值的分数，叫做标准分（standard score），标准分是有意义的，也是具有可比性的。例如智商IQ就是标准分，从智商得分可以判断出人们的智力水平在人群中的位置。如果IQ分为100，就意味着智力中等，高于人群中50%的人，如果IQ得分115，就意味着智力水平高于人群中84%的人。这种由测量的原始分数通过与常模的对照得到导出分数的过程，就是常模参照解释（norm reference explanation）的方法。另外一种方法是效标参照解释（criterion reference explanation），它是根据外在的标准来对受测者的分数进行解释。二者的区别在于，前者是将受测者的分数与同类群体的其他人进行比较，例如，实施一项机械技术考试后，如果将受测者的成绩与其他人的成绩进行比较，可以知道受测者在人群当中的位置，则是常模参照解释，如果将受测者的成绩与机械师等级标准进行比较，可以知道是否达到了某一级机械师的水平，就是效标参照解释。

对于常模参照解释的测验，常模的选取是结果解释准确与否的重要因素。常模的选择必须能够代表测验目标人群的总体，取样具有代表性，而且达到一定的数量，常模的大小并没有明确的指标，一般是从经济或实用的可能性和减小误差这两方面来综合考虑常模大小的。常模的时间性也是需要注意的，需要定期更新，一般来说，需要5年更新一次，否则可能会给结果的解释带来偏差。在选择测验时，常模的情况也是衡量测验优劣的一个重要标准。

常用的常模有百分位常模和标准分常模。使用百分位常模的测验分数用百分位等级（percentile rank）来表示，它表示人群中低于这个分数的人数百分比。例如，一位受测者的情绪稳定性的百分位等级为85，则表示他的情绪稳定性比85%的人要高。百分位等级的分数非常简单明了，但其缺点是单位不等，如果原始分数的分布接近正态分布[①]，平均数附近的分数转换为百分位等级时，差异将被夸大，相反地，处于高分和低分两端的原始分数之间的差异将被缩小。例如在某个测验中，原始分数为80和85的两名高分受测者，百分位等级得分相差3，而原始分数为55和60的两名分数居中的受测者，同样是原始分数相差5分，百分位等级得分相差了20。在实际工作中，这个问题是在应用百分位等级时需要加以注意和考虑的。

标准分的特点是有相等的单位，有确定的平均数和标准差。标准分常模有好几种，比如常用的韦氏智力量表使用的智商IQ就是一种标准分数，平均数是100，标准差是15，又因为智商分数呈正态分布，所以从IQ分数可以清楚地看出一个人的分数在人群中的位置。例如IQ分数在85～115之间的人，都处于平均数附近1个标准差的范围之内，基本上属于正常水平，如果IQ得分70，则对鉴别智力落后是有意义的。

效标参照的测验也有多种表示方法，比如使用受测者答对题目的百分比。另外，在有些管理技能的测验中，可以根据测验分数判断受测者达到某一水平的绩效有多大的可能性，例如，获得65～69分的受测者有94%的可能性达到绩效C等。

[①] 正态分布的函数为 $\phi(x) = \dfrac{1}{\sqrt{2\pi}\,\sigma} e^{-\frac{(x-\mu)^2}{2\sigma^2}}$，在自然界和人类社会中大量现象均按正态形式分布，例如能力高低、行为表现、社会态度等。正态分布的基本特征是对称的，而且平均数点最高，然后逐渐向两侧下降。

第三节　心理测验中的法律与道德问题

心理测验中的法律与伦理道德是不容忽视的问题，与心理测验所发挥的效能关系重大，如果被滥用或者误用将会给社会带来不同程度的危害。

一、对心理测验的批评

（一）心理测验侵犯了隐私

心理测验是否侵犯了被试隐私取决于使用测验的方法。如果告诉被试测验结果的用途并采取自愿的原则就谈不上侵犯。美国心理学会的道德法规陈述如下："心理学工作者在工作中有义务尊重个人隐私。只有经过个人或个人的法定代理人同意，他们才可以把秘密告诉给其他人，除非在特殊的情况下，即如果不那么做就会给个人或他人带来明显的危害。在适当的时候，心理学工作者应告知被试保密的法律规定。"（APA，1981，635-636）

在某种程度上，对于那些不愿意参加测验的人来说，所有的观察和任务（包括测验）都是对隐私的侵犯，但多数个体愿意并急切地想参加那些可以缓解自身问题的活动。如果测验或测量是为某些人的利益而不是为所有测量或观察对象编制的，侵犯隐私的可能性就会很高。为了写专业文章、论文或学位论文对被试进行测验很可能会侵犯被试的隐私权，除非他们得到参与者、家长和学校的同意。为了征得其同意，研究者应该告知他们测验的内容，包括对测验目的、步骤、风险（身体和心理损伤两方面）、费用以及研究的潜在价值的全面描述。此外，还要说明保密和匿名措施。

（二）心理测验会引起焦虑、干扰学习

在大多数有关焦虑和测验的研究中，都是先找出承认自己有考试焦虑的被试，然后把他们的成绩与那些自我报告焦虑程度低的被试进行比较。这些研究都没有说明测验对于那些一般不焦虑的被试造成了多大程度的焦虑。参加考试的被试大多数表现出了紧张的情绪（如咬指甲、敲铅笔、扭动身子等）。焦虑最终有什么危害还不清楚，但是测验的目的（是惩罚被试还是促进教学）自然是一个需要考虑的重要因素。

（三）心理测验是对被试进行分类

如果滥用教育和心理测验，并且严格根据测验结果对被试进行分类和归类，就会伤害到一些被试。如果了解到一个孩子在智力测验中得分低，有些主试就会认定这个孩子没法教，并可能分配给他一些低难度的任务以免这个孩子给自己带来麻烦。但是，如果把测验看做只是对行为样本的测查，而不是对本质特性的测量，主试就不太可能对被试进行简单的分类。

（四）测验对聪明而有创造性的被试不利

在《测验的专制》（1962）一书中，理论物理学家 B. 霍夫曼（Banesh Hoffmann）认为"测验使有创造性的人失去了表现其创造性的重要机会，使那些考试投机者凌驾于真正有话要说的人之上"。

（五）心理测验对少数民族的偏见

1. 社会经济偏见

贫困心理学非常关注基本生活需要（吃、穿、住）的满足，尽管社会地位低的群体与其他任何群体一样，存在着广泛的个体差别，但是如果教育失败到不能满足这些基本需要的程度，那么教育就是无用的、不恰当的，它没有体现其应有的价值。相反，许多中产阶级或上流社会的孩子在测验中会努力做到最好，这是因为他们有很好的理由确信现在的努力会对他们的未来有重要影响。其次，他们普遍想通过那样做来使他们的家长和主试满意，而测验结果又强化了他们对获得成功的需要。这种动机上的差别是不同社会阶层的被试测验成绩间有差别的一个原因。正如 K. 整斯（Kenneth Eels）和他的合作者所说："（低层阶级的）孩子经常会或多或少地任意回答，迅速地完成测验。显然，他们事先就确信他们不可能答好那个测验，他们发现迅速完成测验可以缩短测验产生的令人不舒服的时间。"

2. 平均分数偏见

多数心理学工作者喜欢用测验来测量差异，然后再对这些差异做出解释。非裔美国心理学家 R. 威廉斯（Robert Williams）举了一个例子来说明如果对测量结果解释不当，测量就会导致偏见："让我们假设有两个田径明星，赛跑者 A 是顺着每小时 25 英里的风在平地上跑，100 码冲刺的时间是 10 秒；赛跑者 B 是顶着每小时 25 英里的风跑，时间是 10.2 秒。我的问题是，哪个赛跑者跑得更快？"威廉斯认为，测量得出的组间差异和事实存在的组间差异不一定一致，而且对差异的假设很可能对少数民族被试不利。

3. 社会结果偏见

如果测验导致了不公正的社会结果，那么就可以说它有偏见。例如，如果一个测验把大量少数民族被试不公正地安置到智障方案中，那么这个测验就有偏见。测验的社会结果偏见使得很难或不可能对少数民族提供特别服务。

4. 内容偏见

有时测验项目包含令人讨厌的刻板印象，这种刻板印象可以通过让个体或群体做出判断来识别。阳性或阴性名词的过分使用，自然特征（肤色，头发长度），包含有种族角色刻板印象的项目（"印第安"勇士、白人医生、黑人"服务员"、仅供白人作者参考），所有这些至少都是潜在的令人讨厌的刻板印象。

5. 成功偏见

测验是用来测量诸如学业成功（通常用等级衡量）或事业成功（用职位高低、提升、工资等衡量）等效标的行为样例。如果根据测验结果，那些测验得分低但雇佣以后会表现得令人满意的求职者未被录用，那么这个测验就有偏见。因此，如果非裔美国人和白人在工作或学习中表现得同样出色，但结果只有后者达到了最低录取线，那么这个测验对非裔美国求职者就存在偏见。

（六）心理测验只测量行为有限的、表面的方面

有人认为，心理测验评价的不是最重要的人类品质，例如爱和创造性，而是次要的、容易测量的人类品质。

二、合乎伦理与不合乎伦理的心理测验

（一）合乎伦理的心理测验

美国心理学会（American Psychological Association， APA）在心理测验的伦理道德方面也有详细的规定。中国心理学会在1992年颁布了《心理测验工作者的道德准则》，对国内测验使用人员的行为加以规范。心理测验中的职业伦理的基本原则有以下几点：

1. 善行
指负起促进受试者福祉的责任，在测验过程中顾及受测者的利益。

2. 避免伤人
指不要做出伤害别人的事情，例如：在利益冲突情况下，不要从事（甚至是在无意间）可能伤害到受测者的活动。例如，心理测验工作者对测量中获得的个人信息要加以保密，除非在对个人或社会可能造成危害的情况下，才能告知有关

方面。

3. 自主权

指维护受测者自我决定的权利。例如参加心理测验是自愿性的行为，不得强迫他人参加。

4. 公正

指以公平公正的态度去对待所有的受测者，不受其年龄、性别、种族、文化、残障、社会经济地位、生活方式、地域、宗教等因素的影响。也意味着在顾及当事人利益的同时，也必须考虑其他人的利益。

5. 忠实

指作诚实的承诺以及忠于自己的专业工作。创造一种互信的气氛，使受测者在此气氛下与施测者共同合作。本原则也意味着不能欺骗或剥削受测者。

（二）不合乎伦理的心理测验

1. 主试不应该在想要测验的具体知识点上指导被试。那种指导会破坏测验施测的标准化程序，从而无法对得分做出解释，浪费被试的时间。只有按照与常模组或对照组相同的方式进行测验，才能够解释标准化测验的得分。

2. 主试不能根据标准化测验的内容确定教学内容。那样做就违背了标准化测验是行为样例而不是某一年级被试需要了解的所有知识这一原则。由于常模组中的被试在参加测验之前不知道要测的那些项目，主试的班级授课不必完全符合测验内容。学校应选择符合它们总体目标的标准化测验，尽管不是所有项目都可能符合。而且，主试也可以在班级中讲授测验不会涉及的学科内容。

3. 主试不能在他们自编的考试中使用标准化测验，这种剽窃是非法的，是对标准化程序的毁坏。同样，主试不应在任何一套指导材料中使用标准化测验项目。

4. 主试不能通过利用与标准化测验中类似的项目来提高被试成绩。如果按照测验计划，在学区里将要进行一种形式的考试，主试就不应该再进行另一种形式的考试。有时主试这样做是为了预知被试在将要进行的测验中的成绩，但是由于练习因素的存在，所以这种做法抬高了被试的分数，因此是不合伦理的。

5. 即使主试认为有些被试会做得很差，但是把他们排除在外，不允许他们参加全区的测验也是不合伦理的。因为常模组也有可能包括那些预计在考试中会答得差的被试。主试也不应该把班级中属于"低能力组"的一部分被试排除在外，不让他们参加测验。显然，那些特殊班级的智障被试是个例外，他们不属于正规学校计划。然而，如果特殊教育被试包括在常模组或对照组内，他们也应该参加测验。

6. 为了提高部分被试的测验得分而忽视对其他被试的指导是不合伦理的。教育的目的是使每一个被试取得最佳成就，而不是取得测验高分。在希望一些被试受益的同时，不应使其他被试处于不利地位。

7. 使用任何方式改变标准化测验的说明、时间限制以及评分程序都是不合伦理的。这主要包括：当说明指定由被试来阅读题目时，主试把题目读出来；考试进行过程中，主试通过回答一些问题给被试提供额外帮助（除非测验指南中有特别规定）；被试漏掉一个题目时，主试以耸肩或皱眉给被试提供暗示。标准化测验的价值就在于它们是在标准的（统一的）条件下进行的，违背那些条件的任何做法都会使考试结果难以解释或不可能解释。

8. 在被试之间、班级之间或学校之间制造标准化测验的焦虑和竞争是不合伦理的。测验不是竞赛，不应像对待竞赛那样来对待它，产生焦虑会使被试的身心健康受到损害。

第三章　心理测量的原理

第一节　心理测量的信度

一、信度的含义

（一）测量分数、真分数和误差分数

任何测量都包含三个分数：测量分数，真分数和误差分数。测量分数（或称原始分数）是个体在某一测验中获得的分值，通常它并不能反映个体的真实能力或水平。真分数（或总体分数）是在不考虑练习效应的情况下，个体作无数次测验得到的一个假设的平均值。它只是一个假定值，用来标识个体真实的知识水平或能力，能体现出稳定的个体差异。误差分数（或测量误差）指测量分数与真分数之间的差值。下面，我们通过对测量分数、真分数、误差分数的关系分析，来考察影响信度的因素。

1.误差及其种类

测量都有误差，心理测验主要测量的是心理属性，相对于物理测量来说，受测量误差的影响更大。因此，保障测评结果稳定性、可靠性的关键在于控制各种误差。

误差是在测量中与目的无关的变异所引起的不准确或不一致的效应，即误差是由与测量目的无关的变异引起的，而且是不准确或不一致的测量结果。测量误差主要有以下三种：

一是抽样误差（Sample error），即由抽样变动造成的误差。抽样误差的大小可以用样本均值的标准误 $S_{\bar{x}} = S/\sqrt{n}$ 来反映，它是样本标准差 S 与样本容量 n 的算术

平方根之比。当测评样本的代表性强且样本容量 n 较大时，S_x 很小，即抽样误差能得到较好的控制。

二是随机误差（random error），它是由与测量目的无关的偶然因素引起而又不易控制的误差，它使多次测量产生了不一致的结果。这种误差的方向和大小的变化完全是随机的，无规律可循。

三是系统误差（systematic error），即由与测评目标无关的某种恒定因素所引起的稳定的、有规律性的误差。系统误差的影响会使测评结果出现有倾向性的偏差，但它在测验成绩中不会引起不一致性。

系统误差只影响测值的准确性，而随机误差既影响准确性又影响一致性。系统误差只与效度有关，而随机误差与效度、信度都有关。

2. 真分数

在无数次测评中所得分数的平均值称作真分数，它反映的是应试者潜在的真实水平。由于测量误差不可避免，因此，真分数只是理论上的概念。根据真分数理论，我们可以将应试者的实测分数 X 表示成真分数 T 与随机误差分数 E 的和，即

$$X = T + E$$

真分数理论存在三个基本假设：第一、误差分数的平均数是零；第二、误差分数与真分数相互独立，即相关为零；第三、两次测量的误差分数之间的相关为零。误差是随机出现的，每次测量所产生的误差是独立的，两次测量之间没有必然的联系，意即不存在统计意义的相关。如果一个应试者团体参加了测试，所得实测分数的方差 S_X^2 可以表示成真分数方差 S_T^2 与随机误差方差 S_E^2 的和，即

$$S_X^2 = S_T^2 + S_E^2$$

（二）信度的理论定义

在理论上，信度可以被定义为：真分数方差与实测分数方差之比，即

$$r_{XX} = \frac{S_T^2}{S_X^2}$$

这里的 r_{XX} 也称为信度系数，它等价于是观察分与真分数间相关的平方。

由上述两式，可得

$$r_{XX} = \frac{S_X^2 - S_E^2}{S_X^2} = 1 - \frac{S_E^2}{S_X^2}$$

信度的这一定义是从真分数和随机误差对实测分数的影响和贡献来考虑信度的。该定义有两点要注意：第一，信度指的是一组测验分数或一系列测量的特性，而不是个人分数的特性。第二，真分数的变异数是不能直接测量的，因此信度是一个理论上构想的概念，只能根据一组实得分数作出估计。

由信度的理论定义可知，信度系数 r_{xx} 的范围是[0，1]。当 $r_{xx}=0.90$ 时，可以认为测验总的实测分数中有90%来自真分数的贡献，另有10%是受随机误差的影响。

信度的另一个定义是：两平行测验上实测分数的相关。所谓平行测验，就是能以相同程度测量某一心理特质的测验，又称等价测验。若有两个平行测验，向一大批应试者施测，如果所得测验分数的相关很高（如r=0.98），这时候用应试者在一个测验上的实测分数去推论他在另一测验上得分的把握就非常大，或者说准确性很高。显然，这要在两平行测验控制误差的能力都很强，应试者在两测验上所的分数一致性很高的情况下才能做到。由此，就可以将两平行测验上实测分数的相关定义为它们的信度系数。

二、信度估计的方法

常用的信度估计方法有重测信度、复本信度、内在一致性信度、评分者信度、以及综合重测信度与复本信度特点的稳定—等值系数。不同的信度反映测验误差的不同来源，所以一种信度系数只能说明信度的一个方面。

（一）重测信度

重测信度又称为稳定性系数，指用同一测验对一组应试者先后施测两次，所得分数的相关程度。重测信度的假设是：（1）所测量的特性必须是稳定的。（2）遗忘与练习的效果相同。（3）在两次施测期间被试的学习效果没有差别。

重测信度的高低，反映了测评结果在经历时间变化后的稳定程度。人的心理特质或属性中，有相当一些本身具有很高的稳定性，如智力、人格等。如果拿一个测验测量某应试者的智力，第一次测得智商为110分，一周后再测却变成了60分。如果没有其他特别的原因，就说明测评结果的可信度很低，该智力测验自然也是低信度的，缺乏应用价值。重测信度重点考察的是伴随时间变化而产生的偶然因素影响。如气候、噪音或其他干扰，以及由于情绪波动、疲劳引起的试身心状态的起伏变化等对测验结果的影响。重测信度代表测验成绩能够应用于不同时间的程度，信度越高，测评结果跨时间的稳定性和可靠性高。

计算重测信度的方法是求两次测验分数的积差相关系数。如果收集到的是原始数据，可用下列公式计算：

$$r_{x_1 x_2} = \frac{\sum (x_1 - \bar{x}_1)(x_2 - \bar{x}_2)}{n s_{x_1} s_{x_2}}$$

其中，$\bar{x}_1$、$\bar{x}_2$分别表示两次测验分数的平均数，S_{x_1}、S_{x_2}则表示两次测验分数的标准差。

重测信度的误差来源有：（1）不同的间隔时间。（2）测验的特性不稳定（如情绪）。（3）被试的因素：如练习、记忆效果。（4）偶然因素的干扰。

计算重测信度需要注意两方面的问题：首先是前测验遗留效应对后测验的影响问题，比如练习效应、记忆影响。重测信度适用于速度测验而不适用于难度测验。速度测验的测题数量较多，且有一定的时间限制，应试者很难记住前一次测验的内容，受记忆影响较小。难度测验则相反，应试者一旦知道答案就很难忘记。其次，重测的间隔时间也需要认真考虑。延长间隔时间，可以减少前侧对后测的影响，但时距过长，所要测评的身心特点可能发生变化。计算重测信度时，应该依据测验的性质、题型、题量和应试者的特点来决定适宜的时距，一般是两周到四周较宜，最好不超过六个月。

（二）复本信度

复本信度又称等值性系数，其估计方法是：先精心编制两个相互平行的测验复本，然后用它们测量同一群体，则应试者在这两个测验上得分的相关系数即为等值性系数。

复本测验的定义类似于平行测验，是指在测验性质、内容、题型、题量、难度等方面均一致的两个测验。

计算复本信度的主要目的在于考察两个测验复本在题目取样或内容取样上的一致性程度。例如，同样是测量逻辑推理能力的两个测验，如果同一应试者群体在它们上得分的相关较低，则说明两个测验取样不等值，或者说其中至少有一个测验可靠性比较低。

复本信度的误差来源包括：（1）两个测验是否等值？包括取样、格式、内容、题数、难度、平均数、标准差是否一致；（2）被试的因素：包括情绪，动机等；（3）测验情境、偶发因素干扰等。

复本信度也要考虑两个复本实施的时间间隔。两个复本只有在同一时间施测的，相关系数所反映的才是复本的等值性；如果先后施测，就可能混入时间的影响。在实际应用中，应有一半应试者先做A本再做B本，另一半应试者先做B本再做A本，以抵消施测的顺序效应。

同重测信度相比，复本信度控制了两次施测的相互影响，因而既适用于难度测验，也适用于速度测验。但完全等值的复本只在理论上存在，实际应用中抽样误差在所难免，而且编制复本也需要消耗很大精力。

在有些情况下，还利用不同的时间来施测两个等值的测验复本，这时所求得的信度系数称为等值—稳定性系数。等值—稳定性系数既考虑了测评结果跨时间的稳定性，也考虑了不同题目样本的一致性，因而是更为严格的信度考察方法。

（三）内部一致性信度

内部一致性信度是指同一个测验中各个题目所测内容或心理属性的一致性程度，又称为同质性信度。内部一致性信度考察的重点都是测验题目间的相关，如果相关高，则可以在一定程度上推论所有题目都集中在考察同一心理结构或特质，这样测验的质量就有所保证。

内部一致性信度具体表现为应试者在各个题目上所得成绩的一致性。通常，可以用分半相关、库特－理查逊公式或克隆巴赫 α 系数来计算内部一致性系数。

1. 分半信度

当一种测验既无复本，又不能或没有重复施测时，可以用分半相关来估计测验的内部一致性信度。具体做法是：一个测验施测后，将题目分成等值的两半，求这两部分测验得分的积差相关系数。

用分半法估计内部信度，首先要解决的问题是如何将测验分成可比较的两部分。除少量的速度测验外，将测验按前、后两部分分开是不妥的，因为前后两部分题目的难度水平可能不同，而且准备状态、练习、疲劳等因素的作用在测验前半段和后半段也有所不同。所以实践中一般采用奇偶分半，即将测验的奇数题分为一组，偶数题分为一组，再求取两部分成绩的相关。

需要注意的是，一个测验被分成两半后求得的两个半测验分数的相关系数，比全测验与其平行测验的相关系数要小。这是因为测验的信度跟它所包含的题目数是直接关联的。测验的题目越多，测验得分的稳定性也就越强，估计出的信度系数也越高。因此采用分半法求得的相关系数，必须经过校正后才能作为原来的全测验实有的信度系数。校正公式多采用下面所列的斯皮尔曼—布朗公式。

$$r_{tt} = \frac{2r_{hh}}{1 + r_{hh}}$$

在应用上式时，两个半测验须严格满足平行性假设。否则，测验的信度估计将会产生误差。

在两个半测验分数方差不等的情况下，可以采用下列两个公式：

弗拉南根（Flanagan）公式：

$$r_{tt} = 2\left(1 - \frac{S_a^2 + S_b^2}{S_t^2}\right)$$

其中，S_a^2、S_b^2分别为两个分半测验分数的方差，S_t^2是整个测验实测分数的方差。

卢龙（Rulon）公式：

$$r_{tt} = 1 - \frac{S_d^2}{S_t^2}$$

其中，S_d^2是两个分半测验分数之差的方差，S_t^2是整个测验实测分数的方差。

2. 库德－理查逊公式

由于将一个测验两分的方法很多，而每一种分半方法也都能求出一个的信度系数。用库德－理查逊公式计算内在一致性信度，可以避免由于任意分半而造成的偏差，该公式适合于1、0计分的题目。

应用库德－理查逊（Kuder-Richardson）公式须满足的假设与斯皮尔曼－布朗公式的相同。

库德－理查逊20号公式（简称K－R20）：

$$r_{tt} = \left(\frac{n}{n-1}\right)\left(\frac{s_t^2 - \sum pq}{s_t^2}\right)$$

其中，n是测验题目数，p是题目通过率，q是题目未通过率，S_t^2是测验的总分方差。由于库德－理查逊公式要求0、1计分，所以$\sum pq$实际上就是每道题目的方差之和。

如果题目难度接近，可以应用下面的K－R21公式：

$$r_{tt} = \left(\frac{n}{n-1}\right)\left(\frac{s_t^2 - n\bar{p}\bar{q}}{s_t^2}\right)$$

上式中，$\bar{p}$为各项目p的平均数，$\bar{q}$为各项目q的平均数，S_t^2是测验的总分方差。

3. 克伦巴赫α系数

库德—理查逊方法适用于1、0计分的题目，但有许多测验题目采用多重计分，如很多评定量表和态度量表等，常常将应试者的反应分为4级、5级或7级，有的成就测验中则包含有更多种类的记分方法。对于这些类型的测验，库德－理查逊公式不再适用。为此，克伦巴赫（L. J. Cronbach）提供了更为通用的公式：

$$\alpha = \left(\frac{n}{n-1}\right)\left(\frac{s_t^2 - \sum v_i}{s_t^2}\right)$$

其中，S_t^2是整个测验实测分数的方差，v_i是每个题目的方差。

通过上述公式计算出的信度系数值，就是克伦巴赫α系数，其最大优点就是适用于多级计分的题目，因而应用极为广泛。

（四）评分者信度

评分者信度是指不同评分者对同一组应试者评分的一致性程度。

估计评分者信度的方法有多种。若只有两个评分者，可以让他们对同一组应试者的反应行为独立评分，然后求取两组评判分数的相关系数。根据评分的类型，相关系数的计算可以用积差相关公式，也可以采用斯皮尔曼等级相关公式或其他公式。

如果评分者在三人以上，就需要用肯德尔和谐系数来求评分者信度。其公式为：

$$W = \frac{\sum_{i=1}^{N} R_i^{\,2} - \dfrac{\left(\sum_{i=1}^{N} R_i\right)^2}{N}}{1/12K^2\left(N^3 - N\right)}$$

其中，K是评分者人数，N是被评的应试者人数，R_i是每个应试者所得等级之和。

以上介绍的信度估计方法都是从不同侧面对测验的稳定性和一致性程度所做的估计。所得到的信度系数反映了不同的误差来源的影响。表3-1显示的是各种信度估计方法所考察的侧重点。

表3-1　各种信度估计方法的侧重点

信度类型	考察的侧重点
重测信度	测验跨时间的一致性
复本信度	测验跨形式的一致性
稳定—等值系数	测验跨时间和形式的一致性
内在一致性系数	测验跨题目或两个分半测验之间的一致性
评分者信度	测验跨评分者的一致性

三、影响信度系数的因素

（一）随机误差

由误差来源可知，随机误差是影响信度的因素。它的主要表现在如下几方面：

1. 测验内部引起的误差

测验内部的误差主要来源于题目取样：当测验题目较少或取样缺乏代表性时，被试的反应受机遇影响较大；当几个测验复本不等值时，接受不同的题目，就会获得不同的分数。

除题目取样不当可引起误差外，其他一些因素，如测验的问题带有欺骗性、题目模棱两可、形式令人费解或测验过难、题目太少、题目内容不同质；对反应步骤说得不清；题目过难引起猜测；时限短使被试仓促作答等等，也都可能成为误差的来源。

2. 由施测过程引起的误差

主要有以下几方面：

物理环境：施测现场的温度、光线、声音、桌面好坏、空间阔窄等皆具有影响。

主试方面：主试的年龄、性别、外表，施测时的言谈举止、表情动作等均能影响测验结果。

意外干扰：在测验环境复杂，特别是当被试人数较多时，容易发生出乎意料的干扰或分心事件。

评分计分：评分不客观以及计算登记分数出错等也是常见的误差。

3. 由被试本身引起的误差

即使一个测验经过精心编制，题目取样具有代表性，又有标准化的施测和计分程序，由于被试本身的变化，仍然会给测验分数带来误差，这种误差是最难控制的。来自被试的误差因素，有些是属于个人的长期的一般性变化，有些是与特定测验内容和形式以及特定施测条件相联系的暂时的特殊变化。

（1）测验的经验

被试对测验的经验也会影响成绩，对测验的程序和技能熟悉的程度不同，所得分数就可能会不同，这种情况下不能直接进行分数比较。测验的技巧会影响被试的成绩，如果被试熟悉测验程序及题目形式，他的成绩就可能比另一名不熟悉情况的学生好。另外，练习也有可能提高被试的成绩。

（2）练习因素

任何一个测验在第二次应用时，都会有练习效应而使成绩提高。在能力测验方面，练习效果的研究大体获得了下列结论：对于智力较高者练习效果较为显著；着重于速度的测验，练习效果较明显；再做同一个测验比做复本的练习效果明显；两次测验之间的时距越大，练习效果愈小，相距3个月以上，练习效果可忽略不计。

（3）应试动机

被试参加测验的动机不同，会影响到他回答问题的态度、注意力、持久性以及反应速度等。被试动机的影响如果使其在测量中以一种恒定的方式进行反应，则会导致系统误差，使测量的有效性降低。如果被试的动机引起偶然的不稳定的反应，则是随机误差，测量的有效性、可信性也会降低。

（4）测验焦虑

测验焦虑是指被试在应试前和测试中出现的一种紧张的、不愉快的情绪体验。和一切情绪反应一样，焦虑的产生既有认知因素的作用，也有生理因素的作用。对测验的焦虑会影响被试的成绩。一般来说，适度的焦虑会使人的兴奋性提高，注意力增强，反应速度加快，从而对智力和学术性能力倾向有积极作用；过度的焦虑会使工作能降低，注意力分散，思维变得狭窄、刻板；毫无焦虑，则往往源于对测验的动机不强，因而成绩大多偏低。

（5）反应定势

反应定势也称反应的方式或反应风格，是指独立于测验内容的反应倾向，即由于每个人回答问题习惯的不同，而使得有相同能力的被试获得不同的分数。定势的产生既有心理的原因，也有生理的原因。心理因素的影响主要是由于态度、价值观和人格的不同。求"快"和求"精确"的反应定势、偏好正面叙述的反应定势、偏好特殊位置的反应定势、偏好较长选项的反应定势、猜测的反应定势等对测验会产生影响。

（6）生理因素

不但心理因素会影响测验成绩，生病、疲劳、失眠等生理因素也会影响测验成绩而带来误差。能影响测验分数的变异还有许多，任何与测量目的无关的变异都可能引起误差，以上只是几种主要的，这些变异既能引起随机误差，也能产生系统误差。

（二）受测团体的范围

信度系数与相关系数一样，受到分数分布范围的影响。受测团体的水平越接近，测验分数的分布范围越小，随机误差的影响就越大，信度就越低。反之，分数分布范围越大，信度就越高。从信度的理论定义可知，当应试者的水平相差较大时，其所得实测分数方差 S_X^2 会增大，随机误差方差与实测分数方差的比 S_E^2 / S_X^2 就会减少，于是信度系数会随之增加。

受测团体分数分布范围的影响体现在以下两方面：

1.团体异质性

团体异质性不同，分数的标准差亦不同。

当将测验用于标准差不同的团体时，可用克莱公式推算出新的信度系数。

$$r_{mm} = 1 - \frac{S_0^2(1 - r_{00})}{S_n^2}$$

上式中，S_0为信度系数已知的分布的标准差，S_n为信度系数未知的分布的标准差，r_{00}为用于原团体的信度，r_{mm}为用于异质程度不同的团体时的信度。

2. 团体的平均水平

对于不同水平的团体，题目具有不同的难度。每个题目在难度上的微小差异累积起来便会影响信度。这种影响都不能由统计公式来推估，只能从经验中发现它们。比如：斯坦福一比奈测验的信度系数从0.83到0.98不等。年龄较大的比年龄较小的信度高，智商较低的比智商较高的信度高。

（三）测验的长度

测验所含题目的数量称作测验的长度。测验的题目越多，测量学生水平的可靠性越高，即信度越高。

在一般情况下，测验长度增加时信度也随之提高。如果在某个测验中增加与该测验同质的试题，并且它们具有相同的难度，就可以改进信度。由斯皮尔曼－布朗（Spearman－Brown）公式

$$r_{nn} = \frac{nr_{tt}}{1 + (n-1)r_{tt}}$$

可导出计算测验长度的公式

$$n = \frac{r_{nn}(1 - r_{tt})}{r_{tt}(1 - r_{nn})}$$

其中，n是增加试题后的测验长度与原测验长度的比率，r_{tt}是原测验信度系数，r_{nn}是增加测验长度为原测验的n倍时的信度系数。

由计算测验长度公式可以确定，一个信度较低的测验，需要增加多少题目才能使它的信度达到预期的目标。

增加测验题目是提高测验信度的最有效的途径之一，但并非测验题目越多越好。增加测验长度的效果遵循报酬递减律，测验过长是得不偿失的，有时还会引起被试的疲劳和反感而降低可靠性。

（四）测验的难度

测验的难易将会影响分数的分布范围。测验太易或太难都会使分数的分布范围缩小，随之使信度降低。测验的难度水平是M／n，其中M是分数的平均值，n是题目数量。平均值越接近于题目数量，测验就越容易。由于大多数人都可能正

确回答了所有题目，被试间的变异性很低；当变异性很低时，信度通常也会很低。而难度太大的测验除了会降低分数的变异，还可能引起猜测，从而制造出随机误差，导致低信度。

四、提高信度的方法

（一）适当增加测验的长度

如前所述，由于项目数量太少会降低测量的信度，所以，提高测量信度的一个常用方法是增加一些与原测验中项目具有较好的同质性的项目，增大测验长度。这里有两点必须注意：第一，新增项目必须与试卷中原有项目同质。第二，新增项目的数量必须适度。

（二）使测验中所有试题的难度接近正态分布并控制在中等水平。

当测验中所有试题的难度接近正态分布并控制在中等水平时，被试团体的得分分布也会接近正态分布，且标准差会较大，以相关为基础的信度值必然也会增大。

（三）努力提高测验试题的区分度

区分度是测验题目的质量指标。一份测验所有试题区分度的高低直接影响测验的信度。努力提高测验中所有试题的区分度，可望获取较高的测验信度。

（四）选取恰当的被试团体，提高测验在各同质性较强的亚团体上的信度。

由于被试团体的平均水平和内部差异情况均会影响测量信度，所以在检验测量的信度时，一定要根据测验的使用目的来选择被试。即在编制和使用测验时，一定要弄清楚常模团体的年龄、性别、文化程度、职业、爱好等因素。在一个特别异质的团体上获得的信度值并不等于其中某些较同质的亚团体的信度值。只有各亚团体上信度值都合乎要求的测验才具有广泛的应用性。

（五）测验过程标准化

主试严格执行施测程序的规定，评分者严格按标准给分，实测场地按测验手册的要求进行布置，减少无关因素的干扰。

五、信度系数的实践意义

（一）测量的标准误

从理论上讲，一个人的真分数理论上是用同一个测验对他反复施测所得的平均值，其误差则是这些实测值的标准差。然而，这种做法是行不通的。因此，我们可以用人数足够多的一个团体两次施测的结果来代替对同一个人反复施测，以估计测量误差的变异数。此时，每个人两次测量的分数之差可以构成一个新的分布，这个分布的标准差就是测量的标准误，它是此次测量中误差大小的客观指标。可见，测量的标准误指测量误差分布的标准差，表示测量误差的大小。它可以：（1）反映个体测验分数的变异量；（2）估算个体的真分数范围。

有了测量的标准误这一指标，我们就可以对团体中任何一个人的测验成绩作出恰当的解释（即能通过区间估计的办法指出测量的精度）。一个测量的标准误可用下式计算：

$$SE = S_X \sqrt{1 - r_{xx}}$$

式中，SE 是测量的标准误，S_x 是实得分标准差，r_{XY} 是测量的信度。

（二）根据测量标准误解释测验结果

因为任何一个测验都存在误差，这种误差的大小是以测量标准误来表示的，所以，在对测验结果的解释时，就必须考虑到测量标准误的大小。若我们将测验所得的分数用X表示，那么，其真分数T落在下述区间内的概率为95%，即

$$(X-1.96\,S_e) \leq T \leq (X+1.96\,S_e)$$

我们把包含真分数的数值范围称为置信区间，区间的极限称为置信限，选用95%或99%的概率水平称为置信度。因此，$X \pm 1.96\,S_e$ 的分数范围称为真分数T的95%置信区间，$X \pm 2.58\,S_e$ 的分数范围称为真分数T的99%置信区间。在对测量标准误进行研究之后．我们在解释测验分数时就应该以"一段分数"来表示被试的表现，而不是以某一个"特定的分数来对被试进行描述。测量标准误越大，则"一段分数"的范围也越大，所测得的分数的可靠性就越低，测量标准误越小。则"一段分数"的范围也越小，所测得的分数的可靠性就越高。

例如，如果一个拼写测验的信度系数是0.84，标准差是10，那么SE=4。如果一个学生在拼写测验中得了50分，那么使用50分作为分数的估计点，我们将会得到如下结果：

在68%（精确的说是68.26%）的可信水平上，真分数的范围是在46-54之

间；

在95%（精确的说是95.44%）的可信水平上，真分数的范围是在42-58之间；

在99%（精确的说是99.74%）的可信水平上，真分数的范围是在38-62之间。

测量的标准误和信度系数很像，它是表示测验信度的一种方法。如果测验的标准差是恒定的，S_e越小，测验信度越大；随着r_{xx}的增长，S_e将会降低。

（三）直接估计标准误差

估计信度r_{tt}要求每个人都有两个测验分数，估计S_e也是一样要求每个人要有成对的分数，每个人成对的分数由复份法、再测法、分半法获得。计算公式为：

$$S_e = 0.707 \, S_{X1-X2}$$

对于稳定系数或等值系数所得成对测验分数，去估计S_e时，可从此两分数间的差异之标准差乘上0.707而得，求X1和X2间的差异时应保留正负号。而从分半相关法估计时，可利用下式求得分半测验分数间差异的标准差：

$$S_e = S_{X_e-X_m}$$

第二节　心理测量的效度

一、效度概述

（一）什么是效度

1. 效度的理论定义

效度（validity）是指测评工具测到所要测量目标的程度，简言之就是测评的正确性、有效性程度。

对于效度的概念，我们要注意以下几点：

（1）效度是一个相对的概念。这种相对性表现在两个方面：第一，效度是相对于一定的测量目的而言的。测量某一特质有效的量表，若用它来测量另一种特质，则必然会无效或效度极低。比如一把普通皮尺，如果用于测量人的身高，是很有效的；但如果用来测量很细微的长度，如铁丝的直径，则不是那么准确；如果用于测量人的体重，其有效程度就大大降低了。第二，心理特质是较隐蔽的特性，只能通过个体的行为表现来进行推测，绝对无效和百分之百准确的测评工具都难以找到，而只能达到某种程度上的准确。

（2）效度是测量的随机误差和系统误差的综合反映。当一个测验随机误差较大时，实测结果当然会偏离真值，造成结果的不准确。如果测量中还存在系统误差，则系统误差也会加大测量误差。只要出现测量误差，测量的效度必受影响。

（3）判断一个测量是否有效要从多方面搜集证据。由于描述心理特性的角度可以是理论上的，也可以是实践上的，途径很多，因此，获取测量效度的途径也是多样的。例如，智力测验是否测得了人的智力，我们就可以从理论上做逻辑分析，也可以从他在工作、学习中的实际表现等许多方面加以证实。

2.效度的统计定义

根据真分数理论，个体的实测分数可以表示成真分数与随机误差分数之和。如果再将真分数表示成与测验目的有关的有效分数 V 和与测验目的无关的系统误差分数SE之和：

$$T = V + SE$$

则个体的实测分数就可进一步表示为：

$$X = V + SE + E$$

根据经典真分数理论的若干假设，相应地有以下关系：

$$S_T^2 = S_V^2 + S_{SE}^2$$

$$S_X^2 = S_V^2 + S_{SE}^2 + S_E^2$$

其中，S_V^2是有效分数方差，S_{SE}^2是系统误差分数方差。

效度是衡量测评有效性、准确性的指标，它在理论上被定义为有效分数方差与实测分数方差之比，即

$$Val = \frac{S_V^2}{S_X^2}$$

这里，Val表示效度系数。它可以理解为在实测分数的总方差中，所要测评的心理特性作出的贡献和影响。

由效度的理论定义可以知道，效度系数的取值范围是 [0，1]。

3.效度的重要性

效度所考虑的问题是：测验测量什么，测验对测量目标的测量精确度和真实性有多大？一般说来，效度的作用比信度的作用更为重要。一个测验的效度若很低，则无论其信度有多高，也是无用的。高的效度，是一个良好测验最重要的特性，是选择和评鉴测验的重要依据。比如勉强用皮尺来测量体重，可能每次的测

量值都很一致，即信度很高，但仍然是不准确和低效的测量，因为皮尺本身不是测量身高的恰当工具。再比如，我们用一杆秤称一袋水果的重量，每次称的结果都是一斤，说明测评受随机误差影响小，结果稳定，信度很高。但秤杆所标出的份量是不是水果的真正份量，仍有待考察。假如这杆秤被做过手脚或本来就不够标准，每称一斤都少一两，则水果实际的重量只有九两。这种误差显然对测评结果具有恒定的影响，被称为系统误差。系统误差不会造成测评的稳定性，但会影响测评的有效性，即效度。所以，是否有较高的效度是评价一个测评工具最为重要的标准，是必要条件。我们是选择和评鉴测评工具，也要首先考虑其效度，其次才是信度。从理论上说，效度高的测评工具信度也会高。

（二）效度的类型

1. 内容效度

内容效度（content validity）是检查测验内容是否是所要测量的行为领域的代表性取样的指标。比如，一个测验包括25个加法题和减法题，与包括10个问题而且这些问题是有关运动而不是加法和减法的测验相比，第一个测验在测量简单的数学能力方面比第二个测验更好。

2. 结构效度

结构效度（construct validity）指测验能够测量到理论上的构想或特质的程度。所谓构想，通常指一些抽象的、假设性的概念或特质，如智力、创造力、言语流畅性、焦虑等。这些构想往往无法直接观察，但是每个构想都有其心理上的理论基础和客观现实性，都可以通过各种可观察的材料加以确定。构想效度关注的问题是测验是否能正确反映理论构想的特性。

3. 效标关联效度

效标关联效度（criterion-related validity）反映测验分数与外在标准（效标）的相关程度，即测验分数对个体的效标行为表现进行预测的有效性程度。比如，我们编制的智力测验工具，要检验其效度，可以用学生的学业成就或老师对学生的评定作为衡量标准，也可以用已有的标准化智力量表（如斯-比量表）的测验成绩作为参照标准。如果测验成绩与效标的相关程度高，就证明这个智力测验量表的效度高，可以使用。

根据获取效标资料时间的不同，可以把效标关联效度进一步区分为同时效度和预测效度。同时效度（concurrent validity）指效标资料与测验分数同时得到而计算出来的效标关联效度。比如在施测编制的智力测验量表的同时，请老师对参与测验的每个学生进行学能等级评定。预测效度（predictive validity）指效标资料要在测验完成一段时间以后才能得到、进而考察测验对效标变量预测的有效性。比如，企业人力资源部采用某些测评量表选聘一批员工，对这些员工工作半年或一年后考察其工作业绩，然后计算测评分数与工作业绩指标之间的相关，由此就可以推知该测评工具的预测效度。

（三）效度与信度的关系

由实测分数及其方差构成的两个公式可以知道，效度的提高受到信度的制约。如果测评的随机误差较大，则 S_E^2 较大，S_T^2 较小，此时测验的信度较低，同时 S_V^2 也一定较小，所以测评的效度也不会高。而如果总方差中 S_V^2 所占的比例较大的话，则测评的效度高，同时 S_T^2 较大，S_E^2 较小，所以测评的信度也会高。由此可见，高信度是高效度的必要条件，信度高消毒不一定高；而高效度则是高信度的充分条件，效度高信度一定高。

根据上述分析，效度与信度的关系可以表述为：信度高是效度高的必要条件，但不是充分条件，因而信度高的测评工具效度不一定高。反之，高效度是高信度的充分条件，效度高的测评工具，其信度一定高。

另一方面，降低信度，也会使效度降低。例如，测评信度和它的效标测量信度降低时，会使测评和效标之间的相关程度减弱（即效度系数降低）。为了估计测评与效标真分数之间的相关系数，可以用如下公式校正。

$$r_c = \frac{r_{xy}}{\sqrt{r_{xx}r_{yy}}}$$

上式中，r_c 是测评与效标真分数的相关系数，r_{xy} 是实测分数与效标分数之间的相关系数，r_{xx}、r_{yy} 分别是测验和效标测量的信度。由于相关系数 $|r_c| \leq 1$，所以由上式可知

$$r_{xy} \leq \sqrt{r_{xx}r_{yy}}$$

取效标测量的最大信度值代入，则有：

$$r_{xy} \leq \sqrt{r_{xx}}$$

由此可知，信度系数的算术平方根是效度系数的上限。

二、效度的估计方法

一个测验工具的效度如何，是无法直接证明的，只能通过间接手段来证明。心理学家从各种来源中收集证据以证实测验测量了它们用来测量的东西的过程，叫做效度验证（validation）。一般地，界定效度的方式有三种类型：内容效度、结

构效度和效标关联效度，效标关联效度还可以进一步分为同时效度和预测效度。

（一）内容效度

1. 内容效度的含义

内容效度（content validity）指测验题目对有关内容或行为范围取样的适当性，或者说测验的题目构成所要测量领域的代表性样本的程度如何。

在实际工作中，我们编制的测验不可能包含所要测量的行为领域的全部可能材料或情境，只能选择一些题目来做目标领域的代表，通过观察应试者对这些题目的反应，来推测他在真实情境中的表现。因此，取样的恰当性和代表性是影响测量效果的一个重要因素。如果所选择的题目偏重于某部分内容，或是过难或过易，就会使测验难以对目标行为或特点进行全面、准确的测量。

2. 内容效度的评价方法

内容效度的确定一般难以采用定量化的方式。测评的内容效度依赖于两个条件：目标领域范围明确；测验内容的取样有代表性。因此，要保证测验有较高的内容效度，首先要明确而详尽地规定测评的目标领域。这样，后续的命题才能有的放矢。当然，有时候测评目标领域的确定本身也是有难度的，需要测试者对测评的目标领域有深入的研究。必要时可以事先制订测验规划，制成"双向细目表"，从测评的内容及所需的能力层次两个方面提出要求，并详细规定各部分的比重。

验证内容效度的方法，通常是由专家根据目标领域和测验题目作全面、深入、系统的比较判断。判断结论的质量，取决于分析者的实际经验和专业水平。因此，应尽量邀请高水平的专家对内容效度进行评估。如果专家们认为测验题目恰当地代表了所测内容，则测验具有内容效度。这种方法的主要问题是，内容效度的判断有一定的主观性。为了集思广益，可同时请多名专家对同一个测评工具的内容效度独立进行评估，然后计算评分者信度，如果信度高，说明多名专家的评定一致性高，对内容效度的评估准确。另一方面，还可以让专家组展开深入细致的讨论，以形成关于内容效度的一致评价。

内容效度的确定还可采用经验的方法，即研究不同个体在一个测验上所得的分数，是否客观地反映了他们在该领域水平的实际差异。例如，对于某个胜任力测验，可以检查工作绩效不同的应试者在该测验上总分和每题分数的变化情况。如果工作绩效高的应试者，测验的总分和每个题目的得分率也高，就可以推测该测验基本测量了胜任力的内容。

内容效度最适合于评估学业成就测验。因为在实施这种测验时，我们希望知道考生掌握某方面知识、技能以达到的程度如何。所以，测验所包含的内容就应该成为这方面知识、技能的代表性样本。内容效度也适用于职业测验和某些用于选拔和分类的人事测验。这种测验要对雇员加以挑选和安置，当测验内容是实际工作的一个代表性样本时，才有利于实现测验目标。

在进行内容效度评估时，必须注意不能将测验的内容效度推广到本来未涉及的领域。如职业倾向测验可以考察应试者的职业偏好和倾向，但不能认为这个测验也能以同样的精度测量应试者的工作能力或领导能力。此外，还应注意测评时无关因素的影响，如一个测量逻辑推理能力的测试，如果用英文呈现，则会受到应试者英语水平尤其是阅读理解能力的影响，即测试测到的内容不再单纯是逻辑推理能力了。

3. 内容效度与表面效度

表面效度是和测验内容相关的一个概念，它是指根据测验的表面信息（如测验的题目内容及用语）来看，测验像是在测什么。它与内容效度所指的测量的实际有效程度不同，它关注的重点不是测验实质上在测什么，而是测验在施测者、尤其是技术上未受过训练的应试者眼中看起来是在测什么。严格地说，表面效度不是效度。但是，如果测验题目的内容在应试者眼中看来与测验目的风马牛不相及，甚至幼稚可笑，则必然会影响到应试者的情绪及合作态度，从而损害测评结果的准确性。所以，为了取得应试者的信任与合作，需要重视表面效度的问题。

要改进表面效度，必须认真研究和安排题目的表现形式，要使题目在形式上能够反映出它跟测验的目的，跟所测领域的密切关系。当然，也不是所有的测验都要求有高的表面效度。比如有些人格测验，为了引发应试者的真实反应以发现其潜在的人格特质，反而要隐藏测验的真实目的。

（二）结构效度

1. 结构效度的概念

结构效度（construct validity）指测验能够测量到理论上的构想或特质的程度。所谓构想，通常指一些抽象的、假设性的概念或特质，如智力、创造力、言语流畅性、焦虑等。这些构想往往无法直接观察，但是每个构想都有其心理上的理论基础和客观现实性，都可以通过各种可观察的材料加以确定。构想效度关注的问题是测验是否能正确反映理论构想的特性。

结构效度的验证，就是要考察一个测验测到某种特质的程度。其过程与对内容效度验证不同，后者把重点放在对测验题目与某一行为领域对应关系的考察上，而这一行为领域的范围，一般是比较清晰的。结构效度的重点则在测验本身，它取决于测验开发所依赖的理论，以及测验测到这种理论结构或特质的能力。比如一个智力测验，它是基于测验开发者基于某种智力理论或其头脑中对于智力的认识而编制出来的，但所编制出的测验和题目，究竟有没有测到，或者说在多大程度上测到开发者想要测量的智力，就是结构效度关注的问题。

2. 结构效度的评估

（1）验证结构效度的一般程序

结构效度的验证一般包含三个步骤：首先是对结构的定义，即建立起理论框架，作为测验开发的理论依据。通常要要说明某一特质的心理学意义是什么，比如，它具体包含哪些成分或维度，它的稳定性如何，跟其他心理特质有什么样的关系，它随个体年龄的增长有怎样的发展趋势，它受哪些因素的影响等等。

然后，根据理论框架推论出若干逻辑上合理的假设。比如，我们要编制一个能够测量焦虑程度的测验，并验证其结构效度，首先就要对"焦虑"这一心理特质加以定义，并建立相关理论。根据其定义，我们可以推论出一些合理的假设，比如：焦虑可以分为状态焦虑和特质焦虑，二者有中等程度的相关；当人处于应激状态时，焦虑程度会升高；焦虑程度与个体完成任务的成绩具有非线性的相关；长时间的焦虑会导致身体健康受损；社会支持能够缓解个体的焦虑水平，等等。

最后，收集资料来验证关于测验分数的假设。比如，通过因素分析等统计技术，来验证测验中的题目是否测量了状态焦虑和特质焦虑这两个维度；将个体置于竞争性的情境，测量其焦虑水平是否会升高，并考察焦虑程度与任务绩效的关系；通过相关分析，考察焦虑分数与罹患消化道溃疡的相关，等等。如果假设均得到证实，说明测验具有较好的结构效度。但是，实际的观察结果也可能与预先的假设不相符，这说明测验没有很好地测量要测的心理结构或特质，测验需要改进或修订，直到结果与假设一致为止。当然，另一个可能的原因是关于心理结构的理论本身有不完善的地方，甚至是错误的，这时就要回过头，去研究心理结构本身，修改和完善理论。还有一种最坏的可能，即关于心理结构的理论和根据理论编制的测验都有问题，这时二者都需要改进。

（2）收集效度证据的常用方法

①测验的内部相关性

如果一个测验测的是单一的特质，那么测验各部分乃至各个题目之间，都应有较高的相关；如果一个测验所测的特质本身包含多个维度，测量同一维度的题目间的应该相关较高，而测量不同维度的题目间应该相关较低。有些测验，特别是人格测验，多以内部一致性作为结构效度的指标。如果测验中的题目被证明具有较高的一致性，则说明它们都是针对某种人格结构。基于这样的标准，与测验总分或分量表总分相关低的题目，在项目分析的过程中会被删除。因素分析是分析测验题目的内部相关性最为常用的统计技术，其原理较为复杂，但现在已有很多统计软件能够帮助我们轻松地对测验的结构效度进行验证，读者可以根据需要参考有关统计书籍。

②跟其他测验的相关

如果两个测验都测量同一结构或特质，那么两个测验分数之间应该有较高的相关。因此可以用两个测验分数间的相关，作为衡量这两个测验是否具有结构效度的标准，这时它们的相关系数又称作聚合效度。但这种相关也不能非常高，而是适度的高。如果相关不高，说明至少其中一个测验没有很好地测到目标特质；但如果一个新测验与已有测验的相关很高，而且内容和施测过程也没有简化，那就没有编制这个测验的必要。

另一方面，如果两个测验测量的是两种相关而不是同一的结构或特质，那么两种测验分数间的相关应该是中度或低度的，这种相关体现出区分效度。倘若测量不同结构或特质的测验之间相关很高，我们就有理由认为它们所测的结构缺乏特殊性或区分性。比如，能力测验不应该和人格测验有高相关，职业倾向测验与认知风格测验也不能有高相关。

③发展水平的变化

在儿童期，智力会随着个体年龄的增长而提高，这是一个被广泛认同的观点。如果智力测验有效，测验分数应该反映这种变化。因此，各个智力测验中效度验证中最常用的标准就是年龄差异，即考察测验分数是否会随年龄的增加而增加。在实际工作中，人们的经验会随工作时间的增加而增长。因此，如果要验证某项技能测验的效度，可以考察在一定时间范围内，该技能测验的分数是否会随从事该项工作的年限的增加而增加。这个假定实际上也是资历薪酬理论的基础之一，其内在逻辑是：工龄增加，经验和技能都会提升，工作绩效和对组织的贡献自然增大，应该获得更多薪酬。需要指出的是，发展水平的变化并不是在任何时段内都有同样的表现，也不能保证适用于每一个个体，这是在效度验证时应注意的问题。

④个体测验时的表现

有的测验在施测过程中，要求应试者一边作答一边口头报告自己的解题时的思考过程，这样就能核实测验是否测量了所要测量的心理结构。例如，在进行推理能力测试时，可以通过应试者的言语报告了解其解题思路，看看测题是否测量了预期的推理过程。

（三）效标关联效度

1. 效标关联效度的含义

效标关联效度是指测验分数与测验外的、作为判断测验有效性标准的效标之间的一致性或相关程度；或者说，利用个体的测验分数预测其在独立于该测验的另一种指标分值的准确程度。

所谓效标，指用于考察测验有效性的外在标准，它是独立与测验的可以被直接测量的指标。对于一个职业倾向测验，判断其是否有效的标准或效标（效标）可以是个体根据测评结果选择职业后的适应性和满意度；对于一个销售能力测验，其效标可以是个体的销售额。

如果测验和外在效标的一致性高，则说明效标关联效度高；否则，说明效度低。比如，我们要考察高考的效标关联效度，就可以考察高考分数与个体进入大学后学业成就的相关。这里，高考分数就是一个预测源，它可以预测个体在效标变量上的表现，至于预测的好坏，很大程度上由高考的效度决定。

效际关联效度常用于预测性测验。这种测验中，根据测验分数做出的预测一般用于选拔和人事决策，所以，只有证明测验分数确实能够预测效标行为时，才能保证决策的准确性。

2. 效标关联效度的评估

考察作为预测源的测验分数和效标测量值的一致性，最直接的方法就是计算着两组分数的相关系数。根据收集到的资料的性质，如测验分数和效标分数是离散的还是连续的等等，可以计算皮尔逊积差相关、等级相关、质量相关、四分相关等相关系数。因此，效标关联效度验证的最终结果，是确定一个高度概括化和数量化的相关系数，这个相关系数，就称为效度系数。还有一些方法也可以用于考察效标效度，如观察两种分数的散点图，或比较测验上高分组和低分组，在效标测量值上有无显著差异，但它们同相关系数的表达相比都较为粗糙。

3. 常用的效标

实际工作中，常用的效标大体包括以下几类：

（1）学业成就。学业成就常被作为入学考试和智力测验的效标，其逻辑假定是：入学考试分数高或智力好的个体，其学习成绩一般较好。相应的效标测量有：在校成绩、学历、标准成就测验分数、教师对学生成绩的评定等。

（2）工作绩效。人事测评中，个体在实际工作中的表现就成为最重要的效标。这种效标还适用于起选拔作用的智力测验、人格测验及管理能力测验、职业倾向测验等。其具体的效标测量包括绩效评估的结果、工作中的成果、有关的奖励和荣誉等。

（3）特殊训练成绩。例如飞行员选拔测验的效度，即可以对照日常飞行训练的成绩来确定。能力倾向测验的效度，可以用个体在相关的职业培训中取得成绩来验证。

（4）异质群体的比较。即比较两个在效标测量上有差别的团体，在预测源分数上的差别。例如，一个音乐能力测验的效度，可以由比较音乐学院学生的分数与一般大学生的分数来获得；一种临床测验的效度，可以通过比较有精神障碍的群体和正常人群体在该测验上得分的差异来验证。

（5）效度已经得到确认的现存测验。在心理测验中，有一些测验是公认的具有较高效度的测验，如人格测验中的16PF、MMPI，智力测验中的斯坦福—比奈量表、韦氏智力测验等。这些经典测验经常用作一些新编测验的效标。不过，既然它们的质量已经被公认，为何还要编制新的测验呢？这是因为这些测验大多结构复杂，题目数量较多，实际工作中为了方便，可以考虑编制一些更为简易的测验来替代它们。

4.效标的测量

效标，是测验效度验证的标准，它的测量必须科学、准确。否则，效标效度的建立就是无的放矢，缺少了方向。

首先，效标要在理论上体现测验有效性的主要方面，即跟所研究的问题有实质性的相关。如果效标跟作为测量目标的心理属性没有实质性的联系，就无法推论测验的有效性。当然，对效标与要测量的心理属性关联程度的判断，也要依赖于个体的经验和水平。

其次，效标测量必须是客观的。要避免偏见的影响，比如当效标测量属于等级评定时，要采取措施控制评定者主观印象的干扰。特别是要注意防止效标污染。所谓效标污染，是指受试者的效标成绩由于评定者知道其测验的原分数而受到影响的情况。例如，有时用教师的判断或学生的成绩作为新测验生效的效标。正确的程序应该是：首先让教师评定学生，然后对学生施测该测验。如果先让教师看了测验的分数，教师可能会为了使自己的判断更接近测验成绩而做出改变，这样就造成效标污染，其结果会提高测验分数和"污染"效标或判断之间的相关，出现虚假的"高相关"。避免效标污染的根本办法是，采取保密措施，不让效标测量评分者知道预测源分数，等效标评定材料收集完毕后再公布预测源分数。

第三，收集效标资料时，必须注意防止所抽取的代表性样本中个体的流失。一方面，样本容量减小本身会使抽样误差增大，从而降低了效度系数的准确性；另一方面，如果样本中个体的流失不是随机的而是有偏的话，会给效度估计带来更大的危害。

最后，效标测量必须稳定可靠，即有高的信度。

三、影响效度的因素

一个测验的效度高低，很大程度上取决于该测验受无关因素影响的程度。受无关因素影响越小，则效度越高。影响测验效度的主要因素有测验的信度、测验题目的质量、样本团体、效标的选择、以及施测时的干扰因素等。

（一）测验题目的质量

题目内容针对性不强、题目难度过大或过小、题目的指导语不明确、题意表达不清楚、题目陈述中提供了额外线索、诱答选项设计不合理、题目数量不恰当等因素，都会影响测验的效度，使效度降低。因此，要提高题目的效度，需要从以下角度入手：

1.增加测验的题目

一般情况下，增加测验的长度可以提高测验的信度，而信度又决定了效度系数的上限，因此，增加测验的题目也能起到提高测验效度的作用。当然，其前提是增加的题目与测量目标一致。

试题数目对效度的影响，可以用下面的公式表示

$$r_{nn} = \frac{nr_{xy}}{\sqrt{n(1 - r_{tt} + nr_{tt})}}$$

式中，n是试题数目增加的倍数，r_{xy}是原测验的效度系数，r_{tt}是原测验的信度系数，r_{nn}是试题数目增加后的效度系数。

为了使用方便，我们将不同长度测验的信度和效度列表如下：

表3-2　不同长度测验的信度与效度

试题数	信度	效度
30	0.700	0.400
60	0.824	0.433
90	0.875	0.477
120	0.903	0.454
150	0.921	0.459
180	0.933	0.462
201	0.942	0.464

（资料来源：《教育和心理的测量与评价原理》，pp. 322）

2. 解答说明要清楚

应该明确告诉学生解题的要求，比如是否可以猜测、记分的方法等等。

3. 试题中所用词汇和句型不能过分团难

试题的词汇和句型应该适合于受试者的文化水平。小学低年级的试题中若有学生未学过的词汇，可以用图画或拼音字母代替，以便让受试者都能顾利地看懂题目。否则，就变成了阅读能力测检，而无法测量到所欲测量的学习结果。

4. 试题的意思应该清楚

如果测验的题意不清，就会使受试者感到困惑，以致产生误解，这样也会降低测验的效度。

5. 所编制的试题应该适合所要测量的学习结果

如果教师的目的是想测量数学推理能力，但所编制的题目是学生过去已经练习过的，这种题目测量到的就是记忆力，效度自然就降低了。

6. 试题中不能提供额外的线索

如果编制的试题在无意中提供了答题的额外线索，就无法辨认出是学生察觉了答题的线索，还是真正测量到了所预期的学习结果。

7. 试题的难度应适当

对于常模参照测验，试题的平均难度应在0.5左右，并有适当的分布。如果试题太难或太容易，都会由于无法区分学生的优劣，而降低测验的效度。对于标准参照测验，题目的难度应该和教学目标的要求相符合，否则也会影响测验的效度。

8. 试题的编排合适

一般而言，试题的排列应该内易至难，顺次排列。如果将较难的题目排在前面，水平较低的学生就会由于受到挫折而影响进一步答题的积极性。另外，由于学生花了很多时间来解答这些题目，后面较容易的题目反而没时间来解答，这样就无法测出学生的真实水平，从而降低了效度。

9. 选择题的正确答案不能有明显的组型

如果试题正确答案的位置有明显规律，如：对、错、对、错，或者A、B、C、D，A、B、C、D等等，这样，有些学生就会仅凭猜测就增加答对的题目数，从而影响了测验结果的效度。

（二）样本组的性质

测验在编制时，均有其目标团体，即其打算应用的对象。而效度的评估往往是通过对样本团体测验分数的各种分析来实现的，因此在进行效度估计时，必须选择能够很好地代表目标团体的测试样组。比如，一个用于选拔高层管理人员的测试，如果选用一批普通员工作为样本组，并根据该样本组的测试结果进行效度验证，显然是不恰当的，也必然会使效度的估计产生偏差。所以，效度验证时必须保证样本组与目标团体的同质性。

即使是某些适用对象范围广的测验，如果选用不同的样本组进行效度验证，所得的效度系数也会有一定的差别，因为同一测验对不同性质团体的测量精度或预测能力本身就不一样。

此外，样本组的异质性对效度也有影响。由于效度大多数是以积矩相关系数表示，而积矩相关系数是根据样本的离差而求得的。如果样本组内的个体完全同质，则其测验分数会很接近，进行效标关联效度估计时计算出的相关系数会很小。所以，在其他条件不变的情况下，增大样本的异质性，能提高效度系数。

（三）效标的选择

1. 效标的性质

在评价效度系数时，也要考虑到效标的性质。如果其它条件相同，所测量的行为和效标所代表的行为越是相似，则效度系数就越高。如果效标选取的不恰当，和所要测量的属性或特质没有实质性关系，必然会使原测验分数与效标的相关降低，从而无法得到准确的效标效度资料。例如，我们以数学能力倾向测验去预测物理成绩，如果该物理教师比较重视计算问题，则预测效度就必然较高，如果该物理教师偏重于基本概念的记忆，则预测效度就比较低。另外，如果效标及效标测量都合乎要求，则公式的选择也是影响效度估计的重要方面。一言以蔽之，验证效标效度的关键就在于：选择有效的效标并准确地测量它。

2. 预测源和效标实施时间的间隔

预测源和效标二者实施时间的间隔越长，则预测源、效标、受试者都容易受到随机因素的影响，因此，所求得的相关系数必然较低。如果两个测验的实施时间间隔太长，则样本的大小也会发生变化。例如，我们要以高中成就测验预测大学的学习成就，则一定要选取几千个高中生作为样本。否则，因为有许多高中生无法考上大学，到时候真正能用来接受效标测验的样本必然不够充分从而影响效度的高低。

（四）测验的信度

1. 信度决定了效度系数的上限

从前述公式 $r_{xy} \leqslant \sqrt{r_{xx}}$ 可知，效度的最大值是信度的平方根，所以信度决定了效度系数的上限。

2. 预测源和效标的信度

从前面的分析中可知，两测验分数的相关小于等于两测验信度之积的平方根，所以效度的估计一方面受测验本身信度的影响，也会受到效标测量信度的影响。如果预测源和效标存在测量误差，那么，所求得的效度系数就不太可靠。

为了消除测验和效标误差的影响，可以用如下公式对效度系数进行校正：

$$r_{xy}' = \frac{r_{xy}}{\sqrt{r_{xx}r_{yy}}}$$

式中，r_{xy}'是校正后的效度系数，r_{xy}是未校正的效度系数，r_{xx}是预测源的信度，r_{yy}是效标的信度。

（五）施测时的干扰因素

测评的具体情境，如温度、湿度、照明、噪声、场地布置、材料准备、测评组织者的表现等因素，如果和标准化的施测要求有一定距离，就会引入测量误差，从而对测评的效度产生一定程度的影响。因此，无论是在收集效度资料的过程中，还是在正式使用时，都必须保证良好的环境，并按标准化的程序施测。

在测验实施和记分时，也有很多因素会降低测验的效度，例如：测验的时间不够，相当一部分学生没来得及答完全部试题；在学生提问时，教师没有对全班体说明，而只是帮助了提问的学生；有某些学生作弊；议论题没有客观的评分标准，等等。

（六）被试的主观方面

一般情况下，被试的应试动机、情绪、态度、身体状态等等，都会影响测量信度，造成较大的随机误差，进而影响测量的效度。

四、效度的应用

（一）准则分数的预测

当预测变量和准则变量之间呈线性相关时，可以用回归方程对准则分数进行预测，公式为：

$$\hat{Y} = b_{YX}X + a_{YX}$$

其中，$b_{YX} = r\dfrac{S_Y}{S_X}$，$a_{YX} = \overline{Y} - b_{YX}\overline{X}$

进一步推算可得：$Z_Y = rZ_X$

由此，回归方程就化为以标准分数表示的方程。这时，r 即标准分数的回归方程的回归系数。当知道被试在测验上的得分，就可以根据这两个公式预测出被试在准则上的得分。

但是，测验分数对准则分数的预测有一定误差，所以准则分数的预测实际上是有一定范围的，统计上称为置信区间，可以用预测误差加以估计。

$$S_{est} = S_Y \sqrt{1 - r_{XY}^2}$$

其中，$\sqrt{1 - r_{XY}^2}$ 为与预测变量引起的变异数无关的变异数，称之为无关系数；S_{est} 为根据预测变量估计准则分数时的误差标准差；S_Y 为准则分数的标准差。

显然，效度系数越大，估计误差就越小。当效度系数为1时，估计误差就会等于零，这就意味着，人们可以根据预测原分数完全准确地估出被试的效标测量值。另外，当效度系数趋近于零时，估计误差就趋近于效标测量标准差。这意味着，人们根据测验分数所作出的预测，并不比纯粹的猜测要好。

（二）标准参照测验解释的效度

标准参照测验通常所关心的是评估者们同意项目测量了同一范畴的程度，这样就出现了一些一致性指数。

1. 一致性比率指数

一致性比率（proportion of agreement，PA）指分类中一致的项目总数除以总项目数。

假设要求评估者A和B将30个项目分为3种范畴，同时假定关注的中心是他们分类的一致性程度。表3-3显示了两个评估者是如何对项目进行分类的。评估者A和B都一致认为30个项目中的8个应该分到范畴1中，7个分到范畴2中，9个分到范畴3中。因此，他们的一致性比率为8+7+9=24除以30，即为0.80。当评估者一致性程度高时，一致性比率就高；反之亦然。

表3-3　两个评估者对30个项目进行分类

评估者B	评估者A			
	范畴1	范畴2	范畴3	总数
范畴1	8	3	0	11
范畴2	0	7	2	9
范畴3	1	0	9	10
总数	9	10	11	30

一致性比率很容易计算，但它存在一些严重的缺陷。首先，范畴数受到分类

的限制，PA很可能偏高。其次，这一系数没有考虑到出现一致的随机性。下面将讨论K指数，它校正了一致性比率的随机性，是更受人青睐的一种一致性参照指数。

2.一致性K指数

K指数（Kappa）是一种排除了一致性中随机因素的影响的一致性指数。K指数的计算公式为：

K=（一致性项目数－随机项目数）／（总项目数－随机项目数）

随机影响很容易计算。计算表3-2中各列和各行的总数（称之为边缘数），在列中得到11、9和10；在行中是9、10、11。一旦随机因素的影响被排除，分类的一致性就变成了70%。当K指数增加到1.0时，一致性最佳；当一致项目数等于随机项目数时，K指数为0；当一致项目数小于随机项目数时，K指数为负值。

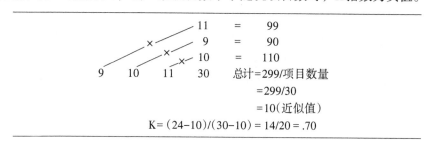

图3-1　表3-3中的边缘值及随机一致的计算

（三）效度在人才选拔中的应用

效度可以用作对目前和未来人才的行为表现的预测，因此被广泛应用到决策理论中。下面对此加以介绍。

1.基本概念

首先我们介绍决策理论在心理测量学中经常运用到的几个概念：基础率，录取率，命中率，正命中率。

（1）基础率（Base Ratio，BR）：指在总体中自然存在的合格人员比例。比如，如果一家公司雇佣了25名计算机程序员，有20名被认为是成功的，则其基础率为0.80。

（2）录取率（Selection Ratio，SR）：指采用测验作为筛选工具时所录取的人员比例。用公式表示为：

录取率=录取人数/总人数。

（3）命中率：命中指正确的接受和正确的拒绝，失误指错误的接受（虚报）和错误的拒绝（漏报）。由此，命中率即指命中的人数在总体中所占的比率，也称之为取舍正确性比率。用公式表示为：

命中率=命中/（命中+失误）

（4）正命中率：指被录取的人中成功的人数占录取总人数的比率，也称为录取正确率。用公式表示为：

正命中率=被录取的成功人数/录取总人数

接受一个申请者的决策通常是以一个预测为基础，这个预测是申请者将会成功；拒绝一个申请者的决策暗含着对失败的一个预测，或者至少是低水平的成功。评价决策正确性的一个方式是将预测与决策的结果进行比较。图3-3是预测的效标分数和真正的效标分数的一个交叉表。该表描述了一个决策的所有可能的结果：正确的积极（TP）——一个人被预测成功而且真的成功了；正确的消极（TN）——一个人被预测是失败的（被拒绝的）而且真正失败了（如果他被接受）；错误的积极（FP）——被接受的某些人结果失败了；错误的消极（FN）——如果被给予机会，一个申请者可能会成功，但他却被拒绝了。正确的积极和正确的消极表示的是精确的、正确的决策；他们代表是将会成功的人被接受和将会失败的那些人没有被接受的情况。心理测验的一个主要目标是增加这些正确决策的频率。

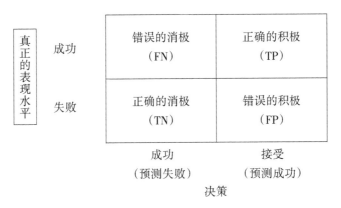

图3-2 一个决策的可能结果

下面举例说明。假定通过某测验（预测源）对185名学生进行筛选，然后以总体平均分数（GPA）作为效标，对学生的学习成败进行评价。其预期表的人数分布如图3-3所示：

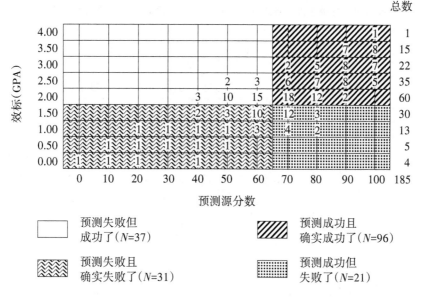

图3-3　预测源分数和GPA关系的假设预期表（r=0.67）

（资料来源：[美]杰尔伯特·萨克斯.教育和心理的测量与评价原理
（第四版）.江苏教育出版社，2002年12月第一版，pp.332）

在图3-3中，预测源和效标之间的相关（预测效度系数）是0.67，高GPA伴随高预测源分数。如果规定GPA高于2.0为成功，低于2.0代表失败，则其中133人成功（37+96=133），52人失败（31+21=52）（表中各个数字指的是在预测源测验中获得一定分数的学生人数）。如果185人都被录取，那么185人中将有133人会成功，即基础率约为72%（133/185）。如果只录取预测源分数在65分以上的学生，一共录取117名（96 + 21），录取率约为63%（117/185），命中率约为69%（127/185），正命中率约为82%（96/117）。

2. 泰—罗表

预期表可用于在决策制定过程中帮助决策者更好地做出决定，它首次由H·C·Taylor和J·T·Russell发表于1939年应用心理学杂志，又被称之为泰—罗表（Taylor-Russell表），它提供了选拔系统利用某一特定测验后真正提高的选拔水平的程度（表3-4）。

表3-4中，表的顶端是从0.05到0.95的录取率，从0.00到1.00的效度系数位于各组的左边，基础率分别为0.05、0.50、0.70和0.95。该表的主体是成功率，即施测具有不同效度的测验后被判断为成功的学生比例。该表显示的是根据测验分数资料完善选拔决策的概率。

表3-4 基础率为0.05、0.50、0.70、0.95时,不同效度的测验预测成功率

录取率		0.05	0.10	0.20	0.30	0.40	0.50	0.60	0.70	0.80	0.90	0.95
基本率为0.05												
效度	0.00	0.05	0.05	0.05	0.05	0.05	0.05	0.05	0.05	0.05	0.05	0.05
	0.20	0.11	0.09	0.08	0.08	0.07	0.07	0.06	0.06	0.06	0.05	0.05
	0.40	0.19	0.13	0.12	0.10	0.09	0.08	0.07	0.07	0.06	0.05	0.05
	0.60	0.31	0.24	0.17	0.13	0.11	0.09	0.08	0.07	0.06	0.06	0.05
	0.80	0.50	0.35	0.22	0.16	0.12	0.10	0.08	0.07	0.06	0.06	0.05
	1.00	1.00	0.50	0.25	0.17	0.13	0.10	0.08	0.07	0.06	0.06	0.05
基本率为0.50												
效度	0.00	0.50	0.50	0.50	0.50	0.50	0.50	0.50	0.50	0.50	0.50	0.50
	0.20	0.67	0.64	0.61	0.59	0.58	0.56	0.55	0.54	0.53	0.52	0.51
	0.40	0.82	0.78	0.73	0.69	0.66	0.63	0.61	0.58	0.56	0.53	0.52
	0.60	0.94	0.90	0.84	0.79	0.75	0.70	0.66	0.62	0.59	0.54	0.52
	0.80	1.00	0.99	0.95	0.90	0.85	0.80	0.73	0.67	0.61	0.55	0.53
	1.00	1.00	1.00	1.00	1.00	1.00	1.00	0.83	0.71	0.63	0.56	0.53
基本率为0.70												
效度	0.00	0.70	0.70	0.70	0.70	0.70	0.70	0.70	0.70	0.70	0.70	0.70
	0.20	0.83	0.81	0.79	0.78	0.77	0.76	0.75	0.74	0.73	0.71	0.71
	0.40	0.93	0.91	0.88	0.85	0.83	0.81	0.79	0.77	0.75	0.73	0.72
	0.60	0.98	0.97	0.95	0.92	0.90	0.87	0.85	0.82	0.79	0.75	0.73
	0.80	1.00	1.00	0.99	0.98	0.97	0.94	0.91	0.87	0.82	0.77	0.73
	1.00	1.00	1.00	1.00	1.00	1.00	1.00	1.00	1.00	0.88	0.78	0.74
基本率为0.95												
效度	0.00	0.95	0.95	0.95	0.95	0.95	0.95	0.95	0.95	0.95	0.95	0.95
	0.20	0.98	0.98	0.97	0.97	0.97	0.97	0.96	0.96	0.96	0.95	0.95
	0.40	1.00	0.99	0.99	0.99	0.98	0.98	0.98	0.97	0.97	0.96	0.96
	0.60	1.00	1.00	1.00	1.00	1.00	0.99	0.99	0.99	0.98	0.97	0.96
	0.80	1.00	1.00	1.00	1.00	1.00	1.00	1.00	0.99	0.99	0.98	0.97
	1.00	1.00	1.00	1.00	1.00	1.00	1.00	1.00	1.00	1.00	1.00	1.00

(资料来源:[美]杰尔伯特·萨克斯.教育和心理的测量与评价原理
(第四版).江苏教育出版社,2002年12月第一版,pp.334-335)

从表3-4可以看出，当测验的效度达到中等或中等以上的水平时，提高录取标准，即降低录取率，会增大录取的命中率。而在录取率提高时，被试几乎全部被接受，测验就失去了鉴别和预测的作用，与随机录取无异。当基础率很高时，大部分被试都能胜任工作，随机录取或使用效度很低的测验进行录取就会有很高的成功率，因此即使效度很高的测验也不会使取舍正确性有太大的提高，如果考虑到功利率的问题，就大可不必使用测验，只要随机录取就行了。比如，基础率为0.95时，使用效度为0的测验（与随机录取准确性一样），与使用效度为1（当然这只是一种几乎不可能的假定）的测验录取被试，准确率的差别只有0.05。在基础率很低、录取率也很低的情况下，增加测验的效度才会使录取成功率有明显的提高，如具有某种优异能力的人仅占总人口的5%，即基础率是5%。若录取率也定为5%，在使用效度为1的测验选拔时，成功率为100%，使用测验的增益是很高的。但如果录取率增大为50%，则使用效度为1的测验录取时，虽然我们可以这5%的成功者正确录取，但也包括了45%的不具有这种能力的人，成功率降为10%。录取率更高时，即使使用效度为1的测验，增益也会很少。只有当基础率接近50%时，使用高效度的测验才会使录取成功率明显地提高。

从以上分析可以看出，在人员选拔过程中，测验的效度、录取率、基础率是影响录取成功的三个密切相关的因素。在实际工作中，要将三者综合考虑才能提高录取工作的效果。另外，在决定录取的最低分数线时，还要注意到效标的性质。如果所录取的人员在未来工作中失败会带来严重的后果，录取分数线就应该定得相当高，尽量减少"错误接受"的百分比，比如选拔飞行员。而在另外一些情况下，就要尽量降低录取标准，以减少错误拒绝的比率，尽量让够资格的人都有机会被选上。例如，对于选拔优秀运动员或优秀学生的第一阶段的测验总是将录取标准定得较低，以免错误地将一些有希望的苗子淘汰。此外，报名者的多少、工作机会的多少以及需要工作人品的迫切情形等，都会影响录取分数的高低。

泰—罗表的一个局限是预测测验源和效标（工作绩效的等级）必须是线性关系。例如，如果有一点，在这一点无论测验分数多高，工作绩效也不再提高。那么使用泰—罗表就不再合适了。另一个局限是，把效标分数区分为"成功的"和"非成功的"也具有潜在困难。

泰—罗表所存在的潜在问题可以用一张替代表尼—萨表（Naylor & Shine，1965）来解决，这一替代表提供了被选择组的效标平均分与原始组平均分的差异。使用尼—萨表必须获得被选组和未选组平均数的差异，从而获得测验（或其他评估工具）对原有程序的增量指数。泰—罗表和尼—萨表表都可以在评估测验有用性时起作用。前者通过决定原程序的增量，而后者通过决定效标平均分的增量起作用。在使用二表时，效度系数必须是同时性效度系数。

制作泰—罗表的七个步骤：

（1）画散点图，使每个点代表一个特定测验分数和效标分数的结果，效标需在Y轴上。（2）画格线图，把在某一个分数区间内的个体相加。

（3）数一下在每个格子中的点数 n_i。

（4）数一下在每列各自中的点数 N_v。这一数字代表在某一测验分数区间内的个体数。

（5）将每格的频数转化为百分数（n_i/N_v）。这一数字表明被试在获得某一特定分数以及效标分数的结合所占比例。把百分比写入表格内，用括号将其括起来，以与频数区别。

（6）在另一张空白纸上按表5-3制作表的标题和副标题，并将百分比写入合适的位置。注意要将百分比放在正确的格子当中（注意，在这一个阶段很容易出错，因为在表5-3中，个体在测验分数区间的百分比是水平写的，而在散点图中是竖着写的）。

（7）如有需要，把每一段的个体数和百分比都记录先来，如果哪个各自中的个体数太少，它在频率图中波动性就相对较大。如果格子的范围太小，使用者可以减少格子或日后多收集数据。

（四）效度在人员分类与安置中的应用

效度不但用于选拔测验，也可以作为安置和分类的工具，这三者的性质是不同的。在选拔时，并不是每一位受试者都可能被接受，而在安置和分类时，则没有人会被淘汰，每一个人都将被分配去接受最适当的学习课程或担任最合适的工作。

测量对安置或矫正是否有效取决于其渐进效度的大小。

对泰—罗预期表（表3-4）的一项检验表明，成功率为50%时，渐进效度最大，因为在那一点上预测的提高最大。当安置测验的效度为零，录取率为5%时，成功率为0.50，效度提高到0.20，成功率提高到0.67。0.50和0.67之间的差异就是该测验的渐进效度。这表明测验效度的提高可以增加成功率。

L. 克伦巴赫（Lee Cronbach，1990）提供了一个很好的例子来说明渐进效度在安置中的作用。假定测验A是一种一般能力测验，它与1班和2班中成功的相关都是0.40，这样它的渐进效度就为零，因为它不能区分出在一个班中会成功而在另一个班中会失败的人。如果要对在测验A中处于高分部分的人进行安置，就会随机分配25%给1班，另外25%给2班。两个班都不接受低分部分的人。

现在假定存在另一种情况，有两个测验B和C。测验B与1班中成功的相关是0.40，与2班中成功的相关是0；测验C与1班中成功的相关是0，与2班中成功的相关是0.40。在这个例子中，存在高渐进效度。同样还是将测验B或测验C中的高分部分安置到1班或2班中。这一关系显示在图3-4中，所有处于垂直线右侧的人是测验B中的高分组；处于水平线以上的为测验C的高分组。因为测验B与1班成绩相关，所以该班接受垂直线以右的人；而那些在测验C中处于水平线以上的人将被安置到2班，因为测验C只与2班成绩相关。而位于图中第三象限的人既无法被安置到1班中又无法被安置到2班中，因为他们在测验B和测验C中都处于低分组。第一象限代表在测验B和C中都处于高分组的人，可以预测他们在1班和2班中都会成功。教师可以随机地将他们分配到1班或2班，也可以编制新的测验进行进一步区分。如果测验B和测验C与不同班中的成功有不同的相关，那么可以安置学生中的75%。而仅使用测验A只能安置50%，因为该测验不能有区别地预测两个班的成功者。对于安置决策，与一个效标有正相关，而与另一个效标有负相关或零相关的测验更受教师们的欢迎。在这里，测验B和测验C对于安置都是有用的。

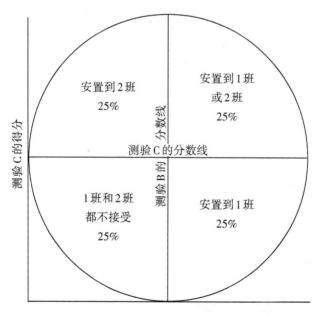

图3-4 测验B和测验C接受和拒绝的区域

安置的另一条标准是各种预测源测验间的相关要尽量接近零。每一测验都要与特定工作或任务中的成功存在相关，但是测验彼此之间应该无关。如果测验彼此之间有高相关，它们测量的就是相同的特质或能力，并且它们提供的信息也没多大差别。如果两个测验都与同一效标相关而彼此无关，那么它们就分别为有效的安置决策提供了有效的信息。

在分类时应注意对预测源的选取。由于分类是将被试分派到性质不同的工作中去，因此要使用不同质的预测源。当预测源过于同质时就会出现所有测验都与一个效标有高相关而与另一个效标低相关或不相关的情况（除非效标间也是高相关），分类的总体效果就会降低。

在进行人员分类时一般是对每个效标建立一个多元回归方程，以回归方程中回归系数的大小来判断预测源的有效性。当只有某些团体的测验资料而没有现成的效标，或测验分数与效标不是直线关系时，就不能直接建立回归方程对被试的效标分数进行预测，这时就可使用多元判别函数（multiple discriminant function）分析的技术，将被试划分到与他最类似的团体中。

多元判别分析是对多元回归的补充，当资料不适合进行多元回归分析时，就可使用多元判别分析作为替代。例如，某种工作对能力或人格特质在一定范围之内的人是适合的，高于或低于这一范围就不符合这一工作的要求。这时使用回归分析就选择不到合适的人选，而使用多元判别分析则非常有效。判别分析首先需要那些正确分类的已知的受测者样本的分数。用这些分数计算各个变量形成新变量的权重，这个新变量最终可被用于对那些有待正确分类的受测者进行分类。

第三节　项目分析

一个好的心理测验，必须保证有良好的信度和效度。为了改善和提高测验的信度和效度，在测验编制过程中，就必须对每一个测题进行分析，这就是项目分析。本章介绍项目分析的内容、方法和技术。

一、项目分析的含义

项目就是测验中的题目，项目分析就是根据测试结果对组成测验的各个题目性能进行分析，从而评价和筛选题目，改善和提高测验的信、效度的方法。项目分析可以说明一个测验为什么是可靠的或者是不可靠的，且有助于理解某些测验分数为什么只能预测这些准则而不是其他的，还能提出方法来改进某一测验测量方面的特性。

项目分析可以分为定性分析和定量分析，定性分析包括考虑内容效度，题目编写的恰当性和有效性等；定量分析则采用统计方法来分析测题，主要考察题目难度、鉴别力及多项选择题的选项分布是否适当等。

项目分析需要回答的一个问题是：它所测量的属性是否和其他的项目测量的属性一致。回答这一问题，通常需要利用由以下三类测量提供的信息：迷惑项测量、难度测量、项目鉴别力测量。在检验每个项目时，首先也是最重要的问题是："每个选项上有多少人选择？"只有一个是正确的，其他的均为迷惑项。因此，检验测验每个项目选项的总模式就是指迷惑项分析。另一个问题是："有多少人能够正确回答这个项目？"回答这个问题就要进行项目难度分析。第三个问题是："测验中这一项目的反应和另一项目的反应相关吗？"回答这个问题，需要分析项目鉴别力。具体而言，项目分析可以解决如下问题：

1.试题是否具有预期的功能？常模参照测验中的试题能否充分区分高学习成就者和低学习成就者？标准参照测验能否充分地测量到教学的结果？

2.试题的难度是否适当？

3.试题是否有缺陷？比如：模棱两可、答案出错等等。

4.选择题中的每一个诱答是否有效？

二、项目分析的方法

（一）题目难度

1.难度的含义

所谓难度，即题目的难易程度。定量描述难度的量数，叫难度系数，用符号 P 表示。

针对一个测验题目，如果大多数人都可以答对，那么该题目的难度偏低；如果大部分人都答错，则说明该题目难度偏高。难度一般用于能力测验中题目难易水平的衡量；对于非能力测验（如人格测验），题目答案不存在正误之分，计算出的难度系数更多的体现了题目的"通俗性"或"流行性"。下面主要介绍能力测验的难度分析。

2.难度的估计方法

选取题目难度计算方法之前，首先要确定该测验题目采用何种记分法。

（1）二值记分题目的难度

①通过率法

如果忽略应试者作答时的猜测成分，二值记分的测验题目难度一般用通过率表示，即答对或通过该题目的人数占总人数的比：

$$P = \frac{R}{N}$$

其中，P代表题目难度，N为参加测验的应试者总数，R为答对或通过该题目的人数。例如，在100个回答某题的学生中，70人答对，则该题目难度为0.7。

当用通过率P表示难度时，取值在0.00-1.00之间，P值越大意味着通过的人数比例大，难度越小；P值越小，通过人数比例小，难度越大。实际上P表示的是"容易度"，与我们理解的"难度"刚好相反，所以也有人建议用失分率q来表示难度，$q = 1 - P$，q越大，通过的人数比例越小，题目越难。

②高低分组法

当应试者人数较多的时候，可以根据测验总成绩将应试者分为高、中、低三组，总分最高的27%应试者组成高分组（N_H），总分最低的27%应试者组成低分组（N_L），分别计算高分组和低分组的通过率，然后根据以下公式去题目难度。

$$P = \frac{P_H + P_L}{2} \quad 其中，P_H = R_H/N_H，P_L = R_L/N_L$$

上式中，P_H和P_L分别表示高分组和低分组的通过率，R_H和R_L分别表示高分组和低分组通过或做对该题目的人数，N_H和N_L分别表示高分组和低分组的人数。

例如，共有500名应试者参加了某个测验，其中高分组和低分组各有135人，针对某一测验题目，高分组有108人答对，低分组有27人答对，则这个测验题目的难度为：

$$P = \frac{1}{2}\left(\frac{108}{135} + \frac{27}{135}\right) = \frac{1}{2}(0.80 + 0.20) = 0.50$$

（2）非二值记分的题目难度计算

很多测验题目是按多级方式计分的，比如论述题，有从零分到满分之间的多种可能结果。对于这类非二值记分的题目，通常用平均得分率表示难度，公式如下：

$$P = \frac{\bar{x}}{x_{max}}$$

其中，$\bar{x}$为应试者在某一题目上的平均得分，x_{max}为这个测验题目的满分。例如，某一测验题目的满分是15分，在这个题目上应试者的平均得分是12分，则这个测验题目的难度是0.8。

（3）猜测修正

当测验题目是客观选择题时，由于存在猜测机会，应试者的最后得分可能高于其实际水平。在是非题、配对题以及选项比较少的选择题中，应试者的成绩被夸大的尤其严重。为了平衡猜测对难度的影响，可以采用以下难度校正公式：

$$CP = \frac{KP-1}{K-1}$$

其中，CP为校正后的题目难度，P为实际通过率，K为备选答案数目。如果两个选项数目不同的题目，需要分别用公式校正它们的难度，才可以进行比较。

例如，有A、B两个测验题目，A是3项选择题，通过率为0.60；B是4项选择题，通过率为0.58，比较A、B两题的难度。

首先，利用公式分别对A、B两题目的难度进行校正，得出：

$$CP_A = \frac{KP-1}{K-1} = \frac{3 \times 0.60 - 1}{3-1} = 0.40$$

$$CP_B = \frac{KP-1}{K-1} = \frac{4 \times 0.58 - 1}{4-1} = 0.44$$

如果不进行校正，看上去是B题目的难度大于A题目。而校正后的结果刚好相反，实际上是A题目难度高于B题目。可见，猜测几率对不同选项数的选择题难度影响不容忽视。

（4）等距变换

以通过率作为难度系数，只能指出题目难度的顺序或相对难度的高低。例如3个测验题目A、B、C的通过率P分别为0.3、0.4、0.5，我们只能说三个题目中，题目A最难，其次是题目B，C最简单。虽然它们难度系数的差值均为0.10，我们却不能确定题目A与B之间的难度差别是否等于题目B与C之间的差别。在需要比较题目难度差异的情况下，就需要把他们转换成等距的难度指标。

当样本容量较大时，测验分数的分布一般接近正态分布。可以根据正态曲线表，将试题的难度P做正态曲线下的面积，转换成具有相等单位的等距量表，即Z分数。在正态分布中，平均数之上或之下一个标准差的距离约占全体人数的34%。因此，如果在一个测验中，某题A通过率为0.84，从下图中可以看出该题难度在平均数以下一个标准差处，所以难度为−1；若某题目通过率为0.5，则这个题的难度为0。这样转化后的难度值具有了相同单位，变为等距变量，便于进一步的分析。

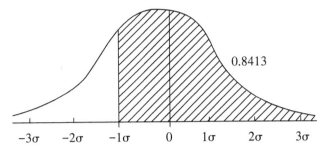

0.8413

$-3\sigma \quad -2\sigma \quad -1\sigma \quad 0 \quad 1\sigma \quad 2\sigma \quad 3\sigma$

图3-5 正态分布的概率密度曲线

但是Z分数有小数点和负值，不便于理解和计算，因此需要进一步转换为另一种等距量表。较常用的是美国教育测验服务中心（ETS）采用的难度指标：

$$\Delta = 13 + 4Z$$

其中，Δ表示题目难度，Z为由P转换来的标准分数，例如，$P = 0.84$时，$Z = -1$，$\Delta = 9$。根据正态分布的性质，Z的取值范围大约在-3到$+3$之间，所以Δ的取值范围大致为$1-25$，Δ值越大，难度越高，Δ值越小，难度越低。

3. 难度对测验的影响

（1）测验难度影响测验分数的分布形态

测验的难度直接依赖于组成测验的项目的难度。通过考察测验分数的分布，可以对测验的难度作出直观分析。

测验难度过大或过小，都会造成测验分数偏离正态分布。如果测验项目的难度普遍较大，被试的得分普遍较低，测验分数集中在低分端，则分数分布呈现正偏态；如果测验题目的难度普遍较小，被试的得分普遍较高，测验分数集中在高分端，则分数分布呈现出负偏态。如果整个测验的难度适当（中等水平），则测验分数的分布情形应接近于正态分布。

（2）测验难度影响测验分数的离散程度

过难或过易的测验会使测验分数相对地集中在低分端或高分端，从而使得分数的全距缩小。一般来说，分数分布范围较广，测验信度较高；分数分布范围较窄，则测验信度较低。

4. 难度水平的确定

难度分析的主要目的是进行题目分析和题目筛选，多高的难度水平合适，取决于测验的性质、目的、及题目的形式。

一般标准化测验的目的都是为了使受试者的得分产生最大的个别差异，因此，要求整个测验的平均难度为0.5左右。但是，对于某些有特殊目的的测验，试题的难度就不宜集中在0.5附近，而应该根据测验的目的来决定测验的难度。一般而言，用于选拔人才的测验，其试题的难度应接近于录取率。例如，某学校要录取最优秀的20%的考生，则试题的难度p值就应在0.20左右。因为用作选拔的测验，并不需要区分录取者之间的彼此能力差异，也不需要区分末录取者之间的彼此能力差异。

如果某一个测验同时包括两个以上的目的，那就必须包括几种不同难度的试题。如果我们想了解：全国所有的初中毕业生都认识的英语单词有哪些？普通程度的初中毕业生认识的英语单词有哪些?最优秀的初中毕业生认识的英语单词有哪些？在这种情况下，我们所编创的英语单词测验就需要包括三种不同难度的单词，即p值为0.90、0.50和0.10的单词各占三分之一左右，这样，才能达到测验的目的。

在了解了每一试题的难度值以后，对于试题的编排很有用处。我们一般根据试题的难度，将它们按由易到难的顺序排列。这样既可以增强受试者的信心，又可以避免让受试者浪费很多时间来解答超出其能力范围的题目，而遗漏了很多可以答对的题目，同时还能帮助教师了解学生对知识掌握的程度。

一般说来影响题目难度的主要因素有：（1）考查知识点的多少；（2）考查能力的复杂程度或层次的高低；（3）考生对题目的熟悉程度（如本来较易的题目会因考生均未注意而造成很难，或本来较难的题目会因为考生普遍练习过而变得较容易）；（4）命题的技巧性（如同一个问题，可以命得容易，也可以命得较难）。控制题目因素除了考虑上述因素，还可以通过其他方法来控制。在平常的教学考试中，由于老师对学生的情况比较了解，因而主要凭经验来控制难度，使之与老师的教学难度相适应。而在大规模的测试中，就要通过预测来掌握难度了。首先由命题人员根据上述因素估计一个难度范围，然后通过测试看这个估计的准确程度，分析原因，进而提高评估能力。经过预测取得难度的题目可以进入题库，以备后用。

（二）题目的鉴别力

1.题目鉴别力的含义

题目的鉴别力又叫区分度，是指测验题目对应试者心理特性的鉴别能力和区分程度。

评价测验题目的区分度必须找一个确定应试者水平高低的标准。理想的办法是找一个客观的标准（即效标），比如一个不依赖于测验成绩的外部标准，来评判应试者能力的高低，再考察应试者在测验上的得分与客观标准的一致性程度。但实际上，这种测验很难找，而且已经有了能力高低排序的话，测验似乎就没有开发的必要了。所以，通常用测验总分作为考察题目区分度的内部效标。

2. 鉴别力的估计方法

根据题目分数和测验总分这两个变量的性质不同，题目鉴别力估计的方法也不同，有时可以同时采用几种方法互相验证。

（1）高低分组法

从分数分布两端各取27%的应试者，分别组成高分组和低分组。计算出这两组在每个测验题目上的得分率（对二值记分题目相当于通过率）P_H和P_L，两组在题目上的通过率之差就是鉴别力指数（D）。

$$D = P_H - P_L$$

D值是鉴别题目测量有效性的重要指标，D值取值范围在$0-1$之间，D值越高，题目区分能力越强，即题目越有效。1965年，美国测验专家艾伯尔根据长期经验提出用鉴别力指数评价题目有效性的标准如下表：

表3-5　题目鉴别力指数的评价标准

鉴别力指数D	题目评价
0.40以上	性能上佳
0.30-0.39	性能良好
0.20-0.29	性能尚可、仍需修改
0.19以下	应当淘汰

在之前计算题目难度的时候，也曾提到过高分组和低分组的划分。有研究证明，当样本量较大，且分数分布呈正态时，这种分配法很有效，既使两个组之间差异尽可能大，又尽可能的扩大了两个组的应试者数。当效标分数的分布较标准正态分布平坦时，两个极端组所占的比率应高于27%，在33%左右。如果比率太小则容易夸大了两者间的差异。当总体样本数太少时，不能再沿用27%规则，应当放大极端组人数比例，甚至以50%为分界点，分为高低分两组。

（2）相关法

一般情况下，测验总分可以反映出应试者在某种心理特质上的水平，所以当应试者测验总分高时，其在某个具有区分能力的题目上所得分数也应该倾向于高；反之，当应试者测验总分低时，其在某个具有区分能力的题目上所得分数也应该倾向于低。因此，题目分数与测验总分的相关，也经常被用作题目鉴别力的指标。根据题目记分法的不同，可以采用不同的相关计算方法。

①积差相关

如果测验总分和题目分数都是连续变量，则可以直接计算二者的皮尔逊积差相关系数，作为题目鉴别力的指标。对于论述、论文式的题目以及一些分值较多的分析、计算题目，由于题目得分具有连续性，当应试者数目足够多时，可以认为题目分数近似服从正态分布。这时可以计算题目得分和测验总分的积差相关系数来表征题目区分度。公式如下：

$$r_{x_1 x_2} = \frac{\sum (x_1 - \bar{x}_1)(x_2 - \bar{x}_2)}{n s_{x_1} s_{x_2}}$$

其中，x_1、x_2 分别表示测验分数和题目分数，$\bar{x}_1$、$\bar{x}_2$ 分别表示测验分数和题目分数的平均数，S_{x_1}、S_{x_2} 则表示测验分数和题目分数的标准差，n 表示测验中包含的题目数量。

②点二列相关

适用于题目是二值记分的，总分是连续变量时二者的相关。计算公式为：

$$r_{pq} = \frac{\overline{x_p} - \overline{x_q}}{s_t} \sqrt{pq}$$

其中：r_{pq} 是点二列相关系数，$\overline{x_p}$ 为通过该题目应试者的平均效标分数，$\overline{x_q}$ 为未通过该题目的应试者的平均效标分数，S_t 为全体应试者效标分数的标准差，p 为通过该题目人数的百分比，q 为未通过该题目人数的百分比。

③二列相关

适用于测验总分和题目分数都是连续变量，但其中一个被人为的分为两类。例如，测验总分被人为的分为及格、不及格两类；或者题目得分被人为分为通过、不通过时，都可以采用二列相关系数作为题目鉴别力的指标。

计算二列相关的前提是：被二分的连续变量原先是正态分布，如果样本不是正态，总体也应该是正态分布。对于连续变量，至少要是单峰且对称分布。公式为：

$$r_b = \frac{\overline{x_p} - \overline{x_q}}{s_t} \sqrt{\frac{pq}{y}}$$

其中，r_b 为二列相关系数，y 为标准正态分布下 p 和 q 分界点处正态曲线的高度，$\overline{x_p}$，$\overline{x_q}$，S_t，p，q 的意义同点二列相关公式。

（三）选择题的选项分析

多项单选题由于客观性强，评分方便，能够测量较为复杂的目标，而且相对于是非判断题能更好的控制猜测因素，因而广受欢迎。对于这种选择题而言，除了要考察题目的难度、鉴别力以外，还应该对应试者在题目作答反应进行分析。主要应注意以下几个方面：

（1）如果所有应试者都能选到正确的选项，说明该题目难度太低，或者存在某种暗示使答案过于明显。

（2）如果某个错误选项没有任何应试者选择，说明该选项没有迷惑性，除延长阅读时间，不起任何作用。一般的，至少要有5%左右的应试者选择某选项，否则直接删除该选项。

（3）如果应试者都选了同一个错误答案，可能是测验题目编制有误，或者测验前都受到误导。

（4）如果高分组选择集中在两个答案上，则两个答案之间有一定的内在一致性。

（5）如果高分组对正确选项的选择率等于或低于低分组，说明该题目考察的内容与测验无关，应当删除。

（6）对于非速度测验，如果一个题目大多数应试者未作回答，或选各选项人数均等，可能该题题意不清，应试者无法作答，只能靠猜测。

（四）项目难度、鉴别力和迷惑项之间的关系

项目分析产生了三类信息：（1）项目难度方面的信息；（2）项目鉴别力的信息；（3）关于迷惑项的信息。这三类信息在概念上是完全不同的，但在经验上是相关的。考察迷惑项会揭示一些关于难度方面的信息，项目难度会直接影响项目鉴别力。下面我们简单描述一下它们之间的相互影响关系。

1.难度和鉴别力

根据难度计算公式 $P = \dfrac{P_H + P_L}{2}$ 和鉴别力指数公式 $D = P_H - P_L$ 可见，难度与鉴别度有着密切的联系。例如某题目的通过率P接近于1.0或0，则表明高分组与低分组一样几乎全部通过或几乎全部不通过，这样就形成了天花板效应或地板效应，此时两组的通过率差异即鉴别力指数D没有差异。如果通过率 $P = 0.5$，则当 $P_H=1.0$，$P_L=0$ 时，鉴别力指数D达到最大值1.0。

表3-6　题目难度系数P与鉴别力指数D最大值的关系

难度系数P	鉴别力指数D的最大值
1.00	0.00
0.90	0.20
0.70	0.60
0.60	0.80
0.50	1.00
0.40	0.80
0.30	0.60
0.10	0.20
0.00	0.00

资料来源：戴海崎等主编：《心理与教育测量学》，暨南大学出版社，1999.

从表中可以看出，难度越接近0.50，题目潜在的区分度越大，而难度接近1.00或0.00时，题目潜在区分度最小。所以在常模参照测验中，题目难度要保持中等。但只有在所有测验题目内在相关为0的时候，所有题目难度都为0.50，整个测验分数才呈正态分布。但在实际测验中，同一个测验中的题目大多存在某种程度的相关，如果所有题目完全相关，即$r=1$，且$P=0.50$，那么在一个题目上通过的人，必将在其他所有题目上通过，在一个题目上未通过的人，在其他题目上也通不过。这样，测验便没有意义。而且，如果测验中都是中等难度的题目，则对水平较高和水平较低的应试者群体而言，都是缺乏鉴别力的。所以实际测验中，题目难度应当分布的广一些，以中等难度为主，适当辅以难度较大和比较容易的题目，难度均值保持在0.50左右，才能把各个水平的人都区分开。

2. 迷惑项和难度

一个关于斯金纳在哪年出版《组织行为学》的多重选择题，它的难易程度依赖于迷惑项的设置。思考下面同一项目的两种形式：

A. 斯金纳在哪年出版《组织行为学》？

　　a. 1457　　b. 1722　　c. 1938　　d. 1996

B. 斯金纳在哪年出版《组织行为学）)？

　　a. 1936　　b. 1931　　c. 1938　　d 1942

一个甚至对心理学了解极少的人都可能发现形式A更容易。另一方面，形式

B可能非常难。迷惑项的似然性极大地影响着项目的难度。如果被试对所测试的领域一无所知，迷惑项的似然性就相同。然而，一般来说，参加考试的人都会对所测的领域有一些了解，不会被荒谬的迷惑项欺骗。另一方面，被试通常不是非常熟悉相关领域，就会被一些极其相似的迷惑项欺骗。有一个或两个极其相似的迷惑项，这些项目就会非常难。在任何一种情况下，修改这些迷惑项都会从实质上改变项目的难度。

3. 迷惑项和鉴别力

编写一个好的测验项目是不太容易的。通常编写题干和正确选项是没有问题的，难在编写好的迷惑项。测验项目缺乏鉴别力通常被认为是迷惑项较差。出现一个或更多的完全不可信的迷惑项将会降低项目的难度。正如上一部分所讨论的，极端容易的题很少或几乎不可能做出有效的鉴别，极其难的项目也是如此。

当项目的D或项目总体相关系数为负值时，应该仔细检查其迷惑项。一个或更多的迷惑项在被试看来非常可信，而且要根据某些细节来确认正确答案，被试就可能因为知识不全面而处于不利的地位。例如，看下面的项目：

对心理治疗效果研究的评论推断出：

a.心理疗法是无效的。

b.心理疗法有效，但只是在治疗躯体形障碍方面。

c.心理疗法有效；不同类型的心理治疗效果没有大的差异。

d心理疗法有效；行为疗法一直比其他心理疗法更有效。

c是正确选项。一名学生熟悉心理疗法研究，但其导师强烈赞赏行为疗法的优点，可能会错误地选择d。那些对正确答案知之甚少的学生会随机选择，并且和了解所测领域但却不能确认出正确选项的学生相比，会表现得更好。这种项目就无益于测验的总体质量，而且，它是测量误差的一个来源，应该修改或者被删除。修改一个或多个迷惑项可能会显著提高差项目的鉴别力。

三、不同类型测题的项目分析

（一）常模参照测验的项目分析

1. 项目的完善

常模参照测验中好的项目一般是高分答对测验，而低分答错测验。因此，通过研究高分组和低分组学生在每个选项上的回答，测验者就可以修改测验中的项目，使得它们更具有区分度，表述更清晰。

完善项目的原则如下：

（1）删除高分组学生和低分组学生都没有选择的选项，或再次使用之前修改该项目。

（2）如果可能的话，其所有的干扰项（不正确选项）的鉴别指数都应该为负值。这就意味着高分组学生选择不正确选项的人数应该比低分组学生少。

下面举例说明。假如某一题目有五个选项，高分组和低分组的回答情况如表3-7所示：

表3-7　选项分析示意

选项	高分组	低分组
a	0	8
b	0	0
c	3	8
d	15	9
e	9	2

分析表3-7中的数据：正确选项d的鉴别指数为正值，a选项和c选项的鉴别指数都是负值，这表明那些高分组学生一致倾向于选择正确的答案而排除错误选项a和c。然而，选项b错误太明显，因为两组学生中没有一个人选择该选项，所以应该在再次使用之前对其进行修改。e选项也需要修改，因为虽然它不正确，但是它的鉴别指数是正值（迷惑了较多高分组的学生）；还应该仔细检查e选项是不是也是一个正确的答案。

2. 模糊的项目

项目的模糊性（ambiguity）指测验中的高分者不能判断出"正确"选项和"错误"选项之间的差别。另外，模糊的项目也可以是指一组专家认为有不止一个"正确"选项的项目。

当高分组的学生中有近乎相等的人数选择了"正确"的和"错误"的选项时，这样的项目很可能就是模糊的。其原因有可能是学生缺乏这方面的知识，也有可能是选项编写得不恰当。要判断究竟出于上述哪一种原因，需要检查选择人数很多但却是"错误"的选项，看它是否也是一个合理的答案。如果有不止一种"正确"回答，测试者就应该给所有"正确"选项算分。

下面举例说明：

例1.4+3×6=　　　　　　　　高分27%

　　*a. 22　　　　　　　　　　11

　　 b. 27　　　　　　　　　　2

　　 c. 42　　　　　　　　　　11

　　 d. 以上都不是　　　　　　1

例2.以下哪个是标准分数?　　　高分27%

　　 a. 离差智商　　　　　　　11

　　 b. 百分位数　　　　　　　3

　　 c. z分数　　　　　　　　11

　　例1考察学生是否记住数学运算的规则——在没有括号的情况下是先乘除，后加减。例题中有11个学生错误地先进行了加法运算，然后做乘法，得到选项C的答案，这说明他们不记得或者不知道这样的运算规则。这个项目表现出来的模糊性不是由项目本身的缺陷造成的，而是因为学生缺乏方面的知识。

　　然而，例2中两个选项都是合理的——离差智商和z分数都是标准分数，a和c选项都是正确答案。所以，这样的项目是有缺陷的，应该替换掉混淆的选项。

　　3.答案出错的项目

　　答案出错是测验中容易发生的另外一种错误。研究高分组考生的回答情况，可以帮助我们检查项目答案是否错误。

　　比如下面就是一个答案出错的例子：

例：谁是美国第一任总统?　　　高分组

　　 a. 约翰·亚当斯　　　　　　3

　　 b. 亚伯拉罕·林肯　　　　　1

　　 c. 富兰克林·罗斯福。

　　 d. 乔治·华盛顿　　　　　　12

　　因为大部分学生选择了"乔治·华盛顿"，而只有很少的人选择了"指定"的答案b，教师应该检查答案，可能答案是错误的。

　　4.猜测成分的检验

　　如果高分组学生选择每个选项的频数相当，那么这可能表示对于该项目的回答很可能是学生猜测的。有时候，项目中包含了学生没有学过的内容，或者项目太难、太琐碎，超出了学生能够回答的范围，这时学生可能就会猜测作答。因为在上述情况下，所有的选项对于学生来说都是似是而非的，所以班级中高分组的学生可能随机选择答案。

(二）标准参照测验的项目分析

1. 项目难度

标准参照测验主要目的是用来了解学生能够完成的学习任务，教学的目标应该是使学生都达到教学目标，通常项目难度P值应该比较高。所以，常模参照测验中的难度指数，对于标准参照测验来说，并没有任何意义。

但是，要保证测验所使用的项目反映某一领域的特点，必须满足下列条件：

（1）领域界定得很清楚，确定某一项目是否属于这个领域很容易。

（2）领域内项目的难度水平一致而且合理，或者领域内项目的难度水平不一致，但却都是已知的，没有必要进行项目分析。

（3）项目只测量该领域的特点而不是项目本身的无关特点（项目的模糊性、猜测因素、项目形式、干扰项的质量等）。（Thorndike，1982a，93-94）

然而在实际中这些条件并不完全成立。就算有明确的目的，也很难对领域进行清晰的界定。R. 桑代克举了一个有趣的例子来说明学生认识质数（只能被1和它本身整除的数）的能力。有两个项目分别要求学生判断57和60是不是质数。虽然57和60都不是质数，但是很多学生能判断出60不是质数（能够被2、3、4、5等整除），却只有少数人可以判断出57不是质数（$3 \times 19 = 57$）。可以说这两个项目测量的是两个不同的领域，也可以说它们测量的是同一个领域里不同难度水平的知识。如果它们的难度不同，可以按照难度把它们分成不同的等级，从各等级中随机抽取项目。然而，这么做的前提条件是已知项目的难度水平。如果在标准参照测验中，一些项目的P值明显与其他项目不同，那么可能是因为：第一，这些非典型的项目是从别的领域选取的；第二，P值低的项目教学指导不够；第三，项目存在其他结构上的问题。

2. 敏感指数

敏感指数（sensitivity index）指在标准测验中用以决定项目是否属于同一领域，以及项目在多大程度上反映了测验者所想要达到的目标。如果教学有效，后测分数比前测分数应该有所提高，或者说在接受和未接受教学的两个群体中应该有差异，测验项目应该反映出学生的进步。如果项目对教学效果敏感的话，我们可以认为它们属于与教学相关的同一领域。

（1）前后测敏感指数

设计标准参照测验和项目的目的是用来评估教学的效果。教学之前，能做出正确回答的学生占的比例较小；而在教学之后，回答正确的学生比例应该会增大。如果项目的敏感指数较低或者为负值，是因为项目对教学不敏感，或者项目本身的编写有问题。不管是哪种情况，都应改编或者删去这些项目。

为了比较各个试题的质量好坏，可以用下面的公式计算每一个试题的"教学效果敏感指数"：

$$S = \frac{R_A - R_B}{T}$$

式中，S 为教学效果敏感指数，R_A 指教学后答对该题的学生数，R_B 指教学前答对该题的学生数，T 表示回答该题的学生总数。

S 的取值范围在 -1 至 $+1$ 之间，最理想的标准参照测验试题，其 S 值应该为 1.00。当然，只要 S 值大于 0，就是有效的试题，其值越大，则表示试题对教学效果越是敏感。如果 S 值为 0 或负数，则表示它不能反映出预期的教学效果，是不良的试题。

下面举例说明。表 3-8 是 6 个学生在 5 个试题上前测和后测成绩的差异常况。其中"＋"号表示答对，"－"号表示答错。

表3-8 标准参照测验项目分析示例

学生	试题									
	1		2		3		4		5	
	前测	后测	前测	后测	前测	后测	前测	后测	前测	后测
A	－	＋	－	＋	＋	＋	－	－	＋	－
B	＋	＋	－	＋	＋	＋	－	－	＋	－
C	－	＋	－	＋	＋	＋	－	－	＋	－
D	－	＋	－	＋	＋	＋	－	－	＋	－
E	＋	＋	－	＋	＋	＋	－	－	＋	－
F	－	－	－	＋	＋	＋	－	－	＋	－

通过计算可知，上述例题中五道试题的教学敏感指数分别为：0.50，1.00，0.00，0.00，−1.00。可见，第 1、2 题有效，而第 3、4、5 题无效。

但在实际工作中，运用"教学效果敏感指数"存在下述缺点：①为了计算 S 值，需要实施两次测验，达将浪费很多纳人力和物力。②教学效果敏感指数无法将"教学"因素和"题目"因素区分开来。例如，表 3-8 中的第 3、4、5 题，S 值都很低，是什么原因呢?有可能是题目编制不当，如第 3 题可能太容易，第 4 题可能太难，第 5 题则可能题意模糊不清，但也可能是教学效果不好。如果仅仅根据教学敏感指数，就无法将这两种因素区分开来。

（2）未教学—教学敏感指数

未教学—教学敏感指数（uninstructed-instructed sensitivity index）指未接受教学的群体与接受教学的群体在项目难度水平上的差异。为了在教学结束之前就得到数据，可以同时设置两个组，其中只有一组接受教学。这样从两组受测学生中可以得到两个P值，两组的P值之差即可衡量教学效果。

虽然未教学—教学敏感指数可以使用，但是对两个组进行施测仍然是昂贵且花费时间的事情。教学敏感性应该反映的是教学效果而不是两组间的其他差异（如智商、测验动机、年龄和性别差异）。如果两组在这些无关特质上差异很大，这个指数就不适用。

（三）速度测验的项目分析

前述种种项目分析的方法，只适合于难度测验，对于速度测验是完全不适用的，其原因如下：

1. 由于速度测验的时间限制非常严格，位置靠后的试题必然只有少数受试者有时间回答。因此，不管这些试题怎么容易，所求得的难度必然很高。

2. 由于速度测验的试题都比较容易，位置较前的试题几乎所有的受试者都能答对，所以，这些试题和外在效标或测验总分的相关必然很低，受试者均答对的试题甚至等于0。相反，位置靠后的试题只有能力较高者才能做到，能力越高，则越可能回答位置较后的试题。因此，不论试题本身的性质如何，只要其位置较后，它和某个效标或测验总分的相关必然较高。如果采用前面所介绍的计算难度或区分度的公式，所得到的结果只是试题位置的反映。位置越后，其难度越大，区分度越高，这显然是不符合实际情况的。

为了避免上述问题，应以已答完该试题的受试者作为分析的依据。例如全部受试80人，试题50个，答完第45题的只有20人，其中答对的有16人，那么该试题的难度P = 16 / 20=0.80。

当然，这种方法也有不少缺点：

1. 位置较后的试题只有少数人能答完，样本比较小，其可靠性也必然较低。

2. 位置较后的试题，只有少数速度较快的受试者能答完，而这些人的能力较强，他们和全体受试者不是等同的样本，因此，不能和较前面试题的结果相比较。由于回答较后面题的人能力较强，答对的百分比较高，这样，试题的难度就大大下降了。

3. 如果答完较后试题的受试者中，除了能力较高者外，还有一部分能力较低者，这些人是完全凭独创来作答的。那么由于这两类人的差异很大，所求得的项目效度和内部一致性就较高。

4. 如果答完较后试题的受试者中间，几乎没有人是凭猜测的，他们都是能力较强者，那么，受试者的同质性较大，就会低估项目的效度和内部一致性。

虽然已经有很多学者对速度测验的项目分析方法进行了研究，但至今还没有一种令人满意的结果。因此，如果项目分析的资料来自速度测验，则解释时要特别谨慎。

四、项目分析举例

下面举例说明项目分析的步骤。假设某教师编了四道测验题，选取370名有代表性的应试者，对测验结果进行项目分析，其步骤如下：

（1）全部试卷按得分高低，依次排列，分别取排名前27%和后27%各100名应试者，分别作为高分组和低分组。

（2）对于每一个题目，分别计算高分组答对的比例P_H，低分组答对的比例P_L。

（3）用公式$P=(P_H+P_L)/2$计算每一题的难度。

（4）用公式$D=P_H-P_L$计算每一题的区分度。

（5）将计算结果列入表3-9。

表3-9　项目分析示例

题号	组别	选答人数					正确答案	难度	鉴别力
		A	B	C	D	未答			
1	高分组	7	90	1	2	0	B	0.70	0.40
	低分组	20	50	12	18	0			
2	高分组	55	13	16	15	1	A	0.45	0.20
	低分组	35	20	26	15	4			
3	高分组	16	14	28	30	12	D	0.35	−0.1
	低分组	14	16	19	40	11			
4	高分组	2	45	15	38	0	C	0.135	0.03
	低分组	3	55	12	30	2			

对表3-9的数据分析如下：

①从难度角度分析，P值一般在0.35~0.65之间较好。第1题偏易，第4题偏难，第2、3题难度合适。

②从鉴别力角度分析，D值一般应大于0.3。上述四题中，满足此条件的只有第1、2题。

③从诱答项分析，诱答项应该能把正确组和错误组明显区分开来，错误组人数应该明显高于正确组人数。第1题基本符合要求；第2题D选项无鉴别力；第3题中，B选项高分组人数反而多于低分组人数，并且未答人数较多，设计不合理；第4题中，A选项选择人数太少，可能答案缺乏似真性，D选项有负向性出现，设计不合理。

④综合以上分析，第1题需要增加难度；第2题各项指标都符合要求，但D选项需要修改；第3题和第4题基本不符合要求，需要重新编写。

第四节　常模及其解释

一、常模和标准化样组

（一）原始分数和导出分数

1. 原始分数

测验施测后，根据测验手册上规定的评分标准，将被试的反应与答案作比较即可得到每个人在测验上的分数，这种直接从测验上得到的分数叫原始分数。原始分数是没有经过任何处理的分数，由于原始分数没有绝对零点，分数单位具有不等性，所以原始分数无法进行加减运算，它们之间也不具有可比性。

原始分数本身是没有什么意义的。例如，某个学生在一次测验中得了80分，那么这个分数表示他的学习成绩很高呢，还是很低呢？如果该班的大部分学生都在90分以上，那么80分就表示学习成绩很差；如果该班的大部分同学都在60分以下，那么80分就表示学生成绩很好。由此可见，只有知道了班上其他同学的分数，才能了解自己所得分数的真实意义。对一个学生成绩的评定，必须知道三个参照点，即最高分、最低分和平均分。心理测验结果的评定，也是如此。

2. 导出分数

为了使原始分数有意义，同时为了使不同的原始分数可以比较，必须把原始分数转换成具有一定参照点和单位的测验量表上的数值，这就是与原始分数等值的量表分数，有时也称它为导出分数。有了导出分数，才能对测验结果作出有意义的解释。

根据解释分数时的参照标准不同，可以将导出分数分为三大类：常模参照分数，内容参照分数，结果参照分数。后文对此具体介绍。

（二）标准化样组

常模是根据标准化样组（或称常模团体）的测验分数经过统计处理而建立起来的具有参照点和单位的测验量表。常模作为比较的标准，是否有效和可靠，很大程度上取决于所选取的标准化样组的质量。

1.标准化样组

（1）标准化样组的性质

从测验的编制者来说，标准化样组决定了所编制的测验将来用于什么总体，该样组必须能够代表该总体。例如，测验是设计来评价高中毕业生的学业成就的，则标准化样组就应包括全体高中毕业生，或是能足够代表该总体的一个样本。由于大部分的测验要用于各种不同团体，所以大部分测验都有不止一个标准化样组。对测验的使用者，要从不同角度来选定常模，首先要考虑的问题是现有的标准化样组哪一个最适合？因为标准化测验常提供许多原始分与各种常模团体的比较转换表，被试的分数必须与最合适的常模比较。

无论是测验编制者还是测验使用者，最关键的还是确定标准化样组的成员类型。对于成就测验和能力倾向测验，适当的标准化样组通常包括目前与潜在的竞争者；比较广泛的能力与性格测验，标准化样组通常包括具有同样年龄或教育水平的人。当然，在一些特殊情况下，还有许多方面也可用来定义标准化样组，如性别、年龄、年级或教育水平、职业、社会经济地位、民族等。

（2）标准化样组的条件

①标准化样组的成员必须给予确切的定义

在确定标准化样组时，必须清楚地说明所要测量的群体的性质与特征。虽然有关常模团体的一般规定取决于测验的目的与使用，且可能有多个常模团体。但对每个常模团体的性质和特征必须有一个简短而明确的描述，若群体过大，群体内部也许有许多小团体，它们在一个测验上的表现也时常有差异，假如这种差异较为显著，就必须对每个小团体分别建立常模。经常与测验作业发生关联的而且可以作为区分标准化样组的变量是：性别、年龄、教育、社会经济地位、智力、地理区域、种族等。

②标准化样组必须是欲测量的全域的一个代表性样组。

当所要测量的群体较小时，将所有的被试逐个测量以得到常模。在群体较大时，则不可能如此，只能测量一部分被试作为群体的代表，此时就存在取样是否具有代表性的问题。如果常模团体缺乏代表性，将会使常模资料产生偏差，从而影响到测验结果解释的准确性。为了克服取样偏差，保证具有代表性，一般在抽样时应遵循随机化原则。通常用分层取样的办法，可以保证常模样组中各类被试都有他们合乎比例的代表。

③取样的过程必须有详细的描述。

这主要是为了使测验的使用者不至于误用测验和错误地解释测验结果，所以在一般的测验手册中，都有相当的篇幅详细介绍常模团体的大小、取样策略、取样时间以及其他有关情况，以说明标准化样组代表全体的程度。比如，WISC—R（手册）花费了五页来交待取样的过程；取样的技术、样组的规模、取样的时间、与测验发生联系的变量（性别、年龄、种族、地理、区域、家长职业、城市与乡村）以及其他。

④标准化样组的规模要有适当的大小。

所谓"大小适当"并没有明确的指标。在人力、物力、时间允许的条件下，样组的规模愈大愈好，这是因为取样的误差的大小与样组的规模成反比。一个规模较小而取样代表性好的样组，通常比规模较大而取样代表性差的样组要好得多。

⑤标准化样组是一定时空的产物。

在一定的时空中抽取的标准化样组，它只能反映当时当地的情况。如果时空条件发生变化，该标准化样组就失去了意义，由此界定的常模也就不可靠了。由此也决定了常模必须是近时的，超过了一定时限就必须修订。例如对瑞文智力测验来说，几年以前所修订的常模对现今可能就不再适用，否则所得智商将产生偏高的趋势。

（3）标准化样组的抽样方法

①简单随机抽样

简单随机抽样指按照随机顺序表选择被试作为样本，或者是将抽样范围中的每个人或者每个抽样单位编号，随机选择，以避免由于标记、姓名或者其他社会赞许性偏见造成抽样误差。

②系统抽样

系统抽样的具体方法是：假设总体数目为N，若要选择K分之一的被试作为样本，则可以把所有的人N分为N／K组。每个组选一个人，则刚好组成1／K的样本。或者把所有的人从1到N按序编号，把所有编号是K的倍数的人抽取出来，即可组成所需样本。

③分组抽样

在总体数目较大、无法编号并且总体成员又具有多样性的情况下，可以先将群体分为一定的小组，再从小组内随机抽样，称为分组抽样。分组抽样中保证抽样可靠性的关键是选定和划分小组。

④分层抽样

分层抽样指先将总体中的所有单位按某种特征或标志划分成若干类型或层次，然后再在各个类型或层次中采用简单随机抽样或系统抽样的办法抽取一个子样本，最后将这些子样本合起来构成总体的样本。分层抽样的优点是：（1）在不增加样本规模的前提下，降低抽样误差，提高抽样精度。它通过把异质性较强的总体分成一个个同质性较强的子总体，从而提高抽样的效率。（2）便于了解总体内不同层次的情况，以及对总体中的不同层次进行单独研究或比较。

分层抽样的分层标准一般包括：①以所分析和研究的主要变量或相关变量为标准。比如：了解不同职业的人对物价改革的看法，就可以以人们的职业作为分层标准。②以保证各层内部同质性强、突出总体内在结构的变量作为标准。比如：按工作性质把职工分为：干部，工人，技术人员，勤杂人员等。③以那些已有明显层次区分的变量为标准。比如：按性别、年龄、文化程度、职业等分层；学生按年级、专业、学校类型等分层；城市按人口规模分层，等等。

分层抽样分为两种：①按比例分层：按各种类型或层次中的单位数目同总体数目间的比例来抽取样本。比如：对于某工厂工人按性别比例抽样；②不按比例分层：它适用于总体中有的类型或层次的单位太少时，或仅用于对不同层次的子总体进行专门研究或比较，而不用样本资料来推断总体的时候。

⑤整群抽样

整群抽样指从总体中随机抽取一些小的群体，然后由所抽出来的若干个小群体内的所有元素构成的样本。整群抽样的好处是简便易行，节省费用，不足是样本分布面不广，样本对总体的代表性相对较差。整群抽样与分层抽样的区别在于适用对象不同：当某个总体是由若干个有着自然界线和区分的子群（或类别、层次）所组成，不同子群相互间差别很大，而每个子群内部差别不大时，适合于分层抽样的方法；当不同子群相互之间差别不大，而每个子群内部的异质性程度比较大时，适合于采用整群抽样的方法。

（三）常模

1. 常模的建立

建立常模通常包括以下三个步骤：

①统计最基本的统计量，决定抽样误差的允许界限，在此基础上设计具体的抽样方法，并对该群体进行抽样，得到常模团体。

②对常模团体进行施测，并获得团体成员的测验分数及分数分布。

③确定常模分数类型，制作常模分数转换表，即常模量表，同时给出抽取常模团体的书面说明，以及常模分数的解释指南等。

2.常模的类型

常模分为发展性常模和组内常模。

发展性常模可以反映被试已经达到的发展水平，常见的类型有：智龄，年级当量（grade equivalence），顺序量表，发展商数。

组内常模可以反映被试在某一特殊团体中的相对位置，常见的类型有：百分量表（percentile），标准量表（standard scale，包括离差智商、T量表、标准分数等）。

后文将对这些常模类型进行详细介绍。

3.呈现常模资料的方法

常用的呈现常模的方法是转化表和侧面图。

①转化表（也称常模表）

最简单、最基本的呈现常模资料的方法是转化表，它的作用是呈现一个特别的常模团体的原始分数和相应的导出分数（百分等级、标准分数、T分数等等）。转化表的基本要素有三个：原始分数表、相应的导出分数、有关常模团体的描述。表3-10就是转化表的例子。

表3-10　常模转化表示例

原始分数	Z分数	T分数	百分点	标准9
70	-2.0	30	2.3	1
80	-1.33	36	9.2	2
90	-0.66	4.	25.5	4
100	0	50	50	5
110	0.66	56	74.5	6
120	1.33	63	90.8	8
130	2.0	70	97.7	9

从该表中，我们可以查得原始分数所对应的百分等级和标准分数。假设某个学生的原始分数是120，那么，他的百分等级是90.8，即该学生的分数超过了常模团体90%的水平；其标准分数z为1.33，说明他的成绩比平均水平高1.33个标准

差；其标准9值为8，表明其成绩处于高分段。

在根据转化表对原始分数进行解释时，有下面几个问题应特别加以注意：①导出分数是根据某个特殊的团体测验结果而定，并没有普遍的意义。在本例中，只能将某考生的成绩和该常模团体相比较，如果要和其它团体相比较，则要用其它常模转化表。②在本例中，导出分数包括了百分等级、标准z分数、T分数、标准9等4种类型。在其它情况下，转化表可能只有一种导出分数，也可以有两种以上的导出分数。③转化表中的导出分数只表示被测试者在团体中的相对地位，如果没有效度方面的证据，就不可能将这些分数和其它结果加以联系。

②剖面图

通过剖面图，可以将一套测验中各个分测验的成绩以图象的形式，直观地反映出来。图3-6是某被试16 pf人格测验结果的剖面图。

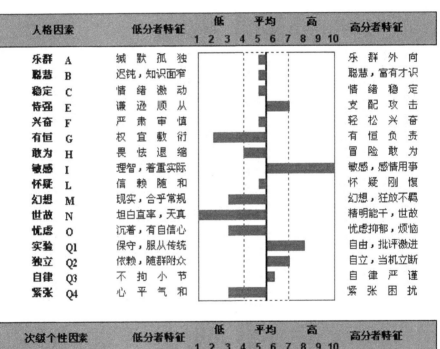

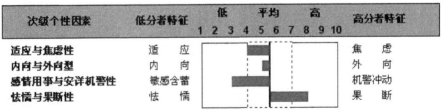

图3-6　16 pf人格剖面图示例

根据该剖面图，我们可以一目了然地对被试的人格特点做出评价。

4. 常模的相对性

①测验分数的比较

每一个心理测验量表都有特定的测评内容和对象，因此必须按照其测验手册所限定的内容和对象来施测和解释。测验分数不能单从概念上解释，而必须指代一定的特殊测验。

个体在不同测验上表现出的测验分数的系统差异可归为三个主要的原因：首先，尽管测验名称相同，然而其内容可能是不一样的。比如，智力测验有的强调空间能力，有的则可能以同等的比例包括言语、数学和空间内容。第二，量表的单位可能是不可比的。如果一份测验的IQ标准差为12，而另一份为18，那么个体在第一份测验上得112分将相当于第二份测验上的118分。第三，不同测验用以建立常模的标准化样本可能是不一样的。显然，同样一个个体，与一个相对低能的团体比较而得的分数，比起与一个相对能力高的团体比较而得的分数要高一些。

②特殊常模

有的标准化量表仅提供总体常模（譬如是全国性的），如果你的研究对象是地域性的，或行业性的，那么必须开发与此相对应的特殊常模。许多变量可以用来选择各种子体：年龄、年级、文化程度、性别、地域、城市或农村、社会经济水平等。

5. 关于常模和标准

常模（norm）和标准（standard）是教育和心理测量中经常遇到的两个容易混淆的概念。实际上，它们是既有联系又有区别的。

标准和常模有一定的联系，标准的建立往往要以常模作为依据。例如，对没有上过大学的人，怎么确定他是否达到了大学毕业的文化程度呢?怎么来制定这一标准呢? 一般是根据大学生在毕业考试中（或各门课程的考试中）所建立起来的常模，来确定代表一般毕业生学力水平的"最低标准"。

常模和标准又是不同的。标准是指希望达到的目标；而常模代表着某一群体真正的成绩，非指应该达到的标准。根据常模所导出的分数只告诉我们某个学生在某个团体中的相对地位，而并没有告诉我们这些学生已经掌握了哪些东西。另外，当"常模"意味着一个参照组的平均分数时，大约有半个组左右的考生是处于平均分数之下，这是统计所产生的必然现象。在实际教学评价中，有的提出要使全体学生达到年级常模，这种做法其实是不科学的，一般是做不到的。即使是暂时达到了，在下一次建立新常模时，又可能会提出更高的绝对水平，这样，又有一半学生会落到平均分数之下，这样显然是不合理的。

二、组内常模和量表

(一) 百分等级与百分位数

百分等级是使用最为广泛的表示测验分数的方法。它是指把一个总体的所有分数按大小顺序排列后，把所有分数按个数等分为100等份，每一个等份对应的百分数就是这个分数分布的百分等级，而刚好把所有分数个数分为100份的分数值则叫百分位数。

换句话说，百分等级是以百分率的形式来表示一个人的相对等级，即我们将常模样本分成100等份时这个人所占的等级。百分等级指出的是个体在常模团体中的相对位置，等级越低，个体所处的位置越低。

百分等级的计算关键在于确定在常模样本中分数低于某一特别分数的人数比例，这可以分两种情况：

(1) 对没有分组资料的数据分布求百分等级

公式为：PR=100-{100*（R−0.5）/N}，其中，R为排名顺序；N为总人数。

(2) 对有分组资料的数据求百分等级

对这类资料中任一个分数计算百分等级的公式如下：

$$PR=100/N*\{（x-i）*fp/h+Cf\}$$

其中，x 为任意原始分数；i 为该原始分数所在组的精确下限；fp 为该分数所在组的次数；Cf 为 i 以下的累积次数；h 为组距。

另外，在实践中还用到百分点或百分位数的概念。在分数量表上，相对于某一百分等级的分数点就叫百分点或百分位数，可以使用内插法来计算。

百分等级经常作为与学生、家长或顾客交流测评结果的工具。在使用中，必须注意以下两点：

(1) 百分等级是对原始分数的一种非线性转换，百分等级的分布呈长方形，而测验分数的分布通常趋近于常态曲线。因此在分布的中央，微小的原始分数的差异会产生巨大的百分等级（百分位）的差异。相反在两端中巨大原始分数的差异只产生微小的百分等级的差异。如图3-7所示。

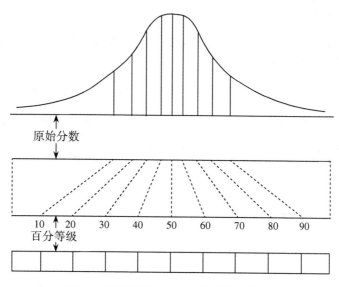

图3-7　原始分数的分布与百分等级的关系

（2）由于百分量表是等级（顺序）量表，所以无法适当地将它加减乘除，致使大多数统计分析无法运用。在某些情况下对百分等级的数学统计计算将导致不恰当的解释。

（二）四分位数和十分位数

四分位数（quartile）是将数据分布分成四等份的点，实际上等同于第25、50、75的百分位数。第一个四分位数（Q1）是第25个百分位数，第二个四分位数（Q2）是第50个百分位数，第三个四分位数（Q3）是第75个百分位数。因而计算四分位与计算第25、50、75的百分点相同。

十分位数（decile）是将频数分布分为十等分的点。最低的1/10则为第一个十分位数，20%的点为第二个十分位数，依次类推。十分位数的计算与计算第10、20、……90等百分点相同。

（三）标准分数

标准分数是将原始分数与平均数的距离以标准差为单位表示出来的量表，因为它的基本单位是标准差，所以叫标准分数。因为标准分数是具有相等单位的等距量表，所以不同量表间的分数就可以进行比较。

标准分数可以通过线性转换，也可以通过非线性转换得到，由此可将标准分数分为两类：线性转换的标准分数，常态化的标准分数。

1.线性转换的标准分数

（1）z分数（z score）

z分数是最典型的线性转换的标准分数，它是指以标准差为单位所表示的原始分数与平均数的差距，其计算公式为：

$z = \dfrac{X - \bar{X}}{\sigma x}$，其中，$X$为原始分数；$\bar{X}$为平均数；$\sigma x$为标准差。

当原始分数的分布是合乎正态的时候，z分数可以直接转化为百分位数。图3-8描述的是z分数和正态分布的百分位数之间的关系。

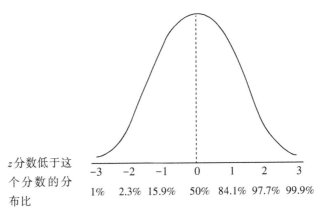

图3-8　z分数和正态分布曲线中百分位数的关系

例如，在一个正态分布中，84.1%的分数低于z分数1.0。因此，如果你获得了一个值为1.0的z分数，你可以下结论说，你比参加测验的84%的人获得的分数高。

（2）Z量表分数

由于z分数中会出现小数点和负值，而且单位过大，所以通常又将z分数转换成Z量表分数，转换方法是：

$$Z = A + Bz$$

其中，Z为转换后的标准分数，A、B为常数。由于加上或乘以一个常数并不改变量表中的比较关系，所以Z分数与z分数是同质的。例如：离差智商IQ分数实质上就是一种Z分数，其平均分为100，标准差为15（IQ = 100 + 15z）。

2. 常态化的标准分数

用线性转换导出的标准分数只有在分布形态相同或相近时才能进行比较，若两个分布的偏斜方向不同，或一个为正态，一个为偏态，那么相同的标准分数可能代表不同的百分等级，因此对两个测验分数仍无法比较。为了能将来源于不同分布形态的分数进行比较，可使用非线性转换，将非常态分布变成常态分布，其转换思路是按照正态分布曲线规律，来进行等级评价。正态化的过程为：先将原始分数转化为百分等级，再将百分等级转化为正态分布上相应的离均值，并可以表示为任何平均数和标准差。

正态化转换的计算步骤是：（1）对原始分数按序由小到大排列，计算各分数占总样本量的累积百分比。（2）在正态曲线面积表中，求相对于该百分比的 z 分数。假如原始分布呈正态，正态化的标准分数与由线性转换所得的标准差分数有相同的值。假如分布不呈正态，这两种分数的值则不同。

在将分数常态化时有一个前提：只有所测特质的分数在实际上应该是常态分布，只是由于测验本身的缺陷或取样误差而使分布稍有偏斜时，才能转换为常态化标准分数。

3. T 分数

与线性导出分数一样，常态化标准分数也可以被转换成任何方便的形式。当以 50 为平均数（即加上一个常数 50）、以 10 为标准差（乘以一个常数 10）来表示时，通常叫做 T 分数，表示为：T=50+10z

使用 T 分数的理论基础很简单：通过将每个 z 分数乘以 10，小数就消除了（z 分数通常只带一位小数）；再给这个结果加上 50，负数就消除了。例如，一个值为 1.3 的 z 分数可以使用值为 63 的一个 T 分数进行重新表达；一个值为 -2.5 的 z 分数可以用值为 25 的 T 分数进行重新表达。

T 分数的有效范围是 20 到 80，远离平均数 5 个标准差的分数代表的是超乎寻常的极端，将拥有范围在 0 到 100 的 T 分数。

通过 T 分数辅助表，只要知道某个原始分数在分布中累积次数的比例，就可以从表中直接查得相应的 T 分数。

4. 标准九

标准九（standardized nine score）的全称是标准化九级分制，它是第二次世界大战期间在美国空军中发展起来的用于选拔飞行员的一个九级标准分数量表。标准九将正态分布分成九个相等的部分，并且分配给每一部分从 1 到 9 的序数，其中最高段为 9 分，最低段为 1 分，正中间那段为 5 分。除两端（1，9）外，每段有半个标准差宽。这就是说，标准九是以 5 为平均数、以 2 为标准差的量表。除第 1 与第 9 级的宽度大于 0.5 个标准差外，其余各段均等距。使用原始分数转换成标准九分时，不管其是否符合正态分布都能转换，如从低分起选 4% 的被试为第一段，再选 7% 的被试为第二段，等等。

应用标准九有两大好处：（1）它们的计算很容易；（2）所有的指标都是用从 1 到 9 的个位数表示。

图 3-9 显示了 z 分数、正态曲线下分数分布的百分比和标准九之间的关系。从

平均数开始（此处 $z=0$），落在 0.5 个单位标准差之间的分数的百分比可计算得到。中间时的标准九（5）包括从平均数以下 0.25 个标准差到平均数以上 0.25 个标准差之间的距离。大约 20% 的样本落在这两个值之间。图中也显示了对应于每一个标准九的近似百分比。标准九 9 包括处于最高位置的 4%；标准九 8 是接下来的 7%，以此类推。

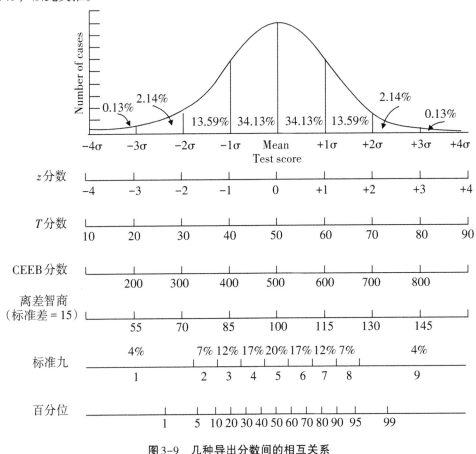

图3-9　几种导出分数间的相互关系

三、发展性常模和发展量表

人的许多心理特质，如词汇、数学能力和道德推理等，是随时间而发展的，所以可以将个人的成绩与各种发展水平的人的平均成绩相比较，制定出发展量表。通过这些量表的测评，可以明确个体在按正常途径发展的心理特征处在什么样的发展水平。

（一）年龄常模

20世纪初，比奈提出了将一个儿童的行为与各年龄水平的一般儿童比较以测量其心理成长的设想。在1908年修订的比奈—西蒙量表中开始用年龄作单位来度量智力。一个儿童在年龄量表上所得的分数，就是最能代表他的智力水平的年龄。这种分数叫做智力年龄，简称智龄。

一个年龄常模将一个水平的测验表现和参加测验者的年龄联系起来。例如，斯坦福—比奈量表的一个版本有一个词汇子测验，这个子测验有46个项目，分布从最简单到最复杂。程序是阅读每个单词，并要求被试给出一个定义。这个程序直到被试无法正确界定一行的几个单词时结束。被试得到的分数是正确界定单词的数量。例如，对一个年龄为6岁的儿童，正确界定的平均数量大约是18；年龄为12岁的儿童，数量大约是28。因此，如果一个被试正确界定了大约25个单词，其表现与10岁典型儿童的表现相似。

开发年龄常模所包含的原理非常简单：可以开发随年龄发生系统变化的任何特征——至少达到某些年龄水平。在建立年龄常模的时候，我们需要在每一个年龄上获得一个代表性的样本，需要测量在每一个样本上与年龄相关的特定特征。

年龄常模的基本要素为：（1）一套能区分不同年龄组的题目；（2）一个由各个年龄的被试组成的代表性常组（即常模团体）；（3）一个表明答对哪些题或得多少分该归入哪个年龄的对照表（常模表）。

（二）年级当量

在教育成就测验上，经常采用年级当量来解释分数。所谓年级当量，是指以各个不同年级学生的平均分数作为标准的量表。

建立年级当量的过程如下：（1）对每一年级的有代表性样本进行测验。（2）算出每一年级测验结果的平均分数。（3）用线性内插法估计出与中间分数相应的年级。（4）以这些平均分数及对应的年级建构常模。如果一个标准化常模样组中四年级学生正确解答某一数学测验的问题数目平均为23，那么原始分数23便相当于4年级的年级当量。

年级量表也可以用年级月数来表示，因为一年当中学生在校的时间约为10个月，所以年级当量4.0便表示四年级开始时的平均成绩，而4.5则表示学年中间（即第五个月时）的平均成绩。

在使用年级当量常模测验时，需要注意以下几个方面的问题：（1）年级当量单位不等距。有些课程是集中在一个学期内进行的，有些课程的教学量（如阅读和算术的基本技能）在高年级是逐年减少的，所以，对于这些课程的年级当量就没有什么意义。我们没有足够的理由可以认为从四年级到五年级的能力增长和从五年级到六年级的能力增长相同。（2）不同学科的相当年级没有可比性。因为不同学科水平的提高并不是以相同速率进行的，所以，若某个五年级学生的语文水平达到了六年级；并不意味着他的算术能力也达到了六年级水平。（3）虽然某学生可能在测验分数上已经达到更高的年级水平，这说明他在该门课程上的学习是非常优秀的，但这并不意味着他在该门功课上的水平与更高年级相应学生的水平是完全一样的，因为他们经历了不同的知识技能建构过程，更不能说明他已经具备进入更高年级学习的条件。比如，有一个三年级的学生，在某个标准化算术测验中所获得分数的相当年级是5.9，这并不意味着他们可以立即进入六年级学习。因为，相当年级的确定是根据一般学生的水平，而一般学生对于本年级所教的课程，并没有达到完满的成绩。同一年级不同学生之间的水平很可能相差很大，不可能总在平均数附近，有能力的学生就能得到一些额外的分数。

（三）顺序量表

顺序量表（ordinal scale）是为了检查婴幼儿心理发展是否正常而设计的，它不使用各年龄的平均分数，而以婴幼儿代表性行为出现的时间为衡量标准。

最早的发展顺序量表是由格塞尔（Gesell）设计的，量表以月份表示婴幼儿的运动、适应性、语言和社会性所应达到的水平。

20世纪中期，瑞士儿童心理学家皮亚杰研究从婴儿到少年的认知过程的发展。他更关心的是一些特殊概念而非广阔的能力。例如，物体的永久性、物体的守恒性等的形成有一定的时间顺序，只有前一阶段完成后，才能进入下一阶段。后来有人把皮亚杰在研究中所采用的一些作业和问题组织成了标准化量表，用来研究儿童在每一发展阶段的特性，以提供儿童实际能做什么的信息。在这种量表上，分数可以用相近的年龄水平来表示，同时还能对儿童的行为作质的描述。

（四）发展商数

1. 比率智商（ratio IQ）

最初的智力测验仅以年龄量表来表示测验分数。1916年，推孟（L. M. Terman）在修订的斯坦福—比奈量表中采用了智商的概念。智龄表示心理发展的水平，它是一个绝对的量数，而智商则表示心理发展的速率，它是一个相对的量数。

智商（IQ）被定义为智龄（MA）与实际年龄（CA）之比，其计算公式为：

$$IQ = (MA / CA) \times 100$$

由于比率智商是相对量数，所以能表示一个儿童智力发展速率或聪明的程度。如果一个儿童正常发育，智力随年龄增长而增长，一直到停止点为止，则其商数仍等于100，而心智发展慢于或快于年龄增长者，则其商数小于或大于100。

由于比率智商能表示每一个儿童在团体中智力上的地位，因此它不仅有量的意义，也有质的意义。比如，从斯比（1937年修订本）智力商数的分布上可知，IQ为50的儿童是一种很严重的发展落后的情况，他在许多心理功能上是落在最低的1%之中；IQ为100儿童是一个"平常的"或"一般的"儿童，其智力在整个分布中是中等的；IQ等于150的儿童是非常优秀的，而其百分等级是在99%以上，或者说在最高的1%之中。

比率智商的应用中存在如下困难：

（1）在计算高年龄组儿童的智商时应该用何实际年龄作为除数尚无一定的结论。推孟在1966年用16岁为求成人智商的除数，1937年修订的斯比量表则用15岁作为求成人智商的除数。

（2）智力生长不是直线而是曲线，因而以智龄作为发展水平的单位就不是一个等距单位。从智力生长曲线上可知，智龄不等距到高年龄组更为加剧了。为了克服这一困难，斯比（1937年修订版）曾对此加以修订。

表3-11　斯比量表(1937年修订版)对实际年龄的修订

实际的CA	修订后的CA
13-0	13-0
13-3	13-2
14-0	13-8
14-6	14-0
15-0	14-4
15-5	14-8
16-0	15-0

（3）除非不同年龄段被试IQ分数分布的标准差是一样的，否则，不同年龄段之间的IQ分数就不能进行直接比较。然而，实际研究发现，智力发展随着年龄增加逐渐稳定，个体智力发展水平差异受到各种因素影响的程度也越来越小，因此很难保证不同年龄段被试IQ分数分布的标准差是一样的。这时候使用比率智商解释个体智力发展水平就可能存在以下这种情况，即10岁组中IQ分数为115分和12岁组中IQ分数为125分所表示的群体内相对地位可能是一样的，因为他们的IQ分数都是高于各自年龄组平均数1个标准差。同样的，10岁组中IQ分数为115分和

12岁组中IQ分数同样为115分所表示的群体内相对地位可能是不一样的。

2. 离差智商（deviation IQ）

针对比率智商的缺点，韦克斯勒（Wechsler）提出了离差智商的概念，这种方法是根据平均数和标准差来计算智商的。它的基本原理是把每个年龄阶段儿童的智力分布看成是正态的，其平均数就是该年龄儿童的平均智力，记为100。某个儿童的智力高低就根据他的分数和平均数之间的距离来表示，这一距离是以标准差为单位的，韦克斯勒智力测验的标准差为15。

许多团体智力量表以及斯坦福—比纳（Stanford-Binet）量表（标准差为16）第三版均使用了离差智商。

3. 教育商数（EQ）

教育商数是将一个学生的教育成就与他的年龄作比较，教育商数为教龄（EA）与实际年龄（CA）之比，计算公式如下：

$$EQ=（EA／CA）\times100$$

所谓教龄是指某个年龄的儿童所取得的平均教育成就。譬如一个学生的教龄为10岁，就是说这个儿童的教育成就与一般10岁儿童的教育成就相等。教龄与教商可以同智龄与智商作同样的解释，都是表示发展的水平和速率。

4. 成就商数（AQ）

成就商数是将一个学生的教育成就与他的智力作比较，即教龄与智龄或教商与智商之比：

$$AQ=（EA／MA）\times100=（EQ／IQ）\times100$$

因为成就商数是将一个学生的教育成就或学业成绩与同等智力的学生比较，所以它既可以反映学生的努力程度，又能反映教师的教学效果。

四、标准参照分数

上面所介绍的各种对测验结果的解释，都是以常模作为参照系的，它可以确定学生在团体中的相对地位，但它无法了解学生达到教学目标的程度，也无法反映出学生成绩的真实意义。两个学生如果在期终测验中得分相同，但实际成就可能有很大的差别，例如甲生在第一单元的学习成绩较佳，乙生在第二单元的学习成绩较佳，但用常模参照测验的方法就不能了解这种差异，因此，不能用来诊断学生的学习困难，或用来评价某项新教材和新教学方法的优缺点。而且常模参照测验的解释常常由于参照团体的不同而有所差异，而在不同参照团体得分相同者，其意义又有很大的不同。由于常模参照系具有上述缺点，人们对标准参照测验的兴趣就逐步增加了。

在标准参照测验中，一个人在测验上的成绩不是和其他人比较，而是和某种特定的标准比较。一种标准是对测验所包含的材料熟练或掌握的程度，涉及的主要是测验内容，所以这种分数叫内容参照分数；另一个比较标准是外在效标，即用预期的效标成绩来解释测验分数，涉及的是后来的结果，称为结果参照分数。

（一）内容参照分数

内容参照又叫范围参照，是看被试对指定范围中的内容和技能掌握得如何。在编制内容参照测验和对此种测验分数做解释时有两个主要步骤：一是确定测验所包含的内容和（或）技能的范围，二是编制一个能报告测验成绩的量表。

内容参照分数包括如下几种类型：

1. 掌握分数

有时，我们只想知道被试对一些基本知识和技能是否掌握，并不需要对被试作进一步的区分（采用"全"和"无"记分）。在这种情况下，只要定出一个可接受的最低标准就可以了。这种测验叫掌握测验，代表最低熟练水平的分数叫掌握分数。如果一个人达到了这个分数，就说明他已经掌握了这种知识或技能，从而可以进入下一个水平的学习或训练。

2. 正确百分数

掌握分数以"通过—失败"这种二分法记分会失掉一些信息，因此，有时我们需要以被试对内容掌握的程度来报告分数，最简单的指标就是正确百分数，亦即被试答对题目的百分比。

3. 内容标准分数

内容标准分数是把内容分数与常模分数结合起来使用。在编制内容标准量表时，不但要明确界定内容、范围，还要详细说明每一种水平的"典型"人物正确回答和不正确回答的问题的类型。这样，将一个人的测验分数与此种量表对照，便既能指出他正确反应的百分比，又能指出他的成绩达到了哪种人的水平以及他能解决哪一类问题。

4. 等级评定量表

在某些情况下，我们感兴趣的不是人们是否掌握了某种知识，而是一个人完成某种过程或生产出某种产品的技能。对于各种技能，是不能用回答问题来确定其掌握和熟练水平的，通常我们需要采用等级评定量表来报告一种活动的熟练水平或一种产品的质量。为了使评定尽可能客观，需要对各种等级定出标准。

表3-12　内容参照测验的解释报告示例

测验名称:成就测验 精熟标准: 答对80%目标	学生　王××		
	实得分数	答对百分比	精熟与否
1.知识(15)	15	100	√
2.理解(15)	12	80	√
3.应用(20)	15	75	
4.分析(15)	15	100	√
5.综合(15)	12	80	√
6.评价(20)	10	50	

（二）结果参照分数

将效度资料与常模资料结合起来,用效标行为的水准来表示的分数叫结果参照分数。这种分数适合于用测验来作预测的情况。例如,高考平均分数在90分以上的人,我们可以预测他进入大学后的学习成绩将为优秀。这里,是用结果来解释测验分数,而不是用常模和内容来解释。为了得到结果参照分数必须有两个先决条件:第一,测验分数必须与一个重要的效标具有高相关,也就是要具有效度证据。第二,要有一个能把测验分数和效标成绩之间的关系结合起来的方法,也就是要有转换分数的图表。结果参照分数的主要优点是使我们能用预期的效标行为的水平去解释分数,因此特别适用于预测的情况。当效标资料无法得到、效标资料没有意义或者研究者不感兴趣时,结果参照分数不适用。当只有一二个预测源时,使用结果参照分数清楚易懂,但有多个预测源时则较为复杂,难于呈现。

结果参照分数的呈现方式有如下几种:

1.期望结果的概率

这种方法是通过一种简单的图表,显示出获得特定测验分数的人得到每一种效标分数的百分比,即将测验成绩以产生各种不同结果的概率来描述。

（1）表格法

编制期望表一般分为以下几个步骤:首先,搜集预测源分数和效标分数,并分别将它们加以分类;其次,确定预测源和效标分数每一种组合情况的次数;最后,把每一种组合的次数转换为百分比,并做成表格。

　　表3-13反映了207名学生在参加一个统计课程之前的数学测验分数与后来的统计课程级别之间的一个交叉表格。可以通过将该表中的数字转换成百分比或概率而建构起一个期望表。从分布图的每一行可以获得一个总分，然后将该行中的值转变成在总分中的比率。这个结果期望表在表3-14中。

表3-13　数学前测分数与统计课程级别间的相关

	F	D	C	B	A	原始总分
40				2	6	8
37-39			8	18	9	35
34-36		4	18	17	4	43
31-33		11	19	14		44
28-30	3	14	15	7		39
25-27	8	13	9			30
24	6	2				8
	F	D	C	B	A	207

表3-14　由表3-13转换而来的期望表

	F	D	C	B	A	原始总分
40				0.25	0.75	1.00
37-39			0.23	0.51	0.26	1.00
34-36		0.09	0.42	0.40	0.09	1.00
31-33		0.25	0.42	0.32		1.00
28-30	0.08	0.36	0.38	0.18		1.00
25-27	0.27	0.43	0.30			1.00
24	0.75	0.25				1.00
	F	D	C	B	A	

　　观察表3-13中最低的那一行，可以注意到总共8个人在前测上获得24分或更少的分数。在这8人中，6人或者75%的人在课程中获得F，2人或者25%的人获

得D。在表3-14中，0.75和0.25被放在最低行的F列和D列。然而，最高行中的8个人中，有25%的人获得了B，75%的人获得了A。因此，通过给预测表一个测验分数，我们可以估计出在课程上获得一个具体级别的概率。例如，如果一个学生在数学测验上获得的分数在28到30之间，由表3-14可查得，他获得B的概率是0.18。

（2）图示法

当效标分数被分为"成功"和"失败"时，还可以将获得每一种测验分数的人按成功或失败的百分比画成期望图。

2. 预期的效标分数

呈现结果参照分数的另一种方法是将具有不同测验分数的人所可能获得的预期效标分数用图表显示出来。其编制程序是：

（1）搜集一个样本中人们的测验分数和效标分数；

（2）确定获得不同测验分数的每组人的平均效标分数；

（3编制一个表或图来呈现这些信息。

有时在图表中报告的不是实际的效标分数，而是由回归方程导出的预期的效标分数。

第二篇

心理测量类型

第四章　智力测验

第一节　智力测验概述

一、智力测验的相关概念

（一）智力的含义

"智力"一词来源于古拉丁词intelligence，其意义是代表一种天生的特点及倾向性。

虽然"智力"概念在生活中被广泛运用，多数人也认为可以通过外显的、可观察的行为来识别智力，但是对智力下一个能够被广泛接受的定义则是十分困难的（Neiseer，U. R. Gustav，1979）。代表性的智力定义有：

斯皮尔曼（1904，1923）：理解事物之间关系的基本能力。

比奈和西蒙（1905）：正确判断、理解和推理的能力。

推孟（1916）：形成概念并理解其意义的能力。

品特纳（1920）：个体充分适应新环境的能力。

桑代克（1921）：回答能够很好地符合真理或事实的能力。

瑟斯顿（1921）：抑制本能反应的能力，灵活地运用不同行为方式、有意识地在外显行为中对本能反应进行修正的能力。

韦克斯勒（1939）：个体有目的地行动、理智地思考、有效地处理环境中事务的综合能力。

Humphreys（1971）：包括习得的技能、知识、学习习惯和整体倾向在内的一整套技能，被认为与思维有关，并在人生的任何阶段都要用到。

皮亚杰（1972）：智力是一个一般性的术语，用于描述高级的组织形式或认知结构的一般术语，个体用于适应物理和社会环境。

斯滕伯格（1985，1986）：智力是自动化的加工信息，并在新环境中表现出适宜行为的心智能力。智力也包含元成分、行为表现成分和知识获得成分。

艾森克（1986）：在皮层中无误传送信息。

加德纳（1986）：个体解决问题的能力或技能，也包含塑造一个或者多个文化中被认为有价值的产品的能力。

Ceci（1994）：具有很多功能的多种内在能力，这些能力的发展（或者无法发展，或者开始发展出来了而后萎缩了）取决于个体动机以及个体是否获得相关的教育经历。

Sattler（2001）：通过明智行为反映出的物种生存能力，并且这种能力超越了那些基本的生理学过程。

尽管智力观点十分多样化，但所有专家对智力的定义中总会重复提及两个主题。从广义上讲，专家倾向于认为智力是：① 从经验中学习的能力；② 个体适应某种环境的能力。综合以上观点，我们可以给智力下这样一个定义：智力指人们认识、理解客观事物并运用知识、经验等解决问题的一般能力，它包括观察能力、注意能力、记忆能力、思维能力、想象能力、操作能力等。

（二）智力测验及其指标

智力测验是通过测验的方法来衡量人的智力水平高低的一种科学方法。智力被看作人的各种基本能力的综合，因此智力测验又称为普通能力测验。

心理学中，智力测验的结果通常有三种表达方法：智龄、比率智商和离差智商。

1. 智龄

智龄即智力年龄，指每一个年龄（段）被试在智力量表中应该完成的难度最适宜的题目个数（即该年龄恰好有60%的被测者能完成的题目），这是比奈—西蒙量表中使用的方法。

2. 比率智商

比率智商即智力商数（Intelligence Quotient，简称IQ），指智力年龄与实际年龄的比率，这是斯坦福—比奈量表使用的方法。用公式表示为：

智商（IQ）=[智力年龄（MA）/实足年龄（CA）]×100

3. 离差智商

离差智商是把测量分数按照正态分布曲线标准化，把原始分数转换为平均分为100、标准差为15的标准分数，用来描述一个人的智力能力与其年龄相仿的人群的平均成绩的偏离程度，这是韦克斯勒智力量表使用的方法。

（三）智力的分布和分类标准

用智商（IQ）来衡量人的智力的高低，通常把人们的智力分为如下层次（见表4-1）：

表4-1 智力分类

智商(IQ)	类别	百分比(%)		
		理论分布	斯比量表	韦氏量表
140以上	高超常	0.38	1.6	2.3
120–139	超常	8.8	11.3	7.4
110–119	高于平常	15.96	18.1	16.5
90–109	平常	49.72	46.5	49.4
80–89	低于平常	15.96	14.5	16.2
70–79	临界水平	6.9	5.8	6.0
70以下	智力缺损	2.28	2.9	2.2

大量的研究证明，人类智力的分布呈正态分布曲线，即两头小、中间大。著名心理测量学家利维·麦迪逊·推孟（Lewis M. Terman）认为，智商为100分左右的人约占全部测试者的46%；130分以上的人少于3%；70分以下的也少于3%。

二、智力测验的理论依据

（一）智力因素分析理论

1. 二因素说

查尔斯·爱德华·斯皮尔曼（Charles E. Spearman）提出，智力分为两类：（1）一般因素（G因素）：代表个人的普通智力，是一切心智活动的主体和智力的基础，个体间智力的差异决定于G因素量的多寡。（2）特殊因素（S因素）：代表个人的特殊智力，只有在某些特殊情况下（特殊工作或特殊活动）才会表现出来。

2. 特殊因素说

爱德华·李·桑代克（Edward L. Thorndike）提出三种智力说：（1）抽象智力：处理语言和数学符号的智力。（2）具体智力：处理事物的智力。（3）社会智力：处理人与人之间相互交往的智力。

3. 多因素论

路易斯·利昂·瑟斯顿（Louis L. Thurstone）提出智力可分为语文理解（V）、语词流畅（W）、数字运算（N）、空间关系（S）、机械记忆（M）、知觉速度（P）、一般推理（R 或 I）等7种因素。

4. 智力的层次结构模型

英国心理学家菲利普·弗农（Phillip E. Vernon）把智力结构分为四层：第一层：G因素；第二层：大因素群，分为两大群，即"言语和教育因素"与"操作和机械因素"；第三层：小因素群；第四层：更小的特殊因素，即各种各样的特殊能力。

5. 吉尔福特的智力结构立体模型

美国著名心理学家乔伊·保罗·吉尔福特（Joy P. Guilford）用内容、操作和产品三个维度建构了智力结构的立体式模型，其中内容维度指引起个体心智活动的各种刺激物，操作维度指智力的加工活动，产品维度指智力活动的结果。如图4-1所示：

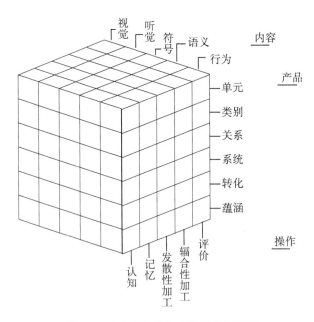

图4-1　吉尔福特的智力结构立体模型

6. 卡特尔的流体智力和晶体智力理论

美国心理学家罗曼德·卡特尔（Raymond B. Cattell）于1963年到1971年，相继完整地提出了流体智力和晶体智力理论。

（1）流体智力：指信息加工和问题解决过程中洞察复杂关系的能力。如：对关系的认识、类比、演绎推理的能力、形成抽象概念的能力等。后来，约翰·霍恩（John Horn）又增加了一些流体智力因素，包括：视觉加工能力、听觉加工能力、数量加工能力、加工速度、读写能力、短时记忆能力、长时记忆和提取能力。流体智力在不同的环境和条件下都会显示出来，因而是一种普遍性能力，它更多地依赖于遗传，在个体发育的早期就有明显地发展，14岁左右达到高峰，成年后逐渐衰退。

（2）晶体智力：指知识与技能有效结合的一种能力，主要用于完成某种固定的任务。晶体智力更多地依赖于环境的作用，决定于后天的学习，与社会文化有密切的关系。晶体智力在人的一生中都在发展，但到25—30岁之后，发展的速度渐趋平缓。

7. 卡洛尔的认知能力的三层理论

卡洛尔（J. B. Carroll，1997）用地层代表他的理论中的三个成分：最上面的一层是g因素或一般智力；第二层由八种能力和加工过程组成：流体智力（Gf）、晶体智力（Gc）、一般记忆和学习能力（Y）、广泛的视觉接受能力（V）、广泛的听觉接受能力（U）、广泛的记忆提取能力（R）、广泛的认知加工速度（S）、加工/决策速度（T）。在这八个因素下面，分别是一些"水平因素"和（或）"速度因素"，这些因素引起所关联的第二层元素的不同而不同。例如，与Gf相连的三个水平因素为一般推理能力、量化推理能力、皮亚杰式的推理能力。与Gf相连的一个速度因素为推理的速度。与Gc相连的四个水平因素为语言发展、理解力、拼写能力和交流能力；与这相连的两个速度因素为口语的流畅性和写作能力。三层理论是一个层级理论，也就是说每一层的因素都包含于上一层的因素中。

8. CHC理论

CHC理论是一种将Cattell-Horn和Carroll理论进行整合的理论，由凯文·麦克格兰（Kevin S. McGrew，1997）提出，随后麦克格兰和弗兰南格（Flanagan，1998）在因素分析的基础上，对之前的整合理论进行了修改，形成了现在的Mc-Grew-Flanagan CHC理论。该模型包含了十个"宽层"能力和七十多个"窄层"能力，每个宽层能力包含了两到三个窄层能力。对这十个宽层能力的编码和命名仍采用其原始理论中的编码和命名方式，包括：流体智力（Gf）、晶体智力（Gc）、数量知识（Gq）、读写能力（Grw）、短时记忆（Gsm）、视觉加工（Gv），听觉加工（Ga）、长时记忆和提取（Glr）、加工速度（Gs）和决策/反应的时间或速度（Gt）。

9.加德纳的多重智力理论

美国心理学家加德纳（H. Cardner）认为，智力是个体用来解决问题和创造物质财富的能力，智力的内涵是多元的。他提出了7种不同的智力成分：

（1）语文能力：包括说话、阅读、书写能力等；

（2）数理能力：包括数字运算与逻辑思考能力；

（3）空间能力：包括认识环境、辨别方向的能力；

（4）音乐能力：包括对声音的辨识与韵律表达的能力；

（5）运动能力：包括支配肢体以完成精密作业的能力；

（6）人际关系能力：包括与人交往且和睦相处的能力；

（7）反省能力：包括认识自己并选择自己生活方向的能力；

后来他又加入了自然智力、精神智力和关于存在的智力。加德纳大大丰富了智力内涵，开辟了智力理论发展的新方向。

10.詹森的智力震荡结构理论

随着神经生理学研究的进展，有一部分心理学工作者认为智力是在人类脑神经结构、生物、化学等先天因素的作用下形成和发展起来的，这就是智力的生物学结构理论，其中最有代表性的是詹森（A. R. Jenson）的智力振荡结构理论。该理论认为，在外界智力任务的物理刺激作用下，大脑皮层中形成许多相应的激活点，这些激活点的激活水平是不断地振荡着的，因此，激活点有一半时间属于不应期，处于激活阈限以下。当对激活点的刺激超过了激活阈限值，则激活波会沿着结点链传递下去，直至最后的反应通道。因此，个体对智力任务的刺激作出反应的总时间，应是由激活点的平均振荡周期和激活波在结点链中的传递时间共同决定的。个体之间在这两个方面的时间差异，就决定了个体反应时的差异，也就是个体智力水平的差异。

（二）智力的信息加工观

1.鲁利亚的同时加工和既时加工理论

俄国神经心理学家亚历山大·罗曼诺维奇·鲁利亚（Aledsandr R. Luria）侧重于探讨信息加工的机制上——信息如何被加工，而不是什么被加工。他们已经区分出两种基本的信息加工方式：同时加工和既时加工。在同时或平行（simultane-ous or parallel）加工中，所用的信息在同一时间被整合到一起进行加工。在既时或系列（successive or sequential）加工中，各部分信息按照一定的顺序被独立的进行加工。

2.戴斯等的智力PASS模型理论

受鲁利亚的信息加工观点的影响，戴斯（J. P. Das）等人进一步提出了智力PASS模型理论。该模型包括以下几部分内容：

（1）四种认知成分：计划（plan），注意（attention），同时性加工（simultaneous process），继时性加工（successive process）。

（2）三个系统：①注意—唤醒系统（第一机能区）：使大脑处于一种适宜的工作状态。②同时性加工—继时性加工系统，又称编码系统（第二机能区），负责对外界输入信息的接收、解释、转换、再编码和存贮。③计划系统（第三机能区），执行计划、监控、评价等高级功能。

（3）测验内容：包括四个分测验：第一分测验（测查计划性功能系统）：①视觉搜索（visual search），②计划连接（planned connection），③数字匹配（match number）；第二分测验（测查注意—唤醒功能系统）：④表现的注意（expressive attention），⑤找数（number finding），⑥听觉选择注意（auditory selective attention）；第三分测验（测查同时性加工成分）：⑦图形记忆（figure memory），⑧矩阵问题（matrics），⑨同时性的言语加工（simultaneous verbal）；第四分测验（测查继时性加工成分）：句子重复（sentence repetition），句子问题（sentence question），字词回忆（word recall）。

3.斯滕伯格的智力三重结构理论

罗伯特·斯滕伯格（Robert Sternberg）提出了另一种有关智力的信息加工方式，这一理论包括智力的三个亚理论，即智力的情境亚理论、智力的经验亚理论和智力的成分亚理论。

（1）智力的情境亚理论（contextual subtheory）：认为社会文化大背景对智力内涵有制约作用，智力主要体现在主体对环境的适应、选择和改造的能动作用方面。

（2）智力的经验亚理论（experiential subtheory）：智力行为要由产生这个具体行为的任务在主体经验中所处的位置来决定。测量智力的最佳点，不是加工自动化的完全实现，而是在实现加工自动化的过程之中。

（3）智力的成分亚理论（componential subtheory）：①操作成分（performance components）：智力任务实施过程中的具体信息加工过程，如编码、推断、应用、比较、证实等具体操作成分。②元成分（meta-components）：在问题解决过程中的计划、监控和决策等高级的意识活动，如选择信息加工成分、选择信息加工成分的组合策略、决定注意资源的分配等。③知识获得成分（knowledge-acquisition components）：获得新知识的过程，包括学习成分、保持成分和迁移成分。

第二节 斯坦福—比奈智力量表

一、斯比量表的发展概况

斯坦福—比奈智力量表（简称斯比量表）的来源是 1905 年的比奈—西蒙量表，该量表共有 30 个题目，按照难度由浅入深排列，以通过题数的多少作为鉴别智力高低的标准，主要测查判断、理解和推理能力。比奈—西蒙量表 1908 年作首次修订，题目增加到 59 个，并按年龄从 3—13 岁进行分组，启用了智力年龄的概念。1911 年该量表第三次修订，增设了一个成人组。

比奈—西蒙量表的出版，曾引起美、英、德、比、瑞士以及意大利等国家心理学家的注意并加以研究和采用，很多人对它作了修订，而其中尤以斯坦福大学教授推孟（L. M. Terman）所主持修订的斯坦福—比奈量表最为著名。

斯坦福—比奈量表的第一次修订是在 1916 年，该量表共有 90 个题目，其中 51 个为原来比奈—西蒙量表所有，有 39 个为新增加的，使用范围从 3—13 岁，并附有普通成人和优秀成人两组测验题。该量表首先采用了智商的概念来表示智力水平。

1937 年，斯坦福—比奈量表作第二次修订，使用范围扩展到 2—18 岁，编制了测验复本，分别为 L 型和 M 型。

1956 年推孟去世，但其生前所规划的第三次修订工作仍于 1960 年如期完成。1960 年量表共有 100 多个项目，划分为 20 个年龄组。

该量表在 1986 年由桑代克、黑根（E. P. Hagen）、沙特勒（J. M. Sattler）等进行了第四次修订，它不再是一个使用年龄常模的测验，而是一个点量表。它把智力分为三个层次：一般智力因素层次，晶体能力、流体—分析能力和短时记忆层次，语言推理、数量推理和抽象/视觉推理层次，分为 15 个分测验：词汇，珠子记忆，算术，语句，图形分析，理解，谬误，数字记忆，仿造和仿画，物品记忆，矩阵，数列，折纸，语文关系和等式，用以评估 4 个领域的认知技能：语言推理，数量推理，抽象—视觉的推理，短时记忆。

2003 年，罗德（G. Roid）对该量表进行了第五次修订，施测于 2—85 岁的人。该次修订基于 Cattell-Horn-Carroll 智力能力理论（CHC），量表包含了 CHC 中的5个因素：流体推理（FR），知识（KN，相当于晶体知识Gc）、数量推理（QR），短时记忆（WM）、视觉-空间加工（VS）。量表包括10个分测验，由分测验产生组合分数：语言IQ分数，非语言IQ分数以及成套IQ总分，并进一步导出全量表的离差智商。

1924年，我国心理学家陆志伟就发表了他所修订的《中国比奈—西蒙智力测验》。1936年，陆志伟和吴天敏又对此量表进行修订，名为《第二次修订中国比奈—西蒙智力测验》。1982年，吴天敏出版了第三次修订的《中国比奈测验》，将测试对象扩大为2—18岁，每岁3个项目，共51个项目。在结果解释上，采用了将个人成绩与同龄组平均成绩相比较的离差智商。此外，吴天敏又根据临床的实际需要，编制了《中国比奈测验简编》，由8个题目组成，皆选自《中国比奈测验第三次修订本》。

二、斯比量表的理论模型

在斯比量表的早期版本中，主要采用的是斯皮尔曼的一般心理能力模型。但随着智力理论的不断发展，各种新的理论观点逐渐被量表的修订者们所采纳，添加到已有的理论模型中去。斯比量表第四版以卡特尔的理论为依据，在流体和晶体智力概念上加入了桑代克和哈根的认知能力测验，构成斯比量表第四版的理论框架——认知能力的理论模型，如图4-2所示。

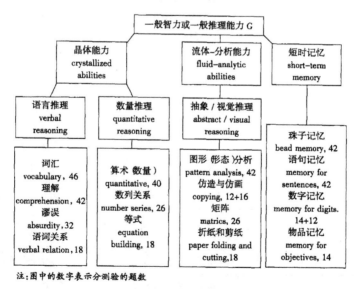

注：图中的数字表示分测验的题数

图4-2　斯比量表第四版的理论框架和测验构成

图4-2中，智力分为三个层次，第一个层次是一般智力因素，即G因素；第二个层次由晶体能力、流体—分析能力和短时记忆组成，这里的晶体智力和流体智力是在卡特尔的理论之上经过改良得到的，短时记忆则是新增加的；第三层次包括目前已找到的语言推理、数量推理、抽象/视觉推理三个因素，这些因素比第一、第二层次的因素更特殊和更"内容依赖（content-dependent）"，对临床诊断人员和教育人员有特殊的意义。

斯比量表第五版（Rold，2003）精炼和改进了测验，更少侧重于语言量表。它在吸取了Vernon（1965）、R. B. Cattell（1963）、Stenberg（1977，1981）等人的智力理论成果基础上，采纳了认知能力的等级模型，来编制分测验和评分标准。该量表包括10个分测验，每个分测验都由开放式的问题或任务组成，这些问题或任务的难度逐渐增加。表4-2显示了斯比量表第五版的理论模型，它测量了五个一般因素，即流体推理、知识、数量推理、空间视觉过程和工作记忆，既有语言任务，也有非语言任务。在有些情况下，适合于不同年龄发展水平的任务是不同的。

表4-2 斯比量表第五版的理论框架

测量的因素	语言	非语言
流体推理	语言流体推理	非语言流体推理
	早期推理(2-3) 语言谬误(4) 语言类推(5-6)	客体关系/矩阵
知识	语言知识	非语言知识
	词汇	程序性知识(2-3) 图像谬误(4-6)
数量推理	语言数量推理	非语言数理推理
	数量推理(2-6)	数量推理(2-6)
空间视觉过程	语言空间视觉过程	非语言空间视觉过程
	位置和方向(2-6)	形状板(1-2) 形状图(3-6)
工作记忆	语言工作记忆	非语言工作记忆
	语句记忆(2-3) 最后的词(4-6)	延迟反应(1) 阻滞时间(2-6)

三、斯比量表的测验内容

这里以斯比量表第四版为例说明（第五版和第四版在内容和分测验方面十分相似）。斯比量表第四版放弃了以前各版的"年龄量表"形式，而采用把相同类型的测题放在一起组成"分测验"的形式。该量表有15项分测验，它们分别是：语言推理，包括词汇、理解、谬误、语词关系四个分测验；数量推理，包括算术、数列关系和等式三个分测验；抽象/视觉推理，包括图形分析、仿造与伤画、矩阵以及折纸和剪纸这四个分测验；短时记忆，包括珠子记忆、词句记忆、数字记忆和物品记忆四个分测验。15个分测验所测试内容如下：

1. 词汇分测验

该分测验共有46题，分为两大类：①图画词汇（picture vocabulary）（第1-14题），适用于3～6岁的年幼儿童。主试呈现一些物品的图画（如汽车、书本），要求儿童回忆再认并说出名称；②口语词汇（oral vocabulary）（第15—46题），适用于7岁以上的被试。如主试问："什么叫信封（鹦鹉、升迁、钱币等）？"由被试解释词的意义，被试可用字典上的定义或同义词加以说明。词汇分测验是每个被试的例行测验，被试在这个分测验的表现决定其在其他分测验的起点，因此这个分测验在施侧过程中扮演极其重要的角色。

2. 理解分测验

该分测验共有42题。①水准A至C有6题，主试出示一张印有小男孩的图片让被试指认身体的各部位；②水准D至U有36题，主试问一些问题，如"为什么在医院人们要安静？""为什么人们要用雨伞？""当你肚子饿时，该怎么办？""为什么开车的人要有驾照？""为什么要借钱？""为什么要投票选举？"要求被试回答。

3. 谬误分测验

该分测验共有32题。主试呈现卡片，如"一个小女孩在湖中骑自行车"、"秃子梳头"、"自行车的轮子是方的"等，让被试指出图画中不合理的地方。这一分测验主要测量知觉，集中注意和社会理解。

4. 语词关系分测验

该分测验共有18题。每题有4个词，如"报纸、杂志、书本、电视"或"牛奶、水、果汁、面包"等，让被试根据的3个词的特性说出事物的相似之处，便于与第四个词作出区别，主要测量词语概念形成和推理。

5. 算术分测验

该分测验共有40题，主要测量被试的数量概念及心算能力。①利用色子计算点数（第1–12题）；②利用图画卡片进行的计算题（第13–30题）。如主试问："在卡片中有两位小朋友在玩球，又来了一位，那么现在一共有多少小朋友？"②另外10题是以心算为主的应用题（第31–40题）。如"小明以200元买了一箱苹果，在运动会中出售，每个卖8元，当运动会结束时还剩8个苹果，而小明净赚了120元，问这箱苹果原来共有多少个？"

6. 数列关系

该分测验共有26题。呈现一组数字，后面留下两个空格。如："20，16，12，8，____，____"或"1，2，4，____，____"，要求被试根据每列数的排列规则填补上所缺的数字。此分测验用于了解被试的逻辑推理、坚持力、灵活性和尝试错误的方法。

7. 等式分测验

该分测验共有18题。呈现一组数字、运算符号及等号的资料，如；5，+，12，=，7，被试根据这些资料建立一个等式，如5+7=12。类似数系列，测量逻辑性、灵活性、坚持性。

8. 图形分析分测验

该分测验共有42题，测试题有两种类型：①水准A至C有6题，被试需要将一些各种形状的块安置在形板的凹槽内；②水准D至U有36题，要求被试将一些黑白对称的方块组合成几何图案，类似于韦克斯勒儿童智力量表的积木分测验。此测验可测量知觉组织、空间能力及手眼协调和操作能力。

9. 仿造与仿画分测验

该分测验共有28题，分两大类：⑦仿造测验：水准A至F，有12题，如主试用绿色方块示范垒成"桥"的样子，让被试仿造；⑦仿画图形：水准C至N，有16题，主试呈现图片，让被试仿画，如仿画菱形。用以测量综合知觉和运动过程。

10. 矩阵分测验

该分测验共有26题，测量知觉推理。这是一种非文字的推理测验，与瑞文非文字推理测验相似，在2×2或3×3的矩阵中缺少左下角的一块，要求被试根据已知的图形间的关系，在可供选择的图形中找出一个最适当的填补上去。

11. 折纸和剪纸

该分测验共有18题。每题是一幅画，上排图画显示折纸的方式及剪去的部分，下排是其摊开的图形的选项，要求被试由下排选项中选出正确的答案。

12. 珠子记忆分测验

该分测验共有42题。测验的材料是4种形状（圆球体、圆锥体、长椭圆体、圆盘体）的珠子，每种形状又有3种颜色，即蓝、白和红色。①水准A至E共有

10题（第1-10题），由主试呈现一至两粒珠子若干秒（如红色的圆锥体、白色的圆球体），再出示印有珠子的卡片，让被试指认；⑨水准F至V共有32题（第11-42题），实施的方式则是呈现卡片范例若干秒，然后拿走卡片让被试凭记忆来穿珠子。

13. 语句记忆

该分测验共有42题，是一种有意义材料的记忆。主试念2-22个字长不等的句子，如"喝牛奶"、"汽车跑得快"、"马戏团到镇上来了"、"我的风筝上的线断掉了"等。被试复述，按回忆的程度评分。

14. 数字记忆

该分测验有26题，包括两大类：①顺背数字，有14题；②倒背数字，有12题。

15. 物品记忆

该分测验共有14题。主试依次呈现一些常见的一般物品，如鞋子、汤匙、汽车等（每次呈现一件），要求被试照着顺序把刚刚呈现的物品从印有这些物品的图画卡片上指认出来。

四、斯比量表的施测和评分

斯比量表的实际施测、计分及结果的解释都需要特别的训练与经验。

斯比量表是一个适应性测验。被试只需对适合于自己发展水平的那部分测验进行反应，而无需接受那些超出被试年龄水平有可能会引起挫折的问题或一些明显低于被试年龄水平从而使其感到厌倦的问题。斯比量表的每个分测验都是由越来越难的项目组成，被试在进行测验时，只需对每个分测验上的几组项目反应就行了。所以，尽管斯比量表第四版有15项分测验，但不是每次都要实施全部15项分测验，因为有些测验仅适用于某些年龄范围，例如，语词关系和建立等式对年幼的儿童来说太难了，通常只适用于8岁及8岁以上的被试。故一个全套测验一般只需做8～13个分测验，实际的测验数量由被试的年龄决定。也可采用简式，大约只做4～8个，整套测验所需时间在30～90分钟之间。

斯比量表第四版的施测分两个阶段进行，第一阶段施测词汇分测验，根据实足年龄选择起测点，其他分测验则根据这一测验的分数并结合年龄查找出每一测验的起始水平；第二阶段，测试其他分测验。其他所有测验开始的测题难度水平由被试实足年龄和词汇分测验分数决定，这在记录本背后有一表可查；然后主试要根据被试的实际表现决定每一分测验的基本水平（basal level）及上限水平（ceiling level）。当被试通过两个连续难度水平的四个题目时，这就是他的基本水平。如果在开始施测时，难度水平上无法达此要求，便倒退做，直到符合基本水平的表现条件为止。当连续二个难度水平的四个项目中有三个或四个全部都答错时，就是他的上限水平，这时该分测验便停止进行。斯比量表在实际使用时是一边施测一边计分，因为接下去要施测的项目决定于被试上一题的表现。主试一面施测一面将分数记录于记分本上。对大多数题目而言，每题都只有一个正确答案，采用0、1计分，得分相加即是分测验的原始分数，对照常模得到量表分（平均数为50，标准差为8）；各分测验量表分相加，对照常模得4个领域分（平均数100，标准差16）；再将领域分相加，对照常模就可转化为合成的标准分数，即离差智商（平均数100，标准差16）。斯比量表第四版的适用对象为2岁儿童至成人。

斯坦福 比奈智力量表

记录册

斯坦福–比奈智力量表：第四版

姓名 ____________

____________ 性别 ______

民族 NA H B W/NH O/AA PI 其他 ______

	年	月	日
测试日期	___	___	___
出生日期	___	___	___
年龄	___	___	___

学校 ____________

年级 ____________

测试人员 ____________

父亲职业 ____________

母亲职业 ____________

影响测验表现的因素

状态的整体评价等级

____

最佳 了 一般 不利 非常不利

	原始分数	标准年龄分数
言语推理		
1 词汇	___	___
6 理解	___	___
7 谬误	___	___
14 词语关系		___
分测验标准年龄分数之和		___
言语推理标准年龄分数		___
抽象/视觉推理		
5 图形分析	___	___
9 模仿	___	___
7 矩阵	___	___
13 折纸和剪纸		___
分测验标准年龄分数之和		___
抽象/视觉推理标准年龄分数		___
数量推理		
3 数量	___	___
12 数列	___	___
15 建立等式	___	___
分测验标准年龄分数之和		___
数量推理标准年龄分数		___
数量推理		
2 珠子记忆	___	___
4 句子记忆	___	___
8 数字记忆	___	___
10 物品记忆	___	___
分测验标准年龄分数之和		___
短时记忆标准年龄分数		___
领域标准年龄分数之和		___
		合成分数
测验合成		___
部分合成		___
部分合成的基础		___

图4–3 斯比量表第四版的记录册

斯比量表第五版有10个分测验，仍部分沿用了第四版的词汇分测验，并将第四版的理解分测验中低端的指认“人像”的测题融入分测验；有取舍地继承了图形分析分测验，主要保留了测验低端的模板题，这对小年龄被试很有用。第五版沿用了第四版的大部分矩阵分测验测题，不过第四版是黑白两色的图片材料，而第五版采用了彩色图片材料，增加了色彩维度后，同一测题的难度发生了变化。

第五版的数量分测验中编制了更多的彩图题，把测题的难度降了下来。第五版仍保留省语句记忆分测验，不过语句材料有所变化，变得更简单了。

斯比量表第五版采用了程序性的测验这一比较客观的方法来确定每个被试的适合水平，大大减轻了主试的工作任务。由于斯比量表第五版分为语言和非语言测验这两种形式，因而它也分为语言（词汇）和非语言（矩阵）的程序性测验。

斯比量表第五版10个分测验上的分数（平均数为10，标准差为3的量表），以及关于所有分量表、语言、非语言IQ的合成分数，这些分数由一个平均数为100、标准差为15的计分量表来报告。这不同于以往斯比量表的以16为标准差的计分方法，由此斯坦福—比奈智力量表所得的IQ分数就可与其他主要智力量表（例如韦氏智力量表）的测验分数进行比较了。

第三节　韦克斯勒智力量表

一、韦氏智力量表的发展历程

韦克斯勒智力量表（以下简称韦氏量表）是由美国贝尔维（Bellevue）精神病院的心理学家戴维·韦克斯勒（David Wechsler）从20世纪30年代开始编制的一组成套智力量表。该套量表有三种：韦克斯勒幼儿智力量表（WPPSI）；韦克斯勒儿童智力量表（WISC）；韦克斯勒成人智力量表（WAIS）。

韦克斯勒的第一个测验，被命名为韦克斯勒-贝勒维智力测验，于1939年出版。该测验的修订本称为韦克斯勒成人智力量表（WAIS），于1955年出版，适用于16-75岁的成人。1981年，韦氏成人智力量表修订本（WAIS-R）问世，适用对象为16—74岁，包括14个独立的分测验，其中11个分测验用于计算全量表智商分数、语言智商分数和操作智商分数。1997年，韦氏成人智力量表进行了第三次修订（WAIS—Ⅲ），适用对象为16—89岁。

韦克斯勒儿童智力量表（WISC）初版发表于1949年，适用于5—15岁的儿童，修订本发表于1974年，适用范围为5岁到15岁11个月。1991年，韦氏学龄期智力量表第三版出版（WISC-Ⅲ），适用范围为4岁到7岁3个月，包括7个核心分测验、5个补充分测验和两个备选分测验，12个分测验分别为：知识，相似性，词汇，理解，图画补缺，图片排列，积木图案，物体拼配，算术，数字记忆广度，译码，符号搜索。2003 年，WISC-Ⅳ发行，包括 15 个分测验：常识（Information），类同（Similarities），算术（Arithmetic），词汇（Vocabulary），理解（Comprehension），数字广度（Digit Span），图形概念（Picture Concepts），图片排列（Picture Arrangement），符号搜索（Symbol Search），物体拼配（Object Assembly），译码（Coding），词语推理（Word Reasoning），矩阵推理（Matrix Reasoning），字母一数字排序（Letter-Number Sequencing），划消（Cancellation），适用于 6 岁到 16 岁 11 个月的儿童。

韦克斯勒幼儿智力量表发表于 1967 年，适用于 4—6 岁半儿童。1989 年该量表修订版 WPPSI-R 出版，适用于 2.5 岁到 7 岁 3 个月的幼儿。1991 年，韦氏学龄前智力量表第三版出版，适用于两岁 6 个月到 3 岁 11 个月的幼儿，包括 4 个核心分测验和 1 个补充分测验，具体包括：接受性词汇测验和常识测验以测量言语智商；积木设计测验和拼图测验以测量操作智商；补充分测验中的图片命名可以替代接受性词汇和常识测验。2003 年该量表又出版了新的修订版。

我国学者对上述三个量表都进行过修订。1979~1980 年由龚耀先主持、全国 56 个单位协作修订的 WAIS，称为 WAIS-RC；1980~1986 年由林传鼎和张厚粲主持、全国 22 个单位协作修订的 WISC，称为 WISC-CR；同年由龚耀先、戴晓阳主持、全国 63 个单位协作修订的 WPPSI，称为 C-WYCSI。2008 年，张厚粲教授主持完成了对韦氏儿童智力量表第四版中文版的修订工作。

二、韦氏智力量表的内容

韦克斯勒测验的所有量表都包括一个语言分数、一个表现性分数和一个总分。尽管不同的测验具有不同的项目难度和项目类型，但一般每个测验的语言和表现性分测验都分别有 5 到 6 部分内容。下面以韦氏成人智力量表第三次修订版（WAIS—Ⅲ）为例，来说明韦氏量表的内容。

韦氏成人智力量表第三次修订版（WAIS—Ⅲ）包括 14 个分测验，其中 11 个分测验用于计算全量表智商分数、语言智商分数和操作智商分数。其中，语言分测验包括词汇、类同、算术、数字广度、常识、理解和字母七个分测验，操作分测验包括图画补缺、数字符号—译码、积木图案、短阵推理、图片排列、拼图和符号搜索这七个分测验。具体内容如下：

1. 词汇（vocabulary）

共 33 个词汇题，每个词汇写在一张词汇卡片上。通过视觉或听觉逐一呈现词汇，要求被试解释每个词汇的一般意义。例如，"美丽"是什么意思？"公主"是什么意思?词汇测验用来测量被试的词汇知识和其他与一般智力有关的能力,该测验与抽象概括能力也有关。

2. 类同(similarities)

包括15组成对的词汇,要求被试概括每一对词义相似的地方在哪里。例如,"桌子和椅子在什么地方相似?""树和狗在什么地方相似?""鞋子和袜子在什么地方相似?"很多排在前面的项目,只是考察被试以前学习过的经验;而比较困难的项目例如"一只蚂蚁与一朵玫瑰在什么地方相似?"这些项目主要测量逻辑思维能力、抽象思维能力、分析能力和概括能力。

3. 算术(arithmetic)

包括15个相对简单的测题,被试在解答侧题时,不能使用笔和纸,而只能用心算来解答。例如,"某人有17.5美元,花去7美元,问还剩多少钱?"算术测验主要测量最基本的数理知识以及数学思维能力。该测验能够较快地测量被试运用数字的技巧。

4. 数字广度(digit span)

主试大声读出一组2—9位的随机数字,要求被试顺背或倒背,两者分别进行。顺背从3位数字至9位数字,倒背从2位数字到8位数字。总分为顺背和倒背两者的和。该测验主要测量瞬时记忆能力,但分数也受到注意广度和理解能力的影响。

5. 常识(information)

包括30个一般性知识的测题,根据难度不断提高依次排列项目。测题的内容很广,例如"谁发现了美洲?""某个国家的首都在什么地方?""说出美国4个著名的总统。""美国国会有多少个成员?"韦克斯勒认为、人们在日常社会生活中接触到常识的机会应基本相同,但由于智力水平不同,每人所掌握的知识就有所不向。智力越高,兴趣越广泛,好奇心越强,所获得的知识就越多。常识也可以反映长时记忆的状况。常识还与早期疾病有关,自幼患病,会减少人们同外界接触的机会,获得的常识就较少。有情绪问题的被试,常表现出对常识分量的夸大和贻误,因而常识分测验具有临床的意义。

6. 理解(comprehension)

可分为两种题型:一种是要求被试对于现实中的一些规则或现象做出逻辑解释,如"为什么要埋葬尸体?""为什么选举要采取无记名投票的方式?";另一种是主试把每个假设的开放式问题呈现给被试,要求他说明在每种情境下自己该怎么办。例如,"如果你在路上拾到一封贴上邮票、写有地址但尚未寄出的信,你应该怎么办?""如果你发现一个受伤的人躺在大街上,你将怎么办?"理解测验主要测量实际知识、社会适府能力和组织信息的能力，能反映被试对于社会价值观念、风俗、伦理道德是否理解和适应，在临床上能够鉴别脑器质性障碍的患者。

7. 字母一数字排序（letter-number sequencing）

它由7个项目组成，测试者以混合的顺序呈现一系列字母和数字（如，X—2—8—K—Z—5—G），要求被试先按照数字升序再按字母顺序背诵出来（上例的正确反应是，2—5—8—G—K—X—Z）。它作为一个补充测验，被试在完成这个分测验时不要求得到语言IQ分数，可作为被试智力的补充。

8. 填图／图画补缺（picture completion）

每张图上都有意缺少一个主要的部分，例如一匹没有尾巴的马，要求被试在规定的20秒钟内，指出每张图上缺少了什么。该测验用来测量视觉敏锐性、记忆和细节注意能力。该测验能够测量智力的一般因素，在临床上也有意义。

9. 数字符号一译码（digit symbol coding）

这基本上是一个符号替代测验，也是最古老的编制最好的心理测验之一。方法是向被试提供一个由数字1—9和与其配对的符号组成的译码栏，做练习。然后，呈现给初试133个数字，要求被试在规定时限内，依据规定的数字符号关系，在数字下部填入相应的符号。该测验主要测量注意力、简单感觉运动的持久力、建立新联系的能力和速度。

10. 积木／积木图案（block design）

要求被试用4块到9块积木，按照图案卡片来照样排列积木。每块积木两面为红色，两面为白色，另两面为红白各半。积木图案测验用来测量视知觉和分析能力、空间定向能力及视觉—运动综合协调能力，它与操作量表的总分和整个测验的总分的相关均很高，因此被认为是最好的操作测验。该测验效度很高，在临床上能帮助诊断知觉障碍、分心、老年衰退等症状。

11. 矩阵推理（matric reasoning）

该分测验是呈现给被试非语言的符号刺激，要求被试说明图案或刺激物间的关系。由于矩阵推理在流体智力测量中的重要作用，因而该分测验被认为是测量信息加工和抽象推理技能的好方法。

12. 排列／图片排列（picture arrangement）

包括11套图片，每套由3—6张图片组成。在每道题中，主试呈示一套次序打乱了的图片，要求被试按照图片内容纳事件顺序，把图片重新排列起来，使它们成为一个有意义的故事，该测验用来测量被试的广泛的分析综合能力、观察因果关系的能力、社会计划性、预期力和幽默感等等。

13. 物体拼配 / 拼图（object assembly）

包括代表常见的物体，是被剪开的扁平硬纸板。把每套零散的图形拼板呈现给被试，要求他拼配成一个完整的物件。物体拼配测验主要测量思维能力、工作习惯、注意力、持久力和视觉综合能力。该测验与其他分测验的相关相对较低，但在临床上可以测出被试的知觉类型及其对尝试错误方法的依赖程度。

14. 符号搜索（symbol search）

主试呈现给被试两个几何数字作为目标靶，测验任务就是在一系列 5 个附加搜索数字中进行搜索，并确定目标靶数字是否出现在搜索组中。共 60 个项目，限制时间 120 秒。理论假设是被试完成任务的速度越快，那他的信息加工速度也越快。这一分测验的目的是为了识别信息加工速度在智力中的作用。

三、韦氏智力量表的施测和评分

由于韦氏智力量表是个别智力测验，主试在对被试进行测量时，他的一项重要任务就是同其建立和保持一种友好关系。同斯坦福—比奈量表一样，这对主试的要求也很高。尽管一些分测验的施测和评分比较简单，但仍有许多分测验，尤其是那些包含开放式问题的分测验，在对反应进行评分时必须做出精明的专业性的判断。

韦氏智力量表的分测验是单独施测的，语言和操作分测验交替进行。被试首先完成简单的不会引起其紧张和焦虑的图画补缺分测验（这有助于吸引被试），然后是词汇分测验，接着是数字符号—译码分测验……在每一个分测验中，所有项目都是按照从易到难的顺序排列的，这是因为对大部分分测验而言，对每一个被试施测所有的项目既没有必要也没有用。相反，如果被试通过了一个项目，我们就有理由相信他获得这个项目以及这个分测验中比它还容易的项目分数；如果被试在第一个项目上就失败了，主试就需要对其施侧所有更容易的项目以确定他能否完成其他类型的问题。如果被试在大量的适当难度的项目上连续失败，主试就要终止这个分测验，而无须继续旅测更难的项目了。

韦氏智力量表指导手册里包含有转换表，每个分测验中的原始分数都要转化成平均数为 10、标准差为 3 的标准分数，并提供四个指标分：语言理解、知觉组织、工作记忆和加工速度。语言测验和表现性测验的标准分数加起来即为总分，最后可以得到一个平均分为 100、标准差为 15 的全量表智商。

四、韦氏儿童智力量表第四版（WISC-IV）中文版

韦氏儿童智力量表第四版（WISC-IV）中文版适用于对6-16岁儿童进行认知功能的全面评估和鉴定，可以鉴别儿童认知能力的强项和弱项以及内部差异，也可以鉴别智力超常和智力落后儿童。该量表由14个分测验组成，其测量结果提供一个全量表的总智商，用来说明儿童的总体认知能力，同时也导出另外四个合成分数，用来说明儿童在不同领域中的认知能力，四个指数分别是：

（1）言语理解指数：言语理解指数的各个分测验主要是用于测量学习语言的能力、概念形成、抽象思维、分析概括能力等。该项指数有助于教师和家长更好地了解孩子的言语方面的能力，对于有言语发展障碍的孩子能起到较好的筛查作用。

（2）知觉推理指数：知觉推理指数的各个子测验主要测量人的推理能力、空间知觉、视觉组织等。和以往的量表相比，该项指数可以更精确地测查被试的非言语推理能力。有助于家长和老师更好地了解孩子的推理能力、空间思维能力等。

（3）工作记忆指数：工作记忆指数主要反映人的记忆能力、对外来信息的理解应用能力。工作记忆是人的学习能力的一个重要测量指标，该项指数可以准确地帮助人们了解孩子的注意力、记忆能力以及推理能力等。

（4）加工速度指数：加工速度考察的是人对外界简单信息的理解速度、记录的速度和准确度、注意力、书写能力等。日常的学习生活往往要求个体既有处理简单信息的能力，也有处理复杂信息的能力。加工速度比较慢的个体往往需要更长的时间来完成日常作业和任务，也更容易引起大脑的疲劳。该项指数可以更有效的检测出孩子完成信息处理的能力。

WISC-IV所有项目都是按难度顺序安排的，测验手册对什么年龄的儿童从哪个项目开始施测、什么时候应该停止做了完整详细的描述。例如，在算术测验中，当被试连续5道题没有回答出来时，应该停止测验。

WISC-IV的手册提供了一个全面而清楚的计分指导。例如，在WPPSI—R中，一个小孩可能会给出多个答案。手册说明：第一，如果小孩表示要用另一个答案代替先前的答案，那么忽略前一个，以后一个答案为准。第二，如果小孩推翻一个答案，不管是同时还是在询问之后，都计为零分。第三，如果小孩给了一个正确的答案和一个不正确的答案，主试一定要问清楚哪个是他真正要给出的答案。第四，如果小孩给了两个或两个以上质量相差较大的答案，而他又不推翻任何一个，那要以最好的一个答案为准。

每答对1题得1分，起始点之前未施测的项目每题也计为1分。如果没答对或在20秒钟内没答出来就不得分。

每一个分测验上的原始分数要转换为平均分为10、标准差为3的标准分数，最后可以得到一个平均分为100、标准差为15的全量表智商，以及反映语言理解、知觉组织、工作记忆以及加工速度的四个合成分数。

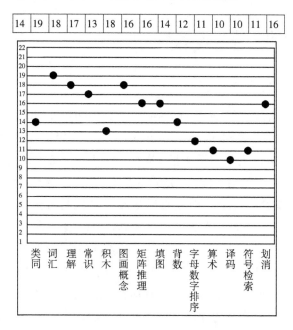

图4-4 WISC-Ⅳ中文版分测验分数报告示例

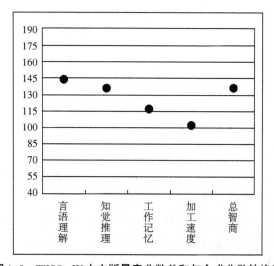

图4-5 WISC-Ⅳ中文版量表分数总和与合成分数转换表

第四节　其他智力测验

一、其他常用的个体智力测验

（一）考夫曼儿童评估测验

考夫曼儿童评估测验（Kaufman Assessment Battery for Children, K-ABC）由考夫曼夫妇（Nadeen L. Kaufman & Alan S. Kaufman） 1983年编制出版，属于个别施测的儿童智力测验，主要用于测量2岁6个月到12岁6个月儿童认知能力的发展。考夫曼儿童智力测验第一版（Kaufman & Kaufman, 1983）的理论基础是鲁利亚（Luria） 的心理加工过程的神经心理学原理，但是考夫曼儿童智力测验-II（Kaufman & Kaufman, 2004）的施测基于两个理论模型，即原始的鲁利亚模型以及关于广义的和狭义的能力Cattell-Horn-Carroll（CHC）理论。K-ABC以认知心理学和神经心理学的相关研究成果为基础，运用了戴斯等人的PASS理论，被广泛地应用于心理和临床评定、学习障碍和其他特殊儿童的教育心理诊断、教育的计划和安置、学前及学龄儿童的评定、神经心理学的评定以及研究儿童发展水平等领域。

考夫曼儿童智力测验-II由18个分测验组成，这18个分测验组成了一个心理加工量表和一个成就测验。心理加工量表又分为要求继时加工（序列加工）的项目 （要求连续安排刺激）和要求同时加工的项目（如组织思想的能力、想象部分与整体关系的能力、学会"同时安排很多刺激"的能力）。

下面是这几个量表包含的测评内容：

（1）继时加工量表，包括：①手部活动：模仿主试的手部动作。②数字回忆：重复主试所说的数字。③词语顺序：按顺序指出主试所说的剪影画。

（2）同时加工量表，包括：①区组计数：儿童需要确定画出的木块组合中木块的确切数目。一些起到支撑作用的木块隐藏在视线以外。在13-18岁年龄段是核心分测验， 在5-12岁年龄段是补充性测验. 在7-18 岁年龄段是非言语性分测验。②概念性思考：儿童查看四五种物体的图片，判断哪个和其他物体不属于同一类别（例如，"不是水果"） 。在3-16岁年龄段中是核心分测验，在3-6岁阶段是非言语性分测验。③面孔识别：给儿童呈现一个或两个面孔照片，让其观看若干秒，然后让其在一组面孔照片中选择出刚刚看过的面孔。在这组照片中，正确面孔摆出与之前不同的姿势。该测验在三四岁年龄段中是核心分测验，在5岁年龄段中是补充性分测验，在3-5岁年龄段中是非言语性分测验。④图形推理：具体描述参见计划量表。在五六岁年龄段中是核心分测验。⑤罗孚（Rover）：一个方格盘中同时包含未被占用的空间和已被占用的空间，儿童需要使用尽可能少的次数，将玩具狗移动到指定的目的地。在6-18岁年龄段中是核心分测验。⑥故事补全：详细描述参见计划量表。在6岁年龄段中是补充性分测验。⑦三角形：儿童利用等边三角形（一边蓝色，另一边黄色）构建出一个与刺激图案匹配的图形。（前几个项目使用简单的颜色图案和设计）。在3-12岁年龄段中是核心分测验，在13-18岁年龄段中是补充性分测验，在13-18岁年龄段中是非言语性分测验。⑧格式塔封闭：在这个知觉性任务中，儿童需要从半成品绘画中辨认出物体，这需要儿童在视觉上"填补缺口"。在3-18岁年龄段中是补充性分测验。

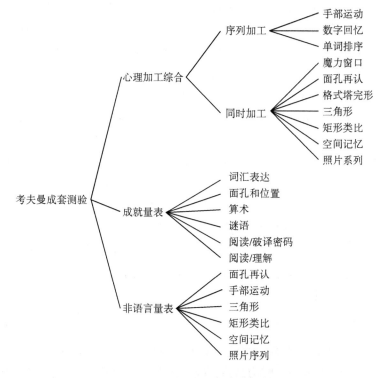

图4-6　考夫曼儿童智力测验的结构

（3）计划量表：包括：①图案推理：刺激系列中缺失了一个刺激，这个刺激系列具有线性逻辑关系。大部分的刺激都是抽象的几何图形。儿童需要辨认出缺失的刺激，并将其从提供的4-6个选项中挑选出来。在7-18岁年龄段中是核心分测验，在5-18岁年龄段中是非言语性分测验。②故事补全：儿童观察一行图片，然后讲一个故事，但一些图片是缺失的。儿童从附加图片中选择出正确的，完成故事所需要的图片。在7-18岁年龄段中是核心分测验，在6-18岁年龄段中是非言语性分测验。

（4）学习量表：包括：①亚特兰蒂斯：让受测者为现实中不存在的（想象中的）鱼、贝壳和植物分配无意义的名字，通过这种方式施测者为分测验划分出一系列阶段。当提到某个名字时，儿童需要指出相应的图片，以证明他学会了该图片的名字。在3-18岁年龄段中是核心分测验。②画谜：画谜是一个简单、抽象的线型绘画图案。施测者告诉儿童每个具体画谜中所包含的一个单词或概念。然后，为了证明已经学会这个画谜，儿童需要大声"读"出一系列画谜中包含的句子或短语。在4-18岁年龄段中是核心分测验。③延迟性亚特兰蒂斯：这是一个出其不意的测验，在15-25分钟后重复测量先前测量过的亚特兰蒂斯项目。在5-18岁年龄段中是补充性分测验。④延迟性画谜：这是一个出其不意的测验，在15-25分钟后重复测量先前测量过的画谜项目，在5-18岁年龄段中是补充性分测验。

（5）知识量表，包括：①表达性词汇：儿童说出一个图片中物体的名字。在3-6岁年龄段中是核心分测验，在7-18岁年龄段中是补充性分测验。②猜谜：施测者说出某个常见物体（简单项目）或者抽象言语概念的典型特征，儿童需要说出该物体或该概念。在3-18岁年龄段中是核心分测验。③言语知识：从排成一列的6幅图片中选出与某单词含义相一致的图片，或选出能够描述常识问题答案的图片。在7-18岁年龄段中是核心分测验，在3-6岁年龄段中是补充性分测验。

考夫曼儿童智力测验-Ⅱ中各分测验的原始分数，可按年龄组换算成单位相等的量表分数（平均数10、标准差3）；成就量表中各分测验的原始分数，按年龄组换算成单位相等的标准分数（平均数100、标准差15）。除了在单个分测验上的分数，本测验还可以报告5个全量表分数：继时加工量表，同时加工量表，计划量表，学习量表，知识量表，每一个都是用平均分为100、标准差为15的量表（即离差智商量表）来表示。

（二）考夫曼青少年和成人智力测验（KAIT）

考夫曼青少年和成人智力测验（KAIT）的理论基础是Cattell-Horn提出的流体/晶体智力模型（1997），较为简短，因此具有独特的吸引力，主要适用于11-85岁以上的青少年和成年人。KAIT的核心部分由6个分测验组成，完成6个分测验所需时间大概是完成整个测验所需时间的2/3。其中，流体智力量表主要分为以下3个分测验：

◇谜画学习：谜画是代表某种事物的图片，受测者学习一些谜画，接着复述出谜画所包含的内容。

◇神秘代码：受测者首先要学会解读代码，这些代码可以用于识别一系列的图片。接着，受测者被要求将这些代码应用于新的图片。

◇逻辑步骤：受测者被要求关注于视觉和言语的逻辑前提假设，然后应用这些信息去解决新的问题。

晶体智力量表主要分为以下3个分测验：

◇听力理解：受测者听一段新故事的录音，然后被要求回答与之相关的事实性或推理性问题。

◇双重意义：受测者学习两组线索词，然后联想出一个词，使之与先前学习的两个词的意义均能够匹配。

◇定义：给受测者呈现一个字母缺失的单词，根据口语线索，要求受测者能够识别出这个单词。

除了获取流体智力和晶体智力所必需的核心分测验，施测者可能还会使用其他一些有利于临床或者神经心理检验的分测验。这些分测验主要包括：

◇组块设计记忆：受测者用5秒学习一个内容确定的设计，然后根据记忆使用组块及模板重建该设计。

◇名人面孔：根据图片和言语线索，受测者说出当代或历史上的名人。

◇谜画回忆：对先前的谜画测验的内容进行延迟回忆。

◇听觉回忆：对先前的听力理解分测验的事实性或推断性问题进行延迟回答。

KAIT也包含心理状态测验，仅用于心理严重受损的个体，主要测量注意力及时空定位等方面。

KAIT分测验的得分会被转化为平均数为10、标准差为3的分数，另外流体智力、晶体智力和整体智力会被转化成平均数为100、标准差为15的分数。KAIT与其他智力测验具有较高的相关并且能够有效的区分正常人与神经受损的个体。KAIT降低了运动协调性和速度的重要性，因此相较于其他智力测验，KAIT测量的是更加"纯粹"的智力（对于老年人而言，更是如此）。

（三）区分性能力量表（DAS）

区分性能力量表（the Differential Ability Scales，DAS）是英国能力测验（the British Ability Scales，BAS）的修订版，适用于2岁半～17岁的少年儿童。该测验共有19种能力的分测验，按类分成四个能力范畴：言语能力范畴、非言语能力范畴、空间能力范畴和诊断能力范畴，其中只有8～12个分测验在测时依据给定的年龄水平进行。全部测验的施测需要45～65分钟。一些成就测验，如单词阅读、拼写、基础数字技能等，也可作为BAS的一部分进行施测。

BAS分测验的原始分可转换为能力分数、T分数和百分量等级，分测验分数的适当组合还可以分别得到言语能力、非言语推理能力、空间能力和一般概念能力的各类合成分数（都转化为平均数为100、标准差为15的标准分）。诊断性分测验的得分也转换成百分量和T分数，该分测验测量知觉和记忆能力。而成就分测验的分数转换成年级当量、年级百分量和基于年龄的标准分。由于能力分测验和成就分测验的常模建立在同一样本上，很容易就可以对被试所测得的能力与成就水平进行比较，或作出诊断性解释。

（四）戴斯—纳格利里认知评定系统

戴斯—纳格利里认知评估系统（Das-Naglieri Cognitive Assessment System，CAS）是根据人脑功能的PASS模型（计划、注意、同时加工、既时加工）为理论基础。CAS最初是为5~17岁11个月的少年儿童设计的测验，共由8个基本测试的分测验以及12个标准测试的分测验组成，如表4-3所示：

表4-3 戴斯—纳格利里认知评定系统分测验

1. 计划（planning）
◇ 数字匹配：在几行数字中用一定的策略找出两个相同的数字。
◇ 设计编码：用某种方法尽快地填写与给定字母相匹配的符号。
设计联系：用某种方式把一组数字和字母连接起来。
2. 注意（attention）
◇ 表达性注意：当单词与其印刷所用的颜色不一致时，说出印刷所用的颜色名称。
◇ 数字知觉：找出与示例匹配的特定数字。
感受性注意：识别正确的成对图片或字母。
3. 同时加工（simultaneous）
◇ 非文字推理：从六个选项中选择最恰当的一个完成非文字渐进推理。
◇ 文字空间关系：从六个图片中选择一个正确答案，以回答有关空间关系的文字问题。
图形记忆：在比较复杂的图案中确认嵌入其中的某个几何图形。
4. 既时加工（successive）
◇ 字词序列：按照主试所讲的次序复述一系列字词。
◇ 复述句子：复述一些有一定语法但含意简单的句子。
言语速度：快速而准确地把一系列字词复述19遍。
句法问题：回答有关语法表述的问题。

注：带◇的项目包含在基础成套测验中。

13个分测验中只有8或12个用于施测，前11个分测验适用于所有的少年儿童，而言语速度分测验只适用于5～7岁儿童，句法问题分测验适用于8～17岁被试。基本测试部分需要40分钟，标准测试部分需要1小时。

CAS分测验的分数受三个变量的影响：数字准确度、时间、错误检验。用于施测的8个和12个分测验的得分可以转换成计划、注意、同时加工和既时加工四个量表分数，这四个分数相加就得到一个称为"全量表分数"。按照测验手册，可以把四个量表得分、全量表分数转换成标准分、百分量等级和年龄当量（间隔为4个月）。

（五）底特律学习能力测验-4

底特律学习能力测验-4（DTLA-4，Hammill，1999）是一个最初发表于1935年的原始测验的最新版本，它是一个适合对年龄跨度为6-17岁的在校儿童进行施测的个体测验。该测验包含了10个分测验，施测者可根据这些分测验计算出16个综合分数，包括一般性智力、最佳水平和14种能力领域。大部分分测验都类似于比奈、韦克斯勒传统测验，但也有少数新异的测验。例如编造故事，它是一种用于测量讲故事能力的测验。

以下是底特律学习能力测验-4分测验的简短描述：

反义词：说出反义词

设计序列：辨别并记住无意义图形序列

仿写句子：重复以口述方式呈现的句子

反转字母：短时视觉记忆和注意力

编造故事：根据几幅图片，编造一个有逻辑的故事

复制设计：根据记忆来复制设计

基本常识：日常生活的常识和信息

符号关系：从一系列的设计中选出之前的设计中所缺失的部分

词汇序列：重复一系列不相关的词汇

故事序列：将图片材料组织成有意义的序列

将成套测验中的10个分测验的标准化分数结合在一起，便得到了一般心理能力的综合分数。最佳水平分数是一项综合得分，它基于受测者在所有分测验中获得的最高的4个标准化分数，并代表了受测者在最佳状态下的表现。14种能力领域的分数来自被认为测量的是同种能力的分测验的得分。例如，把词汇知识及与词汇运用有关的分测验放在一起，形成言语成分；而那些和阅读、写作或演说无关的分测验形成了非言语成分。底特律学习能力测验-4中的某些综合分数代表

了当代智力理论的主要成分。除了一般心理能力成分和最佳水平成分以外，剩下的14种综合分数分别为：言语，非言语，注意力增强，注意力减少，运动增强，运动减少，流体，晶体，同时性，序列性，关联性，认知性，言语，行为。16种综合分数的平均数为100、标准差为15。经过标准化后的分测验平均数为10，标准差为3。设计这些综合得分是为了使用对比评估方法，也就是说，得分上的差异具有临床诊断意义。

（六）伍德考克—约翰逊认知能力测验Ⅲ

伍德考克—约翰逊Ⅲ（Woodcock--Johnson Ⅲ，WJ Ⅲ，来源于 Riverside Publishing）包括两套联合常模的成套测验，测量一般智力能力、特殊智力能力和学业成就。其中，两套测验之一的伍德考克—约翰逊认知能力测验Ⅲ（Woodcock--Johnson Ⅲ Tests of Cognitive Abilities）的理论基础是卡特尔—霍恩—卡罗尔（Cattell-Hom-Carroll，CHC）的认知能力理论。标准成套测验（Standard Battery）包括10项测验，扩展成套测验（Extended Battery）加入另外10项测验。这些测验适用的年龄和年级范围非常广泛（2~90岁；幼儿园到研究生院），测验时间也相对较短（每项测验大约5分钟）。

标准成套测验可以确定6组分数：言语能力一标准（verbal ability-standard）、思维能力一标准（thinking ability-standard）、认知效率一标准（cognitive efficiency-standard）、音素意识（phonemic awareness）、工作记忆和延迟回忆（delayed recall）。施测扩展成套测验可以获得额外14组分数。除了独立组的分数，可以结合前7项测验的分数计算一般智力能力（General Intellectual Ability，GIA）分数，或者施测14项认知测验计算扩展 GIA 分数。结合言语理解、概念形成（concept formation）和视觉匹配测验（visual matching tests）的分数可以计算精简智力能力（Brief Intellectual Ability，BIA）分数。也可以计算以下的广泛 CHC 因素分数：理解一知识（comprehension-knowledge）（Gc）、长时提取（Long-term retrieval）（Glr）、视一空间思维（visual spatial thinking）（Gv）、听觉加工（auditory processing）（Ga）、流体推理（fluid reasoning）（Gf）、加工速度（processing speed）（Gs）和短时记忆（Gsm）。

二、常用的团体智力测验

团体智力测验是同时施测于群体的智力测验。从性质上讲，团体智力测验比个别智力测验更有效率。在个别智力测验中，如果有1000个待测者，一个测验者可能需要数百个小时对这些人进行施测和评分。而在团体智力测验中，接受测验的人数对施测和评分过程所需的总时间和总费用则小得多。

（一）团体智力测验发展简史

1. 军队团体智力测验

1917年4月6号，美国参加第一次世界大战。4月7号，美国心理学会主席Robert动员心理学家为战争做出贡献。5月，美国心理学会委员会召开第一次会议，研究开发能快速、方便地对士兵进行智力筛查和评估的工具。7月7日，他们就先后发表了两个测验量表，其中一个测验是军队甲种测验（Army Alpha Test），用于军队招募有阅读能力的人，测验内容包括一般信息、类推、重组混乱的句子；另一个是军队乙种测验（Army Beta Test），适用于文盲和不能参加英语测验的外籍新兵，测验项目有迷宫、密码、图片补缺。战后，这两个测验转化为民用，出现了许多修订本，得到广泛应用，但由此也出现了一些滥用现象。

二十世纪二三十年代，军方对心理测量的兴趣降到了最低点。但二战危机隐现后，他们对智力测验的兴趣重现，开发了军队通用分类测验（The Army General Classification Test，AGCT）。二战期间，军队通用分类测验测量了1200万新兵。此外，军方还开发了一些特殊的测量工具，比如一个名为"战略服务的军官"（The Office of Strategic Services）的测验用来选拔在境外工作的间谍和特工。

现在，军队还在使用的众多测验包括军官资格测验、空军能力测验、军事服务职业倾向量表（Armed Services Vocational Aptitude Battery，ASVAB）。ASVAB用于测评新兵的各种军事服务能力，也被应用于在校学生和青年人，可以用来对他们进行教育和职业规划指导。

2. 学校的团体智力测验

在美国，几乎2/3的学校用团体智力测验测量他们大约90%的学生，其他10%的学生接受个体智力测量。很多团体智力测验，现在称为学业能力测验。

团体智力测验最早应用于幼儿园。测验针对10到15人小组，事先给儿童发放一个测验手册，内容包括图片和表格，大量的选项以图片的形式出现在多项选择测验中，儿童的任务是在能正确代表主试口头提供的项目图片上标记X，要求儿童采用简单自动的反应形式来回答问题。

学校使用的团体智力测验还有加利福尼亚心理成熟测验（The California Test of Mental Maturity）、库尔曼-安德森智力测验（The Kuhlmann-Anderson Intelligence Tests）、海蒙-尼尔森心理能力测验（The Henmon-Nelson Test of Mental Ability）、认知能力测验（The Cognitive Ability）等。美国学校最早使用的团体智力测

验是奥提斯-勒农学习能力测验（The Otis-Lennon School Ability Test）。

（二）常用的团体智力测验

1.瑞文推理测验

瑞文推理测验（Raven's Progressive Matrices，RPM），也叫瑞文渐进矩阵，它是由英国心理学家瑞文（J. C. Raven）于1938年设计的一套非文字智力测验。该测验的编制依据为斯皮尔曼的智力二因素论，主要测量智力的G因素，尤其与人的问题解决、清晰知觉、思维、发现和利用自己所需信息以及有效地适应社会生活的能力有关。瑞文测验曾于1947年和1956年分别修订。

瑞文测验包括三种版本：标准型，彩色型和高级型。

渐进矩阵标准型（Standard Progressive Matrices， SPM）是瑞文测验的基本型，于1938年问世，适用于8岁到成人被试，有5个黑白系列；由A、B、C、D、E五个单元构成，每单元包括12个测题，共60题。每个测题由一张抽象的图案或一系列无意义的图形构成一个方阵（2×2或3×3），方阵的右下方缺失一块（即空档），要求被试从呈现在下面的另外6小块（或8小块）供选择的图片中挑选一块符合方阵整体结构的图片填补上去，只有一块是正确的，它能使图案或方阵成为一个完美的整体，如图4-7所示。

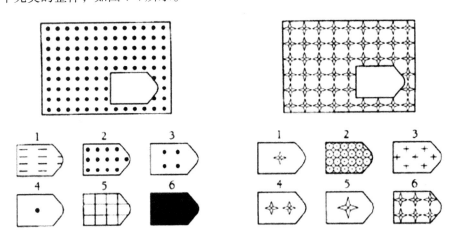

图4-7 瑞文标准测验图例

该测题是按从易到难的原则依次排列的，每单元在智慧活动的要求上也各不相同。总的说来，矩阵的结构越来越复杂，从一个层次到多个层次的演变，所要求的思维操作也是从直接观察到间接抽象推理的渐进过程。其中A、B单元的测题主要是测量儿童直接观察辨别的能力。A单元是辨认一个完整图形的内部关系的匹配性，B单元则是由4个既独立又有联系的图形构成，要求儿童既能辨认单个图形的形状，又要将它们看作是在空间上有联系的知觉整体。而C、D、E三个单元主要是测验一个人对矩阵（3×3）的系列关系进行类比推理的能力，但这三个单元的构图也表现出不同的深度。C单元基本上是单一层次的演变，关系较明显，如图C4、C5是数的递增关系，C7、C8是位移关系，C6、C12是组合关系等等；D单元的图形则是几个层次重叠的结构，要求被试分解出各层次及其演变规则，如D6、D7是由外形内花两层结合起来变化的，D11、D12则是三种形状三种变式交叉；E单元主要是图形套合与互换关系，或是叠加（如E1、E2），或是递减（如E4、Es），E单元最后几题为本测验难度最大的测题，它们不只是一般的套合，还要求被试从中发现正反相消的关系，如E12的关系是同向相加，异向相减。SPM适用于5岁以上儿童和成人，测试时间为20~45分钟。

彩色型（Color Progressive Matrices，CPM）编制于1947年，是为了适应测量幼儿及智力低下者而设计的。它是将原来黑白的标准型中的A、B两单元加上彩色以突出图形的鲜明性，并插入一个彩色A_B单元（12题），共三单元36题，适用于年纪比较小的儿童（4—10岁）以及少量智力低下的年长儿童和成人，测试时间为15~30分钟。

瑞文高级推理测验（Advance Progressive Matrices，简称APM）包括渐进矩阵I型（12题）及II型（36题），许多矩阵的解答都涉及极其复杂的规则。测试时间为40—60分钟，适用于大一些的少年（11岁以上）和成人，通常用于那些认为标准推理测验过于简单的智力超常的人。这个测验可以有效地区分出那些在标准推理测验上获得极高分数的被试。

瑞文测验联合型（Combined Raven's Test，简称CRT）是由原瑞文的渐进矩阵标准型与彩色型联合而成。由72幅图案构成72个测题的一本图册，内分六单元（A、A_B、B、C、D、E），每单元12题，前三单元为彩色，后三单元为黑白。该测验适用于5—75岁以内的幼儿、儿童、成年人及老年人。一般可团体（10—50人左右）进行测验，幼儿以及智力低下和不能自行书写的老年人可个别施测。这个测验可用作有言语障碍者的智力测量，亦可作为不同民族、同语种间的跨文化研究的工具。

1986年，由张厚粲及全国27个单位组成的协作组完成了瑞文标准测验的修订，出版了瑞文标准测验中国城市修订版；1989年，李丹、王栋等分别完成了彩色型和标准型的合并本——联合型瑞文测验（Combined Raven's Test，CRT）中国修订版的城市、成人、农村三个常模的制定工作；1996年，王栋等人对联合型瑞文测验进行了修订，被称为"中国第二次修订联合型瑞文测验（CRT—C2）"。

2007年，天津医科大学医学心理学教研室对已沿用10年的联合型瑞文测验（CRT—C2）儿童常模再标准化，进行第三次修订，于2006年4—7月完成再次取样工作，再标准化后的新智力常模称为"第三次修订联合型瑞文测验中国儿童常模（CRT—C3）"。

瑞文推理测验施测过程简单，每个被试发一本题册和一张答题纸即可。测试过程中，只须主试用例题做一下示范，被试就能明白测验规则，接着被试会自己进行下去。测验结果须先计算出原始分数，然后从原始分数——百分等级——智商转化来确定被试的智力等级。瑞文智商分级标准如表4-4所示。

表4-4 瑞文智商分级标准

类别		IQ	理论分布
极优秀		130以上	2.2
优秀		120-129	6.7
中上(聪明)		110-119	16.1
中等(一般)		90-109	50
中下(迟钝)		80-89	16.1
边缘		70-79	6.7
弱智	轻度	55-69	2.2
	中度	40-54	
	重度	25-39	
	极重	24以下	

2.奥提斯-勒农学习能力测验

奥提斯-勒农学习能力测验（The Otis-Lennon School Ability Test，OLSAT）适用于5~18岁的少年儿童，目前最新版本是第七版。

OLSAT-7有21种类型的题目，共组成了两个言语分测验（言语理解、言语推理）和三个非言语分测验（图形推理、数字推理和数量推理），主要用来测评学习新事物需要的精确知觉、对观察到的事物的再认与回忆、逻辑思维、理解力、抽象力，以及迁移能力等。随着测验水平的不同，测量所需的时间也有所变化，但至多不超过75分钟。

OLSAT-7的测验结果包括语言、非语言的分数指标以及总的学业能力指标（SAI），可以用年龄表述，也可以依据年龄和年级表述成百分量等级、标准九和NCE（正态曲线等值）。该测验的现行版本可以测量抽象思考和推理能力，作为学业评估和安置决策的辅助手段。

3. 翁德里克人事测验

翁德里克人事测验（Wonderlic Personnel Test）建立在奥提斯心理能力自测测验（Otis self-Administering Test of Mental Ability）的基础之上，是最简短、最流行的团体智力测验之一。全套测验共有50道选择题，测验时间仅需要15分钟，题目包括分析、定义、逻辑推理、算术问题、空间关系、单词对比和方向寻找。该测验在商业和工业的领域的人事选拔中得到广泛应用。

4. 认知技能测验（TCS）和认知能力测验（CogAT）

适用于各个年级学生的测验中最为流行的团体智力测验是这样三个多水平的测验：加利福尼亚心理成熟度精简测验、学习能力倾向精简测验和Lorge-桑代克智力测验。而认知技能测验（the Test of Cognitive Skills，TCS）是前两者的继承，认知能力测验（the Cognitive Abilities Test，CogAT）是后者的继承。

认知技能测验（TCS）和认知能力测验（CogAT）涵盖了从幼儿园至高中三年级整个学龄范围的被试。其中，认知能力测验（CogAT）内容较长，施测需要90～98分钟完成，而认知技能测验（TCS）只用50～54分钟即可完成。认知能力测验（CogAT）中，言语、数量和非言语方面的分测验各有两个水平，另外3个分测验各有A-H共9个水平的测验。认知技能测验（TCS）共有六个水平，都只有4个分测验（序列、分析、记忆和言语推理），从中测量了三种学习能力倾向：言语、非言语和记忆。此外，初级认知技能测验也适用于幼儿园和小学一年级的儿童。

5. 科尔曼-安德森测验

科尔曼-安德森测验（Kuhlmann-Anderson Test，KAT）包含8个水平等级，覆盖幼儿园至初中的各年级。每一等级的KAT都包括多个测验，每个测验由各种题目组成。KAT的低等级测题主要是非言语的，对阅读和语言能力的要求不高。KAT自始至终保持以非言语测题为主，因此它不仅适用于幼儿，也适合于在言语方面有障碍的人群。最新版（第八版）的KAT有言语分、数量分和总分。在某些等级中总分可以用离差智商表示，而有的等级中分数能用百分位段来表示。百分位段就像置信区间，它提供了一个最可能代表被试真分数的百分数范围。它是把所测分数前后一个标准差的区间内的分数转化为百分数。

第五章　能力测验

第一节 能力倾向测验

一、能力倾向测验概述

（一）能力的含义

能力是直接影响活动效率，使活动、任务得以完成的个性心理特征。

能力包含两层涵义：成就和能力倾向。成就（achievement）指个体在某一领域所具有的知识、技能或者取得成绩的水平，指向已经获得的成果或已经完成的事件。能力倾向（attitude）指接受必要的培训和实践后获得成功的可能性，是一种潜在的、特殊的能力，是一些对于不同职业的成功、在不同程度上有所表现的心理因素。个体在某项任务或活动上的能力，不仅取决于其现有的成就水平，还取决于其所具有的潜力和可能性。

（二）与能力相关的概念

1.能力与智力

人们通常把智力与能力两个概念等同使用，但能力与智力在严格意义上是有区别的。能力一般分为认识能力和操作能力。认识能力是指在完成某种活动中最基本的心理条件，在各种活动中都不能缺少它，比如，不能感知外界声响的聋哑人不可能成为音乐家，不能辨别颜色和失去空间知觉的人不能成为画家，等等。操作能力是指心身并用去完成实际工作的能力，如各项体育活动都属于这方面的能力。智力一般指人在认识过程方面所表现出来的能力，包括注意力、感受力、观察力、记忆力、思维力、想象力和创造力等，可以说智力是认识活动的综合能力。

2.能力与知识、技能

能力与知识、技能之间的关系表现为：（1）能力是掌握知识、技能的必要前提，能力的高低直接影响着掌握知识、技能的难易、速度和程度，也决定着对知识、技能的运用及解决问题的程度。（2）知识和技能又是形成能力的基础。一个人掌握一定的知识和技能，同时也会促进能力的提高。某种水平的知识、技能所提供的可能性的实现，为高水平能力的发展开辟了新的可能。（3）具有同等水平知识、技能的人，不一定具有同等水平的能力。文凭只反映一个人具备了一定的一般知识和技能或某种专业知识和技能，并不反映其具备从事特定专业的特殊能力。所以在人才测评中，不能把文凭和能力划等号，否则就混淆了知识和能力的界限。

3.能力和个性

人的能力绝不只是一般的认识特点或操作特点，不单纯是由固定的理智方面的因素所组成，它和每个人所具有的个性相联系，是由个性把能力的各个特征有机地整合在一起，在每个人身上表现出自己独特风格，表现出个性差异，成为个性的一个侧面。因此，在考查能力时，既要注意能力本身的特点，同时，也要放在个性结构之中，和个性联系起来考查。

4.能力与资历

所谓资历，是指个体接受某种专业知识教育以及从事某项工作（社会实践）的时间经历。由于教育和实践是形成能力的前提条件，所以资历的深浅和能力的大小有一定的关联。一般而言，接受教育和实践活动越长，人的能力就越强。所以选拔人才要讲一定的资历，要让人才有提高能力的机会，有获得新的知识及能力的学习时间和实践年限。但是，资历并不能等同于能力，表现为：具有相同资历的人，有的能力强，有的能力弱；甚至有些资历较浅的人，其能力却比较深资历的人强。所以，在人才测评和选拔实践中论资排辈、以资历取人是不足取的。

（三）能力倾向测验的特点

能力倾向测验和成就测验存在许多相似之处，有时很难区别。一般而言，成就测验更偏重于个体从特定的学科所学的特殊知识，而能力倾向测验则侧重于一般性、非正规的、经验性的才能。

为了便于理解，如果我们把测验看成是从一般到特殊的连续体，那么像认知能力或非习得反应、非言语、操作以及文化公平等测验，靠近该连续体的"一般"一端，而学习或工作取向的成就测验，则靠近"特殊"的一端，在这两端之间包含的就是广义的成就测验、文字形式的智力测验和能力倾向测验。

二、一般能力倾向成套测验（GATB）

（一）GATB简介

一般能力倾向成套测验（General Attitude Test Battery，简称GATB）是美国劳动部就业服务局从1934年起用了10多年时间编制而成的。该测验基于工作分析和对59个测验的因素分析而设计，可获得运动协调、形状知觉（有关细节的觉知和比较并区别多种形状的能力）等方面的分数，还可生成口头的、数学的、空间的能力分数。该测验自1947年发表以来，经过了多次修订和改良。1979年的GATB修订版包括12个分测验（8个纸笔测验和4个操作测验），用于评定对个体职业成功非常重要的9种不同的能力因素，该测验一直被广泛用于初中三年级至高中三年级的学生和成人的职业咨询与工作安置，成为美国就业部门的工作参考程序的核心部分，而被试的测验得分对于其就业机会也有重大影响。

GATB测验目前至少被译成12种语言，在世界范围内得到广泛应用。日本劳动省前后四次对美版GATB进行修订（1952年、1957年、1969年和1983年），并制作了本国常模。1983年的修订版由15项分测验构成（包括11项纸笔测验和4项器具测验），同样也是测定与美版GATB相同的9种能力倾向。凌文辁和方俐洛编制的《一般能力倾向测验中国城市版》是中国版的GATB，该测验以日本劳动省1983年版的GATB为框架，华东师大戴忠恒教授于1989-1992年初编制了该版本的中国试用常模。

（二）GATB的内容

1.GATB的15项分测验

（1）工具匹配测验（Tool Matching）。用简单的工具之类的图形，让受测者判别4个图形中哪个与所呈现的图形一样。图形的差异仅仅是黑白的涂法不同。答对的合计得分。

（2）名字比较测验（Name Comparison）。比较判定左右一对名词或数字等的异同。例如：3569—3596，答对的合计得分。

（3）划纵线测验（H Marking）。不要碰到H两侧的线，但必须切到H的横线，尽量多地划短线。正确划出的短线数合计得分。（如图5-1）

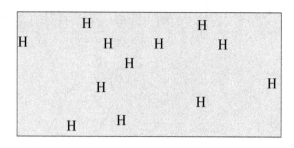

图5-1　划纵线测验图例

（4）计算测验（Computation）。进行加减乘除的计算，答对的合计得分，如图5-2所示。

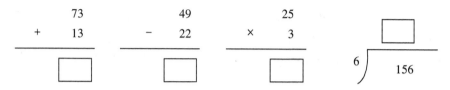

图5-2　计算测验图例

（5）平面图判断测验（Two-Dimensional Space）。让受测者判别改变左框中图形的位置，能构成右边图形中的哪个图形。答对的合计得分，如图5-3所示。

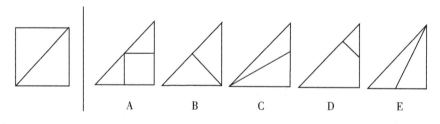

图5-3　平面图判断测验图例

（6）打点速度测验（Speed）。在连续排列的四方框中，用铅笔在每个框内尽快地打3个点，所打点数为得分，如图5-4所示。

从这开始

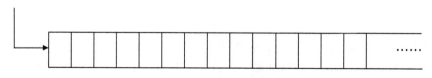

图5-4　打点速度测验图示

（7）立体图判断（Three-Dimensional Space）。让受测者判断将左框中展开的图形折叠或弄圆等，能构成右边4个图中的哪一个。答对的合计得分，如图5-5所示。

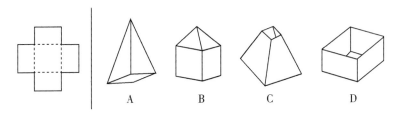

图5-5 立体图判断图例

（8）算术应用（Arithmetic Reason）。解算术应用题，答对的合计得分。

（9）语义（Vocabulary）。比如：从下面4个词语中选出词义相同或相反的两个词语：①粗；②广；③细；④小。

（10）打记号（Mark Marking）。在四方框中，尽快地写入记号，填入记号的数为得分。如图5-6所示。

图5-6 打记号图示

（11）形状匹配（Form Matching）。从图5-7b中，选出形状、大小与图5-7a中图形一样的各个图形，答对的合计得分。

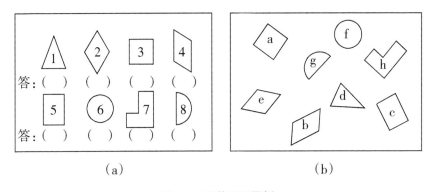

（a）　　　　　　　　　　　　（b）

图5-7 形状匹配图例

（12）插入（Place）。手腕作业检查盘（Peg Board）的上部与下部各有48个孔，上部插着48根圆棒。受测者两手同时从上部中一个一个地拔出圆棒，将其插在对应的下部的孔中，以正确插入下部的数为得分。

（13）调换（Turn）。同样使用手腕作业检查盘，用单手拨出一根棒，用同一只手将拔出的棒的上下反转，插入原来的孔中，正确插入数为得分。

（14）组装（Assemble）。手指灵巧检查盘（Finger Dexterity Board）有50个孔，在这里附有金属的小铆钉和座圈。受测者从上半部盘的孔中，用一只手拔出图形的柳钉，同时用另一只手从旁边圆柱中拔出座圈，把它安在铆钉上，仍然用一只手将其插进与拔出的孔相对应的下半部的孔中，正确插入数为得分。

（15）分解（Disassemble）。使用上述的手指灵巧检查盘，受测者从下部盘的孔中拔出铆钉，将座圈取出，用一只手将座圈插在旁边圆柱上，用另一手将铆钉插在与下部拔出位置相对应的上半盘的孔中，以插入上半部位置的铆钉数为得分。

2. GATB所测量的9种能力倾向

GATB所测量的9种能力倾向如表5-1所示：

表5-1　GATB所测量的能力倾向

能力倾向	测验
G—智力	词汇
	算术推理
	三维空间
V—语言能力	词汇
N—计数能力	计算
	算术推理
S—空间能力倾向	三维空间
P—形状知觉	工具匹配
	形式匹配
Q—书写知觉	名称比较
K—运动协调	标记生成
F—手指灵活度	组合
	分解
M—手的灵巧性	放置
	计时

下面分别介绍9种能力代表的具体内容。

（1）G—智力（intelligence），指一般的学习能力，对说明、指导语和各原理的理解能力，推理判断的能力，快速适应新环境的能力。

（2）V—语言能力（verbal aptitude），指理解言语的意义及与其相关联的概念，并有效地掌握它的能力。对言语间的相互关系及文章和句子意义的理解能力，表达信息和自己想法的能力。

（3）N—计数能力（numerical aptitude），指在正确快速进行计算的同时，能进行推理，解决应用问题的能力。

（4）S—空间能力倾向（spatial aptitude），指对立体图形以及平面图形与立体图形之间关系的理解能力。

（5）P—形状知觉（form perception），指对实物或图解之细微部分正确知觉的能力；使用视觉进行比较辨别的能力；辨别图形的形状和阴影部分的细微差异、长宽的细小差异的能力。

（6）Q—书写知觉（clerical perception），指对词、印刷物、票类之细微部分正确知觉的能力发现错误或校正的能力。

（7）K—运动协调（motor coordination）*，指正确而迅速地使眼和手或指协调，并迅速完成作业的能力；正确而迅速地作出反应动作的能力；使手能跟随着眼所看到的东西迅速运动，进行正确控制的能力。

（8）F—手指灵活度（finger dexterity），指快速而正确地活动手指，用手指能很好地操作细小东西的能力。

（9）M—手的灵巧性（manual dexterity），指随心所欲地、灵巧地活动手及腕的能力；拿取、放置、调换、翻转物体时手的精巧运动和手腕的自由运动能力。

GATB 测试获得的 9 种能力可以概括为 3 个一般因素：（1）一般学习因素，包括言语和数字能力；（2）知觉因素，包括空间能力、形状知觉和文书知觉；（3）心理运动因素，包括运动协调、手指灵巧和手部灵巧。

美国就业服务机构对 800 多个职业的从业者进行了 GATB 测试，在对数据进行分析的基础上把职业划分为 36 个职业群，并就每一职业群建立了职业能力模式。该模式表明从事该类职业在这 9 种能力上的最低要求。借此每个被试的分数可以与职业能力模式进行比较，看其是否达到该职业所需能力的最低要求，是否适合某一类职业。职业能力模式的建立将有助于个体职业选择以及人事选拔工作。目前已经编制出了新版的 GATB 的纸笔形式，而且还对这个测验重新命名——能力测量系统（Ability Profiler）。

（三）GATB 的施测和计分

GATB 测试分为纸笔测验和操作测验。纸笔测验部分既可以个别方式也可以集体方式实施。在集体测验的场合，受测者人数最好在50人以内。测验用纸每人一册，准备秒表、铅笔。开始时对受测者就测验手续进行全面说明，然后分发写上注意事项的测验用纸，要求受测者仔细阅读测验规则。在受测者理解测验注意事项后，测验从头开始，顺序往下进行。

4个操作测验的施测要求具备特殊的仪器以及一位训练有素的主试人员。操作测验的测试流程为：事前应准备好各种测验器具，包括手腕作业检查盘和手指灵巧检查盘、桌椅、秒表、测验用纸等，需仔细留意受测者的心身状态；检查盘的下端与桌子的边缘是否相合，受测者正面对着检查盘；第12和13测验受测者站着进行，第14、15测验受测者坐在椅子上进行，注意哪个手是右手；将受测者的成绩记录在测验记录单的各栏括号中，在集体实施的情况下可以用特制的记录纸。

GATB测验有严格的时间要求，各测验项目及测试时间限制见表5-2。

表5-2　GATB测验项目及测试时间限制表

测验项目			测试时间
纸笔测验	1	工具匹配	1 ' 30 ″
	2	名字比较	3 '
	3	划纵线	15 ″
	4	计算	3 ' 30 ″
	5	平面图判断	2 '
	6	打点速度	30 ″
	7	立体图判断	1 ' 30 ″
	8	算术应用	3 ' 30 ″
	9	语义	2 '
	10	打记号	30 ″
	11	形状匹配	2 '
器具测验	12	插入	15 ″ ×3次
	13	调换	30 ″ ×3次
	14	组装	1 ' 30 ″
	15	分解	1 '

记分采用标准分数，各能力因素的原始分数转换为标准分数（平均数为100、标准差为20）后，便可绘制个人能力倾向剖析图，并与职业能力倾向类型相对照，受测者就可以从测验结果中知道能够充分发挥个人能力特性的职业活动领域。

（四）GATB的解释

根据GATB对9种能力的测验，可以组合成15种职业能力结构，如表5-3所示。

表5-3　GATB测验内容

序号	职业	职业能力倾向类型
1	人文系统的专门职业	G - V - N
2	特别需要言语能力的事务职业	G - V - Q
3	自然科学系统的专门职业	G - N - S
4	需要数学能力的一般事务职业	G - N - Q
5	机械装置的操纵运转及警备保安职业	G - Q - M
6	机械事物的职业	G - Q - K
7	需要一般性判断和注意力的职业	G - Q
8	美术作业能力	G - S - P
9	设计、制图作业及电器职业	N - S - M
10	制版、描图的职业	Q - P - F
11	检查分类职业	Q - P
12	造型手指作业的职业	S - P - F
13	造型手臂作业的职业	S - P - M
14	手臂作业的职业	P - M
15	看视作业、身体性作业的职业	K - F - M

GATB的等值复本的信度在0.80和0.90左右，其中运动分测验低于纸笔测验。研究显示，GATB在多数职业预测上是有效的。

三、军事职业能力倾向成套测验（ASVAB）

（一）ASVAB概况

军事职业能力倾向成套测验（the Armed Services Vocational Aptitude Battery，ASVAB）是当前美国所有军事部门进行人员选拔与分类的统一测验，每年都要施测于超过百万个体，用来选拔有潜力的新兵，以及将他们安置到不同的岗位上，为他们安排不同的训练计划和职业领域。这套测验不仅适用于部队的年轻应征人员，还适用于全美国的高中生和大学低年级学生，是现有的使用最广泛的测验。

（二）ASVAB的测验内容

ASVAB包含有以下10个分测验：

（1）一般科学（GS）分测验：有25道题目，测量物理、生物科学知识。

（2）算术推理（AR）分测验：有30道题目，测量解决算术应用题的能力。

（3）单词知识（WK）分测验：有35道题目，测量选择上下文中给定单词的正确含义的能力，以及识别给定单词的最佳同义词的能力。

（4）短文理解（PC）分测验：有15道题目，测量从文章段落中获取信息的能力。

（5）数字操作（NO）分测验：有50道题目，测量算术计算能力。

（6）编码速度（CS）分测验：有84道题目，测量判用某解码工具把编码数字排成语句的能力；

（7）汽车和工艺常识（AS）分测验：有25道题目，测量汽车、工具和购物的术语与实践方面的知识。

（8）数学理解（MK）分测验：有25道题目，测量机械和物理原理知识，以及想象和描述物体运动方式的能力。

（9）机械理解（MC）分测验：有25道题目，测量机械和物理原理知识，以及想象所描述的物体运动方式的能力。

（10）电学常识（EI）分测验：有20道题目，测量电和电子学的知识。

上述10个分测验的分数结合在一起，可以产生7个独立的合成分数：

学术合成（Academic Composites），包括：（1）学术能力：词语知识、段落理解以及算术推理；（2）语言：词语知识、段落理解以及普通科学；（3）数学：数学知识和算术推理。

职业合成（Occupational Composites），包括：（4）机械和工艺：算术推理、机械理解、汽车和行业知识、电子学知识；（5）商业和文书：词语知识、段落理解、数学知识以及编码速度；（6）电子学和电学：算术推理、数学知识、电子学知识以及普通科学；（7）健康、社会和技术：词语理解、段落理解、算术推理以及机械理解。

其他的几个合成可以根据不同的服务目的进行计算。这样，不仅有可能获得关于具体能力倾向的大量信息，而且还有可能获得与军事训练以及各种不同的军事工作中成功表现相关的一群主要能力倾向。

（三）ASVAB的施测和计分

ASVAB分测验中大部分题目都是测量学习成就的。各个分测验在施测中所需的时间也不等，比如数字操作分测验为3分钟，编码速度分测验为17分钟（这两个测验要求速度），而算术推理分测验要36分钟。整套测验的施测需要144分钟完成。

ASVAB 10个分测验的原始得分以及3个学习合成分可转换成T分数（平均数为50，标准差为10）和百分等级。图5-8是虚构的某高中生在ASVAB各分测验的得分，这些得分用一系列百分量分数带标示，该分数带表示她真实的测验得分可能落入的区间。图中除了标明相同年级/相同性别的百分量分数带之外，也给出了相同年级、相同性别和相同年级／不同性别的T分数。此外还有两个信息，即被试的头两个ASVAB编码和军事职业分数。

ASVAB的信度很高，其各个分测验的内部一致性系数在0.92～0.96，速度测验（数字操作和编码速度）的更替复本信度在0.77～0.85，耐力（难度）测验的更替复本信度在0.71～0.91。有关ASVAB用于军事人员和中学、大学学生的效度方面有大量的相关资料。

四、能力倾向区分性测验（DAT）

能力倾向区分性测验（the Differential Aptitude Tests，DAT）是学业取向的最流行的成套测验，最初是为初中和高中的教育与职业咨询而设计的，现在还用于基础成人教育课程和相关的课程、社区大学、职业／技术学校与相关机构。DAT还有一个版本专为人事和职业评价设计，更适用于职业或就业咨询而非学习咨询。该版本通常和职业兴趣问卷一起施测，结合起来帮助学生在学习和就业时做出更加符合实际的选择。

这套测验由8个分测验构成：文字推理（VR）、数字推理（NR）、抽象推理（AR）、知觉速度与准确性（PSA）、机械推理（MR）、空间关系（SR）、拼写（SP）和语言应用（LU）。VR+NR是言语推理和数字能力分测验的合成，通常称之为学业能力倾向。

整套测验的施测需要大约2.5小时完成，但是部分测验或某种计算机自适应版本则只需要1.5小时。

目前，DAT在美国的最新版是第五版（DAT-V），其测验手册分别提供了单性别常模和总体常模，8个分测验的内部一致性信度系数在0.80～0.90，等值复本信度系数在0.73～0.90。从性别常模的分数可知，男生总体在机械推理、空间关系上的得分高于女生，而女生在知觉速度与准确性、语言应用上的得分高于男生。

姓名：

年级：　　　　　　　　　　　性别：

ASVAB
军事职业能力倾向成套测验

施测日期：　　年　　月　　日

ASCAB得分	百分量分数			同级/不同姓别
	同级/同性别	同级/同性别百分量分数带		
		1　5 10　20 30 40　50 60 70 80　90 95　99		
学习能力（AA=VA+MA）	75		[--]	73
言语能力（VA=WK+PC）	71		[--]	73
数学能力（MA=AR+MK）	78		[--]	76
单词知识（WK）	75		[--]	74
短文理解（PC）	67		[------]	74
算术推理（AR）	74		[--]	66
数学理解（MK）	78		[--]	82
一般体系（GS）	60		[-----]	47
汽车与工艺常识（AS）	44		[--------]	21
机械理解（MC）	55		[----]	31
电子常识（EI）	73		[------]	49
数字操作（NO）	74		[--------]	87
编码速度（CS）	44		[----]	70
ASCAB代号2.3 军事职业得分203		1　5 10　20 30 40　50 60 70 80　90 95　99		

图5-8　军事职业能力倾向成套测验的得分剖析图图例

五、其它能力倾向成套测验

（一）Flangan能力倾向分类测验

Flangan能力倾向分类测验（the Flanagan Aptitude Classification Test，FACT）是历史最悠久、内容最长的测验，最初是为测量工业化、机械化水平较低的职位所需的能力倾向而设计的。该测验包括16个独立的分测验：算术、安装、编码、组合、协调、表达、巧思、检验、判断与理解、机械、记忆、图形、精确、推理、量表，以及表格，每个分测验施测需要2～40分钟完成。

与FACT有关的另一个测验是Flangan工业测验（the Flanagan Industrial Tests，FIT），有18个分测验，其中15个是根据FACT的分测验改编形成，还有一个是由FACT的推理分测验修改得到的数学推理分测验，另外就是两个完全新增的测验——电子分测验、词汇分测验。

（二）员工能力倾向测验（EAT）

员工能力倾向测验（the Employee Aptitude Test，EAT）与能力倾向区分性测验（DAT）在内容上十分相似。该测验首次出版是20世纪80年代初，旨在辅助选拔销售人员、文秘和工业职员。该测验有10个分测验：言语理解、数字能力、视觉追踪、视觉速度与准确性、空间想像力、数字推理、文字推理、单词流畅性、手部速度与准确性，以及符号推理。10个分测验的做答都要求快速，分别只有5分钟的施测时间。EAT具有较多的言语、数字和推理成分，这使得该测验不仅有益于职业咨询与选拔，还有益于学习咨询。

（三）多维能力倾向测验（MAB）

多维能力倾向成套测验（the Multidimensional Aptitude Battery，MAB）最初出版于1984年，是韦克斯勒成人智力测验修订版（WAIS-R）的一个纸笔型、团体施测的版本。和WAIS-R一样，MAB也分为言语部分和操作部分两大块，一本小册子包括5个言语分测验（V）：常识、理解、算术、类同、词汇，另一本小册子包括5个操作分测验（P）：数字符号、图画补缺、空间关系、图片排列、物体拼配。每本小册子一开始是练习题，说明5个分测验的其中3个所使用的项目类型，每个分测验一开始还有1~3道例题。手册中给出每个分测验的一般指导语和具体指导语，每个分测验限时7分钟完成，在单独的答卷上或在计算机上记录反应。参照常模表，能够把10个分测验的原始分数分别转换成量表分数（平均数为50、标准差为10的标准分数）。从16岁至74岁分为9个年龄组，使用言语量表、操作量表和全量表上的这些量表分数之和，可以查出每个年龄组的离差IQ（平均数为100，标准差为15）。也有单独的常模表，可以查出每个年龄组的等值的量表分数；使用这些量表分数，能够绘制合适的年龄剖面图。

MAB每个分测验分数以及言语总分、操作总分、全量表总分再测信度都高达0.90以上，并且它们与WAIS-R相应分数的相关也很高。MAB适用于青少年和成人，但不适用于智力落后或智力缺陷个体。

图画补缺：选择一个字母，该字母打头的单词说明图中缺少的部分。

答案是Light（灯），所以应该选A

空间关系：在竖线右面选择一幅同左面一样的图形。该图形逆转后，看上去就同左面图表一样了；而其他图形则必须翻转才行。

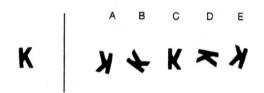

正确答案是A，所以应该选A。BCDE等必须翻转。

图5-9　多维能力倾向成套测验(MAB)命题

六、行政职业能力倾向测验

《行政职业能力倾向测验》是由原人事部考录司组织心理学、管理学等学科的专家研制而成的，主要用于国家行政机关招考主任科员以下非领导职务公务员。它既不同于一般的智力测验，也不同于行政职业通用基础知识或具体专业知识技能的测验，而是专门用来测量与行政职业上的成功有关的一系列心理潜能的考试，其功能是在通过测量一系列心理潜能，进而预测考生在行政职业领域内的多种职位上取得成功的可能性。

行政职业能力倾向测验基本分为5大部分：数量关系、言语理解、推理判断、常识判断、资料分析。具体见下表5-4。

表5-4　行政职业能力倾向测验的内容结构

部分	内　容	题数/组	时限/分钟
一	数量关系	15	15
二	言语理解	30	30
三	判断推理	30	30
四	常识判断	40	25
五	资料分析	15	20
合计		130	120

　　（1）数量关系。主要考查应试者解决算数问题的能力，它包括数字序列推理和科学计算等。涉及到的知识和所用的材料一般不超过高中范围，甚至多数是小学或初中水平的，以此为媒介，考查应试者对数量关系的理解和计算能力。题型包括：数字推理，数学运算。

　　（2）言语理解。考查应试者对文字材料的理解、分析与运用的能力。它包括字词理解能力、句段意义的理解能力、语法的运用能力、字词拼写能力等。题型有：词语替换，选词填空，语句表达，阅读理解。

　　（3）判断推理。考察应试者逻辑推理能力，涉及对数字、图形、词语概念、事件关系和文字资料的认知理解、比较、组合、演绎、归纳、分析综合判断等能力。测验材料主要是文字和图形，测验特点是从已知的零碎、细微的材料，整理、推断出完整的结论，或得出正确的判断。测验题型有：事件排序，定义判断，演绎推理，图形推理，机械推理。

　　（4）常识判断。主要测查应试者的知识面，试题取材广泛，从古至今，从无生物到人类，从自然到社会，因此不存在专业歧视。大致范围涉及政治、经济、法律、管理、科学技术、历史、国情、国力及公文写作处理等多方面的内容。考生要在短时间内提高常识判断能力的水平是很难的，重要的是在于平时的观察、思考和积累。

　　常识判断类试题一般为单选题和多选题，或者两种题型的组合。它要求考生对一些事物间的联系依据常识作出判断，主要考察对常见现象或事物产生的原因以及某一现象发生、引起的后果进行分析、归纳、推理的能力。

　　（5）资料分析。主要考察考生对各种资料（主要是统计资料，包括图表和文字资料）进行准确理解和分析综合的能力。测验方式是：首先提供一组资料，这组资料或是一个统计表，或是一个统计图，或是一段文字。在资料之后有几个问题，要求考生根据资料中所提供的信息，进行分析、比较、计算、处理，然后，从问题后面的备选答案中找出一个符合题意的答案。试题难度一般分为三个等级：第一级是容易题，可以在资料中直接找到答案；第二级是中等难度的题，往往要经过一定的运算或对资料进行一定的分析综合之后，才能得出答案；第三级是较难的题，这类题往往是给出一组判断，要求考生判断其正误。这样的问题往往带有一定的综合性，要对资料进行比较复杂的分析和综合，甚至要用到资料上没有直接给出的相关背景资料才能得出正确的答案。基本题型有：统计表，统计图，文字资料。

第二节　特殊能力测验

特殊能力又称专门能力，指从事某项专门活动（比如艺术、音乐、创造力、文书和机械活动等）所必须具备的能力。特殊能力倾向测验（specific aptitude test）就是用来预测受测者在艺术、音乐、创造力、文书和机械活动方面成功的可能性。以下分别介绍这几种特殊能力倾向测验。

一、音乐和艺术测验

（一）西肖尔音乐才能测验

美国心理学家衣阿华大学卡尔·西肖尔（Carl E. Seashore）等人于1939年编制了最早的音乐能力测验，用于高中生和大学生。该测验用唱片（每分钟转数为33.33）和磁带呈现听觉刺激，主要是测量听觉辨别力的6个方面：音高、响度、节拍、音色、节奏和音调记忆。西肖尔测验中的所有项目都由一对刺激组成，在音调的测量中，受测者必须判断第二个刺激声音与第一个相比是高了还是低了；音色的测量要求受测者判断两个音的音质是否相同；音程分测验要求判断两个音程哪一个更长；在音调记忆测验中，受测者需要指出两个音序是否相同。他们认为这些能力是音乐全面发展的基础。每个分测验都提供了百分位数常模。

后来，维格（H. D. Wing）等人编制了维格音乐能力标准化测验。该测验从8个方面计分：和弦分析、音高变化、音调记忆、节奏重音、和声、强度、短句和分节法，适合于8岁以上的儿童。该测验与西肖尔测验的不同在于，该测验的后面4个分测验都要求受测者对不同的旋律进行评价。此外，还有戈登（E. Gordon）等人编制的音乐能力倾向测验，测量三种基本音乐因素：音乐表达、听知觉和音乐情感动觉。

（二）艺术能力倾向测验

艺术能力倾向测验有两种：审美判断测验和艺术创作测验。前者是艺术评论家所需要具备的；后者是创作艺术家的特征。

最知名的艺术判断测验是迈耶（N. C. Meier）艺术判断测验。该测验包括100对单色图版，每一对中有一张是著名的作品，另一张则做了一些改动。受测者被告知两幅图不一样，但是并不知道哪一张是著名的作品，受测者的任务是指出他偏好哪一张图片。对于参加艺术课程的学生来说，迈耶测验的分半信度在0.70到0.80之间变化；测验分数和艺术课老师给予学生的等级评定之间的相关在0.40到0.70之间。

霍恩艺术能力倾向量表是一个用来测量艺术创造力的测验，测验由两个部分组成：一个是速写任务，一个是想象任务。在测验的第一个任务中，要求受测者画出20个他熟悉的物体的草图，比如树、书和叉子。每幅图都必须在很短的时间内完成（3～10秒）。想象部分要求被试用12个矩形组成一个有意义的图片。霍恩测验的手册举例说明了图画的各个水平（优秀、中等和差），为评分提供了依据。当两个评分者同时评分时，常常可得到相关很高的分数，这说明手册中提供的评分标准是合适的。效度系数也比较合理，测验分数和艺术课老师评定的平均等级之间的相关为0.53。

二、机械能力测验

（一）空间关系测验

使用最广的空间关系团体测验是修订版明尼苏达纸笔形式测验。该测验由一个几何图形的64个打乱的部分所组成。受测者需要从给出的选项中选择出各部分组合以后的正确图形（图5-10）。该测验可以用于9年级到大学的学生，其优点是常模区分了初学者、申请者和专业人士。它的等值复本信度为0.80。

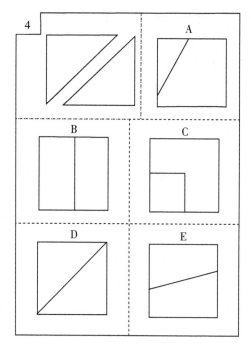

图 5-10　空间关系测验图例

（二）机械能力倾向测验

大多数人认为机械能力倾向是由一些相互独立的能力构成的，因此测量机械能力倾向时一般使用一系列测验。

1. 灵活性和装配测验

一些机械能力倾向测验（MAT）要求受测者组装部件，他们的得分由给定时间内组装的部件数量决定。一些常用的灵活性测验和装配包括：

（1）贝内特手工具灵巧性测验：要求受测者能够熟练地使用扳手和螺丝刀；

（2）克劳福德小动作灵活性测验：要求受测者使用镊子完成任务，测量他们的手—眼协调性；

（3）明尼苏达操作评估：评估通过多个分测验测量受测者放置、翻转和移动圆盘（要求单手或者双手完成翻转、放置）的技能；

（4）斯特龙伯格灵巧性测验：要求受测者尽可能快地将圆盘分类，从中选取指定的圆盘或者移动圆盘；

（5）明尼苏达装配测验：要求受测者在给定的时间内把33个部件组装到一起；

（6）珀杜小钉板测验：测量精细的动作；

（7）操作能力倾向测验：测查受测者使用手臂、手掌和指头的能力。

机械装配和灵活性测验的缺陷是前期投入很高、需要单独施测以及预测效度不高，因此初、高中的老师和学校咨询师几乎都不使用这类测验。

　　2. 机械推理测验

　　使用较广的测验有贝内特机械理解测验（BMCT）。该测验主要为11～12年级的学生、工业公司的应聘者以及工业公司的职员而设计。测验由熟悉的物体照片和图片组成。受测者需要回答接下来的问题，如指出并说明两把剪刀中哪一把更好用、指出并说明两个家具数量不一样的房屋哪一个更容易产生回声，等等。图10-11给出了另外一个例子。

　　　　BMCT有两个平行互复本，复本S和复本T，施测指导语都可以通过录音播放。在用来预测工程学类职业的时候，该测验的效度系数在0.30～0.60之间，分半（奇—偶）信度高于0.80。DAT机械推理测验（MR）是贝内特机械理解测验的一个特殊形式。

　　另一个机械推理测验是关于机械概念的SRA测验。该测验由4个分测验组成：机械间的相互关系（推理）、机械工具和装置、空间关系和总分。测验可以使用磁带中录下的指导语对高中生和成人施测。各个分测验分数相对独立，能够提供一些独特的信息。该测验内部一致性信度较高，但效标关联系数往往低于0.30。

三、文书能力测验

（一）明尼苏达文书测验

　　该测验由两部分组成：数字比较和名称比较。在每个部分，受测者要比较200对数字或者名称，并指出比较的两个数字（或名称）是否相同。每个部分单独计时，使用猜测校正公式来防止受测者随机回答问题。该测验只需要15分钟就可以完成。通常我们都是同时使用明尼苏达文书测验和智力测验来选择文书能力较高的人。

　　明尼苏达文书测验为8～12年级的学生设计，但是同时也为那些从事文书工作的成人（比如会计、警官、办公室职员、秘书等）提供常模，针对不同的性别和应聘职位都有各自的百分位数常模。几个月之内稳定性系数相对较高，通常都在0.70以上，同时该测验具有良好的效度系数。研究证明，明尼苏达文书测验的分数与大学会计课成绩的相关达到0.47，与图书保管员的表现之间的相关为0.50，而与管理者的评定相关较低，只有0.28。

（二）其它文书测验

　　除了明尼苏达文书测验，还有其它一些文书测验在内容上有自己侧重的方面，并且具有很好的预测效度。这些测验中，有些包括拼写项目、字母表，排列句子和简单计算，还有些是用于测量速记员、打字员的能力倾向测验。这样的测验包括：一般文书难度测验，简短职业测验，西肖尔—贝内特速记熟练性测验，以及打字测验，等等。

第三节　创造力测验

一、创造力概述

（一）创造力的含义

创造力也称为创造性思维，指以新颖独创的方法解决问题的思维过程。

创造性思维有如下特点：（1）新颖性；（2）发散思维和聚合思维相结合；（3）创造性想象的积极参与；（4）灵感状态。

（二）创造力的指标

衡量创造性思维的指标是：

（1）思维的流畅性：在限定时间内产生观念数量的多少。吉尔福特（Guiford，1954）把思维流畅性分为四种形式：用词的流畅性；联想的流畅性；表达的流畅性；观念的流畅性。

（2）思维的变通性：也叫思维的灵活性，是指摈弃旧的习惯思维方法开创不同方向的能力。

（3）思维的独特性：产生不寻常的反应和不落常规的能力，以及重新定义或按新的方式对所见所闻加以组织的能力。

（4）思维的敏感性：及时把握住独特新颖观念的能力。

二、创造力测验

创造力测验用来测量人们的创造性思维水平的高低。国际上主要的创造力测验有：

（一）托兰斯创造性思维测验

托兰斯创造性思维测验（TTCT）由美国明尼苏达大学埃利斯·保罗·托兰斯（Ellis P. Torrance）等人于1966年编制。该测验分为3套、12个分测验，分别是：

1. 语词创造思维测验

该类测验由7项活动组成，这7项均从流杨性、变通性和独特性方面各记一个分数。前3个分测验是根据一张图画（画中有一个小精灵正在溪水里看他的影子）推演而来的。这7项分测验分别是：

（1）提问题。要求被试列出他对图画内容所想到的一切问题。

（2）猜原因。要求被试列出图画事件可能原因。

（3）猜后果。要求列出图画中所发生的事件的各种可能后果。

（4）产品改造。要求对一个玩具图形列出所有可能的改造方法。

（5）非常用途测验。给一指定事物，要求尽量列举该事物的各自不寻常的用途。

（6）非常问题。要求被试对同一物体提出尽可能多的不同寻常的问题。

（7）假想。要求被试推断一种不可能发生的将出现的各种可能后果。

2. 图画创造思维测验

分为3个分测验，都是呈现未完成的或抽象的图案，要求被试完成，使其具有一定的意义。3项均从流畅性、变通性、独特性和精确性方面各记一个分数。3个分测验分别是：

（1）图画构造。要求被试将一个边缘为曲线的彩色纸片贴在空白图画纸上，以此为起点构造一幅有趣的故事图。

（2）未完成图画。向被试提供10个简单线条勾出的抽象图形，让他们完成这些图形并加以命名。

（3）圆圈（或平行线）测验。共包括30个圆圈（或30对平行线），要求被试据此尽可能多地画出互不相同的图画。

3. 声音和词的创造思维测验

测验通过呈现两段录音来测量3年级以上学生的听觉／口语创造力。全部指导语和刺激都用录音磁带的形式呈现。刺激呈现三次，要求被试听到声音后想象出有关的事物或活动。该工具实际上由声音与表象、拟声与表象两个测验组成。测验只记反应的独特性分数。声音与表象测验中，主试给被试呈现4种抽象的声音，要求被试每听完一种声音，就把自己由声音联想到的心理表象草草地记下来。一组声音呈现三次，测验评估被试的独创性。拟声与表象测验由两个分测验构成。这两个分测验都有A、B两种平行测验，并且为成人和儿童分别配有指导语。两个分测验分别为：

（1）音响想象。采用4个被试熟悉的和不熟悉的音响系列，各呈现三次，让被试分别写出所联想到的物体或活动。

（2）象声词想象。用10个模仿自然声响的象声词（如"嘎吱嘎吱"等），各呈现三次，让被试分别写出所联想到的事物。

测验时根据4个标准评分：流利（中肯反应的数目）；灵活（由一种意义转到另一种意义的数目）；独特性（反应的罕见性）和精密（反应的详细和特殊性）。被试从整个测验中得到一个总的创造力指数，代表个体的创造性思维的水平。该测验适用从幼儿到研究生的文化水平，普遍采用集体测试的方法，对于小学4年级以下学生，一般用个别口头测试。由于该测验的信度偏低，所以TTCT最好用于对团体而不是对个体进行预测。

托兰斯创造性思维测验的评分者信度为0.80—0.90，复本及分半信度为0.70—0.90，没有可靠的效度证据。

（二）南加利福尼亚大学发散性思维测验

美国南加利福尼亚大学的吉尔福特视创造力为发散思维能力，发散思维与智力结构中的5种内容因素、6种结果因素之间组合出30种心理能力因素。吉尔福特力图选择合适的方法来测量这30种心理能力因素，但最后他和同事只编制出14个分测验，测验的项目有：语词流畅性、观念流畅性、联想流畅性、表达流畅性、非常用途、解释比喻、用途测验、故事命题、事件后果的估计、职业象征、组成对象、绘画、火柴问题、装饰。前10项要求言语反应，后4项则用图形内容反应。该测验适用于中学水平以上的人，主要从流畅性、变通性和独特性记分（有时也根据精细性记分）。

下列符号所代表的意义如下：（1）操作：D—发散思维；（2）内容：F—图形，S—符号，M—语义，B—行为；（3）成果：U—单元，C—类别，R—关系，S—体系，T—转换，I—蕴涵。

14个分测验的内容如下：

（1）词语流畅（DSU）：迅速写出包含某个字母的单词。如："O"—load，over，pot……

（2）观念流畅性（DMU）：迅速列举属于某一种类事物的名称。如：能燃烧的液体——汽油、煤油、酒精……

（3）联想流畅性（DMR）：列举近义词。如：艰苦——艰难、困难、困苦……

（4）表达流畅性（DMS）：写出每个词都以特定字母开头的四词句。如："K，

U，Y，I"——keep up your interest，Kill unless yellow insects……

（5）非常用途（DMC）：列举出一个指定物体的各种可能的非同寻常的用途。如："报纸"——点火、包装箱子时作填充物……

（6）解释比喻（DMS）：以几种不同方式完成包括比喻的句子。如："一个女人的美丽就像秋天，它……"，答案可能是："在还没充分欣赏时就消逝了"……

（7）效用测验（DMU）：尽可能多地列举每一件东西的用途。如："罐头盒"——作花瓶、切饼……根据回答总数记观念流畅性的分数，根据用途种类的变化记变通性的分数（属于同一范畴的用途只能记一分）。

（8）故事命题（DMU，DMT）：写出一个短故事情节的所有合适的标题。可根据标题总数（思想流畅性）及有创见的标题数目（独创性）进行记分。

（9）推断结果（DMO，DMT）：列举一个假设事件的不同结果。如："假设人们不需要睡眠会产生什么样的结果？"答案可能是：干更多的活，不再需要闹钟……记分方式同故事命题的记分方式。

（10）职业象征（DMI）：列举一个给定的物体或符号所象征的职业。如："灯泡"，可以是电器工程师、灯泡制造商……

（11）组成对象（DFS）：利用一套简单的图案，如圆形、三角形等，画出几个指定的物体，任一图案都可重复或改变大小，但不能增加其他任何图形。

（12）绘图（DFU）：要求将一简单图形复杂化，给出尽可能多的可辨认物体的草图。

（13）火柴问题（DFI）：移动特定数目的火柴，形成特定数目的方形和三角形。

（14）装饰（DFI）：以尽可能多的不同设计修饰一般物体的轮廓图。

该测验用百分位和标准分数进行分数解释。分半信度为0.60—0.90。

（三）芝加哥大学创造力测验

美国芝加哥大学的心理学家盖泽尔斯（J. W. Getzels）和杰克逊（P. W. Jackson）等人根据吉尔福特的思想对青少年的创造力进行了深入的研究，在20世纪60年代编制了这套测验。这套测验包括下列5个项目：（1）语词联想测验。（2）用途测验。（3）隐蔽图形测验。（4）完成寓言测验。（5）组成问题测验。该套测验适用于小学高年级至高中阶段的青少年，可以团体施测，有时间限制。

（四）其他常用的创造力测验

1. 沃森—格拉泽批判性思维评价量表

沃森—格拉泽批判性思维评价量表（CTA）是为9～12年级的中学生、大学生和成人编制的。它由5个部分组成：

（1）推理：给受测者一些经过推理得到的表述，有的是正确的，有的是部分正确的，有的是部分错误的，有的是完全错误的或者没有足够证据证明的。

（2）认可假设：判断根据某个表述得出的假设是否符合逻辑。

（3）演绎推论：判断根据表述得出的结论是否符合逻辑。

（4）解释：读完一篇短文后，指出可以从中得到的结论。

（5）评价论据：判断论据是支持还是驳斥了观点。

CTA是一个较短的测验，40分钟即可完成，因此，编制者认为只有总分（而不是分测验的分数）才可以用来对个体的行为进行预测，而对团体进行预测则可以用分测验分数。

2. 远隔联想测验

远隔联想测验（RAT）是为大学生和成人编制的，需要40分钟完成。测验给受测者呈现3个单词（比如老鼠、蓝色和房子），要求受测者找到第四个单词，这个词必须和前面3个单词相关联（比如奶酪）。

RAT手册中提供了理想的信度系数（两组学生的奇—偶信度系数为0.91和0.92）。就其效度而言，它已经用于预测哪些科研者能够争取到科研经费；它与专家的评定等级、专利申请成功与否、工厂中的工作水平都具有相关，但是有些研究者声称这些得不到证实。

3. 创造性思维测验

该测验是由中国的郑日昌、肖蓓玲在吉尔福特的智力理论及其发散思维测验基础上编制而成的，是从流畅性、变通性和独创性三个方面来对个体的创造性思维进行评价。测验有时间限制，适用于初一到大学的学生。该测验包括5个分测验：

（1）词语联想：依据前一个词末尾的字连续组词。如："同"——同学、学生、生产、产品……每题限制2分钟，共4题。测流畅性。

（2）故事标题：尽可能多地写出给定故事的合适的标题。共两个故事，数量分用来评价流畅性，质量分评价独创性。

（3）小设计：公园的一块平地上要建7个亭子，要求被试尽可能多地设计修建亭子及道路的分布图样。质量分评价独创性。

（4）在椭圆上补画：要求被试以给定的椭圆为基础，添补出尽可能多的使人一看就明白的不同的东西来。类型数用来评价变通性，独创性分用来评价独创性。

（5）画影子：画出给定物体在灯光照射下任意移动后的可能的影子轮廓来。类型数用以评价变通性。

该测验结果得到流畅性、变通性和独创性三个分数，这三个分数合成总分。

第六章 成就测验

第一节 成就测验概述

一、成就测验的含义

（一）成就测验的定义

成就是个人通过学习和训练所获得的知识、学识和技能（朱智贤，1989）。成就测验，也称为成绩测验，主要是指测量学习成就、学习效果的测验，也就是关于教育目标的测验。

（二）成就测验与其他心理测验的区别

1. 与一般心理测验的不同

一般的心理测验所测的往往是为个体各种经验积累以后的一般发展水平，有的甚至要排除那些"专门"的学习或训练的影响而测个体"稳定不变"的心理品质。成就测验则相反，它主要目的是评价个体通过一次或一个时期的学习训练之后所学知识和技能的发展水平。

2. 与典型行为测验的不同

成就测验在测量学中属于最佳行为测验。最佳行为测验施测时要求被试调动他所学的一切知识、所具备的一切技能和能力，对所有试题给出最佳答案或实施最佳操作。与典型行为测验不同，成就测验不用担心被试在测验上故意掩盖自己的行为水平，相反却担心所编测验达不到诱发被试发挥出最高水平的目的。当然，成就测验也要防止被试用猜题、押题等"针对性"的学习和训练获取"好"成绩的现象。

3.与一般的能力测验的不同

成就测验所测为认知性心理品质。认知性心理品质的优劣表现在两个方面：一方面是认知内容的多寡，另一方面是认知能力的高低，也就是我们通常所说的知识和能力两个方面。但是，成就测验与一般的能力测验不同。能力测验往往更强调所测为"一般能力"，而排除知识，特别是"专门"知识的影响。尽管能力测验实际上也要通过测被试对知识的理解、应用等操作行为而实现，但其重心是在能力。而成绩测验却是知识与能力并重，即使测能力，也是测对所学专门知识的理解和应用等能力。

不过，上述区别并不是绝对的。许多心理学家认为，一般的能力测验和成就测验的相似多于区别，测量的都是能力的发展水平。如安娜斯塔西曾提出一个测验的连续谱（continuum）：课程取向（course - oriented）的成就测验——广泛取向的（broadly oriented）成就测验——言语型（verbal-type）智力测验——"文化公平"测验（"culture - fair" tests）。这个连续谱充分展示了能力测验与成就测验的部分重叠。

二、成就测验的分类

按照不同分类方式，成就测验可以分成不同的种类。

（一）按测验编制方法划分

1.教师自编课堂测验

教师自编课堂测验通常因教师、课程、班级或教学单元的不同而有所不同，其内容可多可少，时间可长可短，形式灵活多样，但教师自编课堂测验应用范围小，随意性大。

2.标准化成就测验

标准化成就测验是由测量学家与学科教师按测量学基本原理编制的，在统一的条件下进行施测和评分，可以将一个群体的成就水平与常模组或参照组或者某个掌握标准进行比较，由此来评价学生对课程掌握的程度。

相比较而言，标准化成就测验只代表了学校使用测验的一小部分，而学生接受教师自编测验的时间远远多于标准化测验。

（二）按测验的内容划分

有单科测验，如语文测验、数学测验等，也有成套成就测验。成套成就测验是包括不同内容范围的一套测验，每个分测验包括某种学科的知识，用以评价学

生的总体水平。另外，也可以按内容量的多少分类，如可分为单元测验和总测
验等。

（三）按测验的用途划分

1. 考查性测验

考查性测验主要用于对学生学习结果的鉴定，如学校的单元测验、期中测
验、学科结业测验、社会的招生考试、招工考试、提职晋级考试等（戴海崎，张
锋，陈雪枫，2003）。

2. 诊断性测验

诊断性测验主要测量个人在某学科方面的优点和弱点，用以判定其学习困难
所在，从而为改进和调整教学策略提供依据。诊断性测验多以单科内容为测验材
料，编制时都是从非常细微的地方入手，以获取详细的信息，其实施时间一般在
课程、学期、学年开始或教学过程中，其作用主要有二：一是确定学生的学习准
备程度；二是适当安置学生。如 Keymath 诊断性算术测验（Keymath Diagnostic
Arithmetic Test），Woodcock 阅读掌握（mastery）测验等。

（四）按测验评分的参照系划分

分为常模参照性测验和目标参照性测验两类。尽管常模参照测验和标准参照
测验的目标和设计存在差异，但特定的成就测验可以同时具有两方面的功能。学
生学到了多少材料以及他的表现与其他学生相比如何，常常能够通过相同的工具
来确定（张厚粲，黎坚，2006）。

（五）按测验的题型划分

分为客观测验和论文式测验两类，但使用中一般都是两大类题型混合使用。
此外，按照施测被试的多少，成就测验还可划分为团体测验和个别测验。

三、成就测验的作用

成就测验主要为教育工作者的教学决策活动提供科学依据。桑代克等人曾将
这些决策归为八种类型：(a) 教学（instructional）；(b) 等级评定（grading）；
(c) 诊断（diagnostic）；(d) 选拔（selection）；(e) 安置（placement）；(f) 咨询
和指导（counseling and guidance）；(g) 项目和课程（program and curriculum）；
(h) 管理政策（Thorndike, Cunningham, Thorndike & Hagen, 1991）。在这些决策
类型中，前三种类型的决策——教学、等级评定和诊断——经常是由课程教师做

出的，这些决策往往是基于他们自己开发的测验，有时候也会使用标准化的测验。后面的五种决策类型——选拔、安置、咨询和指导、项目和课程以及管理政策决策——往往是由测验专家、教育管理者或委员会做出的，这类决策则往往是就业标准化的能力或成就测验。表6-1对这些不同类型的决策做了概括。

表6-1　教育决策类型

决策类型	作出决策的个体	决策所基于的测验类型	例子
教学	课程教师	教师自编	教师根据测验的结果来决定课程的进度(例如放慢或加快教学进度,或完全跳过一个主题等)
等级评定	课程教师	教师自编	教师根据测验的结果给学生评定等级(例如随堂测验、期中考试、期末考试等)
诊断	课程教师	教师自编	教师根据测验的结果了解学生学习的困难
选拔	专家或学校管理者	标准化的	专家或管理者根据测验结果(例如SAT),做出录取决策,并且将不同的个体选入特殊的培训项目中。
安置	专家或学校管理者	标准化的	专家或管理者根据测验结果将个体安排在恰当的课程水平中(例如,把学生安排在哪个等级的数学课程中)
咨询和指导	专家或学校管理者	标准化的	专家或管理者根据测验分数帮助学生选择与自己的优势和兴趣相匹配的专业和职业
项目和课程	专家或学校管理者	标准化的	专家或管理者根据测验分数来判断项目或课程成功与否,并判断一个项目或课程是否应该实施或终止。
管理政策	专家或政府部门管理者	标准化的	专家或管理者根据测验来决定,为了提高教学水平,应该给哪里投入经费,应该实施哪些项目。

（资料来源：[美]Sandra A. McIntire & Leslie A. Miller 著，骆方、孙晓敏译. 心理测量. 中国轻工业出版社，2009年2月第1版，pp. 375–376）

第二节　标准化成就测验

一、标准化成就测验的发展简况

1895年，约瑟夫·梅尔·赖斯（Joseph M. Rice）编制了一个有50个项目的拼写测验，对儿童拼写能力进行研究，被视为教育研究和标准化测验的开山之作。在赖斯和其他先驱者之后，20世纪初标准化成就测验取得了一定发展。这些早期测验包括：C. L. 斯通编制的数学测验（1908），桑代克的儿童书法量表（1909）等。在20世纪20年代早期，第一个标准化成套测验——斯坦福成就测验和衣阿华中学测验（the Iowa High School Content Examination）正式出版发行。1926年，美国大学考试中心衣阿华高中学能测验（the College Entrance Examination Board）用由选择题组成的学能测验（SAT）取代了先前由论述题组成的测验。这一新的测验形式，连同自动测验计分机的出现，进一步促进了标准化测验的发展。第二次世界大战以来，标准化成就测验已经从单一学科考试扩展到更广阔的领域，如人文科学和自然科学。

目前，美国最流行的成就测验包括：斯坦福系列成就测验，衣阿华基本技能测验（ITBS），加州成就测验（CAT），基本技能综合测验（CTBS），衣阿华教育发展测验（ITED）、大城市成就测验（MAT）、SRA系列成就测验，以及成就和熟练测验（TAP）。除了ITBS用于初中二年级、ITED和TAP用于初中三年级到高中三年级，所有这些多水平成就测验都从幼儿园一直适用到高中三年级。还有一些成就测验涵盖的年龄范围更广，年龄跨度甚至长达几十年，如大范围成就测验3（5岁至75岁）、伍德库克—约翰逊心理教育成套测验修订版（2岁至90岁）、考夫曼功能性学业技能测验（15岁以上）。

二、常见的标准化成就测验

（一）斯坦福成就测验系列

斯坦福成就测验系列（Stanford Achievement Series）是最早的综合成就测验，于1923年出版。它是由美国的教育评估公司哈考特评估公司（Harcourt Assessment）提供的，编制者为加德纳（E. F. Gardner）等人，是一种供团体使用的常模参照性测验。该测验包括斯坦福学习技能测验（SESAT，第二版）、斯坦福成就测验（SAT，第七版）和斯坦福学习技能测验（TASK，第二版），适合于幼儿园至13年级的学生，主要测量学生的阅读、语言、数学等领域的基本技能。SESAT有两个水平，适用于不同年龄的幼儿园儿童。SAT有六个水平，分为初级1型（1.5～2.9年级）、初级2型（2.5～3.9年级）、初级3型（3.5～4.9年级）、中级1型（4.5～5.9年级）、中级2型（5.5～7.9年级）和高级型（7.0～9.9年级）。TASK有两个水平，分别为（8.0～12.9）年级（TASK1）和9.0～13年级（TASK2）。在不同水平，分测验的数目从5到11不等。大多数水平包含的分测验有学习技能、阅读理解、词汇、听力理解、拼读、语言、数概念、数学运算和数学应用等，施测时间为2—5学时。该测验能提供量表分数、全国百分等级和个体与特定学校、班级的各能力的比较，其信度、效度均达到有关的心理测量学标准。

2003年，哈考特评估公司根据《不让一个孩子落伍法案》，对斯坦福成就测验进行了比较大的改革，推出了该测验的第10版（Stanford 10），一种没有时间限制的考试。斯坦福成就测验分为阅读、Lexile阅读能力测量、数学、语言、拼写、听力、科学、社会科学8个部分（武世兴，2007）。对学生成绩的报告包括5种形式的导出分数：百分等级、标准九分数、年级当量和正态曲线当量（normal curve equivalent（NCE），NCE是经过正态化后的标准分数，其平均数为50，标准差为21.06）。除了这些指标之外，考试公司还会对成绩单附上一个简单的评语，告诉家长孩子成绩与往年相比的变化情况。这样，家长和教师就可以根据这些内容，给予学生更多个性化的指导。

（二）都市成就测验

都市成就测验（Metroplitan Achievement Test，简称MAT）是一套在美国广泛使用的成套测验。初版于1930年代，第五版由贝罗（I. H. Balow）等人编制（1978）。这个版本的测验使用范围由幼儿园延续到高三，总共由8个重叠的测验组组成，所有的测验组都有两个平行的版本可供使用，并有一份含有例题的练习手册，在正式施测前数天使用。下面以测验织的初级层次（包括3年级中到4年级末的范围）为例，来说明MAT的内容。在此层次的测验组包含10个分测验，可以得到5个内容领域的分数。

1. 阅读

（1）字词：了解文章里的字词的意义。

（2）字的辨识：包括字形、字音（元音及辅音）以及以字的一部分为线索。

（3）阅读理解：由按难度分等级的文章段落组成，利用一些问题来评估对文章的细节及前后因果的理解、文章的推论、原因及影响、中心大意、角色分析以及归纳结论等方面的能力。

2. 数学

(1) 概念：评估数字、几何及度量概念，包括千位以上的数字、小数及分数、形状、金钱、时间及惯用度量与公制度量。

(2) 问题解决：回答口述的问题，有些题目要求解出数学问题选择正确答案，有些仅要求选择正确的数学表达式。

(3) 计算：要求做整数、小数及分数的加、减、乘、除运算。

3. 语言

(1) 拼字：要求选出口述的句子里某个字的正确拼法。

(2) 语言：选出正确的标点符号、大小写或文法格式，辨认出句型的各个结构部分，按字母顺序排列及查字典的技能。

4. 科学

用来测验知识、理解力、询问技巧以及对物理、地球与太空及生命科学问题的分析能力。

5. 社会研究

将上面"科学"一项所列的四个认知技巧运用于地理、经济、历史、政治科学及人类行为（A类学、社会学、心理学）上。

本测验还可求出一项"研究技能"分数，它的题目藏在这10个分测验内。在小学层次题本里书籍参考、字母排序及字典使用技能被安排在语言分测验；图表及统计技能安排在问题解决分测验；询问及科学分析技能则在科学及社会研究分测验里均有包括。不论在哪个年级层次，这整份调合测验组被分在几个时段里施测。以小学层次而言，它在8个35～50分钟的时段施测。

MAT包括8个常模参照水平，还有"教育阅读水平"中所有检查测验的参照标准的解释方法。基本型包括阅读理解、算术、语言测验；复杂型除包括这3个测验外，再加上社会研究和科学测验。其常模建立于20世纪70年代后期，80年代更新进行了标准化。表示方法有年级当量、百分位数、量表分数和标准九分等。该测验的信度、效度指标都较完备。在内容效度方面，MAT手册还提供所有题目所包含的每一项教学国标，查阅这份手册里有关各测验层次及主题的概要说明，可帮助各级学校就他们的使用目标来判断测验的内容效度。

（三）基本技能综合测验

基本技能综合测验（Comprehensive Tests of Basic Skills，简称CTBS）是一个发

展较早的综合成就测验，第三版于1981年出版，测量广泛领域的技能。

阅读测验：包括词汇和阅读理解两类题目。

拼读测验：主要测量英语中元音、辅音及其结构形式的规则。

语言测验：主要测量语法和语言表达的基本技能。

数学测验：测量运算技能和概念应用与转换。

自然科学测验：主要测量自然科学知识（如植物、动物、物理、化学、生态学）以及自然科学语言、概念和方法的理解。

社会科学测验：主要包括地理、经济、历史、政治和社会学等方面的概念。

整个测验分10个水平，U和V两种形式。在测验编制和标准化过程中，曾应用项目反应模型，并在美国全国范围内取样，测验时间是1～4学时。

（四）SRA教育成就系列测验

SRA教育成就系列测验（Sequential Tests of Educational Progress）由科学研究协会（Science Reaearch Associates）编制，1978年出版。该测验测量广泛的知识、一般技能和应用能力。初级水平（幼儿园到3年级）包括阅读、算术测验（A、B、C、D水平）和语言艺术（C、D水平）。较高水平（E、F、G、H，4—12年级）的测验，除包括以上内容外，再加上自然科学知识、社会科学知识以及使用参考材料的能力。水平H还包括生活技能的测量。除此8个水平的成就测验外，还有一个30分钟的教育能力系列测验（Educational Ability Series，简称EAS）可供选择，整个测验时间从2小时到4小时不等。SRA成就系列测验于1978年春在美国采用全国取样方法，得到83000人的样本；1978年秋再得121000人样本，并由此建立了各种形式的常模（年级、百分位、标准九等）。

（五）Woodcock阅读掌握测验

Woodcock阅读掌握测验（Woodcock Reading Mastey Tests，WRMT）是由美国心理学家伍德科克（R. W. Woodcock）编制的一个成套阅读诊断测验，主要用于测查儿童阅读能力的发展水平和存在的阅读问题，也可用于高中毕业生或成人的阅读诊断，属于个别测验。1987年修订版的常模年龄范围是从幼儿园到十二年级，有G型和H型两个副本，共有6个分测验，包括：视听学习测验，测查阅读学习中形成视觉符号和口语表达联想的能力；字母识别测验，测查对26个英文大、小写字母的再认能力；字词识别测验，测查对单个常用词的再认能力；词语辨析测验，测查对无意义词语或低频词语的语音分析和结构分析能力；字词理解测验，分析比较近义词、同义词和反义词；语段理解测验，测查对短文及其关键词的理解能力。测验的原始分数可转换成年龄当量、年级当量、百分位数和标准分数、聚类分数及教学水平剖面图、百分等级剖面图和诊断剖面图。测验的信度较好，效度则不太理想，但由于其诊断功能强，因而很受欢迎。1998年修订版（Woodcock Reading Mastery Test-Revised/Normative Update，WRMT-R/NU）对常模进行了更新，其适用对象扩展到从0岁到75岁，常模分数包括百分等级、标准分数、T分数、年龄当量、年级当量、相关表现索引（RPI）等，六个分量表的信度系数为0.80-0.90，它们与Woodcock心理教育成套测验的相关为0.85-0.91。

（六）4-6年级多重成就测验

范晓玲、龚耀先2003年编制了4-6年级多重成就测验（The Multiple Achievement Tests of The 4-6 Grades，MATs）（范晓玲，龚耀先，2005）。该测验以晶体智力理论为理论框架，采用课程与广泛取向并重的策略，编制4~6年级多重成就测验，其目的是为了评价小学生学习的相对水平，监控其学历水平及教育咨询服务。MATs有两个分量表：语文分量表（YU）包括注音注字（Y1）、词汇（Y2）、阅读（Y3）、语法（Y4）、文学常识（Y5）五个分测验；数学分量表（SHU）包括数概念（S1）、数运算（S2）、数应用（S3）、几何（S4）、数推理（S5）五个分测验。

该测验根据"双向细目表"、重复率、学科专家的评定和选择、试测结果等筛选项目。根据学校类型、年级、性别等因素分层，采取分层整群抽样的方法抽取长沙某区3~7年级城市示范、城市一般、城乡结合和农村中小学，共40个班，2002例被试（A本1004例，B本998例）。另外还抽取市重点和一般7年级13个班的信、效度样本。于2003年底进行了团体施测，时间为45分钟。

基于经典测量理论和概化理论的信度检验表明（范晓玲，龚耀先，2006）：A、B题本分量表和总量表重测信度0.91~0.95，复本信度0.87~0.94，重测复本信度0.82~0.89，分半信度0.79~0.90，评分者信度0.94~0.98，真分数变异0.82和0.86。效度研究表明（范晓玲，龚耀先，2008）：A、B题本分量表和总量表专家评定符合度0.3以上，非常符合的条目分别82%和86%。A、B题本分量表和总量表与学科成绩相关0.23~0.60，与学业能力倾向测验相关0.39~0.66。探索性因素分析抽取2因素时为语、数因子，与分量表吻合，多个因子提取表明可能存在言语、记忆、数算、数形和数理五因子。不同学校和年级间存在显著性差异，语文分测验存在性别差异。MATs各种信度和效度考验结果基本符合测量学的计量标准。

（七）大学水平测验

一些测验和测验方案是为大学生的入学、编班和咨询发展起来的。其中一个杰出的测验是学业评估测验（the Scholastic Aptitude Test，SAT），该测验是由美国大学入学考试委员会（College Entrance Examination Board）在全国范围内施测的、同类测验中最常见的和最有影响的测验之一。SAT的当前版本是学业成就测验（Scholastic Achievement Test）的修订版。

SAT有两个组成部分：

SAT-I：推理测验，用来测量语言和数学推理能力，包含七个部分：三个语言部分、三个数学部分（数学测验部分可以使用计算器）以及一个等化部分。等化部分的问题不记入最后成绩中，只是用来保持测验形式间的可比性以及编制新的测验形式。该部分测验要持续3小时。

语言部分有78个项目，包括三种类型的项目：类比、句子补全以及关键性阅读问题；数学部分含有60个项目，包括标准的多重选择问题、数量比较问题以及要求学生产生反应的一些问题。

SAT-I项目示例：

例1：中世纪的王国不是一夜之间变成法治的共和国的；相反，这种变化是_____。

A. 不受欢迎的　　B. 出乎意料的　　C. 有利的　　D. 充足的　　E. 逐步的

例2：要将n枚硬币分给阿尔（AI）、苏敏娅（Sonja）和卡罗尔（Carol），如果苏敏娅得到的硬币是卡罗尔的两倍，阿尔得到的硬币是苏敏娅的两倍，那么，卡罗尔会得到多少枚硬币呢？（用n表示）

A. n/2　　　　　B. n/3　　　　　C. n/4　　　　　D. n/6　　　　　E. n/7

例3：一个两位正数x的两个数字的和为7，十位上的数大于个位上的数，x的一个可能的值是什么？

SAT-I提供独立的语言和数学分数。测验分数在一个平均分为500、标准差大约为100的标准分数量表上报告。这样，如果语言部分得了600分，数学部分为550，就表明这个被测者的成绩优于常模群体中80%的人，在语言和数学部分分别优于常模群体中65%的人。

SAT的早期版本表现出了非常好的信度水平（信度系数在0.90以上）以及效标关联效度（与在大学里的成绩的相关在0.50~0.60之间）。当然，SAT-I也表现得同样好。

SAT-II：学科测验，测量具体的学科知识以及对这种知识的应用能力，主要是多重选择问题，在一些数学测验上允许而且需要使用计算器，还有一些测验要求被测者写文章或对由磁带呈现的外文资料进行反应。该部分测验要在一个小时内完成。

SAT-II学科测验也是在一个平均分为500、标准差大约为100的量表上进行评分的。

新版SAT（2005）的语言部分重命名为"关键性阅读"（Critical Reading），不再使用类比测验，而是给被测者提供更多的文章（长的短的都有）来进行阅读和解释。新增的写作部分包括有关语法的多重选择问题以及新加的短文写作。数学部分所涵盖的概念主要是全国范围内3年的高中数学课中所传授的最普通的知识（代数 I、代数 II 和几何）。

尽管SAT每年都开发新版本，但每个新版本上的分数都向1941年的标准化群体回溯计分。SAT修订版本——学业能力评价测验的计分以1994年参加测验的100万学生的表现为基础。分数重新聚中（recenter）以反映现在更大而且更多样化的学生群体，其结果是言语推理的平均分提高了大约80分，数学推理的平均分提高了大约20分。除了言语和数学推理测验上的标准分，SAT分数报告也给出了每个分测验的原始分和百分位等级，根据测验的测量标准误得出的分数范围，以及大学四年级学生在全国和本州范围的等值百分位。多数研究的结果指出SAT-I能有效预测大学的表现，特别是第一个学期的平均级点分数（GPA），也可以有效预测随后的GPA以及其他学业考试的表现。

（八）美国大学考试

美国大学测验方案（America College Testing Program，ACT，1995~1996）每年在美国和其他国家施测5次。ACT有4项分测验：英语、数学应用、社会研究阅读和自然科学阅读，着重考察大学阶段要取得满意成绩所需的基本智力技能。ACT评定的非认知组成部分是：高中课程／成绩，信息问卷，ACT兴趣问卷，一份学生简介材料，询问学生的志向、计划和才能以及其他的背景信息。在结果表达上，ACT使用的是衣阿华教育发展测验量表（ITED）。测验结果会报告4项分测验的分数、合成分数（4项分测验分数的平均数取整）和7个子分数。分测验和合成分数的范围是1~36，平均数为18，标准差为5；7项子分数的范围是1~18，平均数为9。4项分测验分数的信度范围是0.78（科学推理）~0.91（英语），其内部一致性系数要高于复本信度系数。因为子分数量表的长度较短，所以其信度要低于分测验的信度，范围是0.67（平面几何／三角）到0.85（英语用法／力学）。

（九）研究生资格考试

美国研究生入学考试使用的测验是美国研究生资格考试（Graduate Record Examination，GRE）。该测验是1916年由卡耐基教学促进基金会和4所大学的研究生院联合开发的，在研究生入学考试委员会的指导下，由教育测验服务中心负责实施。它由一般测验和一系列学科测验组成，前者测量研究生的学习能力倾向，后者测量特定学科领域的成就。GRE是一个整体，它包括言语分（GRE-V）和数量分（GRE-Q），2002年增加了第三部分——分析推理（GRE-A）。它放弃多选形式，而改为短文形式，包括两篇短文，要求测验者根据所提供的证据分析一项辩论，明确表达并支持论证。一般测验包括三个计分部分：言语部分（V）包括30道题目、时长30分钟，题目包括类比、反义、句子填空和阅读理解；数量部分（Q）包括28道题目、时长45分钟，题目包括数量比较、离散数量（discrete quantitative）和数据解释问题（data interpretation problems）；分析部分（A）包括35道题目、时长60分钟，题目包括分析推理和逻辑推理。一般测验给出单独的言语（GRE-V）、数量（GRE-Q）和分析（GRE-A）分数，其标准分数的平均分500，标准差100。GRE学科测验是特定学科领域的考试，时长为3小时。学科测验有20个领域，包括生物学、计算机科学、法语、数学、音乐、政治科学、心理学等等。一般说来，学科测验分数比一般测验分数或大学本科年级平均成绩，更能预测一年级研究生年级平均成绩；但三者的结合能提供更高的预测效度，在不同的领域中它们的多重相关系数为0.45～0.60。1992年10月，GRE项目对传统形式的一般测验开始实施计算机化版本；1993年11月，引入了适应计算机的一般测验。GRE考试的结果用来帮助大学作出录取和编班决策、选择奖学金、补助金和特殊职务接受者的人选等。

第二个重要的研究生入学测验是米勒类比测验（MAT）。与GRE一样，MAT也是用于测量研究生学习的学术倾向，不过MAT是严格的言语测验，在50分钟内，学生必须梳理出100个各种类比问题的逻辑关系，包括在任何测验中都能看到的非常难的题目，专业领域的知识和广泛的词汇对完成这一测验绝对有用。但是，最重要的因素显然是找出各种类比关系和具有类比构成方式的知识（声音、数量、相似性、差异等等）。MAT用在各种专业领域中，为各种领域提供了特定的常模。

（十）考夫曼教育成就测验-II

考夫曼教育成就测验-II（KTEA-II）是一个适用于4.5-25岁个体的、没有施测时间限制的教育成就测验。完整版本的KTEA-II主要包含4个方面的8个分测验：阅读，字母和单词识别，阅读理解，数学，数学概念和应用，数学计算，书面语言，书面表达，拼写，口头语言，听力理解，口头表述。每个分测验的初始得分会经标准化转化成平均数为100、标准差为15的标准分数。此外，还会得到三个综合分数和一个总体分数，三个综合分数分别为阅读、数学和书面语言分数。在对受测者进行诊断时,还有一些辅助测量阅读能力的分量表(例如语音意识)。KTEA-II对年龄稍长的儿童施测大概需要80分钟,而对于年幼的儿童施测大概需要30分钟。KTEA-II还有一个简要版本,该版本含3个分测验且适用年龄扩展到90岁。

下表是KTEA-II测试项目的样例,属于各个分测验中难度较大的项目,适合对高中生进行施测。

表6-2 KTEA-II中适合对年龄较大的儿童进行施测的项目

项目名称	描述
字母和单词识别	施测者依次向受测者呈现单词并问受测者:"这是什么单词?"例如:喧闹,懒惰,敏锐
阅读理解	施测者对受测者说:"按照下列要求去做。" 独眼巨人有几只眼睛,说出一个错误的答案。
数学概念和运用	施测者对受测者说:"小明去年一共参与了60场球类比赛,其中他赢了16场,请问小明赢球的百分比是多少?"
数学计算	施测者对受测者说:"现在我需要你完成这些问题。" $(X-7)(X-9)=$ 5 lb 5 oz -2 lb 14 oz
书面表达	施测者对受测者展示一张关于人际交往的图片,然后要求受测者针对这张图片写出一个故事。
拼写	施测者首先向受测者说明在进行传统拼写测试时需要遵从的一些规则,例如"将这些单词写到这张纸上:情人,一个人的爱人被称为情人。"
听力理解	施测者给受测者播放一段故事的录音,然后要求受测者回答与故事内容有关的问题。
口语表达	施测者向受测者展示一张内容丰富的图片,然后要求受测者针对这张图片口头讲一个故事。

第三节 教师自编测验

一、教师自编测验的特点

尽管标准化成就测验更为严格和规范，其测试结果更为科学和准确，但在实际的教学实践中，教师自编测验要远远多于标准化成就测验。这是因为教师自编测验有一些独特的优点：

1.测题多、范围广，可以把重要的教材包罗在内，因而从考试结果上可看出学生对于全部教材的熟悉程度和了解程度。

2.测验作答的办法极其简单不必长篇大论，因而既适合中小学学生的能力，又可节省学生作答时间和教师评卷的时间。

3.记分方法有客观标准，这是因为测题的形式为是非题、选择题等，学生的答案对或错很明确，因而教师无法渗入主观的意见。

4.由于评分有客观的标准，学生也可以自己评卷，从而获知自己的缺点，使学生的知识获得反馈。

教师自编测验的不足之处是：

1.不能给学生尽量表达思想和见解的机会。

2.不能训练学生以文字表达思想的能力。

3.如应用不当，会使学生着重强记而忽视理解。

4.有些测题的格式，如是非法、选择法，学生在几个可能的答案中选一个，这样，易受猜测的影响。

因此，教师自编测验时，要注意下列几点：

1.测题内容要能够代表该学科重要教材的全部。

2.测题的格式（形式）有多种多样，如是非法、选择法、填充法等（详细内容见第六章）。选择哪种格式应视年级、教材的性质及考试的目的而定。

3.教师的命题，应当多用推理思考的问题，少用记忆性质的问题。制定思考性的测题应注意几点：（1）命题时不要照抄课文，而是按照课文内容重新编制；（2）在制定测题时，最好把教材连贯起来，以考查学生比较和综合能力；（3）命题时最好叙述一种生活情境，借以考查学生有无应用知识、处理问题的能力。

二、教师自编测验的方法

教师自编测验尽管相对来说较简易快速，但它不只是简单地写出一系列项目，教师要编制一个好的测验，必须深入了解课程标准或教学大纲，了解教学目标和教学内容，具有一定的教育学、心理学和测量学的知识，同时在测验的编制过程中，还必须遵循一定的程序，采取相应的方法。

（一）确定教学目标

各学科各单元的教学都有自己的教学目标。例如初中外语的教学目标，从所得知识和技能来讲，可以定为听、说、读、写。如以此作为教学目标，则测验的题目应该反映这几个方面，才能凭借测验来评价教学目标的实现程度。又如小学算术应用题的教学目标，是在实际情境中培养学生分析数量关系的能力，因此测验的题目就不能脱离生活实际。

（二）选择合适的测验的材料

教师选择测验材料，除要切合教学目标外，还要能代表该学科的重要教材的全部。教师如果等到命题时才临时选择测验材料，所拟定的测题往往会有不周全之处。为避免这种情况出现，应在备课前将重要的地方记下，或打上记号，将学生经常容易犯错误的地方或混淆的概念也记录下来，这些都能成为命题的好材料。

为了保证测题的代表性，教师可依据教材编写纲要，然后从这个纲要中选择测验的材料，如果进而根据教学目标和教材内容制定一个双向细目表，那么测验材料的代表性就更好了。

布鲁姆（R. S. Bloom）1956年提出的"教育目标分类学"，通常作为学习水平的分类系统。该分类学认知领域的主要分类如表6-3所示：

表6-3　布鲁姆教育目标分类学认知领域主要分类

类别	学习水平类别的说明
1.识记	对知识的简单回忆
2.了解	理解的最低阶段
3.应用	在特殊情况下使用概念和原则
4.分析	区别和了解事物的内部联系
5.综合	把思想重新综合为一种新的完整的思想,产生新的结构
6.评价	根据内容的证据或外部的标准作出判断

（三）命题与组卷

教师要严格按照测验双向细目表规定的教学目标编制出符合要求的试题。具体来说，这一步骤包括选定测题的格式、草拟测题、决定测题数量、修正并选定测题、排列测题、确定答案、评分标准、测验指导语（如时间限制和答题纸格式）等。

1. 草拟测题

倘若测验的材料是来自教学目标和教材内容的双向明细表，并依据此测验材料草拟测题，则该自编测验的性能，一般说来是好的。在草拟测题时，不妨多拟几个，以备后来选择。

2. 选定测题的格式

与标准化成就测验的题型相类似，教师自编测验也可以采用填空题、是非题、选择题、匹配题、问答题等各种题型。问答题虽然可以考查学生的组织能力和表达能力，但其缺点是题目太少，覆盖教材的范围太窄，有时教师可能受学生的文字或书写的影响而产生成见效应，使评分不客观。因此，应多采用是非题、选择题等客观题型来编制测题。

3. 决定测题数量

总的说来，测题的数量愈多，则测验愈正确、愈可靠。不过测题的多寡要顾及教材的份量的轻重、考试时间的长短、测题格式的选用以及学生的年级等条件。

4. 修正并选定测题

从草拟的测题中删去不适用的。它根据什么标准来决定，大致有两个方面，一是测题质的分析，这主要是教师自己根据自身的教学经验来评判，另一是量的分析，即难度和鉴别力的分析。如挑选出的测题文字上还有些问题，就应加以适当的修改。

5. 排列测题

一般来说，客观性试题在先，主观性试题在后，从易到难循序渐进。这种做法是为了增强学生的兴趣，提高答题的信心。

6. 编写测验说明书

测验说明书包括测验指导语、评分规则和标准答案等内容。测验指导语是对测验目的、答题方法以及测验实施过程中注意事项等的说明，用语须简明清楚。如采用一种新的测题格式，就应准备一二个例题，以便学生明白做法。

第七章 人格测量

人格测量分为自陈式量表、投射测验、人格评定量表和情景测验几种类型，下面分别加以介绍。

第一节 卡特尔16种人格因素问卷（16PF）

一、16PF测验简介

卡特尔16种人格因素问卷（Sixteen Personality Factor Questionnaire，简称16PF）由美国伊利诺伊州立大学及能力测验研究所的心理学家卡特尔教授（R. B. Catell）编制、并于1949年由人格和能力测验协会首次出版发行，共187道选择题，可以测出16种主要的人格特质，并能进一步了解应试者在环境适应、专业成就和心理健康等方面的表现。在人事管理中，16PF能够预测应试者的工作稳定性、工作效率和压力承受能力等。该测验用时约45分钟，适用于16岁以上的青年和成人，对被试的职业、级别、年龄、性别、文化等方面均无限制。

16PF从最初编制到目前共经历了四次修订（1956，1962，1968和1993）。尽管这个测验的基本性质仍然保持不变，但是研究者们对其已进行了大量修改以使之不断更新和改善。1993年的16PF第五版，对16个因素中的五个因寒进行了新的因素命名，即：因素F由"兴奋（Impulsivity）"变为"活跃（Liveliness）"；因素L由"怀疑（suspiciousness）"变为"警惕（Vigilance）"：因素M由"幻想（Imagination）"变为"抽象（Abstractedness）"；因素Q1由"实验（Experimenting）"变为"变革（Openness to Change）"；因素Q3由"自律（self-Ruled）"变为"完美（Perfectionism）"，同时在部分因素定义上也有改变。16PF第五版把原先的"二阶因素"改称为"综合因素"（Global Factors），其下包括"外向性（Extraversion）、焦虑性（Anxious）、刻板性（Tough-Mindedness）、独立性（Independence）、自控（Self-Control）五个综合因素。第五版设计了3个新的施测指标来评估被试的反应偏向，包括：印象操纵（Impression Management，IM）指标，用来测量被试的社会赞许反应；默从指标（Acquiescence，ACQ），用来测量被试对题目回答"是"的倾向程度；罕见指标（Infrequency，INF），用来测量被试与普通施测群体回答题目倾向的一致程度。综合这三个反应偏向指标可以用来评估被试答题的真实程度与反应偏向。在2000年还对第五版进行了全美人口的常模修订。

16PF广为流传，被译成法、意、德、日、中等多种文字，并被许多国家修订。根据一项研究，1971—1978年间被研究文献引用最多的测验中，16PF仅次于MMPI排居第二。在一项关于心理测验在临床上应用的调查中，16PF排第五（前四位依次是MMPI、EPPS、CPI和芒耐问题调查表）。16PF现有5种版本：A、B本为全版本，各有187个项目；C、D本为缩减本，各有106个项目，E本适用于文化水平较低的被试，有128个项目。

1970年，台湾地区的美籍华人刘永和博士和伊利诺伊大学梅吉瑞（G. M. Meredith）合作修订发表了16PF中文修订本，其常模是由2 000多名港台地区的中国学生得到的。1981年，辽宁教育科学研究所的李绍农在刘永和与梅吉瑞的基础上在中国内地修订；戴忠恒与祝蓓里在辽宁省修订本的基础上再次修订，取得了全国范围内的信度和效度资料，并制定了中国成人、大学生、中学生、产业工人、专业技术人员、干部等各种常模。2006年，华东师范大学心理学系的程嘉锡和陈国鹏对16PF第五版进行了中文量表的初步翻译与修订工作。目前，16PF在国内的就是这两个修订版本，一个是华东师范大学修订版，另一个是辽宁师范大学修订版。

二、16PF测验的理论基础及其编制方法

（一）卡特尔的人格特质理论

卡特尔是人格特质理论的主要代表人物，其16PF测验是其人格特质理论的具体体现。

特质理论不是一个单一的理论，而是一个理论"流派"，其中包括许多有影响的理论和代表人物，比如奥尔波特（G. Allport）、卡特尔、艾森克（H. J. Eysenck）等人及其理论。它们的共同之处在于不是从类型的层次而是从因素或特质（trait）分析人格，把特质看成分析人格的最基本的单元。

奥尔波特是人格特质理论的创始人。他认为一种特质是"一种存在于个体差异的神经生物系统，它能激发并引导连续的适应和表达行为"，特质就是那些可以进行"活的组合"的测量单元。特质虽然不是具体可见的，但可由个体外显行为推知其存在。特质不是习惯，它比习惯更具一般性。例如一个人也许会有刷牙、勤换衣服、梳头、洗手、剪指甲等习惯，但他具有这些习惯的原则是"清洁"这一特质。换言之，一种特质体现在许多特殊的习惯中。特质也不是态度，态度比特质更具体。态度意味着评价，而特质则尽量避免评价。

与奥尔波特的人格特质观相类似，卡特尔认为特质是从行为推出的人格结构成分，它表现出特征化的或相当一致的行为属性。特质的种类很多，有人类共同的特质，有各人所独有的特质；有的特质决定于身体结构（遗传），有的决定于环境；有的与动机有关，有的则与能力和气质有关。他的人格特质理论结构如图7-1所示：

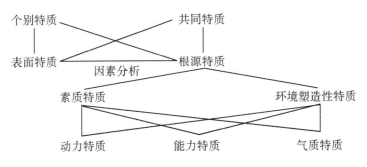

图7-1　卡特尔的人格特质理论结构

1. 表面特质与根源特质

表面特质是指一群看起来似乎聚在一起的特征或行为，即可以观察到的各种行为表现。它们之间是具有相关性的。根源特质是行为的最终根源和原因。它们是堆砌成人格的砖块。每一个根源特质控制着一簇表面特质。透过对许多表面特质的因素分析便可找到它们所属的根源特质。表面特质与根源特质的关系是，前者是后者的表现形式。根源特质可以看成人格的元素，它影响我们的行为。卡特尔推断所有的个体都具有相同的根源特质，但每个人的程度不同。在特定个体身上，这种根源特质的强度将影响这个人的很多方面（根源特质表现），比如读什么书，交什么朋友，采用什么谋生手段，以及对高等教育的态度等。这些表现都是智力这一根源特质的外部表现，亦即归属于智力这一根源特质的表面特质。

2. 能力特质、气质特质与动力特质

能力特质与认知和思维有关，在16PF中主要由智慧因素（B因素）表示，决定工作的效率。行为的情绪、情感方面则表明了气质和风格的特质。动力特质与行为的意志和动机方面有关。动力特质可反映动力来源，即能和外能。能是一种动力的、体质的根源特质，卡特尔称之为尔格（erg），与弗洛伊德的"力比多"概念相似，他的研究揭示了11种能。外能是一种来源于环境的动力根源特质，即外予的压力。外能又分为情操与态度。情操是学习来的，它使个体注意某种或某类事物并以固定的感受对待它，以一定的方式作出反应，是一系列深刻而广泛的价值观念体系，如人生观、价值观、世界观，来自家庭、学校和社会。态度则比情操更为具体和特殊，它受情操左右，是在特殊情况下以特殊的方式对待特殊事物，作出反应的一种倾向。不过，这种动力来源分析还是静态的，所以卡特尔试图借用精神分析理论的概念来解释人格动力特质的动态作用关系，如他将动机分成三种成分：a.意识的本我，与精神分析的本我概念一样，与能相对应。b.自我表达，与精神分析中的自我概念一样。c.超我（理想自我）。

3. 个别特质和共同特质

卡特尔赞同奥尔波特的观点，认为人类存在着所有社会成员共同具有的特质（共同特质）和个体独有的特质，即个别特质（指表面特质）。虽有共同特质，但共同特质在各个成员身上的强度却各不相同（指根源特质）。此外，卡特尔还发现即使是共同特质，在一个人身上还是会发生变化的，即不同时间也有不同。共同特质（根源特质）中基本的特质比较稳定，而与态度或兴趣有关的特质则不那么稳定，这就为人格的变化提供了依据。

4. 体质特质和环境塑造特质

卡特尔认为在人格的成长和发展中遗传与环境都有影响，16PF中有些特质是由遗传决定的，称为体质根源特质，而有些特质来源于经验，因此称为环境塑造特质。他使用了一种MAVA方法（the multiple abstract variance analysis method），即多重提取方差分析法，来决定每一种特质的发展中遗传与环境的影响各占多少。MAVA方法是将许多人格测验对大量的家庭成员施测，然后将测验资料分为四类：家庭内环境差异、家庭间环境差异、家庭内遗传差异、家庭间遗传差异。经过许多公式的运算发现，遗传与环境对特质发展的影响谁更重要，是因特质的不同而异的。例如，智力特质估计遗传约占30%—90%，对C因素的影响遗传也占40%—50%，A因素则主要是遗传决定。还估计出整个人格大约有2/3决定于环境，1/3决定于遗传。

（二）16PF测验的编制方法

卡特尔（1947年）是在奥尔波特等人工作的基础上开始其人格特质实证研究工作的。奥尔波特的基本假设是：整个人格体系所包括的行为都在语言中有其象征（代表者）。假如我们能收集描述行为的全部词汇，就可以包含整个人格体系了。因此他主要从自然语言中，搜集描述人格的词汇。他们从1925年版的《韦波斯特新国际词典》的40万个词中，选出了17 953个描述人格的词汇，主要是形容词和分词，名词和副词只有当它们没有相应的形容词和分词时才包括进来。其中，Ⅰ类词，能最清楚地表示"真正的"人格特质的术语，有4 504个，占25％；Ⅱ类词，描述目前活动、心理和心境暂时状态的有4 541个词，占25％；Ⅲ类，对性格进行评价的词，5 226个，占29％；Ⅳ类，不能归入前三类的有3 682个词，占21％。卡特尔主要从阿尔波特等人的词表中的第Ⅰ类词中选择词汇，并从第Ⅱ类中选了100个词。他先将选出的词按照语义划分为"同义词"组，与反义词进行配对，结果得到了160个大多是"同义词—反义词"配对的丛类，每一丛类平均20多个词，可以代表大约4500个词。然后他从每一丛类中选择出13个词作为代表并用一个术语来描述这一丛类。这样，卡特尔就将奥尔波特等人的第Ⅰ类词表压缩了一半。为了检验这一词表是否具有代表性，卡特尔又对当时的人格文献进行了总结，认为这一词表基本上是完整的，只是又增加了11个丛类。这171个丛类远远超出了40年代的因素分析技术的范围，他们被迫主要根据对这些形容词的语言相似性研究将它们分为45类。一旦得到这45类，他们就可以使用因素分析将这些更好处理的词语归入到大约15个因素中，并简单地使用字母A到O来代指这些因素。最重要的一个因素，即解释了这45类特征中最大变异量的因素，用字母A来指代。接着依次出现的因素的重要性将越来越小，因而用来指代它们的字母在字母表上的位置也越来越靠后（从B到Q）。然而，早期对这15个人格维度的研究发现，其中一些因素并没有在成人身上一直出现，反而在儿童和青少年身上系统地存在。因此，他们就不再考虑这些因素。研究者们从其他一些人格问卷的因素分析中又识别出了另外一些对于描述行为非常重要的人格变量，因而，这些变量也被包括在了这个测验上。随后的这些变量分别用字母Q_1、Q_2，Q_3和Q_4来指代以识别它们最初所在的问卷。最终，通过因素分析的方法编制了一个包含16个因素的人格测验，这16个因素通常是彼此独立的，而且具有描述常态人格所有方面的潜在可能性。

卡特尔主要采用P方法和三种观察法来收集数据。P方法（P technique）就是让一个人多次参加两个或多个测验，它容易受取样误差的影响。卡特尔配合以dR方法（differential R technique，微分R法），这种方法从两种不同测量中得到许多

人的许多变量的分数中找出相关，缺点在于易受取样测量情景的影响。卡特尔将
P方法与dR方法相结合，两种方法各自取长补短，得到了许多人所共有的情绪或
状态的信息。至于三种观察法，它们分别是L数据、Q数据、T数据。其中，L数
据是人的生活记录，它来自他人的观察，包括客观信息，即L（T）数据；通过评
分得出的比较主观的信息，即L（R）数据。Q数据又称人的自我报告，是从问卷
中得来的信息，问卷则要求被试通过自我观察和内省来回答一些问题或陈述自己
的意见。16PF中的16种特质都是通过Q手段获得的。T数据则是从客观测验中得
来的信息，这些测验的真正目的被试是不知道的或答案是无法伪装的。

三、16PF的内容

16PF第五版包含有185个项目，这些项目被归入到了16个根源因素量表中，
分别代表卡特尔最初确定的16个人格维度。这16个因素如表7-1所示：

表7-1　16PF的因素名称及其题数、总分

代号	A	B	C	E	F	G	H	I	L	M	N	O	Q₁	Q₂	Q₃	Q₄
名称	乐群性	聪慧性	稳定性	恃强性	活跃性	有恒性	敢为性	敏感性	警惕性	抽象性	世故性	忧虑性	变革性	独立性	完美性	紧张性
题数	10	13	13	13	13	10	13	10	10	13	10	13	10	10	10	13
总分	20	13	26	26	26	20	26	20	20	26	20	26	20	20	20	26

16PF的16种人格维度的含义如下：

乐群性（A）：表示热情对待他人的水平。

聪慧性（B）：反映刺激寻求与表达的自发性。

稳定性（C）：反映对日常生活要求应付水平的知觉。

恃强性（E）：反映力图影响他人的倾向性水平。

活跃性（F）：反映寻找娱乐的倾向和表达的自发性水平。

有恒性（G）：反映恒心和责任感。

敢为性（H）：反映冒险精神的程度。

敏感性（I）：反映个体的主观情感影响对事物判断的程度。

警惕性（L）：喜欢探究他人表面言行举止之后的动机倾向。

抽象性（M）：反映个体在关注外在环境因素与关注内在思维过程两者之间寻

求平衡的水平。

世故性（N）：反映对人情世故、社会经验的丰富程度。

忧虑性（O）：反映自我批判的程度。

变革性（Q_1）：反映对新观念与经验的开放性。

独立性（Q_2）：融合于周围群体及参与集体活动的倾向性。

完美性（Q_3）：认为以清晰的个人标准及良好的组织性对行为进行规划的重要性程度。

紧张性（Q_4）：在和他人的交往中的不稳定性、不耐心以及由此所表现的躯体紧张水平。

四、16PF 的使用

（一）16PF 的施测过程

16PF问卷的回答方式是：每个项目有3个选项：a（是的）、b（不一定）、c（不是的），被试根据自己的情况选择一个合适的选项。

题目示例：

3、如果我有机会的话，我愿意：

a.到一个繁华的城市旅行；b.介于a、c之间；c.游览清静的山区

19、事情进行得不顺利时，我常常急得涕泪交流：

a.从不如此；b.有时如此；c.常常如此

16PF的施测过程如下：

（1）依据预定的参试人数选择好适宜的测验地点，布置考场。考场环境应安静整洁，无干扰，采光照明良好。

（2）准备好测验所用的如下材料：测验题本、专用答题纸、铅笔、橡皮，保证每位应试者有以上完整的测验材料及用品。备用一些铅笔。

（3）安排考生入场，宣布测验注意事项和指导语；主测指导完成答卷纸上方的4个例题。

（4）被试掌握答题方法后，开始正式测验，被试独立作答。

（5）检查应试者完成了所有题目后，回收题本和答题纸，测验结束。

16PF的作答注意事项：（1）每一题目只能选择一个答案。（2）请不要费时斟酌。应当顺其自然地依你个人的反应选答。（3）除非在万不得已的情形下，尽量避免选择中性答案。（4）请不要遗漏，务必回答所有的问题。（5）有些题目你可能从未思考过，或者感到不太容易回答，对于这样的题目，同样要求你作出一种

倾向性的判断。

（二）16PF的结果计分方法

除聪慧性（B）量表的测题外，其他各分量表的测题无对错之分，每一测题各有a、b、c三个答案，可按0、1、2三等记分（B量表的测题有正确答案，采用二级记分，答对给分1分，答错给0分）。实际操作时，要用预先制作的两张有机玻璃计分套版，每张套板记8个因素的分数。方法是：将套板套在答卷纸上，分别计算出每一因素上的原始分数，将此分数登记在剖面图左侧的原始分数栏内。16PF的常模采用标准10分制。根据被试的文化程度或职业种类，将被试各因素的原始分数对照常模表分别转化成标准分数，并登记在剖面图左侧的标准分数栏内。然后在剖面图上找到各因素的标准分数点，最后将各点连成曲线，即可得到一个人的人格轮廓图（见图7-2）。

16PF的测试计算机程序化后，更为方便，其测试程序是：（1）启动16PF测验专用软件。（2）按照屏幕提示，输入所需要的信息，以及受试者的背景信息。（3）屏幕呈现答题指导，让受测者看屏幕，学会如何看题并作反应，选择符合的选项。（4）受试者答题。（5）答题结束后，出具计算机计算及报告结果，包括各个人格维度上的初步测评结果、转换后的标准分、人格因素剖面图和次元人格因素估算和应用估算分数。

人格因素	原分	标准分	低分者特征	标准分 1 2 3 4 5 6 7 8 9 10	高分者特征
A			缄默孤独		乐群外向
B			迟钝、学识浅薄		聪慧、富有才识
C			情绪激动		情绪激动
E			谦逊顺从		好强固执
F			严肃审慎		轻松兴奋
G			权宜敷衍		有恒负责
H			畏怯退缩		冒险敢为
I			理智、着重实际		敏感、感情用事
L			依赖随和		怀疑、刚愎
M			现实、合乎成规		幻想、狂放不羁
N			坦白直率、天真		精明能干、世故
O			安详沉重、有自信心		忧虑抑郁、烦恼多端
Q_1			保守、服从传统		自由、批评激进
Q_2			依赖、随群附众		自立、当机立断
Q_3			矛盾冲突、不明大体		知己知彼、自律严谨
Q_4			心平气和		紧张困扰

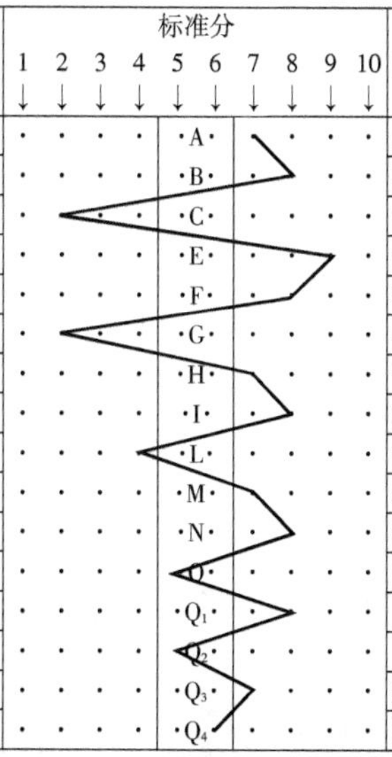

卡氏 16PT AB种修订合订本
修订者：刘永和　梅吉瑞

标准分 1 2 3 4 5 6 7 8 9 10 依统计约等于
2.3 4.4 9.2 15.0 19.1 15.0 9.2 4.4 2.3 之成人
% % % % % % % % %

图7-2　卡特尔16PF人格因素剖面图

（三）16PF测量结果的解释

1. 16种个性因素的解释

16种个性因素的解释主要看各因素的高分（标准分大于7）特征和低分（标准分小于4）特征，其各自意义如下：

A：乐群性

低分解释：缄默、孤独、冷漠

技术名称：分裂情感

一般名称：含蓄

特征描述：通常表现为执拗，对人冷漠，落落寡合，吹毛求疵，宁愿独自工作，对事不对人，不轻易放弃己见，为人工作的标准很高，严谨而不苟且。

高分解释：外向、热情、乐群

技术名称：环性情感或高情感

一般名称：开朗

特征描述：通常和蔼可亲，与人相处的合作与适应能力特别强；喜欢和别人共同工作，愿意参加或组织各种社团活动，不斤斤计较，容易接受别人的批评；萍水相逢时也可以一见如故。

B：聪慧性

低分解释：思想迟钝

技术名称：低

一般名称：智能较低

特征描述：低者通常理解力不强，不能"举一反三"。

高分解释：聪明，富有才能，善于抽象思维。

技术名称：高

一般名称：智能较高

特征描述：通常学习能力强。

C：稳定性

低分解释：情绪激动，容易产生烦恼

技术名称：低自我力量

一般名称：情感影响

特征描述：低者通常不容易应付生活上所遇到的阻挠和挫折，容易受环境支配而心神动摇不定，不能面对现实，常常会急躁不安、身心疲乏，甚至失眠、恶梦、恐怖等。

高分解释：情绪稳定而成熟，能面对现实

技术名称：高自我力量

一般名称：情感稳定

特征描述：高者通常能以沉着的态度应付现实中的各种问题；行动充满魄力；能振作勇气，有维护团结的精神；有时高C者，也可能由于不能彻底解决许多生活难题而不得不强自宽解。

E：恃强性

低分解释：谦虚、顺从、通融、恭顺

技术名称：顺从性

一般名称：谦虚

特征描述：低者通常行为温顺，迎合别人旨意，也有"事事不如人"之感。

高分解释：好强固执，独立积极

技术名称：支配性

一般名称：主观武断

特征描述：高者通常自高自大，自以为是.可能非常武断，时常驾驭不及他的人，对抗有权势者。

F：活跃性

低分解释：严肃

技术名称：平静

一般名称：严肃

特征描述：低者通常行动拘谨，内省而不轻发言，较消极、阴郁；有时可能过分深思熟虑，又近乎骄傲自满；在工作上，常常是一位认真而可靠的工作人员。

高分解释：轻松兴奋，随遇而安

技术名称：澎湃激荡

一般名称：无忧无虑

特征描述：高者通常活泼、愉快、健谈，对人对事热心而富有感情，可能过分冲动，以致行为变化莫测。

G：有恒性

低分解释：苟且敷衍，缺乏奉公守法精神

技术名称：低超我

一般名称：自私自利

特征描述：低者通常缺乏远大的目标和理想，缺乏责任感甚至有时会不择手段地达到某一目的。

高分解释：有恒负责，做事尽职

技术名称：高超我

一般名称：有良心

特征描述：高者通常细心周到，有始有终，是非善恶是他的行为指南，所结交的朋友多系努力苦干的人，不十分喜欢谈谐有趣的场合。

H：敢为性

低分解释：畏怯退缩，缺乏信心

技术名称：威胁反应性

一般名称：胆小

特征描述：低者通常在人群中羞怯，有强烈的自卑感；拙于发言，更不愿和陌生人交谈；凡事采取观望态度对社会环境中的重要事物的认识。

高分解释：冒险敢为，少有顾忌

技术名称：副交感免疫性

一般名称：冒险

特征描述：高者通常不掩饰，不畏缩，有敢作敢为的精神，能经历艰辛而保持毅力；有时可能粗心大意，忽视细节；也可能无聊多事，喜欢向异性献殷勤。

I：敏感性

低分解释：理智，着重现实

技术名称：极度现实性

一般名称：硬心肠

特征描述：常多以客观、坚强、独立的态度处理当前的问题，并不重视文化修养以及——些主观和感情之事，可能过分骄傲、冷酷无情。

高分解释：敏感，感情用事

技术名称；娇养性情绪过敏

一般名称：软心肠

特征描述：高者通常心肠软，易受感动，较女性化；爱好艺术，富于幻想，有时过分不务实际，缺乏耐性和恒心；不喜欢接近粗鲁的人和做笨重的工作；在团队活动中，由于常常有不切实际的看法和行为而降低团体的工作效率。

L：警惕性

低分解释：依赖随和，容易与人相处。

技术名称：放松

一般名称：信任别人

特征描述：低者通常无猜忌，不与人竞争，顺应合作，善于体贴人。

高分解释：怀疑、刚恒、固执已见

技术名称：投射紧张

一般名称：多疑

特征描述：高者通常多疑心，与人相处常厅斤计较，不顾别人利益。

M：抽象性

低分解释：现实、合于成规，力求妥善合理

技术名称：实际性

一般名称：实际

特征报述：低者通常先要斟酌现实条件而后决定取舍，不鲁莽从事；在关键时刻，也能保持镇静；有时可能过分重视现实，为人索然寡趣。

高分解释：幻想、狂放任性

技术名称：我向或白向性

一般名称：空想

特征描述：高者通常忽视细节，只以本身动机、当时的兴趣等主观因素为行为的出发点；可能富有创造力，有时也过分不务实际、近乎冲动，因而容易被人误解。

N：世故性

低分解释；坦白、直率

技术名称：朴实性

一般名称：直率

特征描述；低者通常思想简单，感情用事，与人无争，心满意足；但有时显得幼稚、粗鲁笨拙，似乎缺乏教养。

高分解释：精明能干，世故

技术名称：机灵性

一般名称：伶俐

特征描述：高者通常处世老练，行为得体；能冷静分析一切，但近乎狡猾，对一切事物的看法是理智的、客观的，甚至有时是刻薄的。

O：忧虑性

低分解释：安详沉着，有自信心

技术名称：信念把握

一般名称：安静

特征描述：低者通常有自信心，不易动摇，信任自己有应付问题的能力；有安全感，能运用自如，有时因缺乏同情而引起别人的反感。

高分解释：忧虑抑郁、烦恼自扰

技术名称：易于内疚

一般名称：忧惧

特征报述：高者通常觉得世道艰辛，人生不如意，甚至沮丧悲观，时有患得患失之感；自觉不如人，缺乏和人接近的勇气。

Q1：变革性

低分解释：保守、尊重传统观念和标准

技术名称：保守性

一般名称：保守

特征描述：低者通常无条件地接受社会中许多相沿已久的、有权威性的见解，不愿尝试探新，常常激烈地反对新思想以及一切新的变革，墨守成规。

高分解释：自由和激进，不拘泥于现实

技术名称：激进性

一般名称：试探性

特征描述：高者通常喜欢考验一切现有的理论和事实，而予以新的评价，不轻易判断是非，愿意了解较先进的思想与行为；可能广见多闻，愿意充实自己的生活经验。

Q2：独立性

低分解释：依赖、随群、附和

技术名称：团体依附

一般名称：依赖集体

特征描述：低者通常愿意与人共同工作，而不愿独立孤行，常常放弃个人主见，附和众议，以取得别人的好感；需要团体的支持以维持其自信心，但不是真正的乐群者。

高分解释：自立自强，当机立断

技术名称：自给自足

一般名称：自恃

心，但不是真正的乐

特征描述：高考通常能够自作主张，独自完成自己的工作计划，不依赖别人，也不受社会舆论的约束；同样，也无意控制和支配别人；不嫌恶人，但也不需要别人的好感。

Q3：完美性

低分解释：矛盾冲突，不顾大体

技术名称：低整合性

一般名称：无原则

特征描述：低者通常既不能克制自己，又不能心生礼遇，更不愿考虑别人的需要，充满矛盾，却无法解决。

高分解释：知己知彼，自律谨慎

技术名称：高自我概念

一般名称：克制

特征描述：高者通常言行一致，能够合理支配自己的感情行动，为人处世能保持自尊心，赢得别人的重视，有时却太固执成见。

Q4：紧张性

低分解释：心平气和，闲散宁静

技术名称：低能量紧张

一般名称：松懈（弛）

特征描述：低者通常知足常乐，保持内心的平衡；也可能过分疏懒，缺乏进取心。

高分解释：紧张困扰，激动挣扎

技术名称：能量紧张

一般名称：紧张

特征描述：高者通常缺乏耐心，心神不安，过度兴奋，时常感觉疲乏，又无法彻底摆脱以求宁静；在集体中，对人对事都缺乏信心，每日战战兢兢生活，不能控制自己。

2. 次元人格因素分析

在16个人格因素的基础上，卡特尔进行了二阶因素分析，得到了4个二阶公共因素，并计算出从一阶因素求二阶因素的多重回归方程。这4个次元因素分别是：

①适应与焦虑性$= (38+2L+3O+4 Q_4 - 2C - 2H - 2Q_3) \div 10$

式中字母分别代表相应量表的标准分（以下同）。由公式求得的最后分数即代表"适应与焦虑性"之强弱。同样，标准分大于7位高分，标准分低于4为低分。低分者生活适应顺利，通常感觉心满意足，但极端低分者可能缺乏毅力，事事知难而退，不肯艰苦奋斗与努力。高分者不一定有神经症，但通常易于激动、焦虑，对自己的境遇常常感到不满意；高度的焦虑不但减低工作的效率，而且也会影响身体的健康。

②内外向性=（2A+3E+4F+5H － 2Q$_2$ － 11）÷10

运算结果即代表内外向性。标准分大于7位高分，标准分低于4为低分。低分者内向，通常羞怯而审慎，与人相处多拘谨不自然；高分者外倾，通常善于交际，开朗，不拘小节。

③感情用事与安详机警性=（77+2C+2E+2F+2N － 4A － 6I － 2M）÷10

所得分数即代表安详机警性。标准分大于7位高分，标准分低于4为低分。低分者感情丰富，情绪多困扰不安，通常感觉挫折气馁，遇问题需经反复考虑才能决定，平时较为含蓄敏感，讲究生活艺术。高分者安详警觉，果断刚毅，有进取精神，但常常过分现实，忽视了许多生活的情趣，遇到困难有时会不经考虑，不计后果，贸然行事。

④怯懦与果敢性=（4E+3M+4Q$_1$+4Q$_2$ － 3A － 2G）÷10

标准分大于7位高分，标准分低于4为低分。低分者常人云亦云，优柔寡断，受人驱使而不能独立，依赖性强，因而事事迁就，以获取别人的欢心。高分者独立、果敢、锋芒毕露，有气魄。常常自动寻找可以施展所长的环境或机会。

3.综合人格因素分析（应用性人格因素分析）

根据16种个性因素的组合结果，还可以利用另外4个公式预测被试的心理健康水平、专业成就的可能性、创造潜力、对新环境的适应能力等四个方面，尤其适用于升学、就业及生活问题的指导。

①心理健康者的人格因素

其推算公式为：C+F+（11-O）+（11-Q$_4$），结果代表了人格层次的心理健康水平，标准分介于0-40分之间，均值为22分，一般不及12分者仅占人数分配的10%。

②专业有成就者的个性因素

其推算公式为：2Q$_3$ +2G+2C+E+N+Q$_2$ +Q$_1$，总和介于10-100分之间，平均分55分，67分以上者应有成就。

③富于发明创造能力者的人格因素

其推算公式为：2（11-A）+2B+E+2（11-F）+H+2I+M+（11-N）+Q$_1$ +2Q$_2$，由此式得到的总分可通过下表换算成相应的标准分，标准分越高，其创造力越强。

因素总分	15—62	63—67	68—72	73—77	78—82	83—87	88—92	93—97	98—102	103—150
标准分	1	2	3	4	5	6	7	8	9	10

④在新环境中有成长力的人格因素

其推算公式为：$B+G+Q_3+$（$11-F$），总分介于4—40分之间，平均分22分，不足17分者不到10%；27分以上者有成功的希望。

第二节 明尼苏达多相人格问卷（MMPI）

一、MMPI简介

明尼苏达多相人格问卷（Minnesota Multiphasic Personality Inventory，MMPI）是由美国明尼苏达大学的哈慈威（S. R. Hathaway）和精神病学家麦克金（J. C. Mckinley）于1943年共同编制出版的。这是目前应用最为广泛的人格测验，有关MMPI的论文和书籍多达8 000多种，根据MMPI翻译和引申的版本达到100多种。几十年来，MMPI被广泛应用于人格鉴定、心理疾病的诊断、治疗、心理咨询以及人类学、心理学、医学和社会学等领域的研究工作。

MMPI是采用经验效标法编制的。从1930年开始研究，他们先从大量病史、早期出版的人格量表、医学档案、病人自述、医生笔记以及一些书本的描述中搜集了一千多条题目。然后将这些题目施测于效标组（经确诊属于精神异常而住院治疗者）和对照组（经确定属正常而无任何异常行为者、来院探视病人的家属、居民及大学生），比较两组人对每题的反应。如果两组人对某题的反应确有差异，则该题保留；若反应无显著差别，则予淘汰。换句话说，凡能够区别正常人与精神病患者的题目都保留下来，共550题。效标组是根据当时流行的精神病种类划分的，每种病为一个效标组（50人左右），经过重复测验，交叉测验，制定出8个临床量表。后来又增加了"男性化—女性化"和"社会内向"两个临床量表。这样组成了10个临床量表和3个有测题的效度量表，共13个量表（不包括一个无测题的效度量表，Q量表）。可见，实际上是以精神病的诊断症状群标准来选择题目的。

MMPI最初的版本共566个题（其实仍是那550题，因为有16道题是重复题），如果将分属各分量表的题数加起来，一共是654题，显然有的题分属不同量表，在不同量表里多次计算。1966年编制者对测题作了修订（称作R式），内容上无变动，只是对题目顺序作了重新排列，把与临床量表有关的题目集中在1—399

个题目内，400—566题与另外一些研究量表有关。MMPI原来是为了诊断精神障碍而编制的，但现在已广泛地应用于心理学、人类学、医学、社会学等研究领域和实践中。

二、MMPI的内容和结构

MMPI共有566个项目，但在临床诊断中通常只使用前399个项目，构成13个分量表，其中包括10个临床分量表和3个效度量表。这些项目的内容范围很广，包括身体各方面的状态（如神经系统、心血管系统、生殖系统等）、精神状态以及对家庭、社会、婚姻、宗教、政治、法律的态度等26类问题，详见表7—2、表7-3。

表7-2　MMPI的项目内容和项目数

	项目分类	项目数		项目分类	项目数
1	一般健康	9	14	有关性的态度	16
2	一般神经症状	19	15	关于宗教态度	19
3	脑神经	11	16	政治态度——法律和秩序	46
4	运动和协调动作	6	17	关于社会的态度	72
5	敏感性	5	18	抑郁感情	32
6	血管运动、营养、言语、分泌腺	10	19	狂躁感情	24
7	呼吸循环系统	5	20	强迫状态	15
8	消化系统	11	21	妄想、幻想、错觉、关系疑虑	31
9	生殖泌尿系统	5	22	恐怖症	29
10	习惯	19	23	施虐狂、受虐狂	7
11	家庭婚姻	26	24	志气	33
12	职业关系	25	25	男女性度	55
13	教育关系	12	26	想把自己表现得好些的态度	15

表7-3　MMPI的10个临床量表及其高分解释

序号	临床量表	略号	高分解释	项目数
1	疑病	Hs	强调身体疾病	16
2	抑郁	D	不快乐、抑郁	19
3	歇斯底里	Hy	对应激的反应是否有问题	46
4	精神病态	Pd	与社会缺乏一致，经常处于法律纠纷之中	72
5	男性化—女性化	Mf	男子女性倾向；女子男性倾向	32
6	妄想狂	Pa	多疑	24
7	精神衰弱	Pt	烦恼、焦虑	15
8	精神分裂症	Sc	孤独、古怪思想	31
9	轻躁狂	Ma	冲动、激动	29
10	社会内向	Si	内向、害羞	7

　　MMPI的10个临床量表均以所采用的效标组命名：

　　（1）疑病症（Hypo-chondriasis，Hs）：共33个项目，来自表现出对自己身体功能异常关心的神经质病人，如"我有胃酸过多的毛病。一星期要犯好几次，使我苦恼。"Hs量表被认为是最明了和单纯的，诊断往往很稳定。

　　（2）抑郁症（Depression，D）：共60个项目，来自过分悲伤、无望、思想及行动迟缓的病人，如"我深信生活对我是残酷的。"D量表被认为最能表示受测者对生活状况的不平和不满。

　　（3）癔病（Hysteria，Hy）：共60个项目，来自经常无意识运用躯体化或心理症状来回避困难和责任且有歇斯底里反应的患者，如"我身体某些部分常有像火烧、刺痛、虫爬、麻木的感觉。"Hy量表的得分与智力、教育背景和社会地位有关联。

　　（4）精神病态（Psychopathic Deviate，Pd）：共50个项目，来自非社会性类型和非道德性类型的精神病态人格的患者，他们往往漠视社会价值观和社会规范，情绪反应简单，如"有时我有一种强烈的冲动，去做一些惊人或有害的事。"

（5）男子气—女子气（Masculinity-—Femininity，Mf）：共60个项目，来自于具有同性恋倾向的人。男性和女性需要分别计分，如女性分量表中的"我从来没有放纵自己发生过任何不正常的性行为"和男性分量表中的"和我性别相同的人对我有强烈吸引力。"但是，女性分量表和男性分量表的大多数项目是相同的。

（6）妄想狂（Paranoia，Pa）：共40个项目，来自于被判断具有敌意观念、被害妄想、夸大自我概念、猜疑心、过度敏感、意见和态度生硬等偏执狂征候的患者，如"我时常觉得有些陌生人用挑剔的眼光盯着我。"Pa量表的解释很复杂。

（7）精神衰弱（Psychasthenia，Pt）：共48个项目，来自于表现出焦虑、强迫动作、强迫观念、无原因恐怖以及怀疑、优柔寡断的神经症患者，如"当我站在高处的时候，我就很想往下跳。"

（8）精神分裂（Schizophrenia，Sc）：共78个项目，来自于思维、情感和行为混乱，出现稀奇思想、行为退缩及有幻觉的精神分裂患者，如"在我独处的时候，我听到奇怪的声音。"

（9）轻躁狂（Mania，Ma）：共46个项目，来自于过于亢奋、精力充沛、思维奔逸、易激惹的躁狂患者，如"有时我会兴奋得难以入睡。"

（10）社会内向（Social Introversion，Si）：共70个项目，来自于对社会性接触和社会责任有退缩回避倾向的人。他们常常表现出胆怯、不安、顺从等特点。如"在社交场合，我多半是一个人坐着，或者只跟另一个人坐在一起，而不到人群中去。"

从上述10个分量表可以得到10个分数，分别对受测者在10个人格特质上进行评估，其中Mf与Si量表只能说明人格的趋向，与疾病无关。

效度量表是MMPI的主要特色，它不是测验的效度指标，而是通过量表去识别不同的反应偏向和态度。如果在这些量表上出现异常分数，意味着其余量表分数的有效性值得怀疑。效度量表有4个，如表7-4所示：

表7-4　MMPI的效度量表

序 号	效度量表	略 号
1	疑问量表	?
2	说谎量表	L
3	效度量表	F
4	校正量表	K

（1）说谎量表（Lie Scale，L）：共15个项目，由与社会赞许性的行为和情绪有关的问题组成。这些项目所涉及的弱点是几乎所有人都难以避免的，如果受测者不承认这些弱点，则说明他不能客观地评价自己；在此量表上分数较低，说明受测者比较诚实。一般L分数在6分以上的最好避免使用，超过10分就不能信任该受测者的MMPI的分数。

（2）诈病量表（Validity Scale，F）：共64个项目，由正常人一般不作肯定回答的问题构成。在此量表上得高分可能是蓄意装病、回答不认真或真的有病，如妄想、幻觉、思维障碍等。根据此量表得分，可以推测受测者测验以外的行为，一般说来，如原始分数在0~2之间（T分数为45~49），表示受测者与正常人的反应是一致的。

（3）校正量表（Correction Scale，K）：共30个项目，其分数与L和F有关，能更有效地测量受测者的态度。K量表主要是为鉴别有意将自己伪装成"好人"或"坏人"这两种倾向的人。高K值表示对测验的防卫性态度或装好人的企图，低K值表示过分坦率与自我批评或装坏人的企图。K分数与社会经济地位有关，因此对于不同经济地位的群体，K的标准也不同。K量表的另一用途是用于校正各种临床量表的得分，临床经验表明，Hs、Pd、Pt、Sc、Ma这几个分量表的原始分数如加上K值再与某个比率相乘的数（如0.5K）进行校正，结果会更加可靠。

（4）疑问分数（Question Scale，?或Q）：该量表没有确定项目，它表示受测者无法回答或对"是""否"均作回答的题目数，超过30题则答卷无效。无回答的反应偏向代表了个体某些心理冲突或对某些事物的逃避，因此也值得重视。

除了以上13个分量表以及?量表之外，许多研究者在使用MMPI的过程中又总结出了新的研究量表，具有代表性的有：焦虑量表（Anxiety，A）、压抑量表（Regression，R）、偏见量表（Prejudice，Pr）等。

1989年，明尼苏达人格测验第二版（MPPI-2）发行，适用于18岁到70岁、文化程度在小学毕业以上的被试者。该量表包括567个自我报告的题目，分基础量表、内容量表和附加量表三大类，其中基础量表包括10个临床量表和7个效度量表。如果只为了精神病临床诊断使用，则只需要做前370道题。

10个临床量表中有7个量表可按照项目内容分为若干亚量表，这7个量表分别为量表2、3、4、6、8、9、0，其他三个量表，包括量表1、5、7则没有亚量表。临床量表0和量表5是双向量表，其低分和高分都有意义，而其他8个量表，高分则更具有心理学的含义。

表7-5　美国明尼苏达人格测验第二版分量表名称

基础量表	内容量表	附加量表
Q量表	焦虑紧张量表	焦虑量表
L量表	恐惧担心量表	抑制量表
F量表	强迫固执量表	自我力量量表
K量表	抑郁空虚量表	麦氏酗酒量表
HS量表	关注健康量表	受制敌意量表
D量表	古怪观念量表	支配性量表
Hy量表	愤怒失控量表	社会责任量表
Pd量表	愤世嫉俗量表	性别角色量表
Mf量表	逆反社会量表	创伤后应激失常
Pa量表	A型行为量表	
Pt量表	自我低估量表	MMPI-2新增加的效度量表
Sc量表	社会不适量表	后F量表
Ma量表	家庭问题量表	同向答题矛盾量表
Si量表	工作障碍量表	反向答题矛盾量表
	反感治疗量表	

（资料来源：郭念峰：《心理咨询师——国家职业资格培训教程》，2005）

　　MMPI原有4个效度量表，但MMPI-2的效度量表增加到7个。除Q、F、L、K量表外，新增加了Fb、VRIN、TRIN量表。Fb量表与F量表一样，也是依据被试者对某些项目的极端回答而得到的。由于组成该量表的项目大多数出现在370道题之后，故Fb量表提供了检查被试者对370道题以后项目答案效度的手段，这对MMPI-2中新增加的附加量表和内容量表的检查特别有用。VRIN（反向答题矛盾量表）和TRIN（同向答题矛盾量表）与效度量表F、L、K的差异之处在于，它们没有任何具体的项目内容含义，只是提供了几个效度指标，用以检查被试者回答项目时的前后一致性或矛盾程度，有些类似与MMPI中的"粗心量表"。VRIN得分高表明被试者不加区别地回答项目，TRIN高分表明被试者不加区别地对测验项目给予肯定回答，低分则表明被试者不加区别地对项目作否定回答。

　　在中国，中国科学院心理所宋维真从1980年开始主持修订MMPI，于1984年完成了标准化工作，制定了中国常模，于1992年底完成了对MMPI-2的中文版修订工作，并对MMPI进行筛选，编制了《心理健康测查表》（Psychological Health Inventory，简称PHI）。该量表有168题，分为7个临床分量表：躯体失调（SDM），抑郁（DEP），焦虑（AMX），病态人格（PSD），疑心（HYP），脱离现实（UNR），兴奋状态（HMA）。该量表成功地保留了原MMPI中常用的临床量表的功能，更适合中国情况。

三、MMPI的使用

1. 施测方法

MMPI的测验应由受过专业训练的主试承担。在进行测验前，主试应当熟悉全部测验材料，包括问卷的内容、简介、指导语、信度和效度的资料以及常模资料等，还要尽量了解受测者的情况，如文化程度、理解力以及身体状况。主试要详细记录施测的过程，要告诉受测者个性无好坏之分，应诚实作答。测验情境应尽可能保证安静，没有无关人员在场。

MMPI的测验无时间限制，正常成年人一般在45分钟左右可以完成。如果受测者在测验过程中出现焦躁不安的情绪以及表现出不耐烦，可以将问卷分几次做完。

2. 计分方法

MMPI有两种计分方法，

（1）计算机计分：将答案输入计算机内，自动计算出原始分并转换成标准分（T分，T=50+10（X-M）/SD），同时完成加K计算。或者将答题卡放入光电阅读器自动算出结果，这种方法需要特定的铅笔和答题卡。

（2）人工计分：借助14张模板，每个量表一张，Mf为两张，男女各一张。每张模板上均有一定数量的与题号相应的计分圆洞，利用模板计算出各分量表的原始分。步骤如下：①将答卷纸按受测者性别分开。②将答题纸上同一题目选择两个答案的题号用彩色笔标注出来，与未作答的题数相加，作为?量表的原始分数，如超过30分则该卷无效。此外，重复题目答案不一致的超过6个，也应该考虑该答卷的可靠性。③将每个分量表的模板覆盖在答题纸上对准，数好模板上有多少圆洞里被涂黑或者作了记号，这个数目就是该分量表的原始分数。然后将此分数填入此量表的原始分数处。④在Hs、Pd、Pt、Se、Ma的原始分数上加上一定比例的K值进行校正。即Hs+0.5K、Pd+0.4K、Pt+1.0K、Sc+1.0K、Ma+0.2K。⑤将各分量表的原始分数以及部分被校正过的分量表分数登记到剖析图上。需要注意剖析图分为男女两个版本，且图上有原始分数和标准分数的区别，因此在登记时要格外小心。

3. 原始分数的转换

由于每个分量表的题目数目不同，得分的基数也不一样，各分量表原始分数之间无法比较，因此要把它们转化成标准T分数，换算公式如下：T=50+10（X-M）／S，其中X指的是某一分量表中的原始分数，M与S为常模正常组团体在该量表上所得原始分数的平均值和标准差。一般在测验指导书上都有原始分数和T分数的转换表，可以直接查表得到。将T分数登记到前边提到的剖析图上，然后将各点相连，就构成了体现受测者的人格特征的曲线图。

4. 测量结果的解释

（1）真实性考查

① "疑问量表"（"?"）

也称为"无回答"，对问题无反应以及对 "是"和"否"都进行反应的项目总数，就是"无回答"的得分。在前400个题中，如"无回答"原始分超过30，则临床量表的结果不可信。

② "说谎量表"（L）

由一组与社会赞许有密切关系的15个题目组成，其用途是为了识破被试者故意想让人把自己看得理想些。当L量表的原始分超过10时，MMPI的结果就不可信。

③ "诈病"或"伪装坏"分数（F）

关于身体或心理异常的题目，共64题。F量表的目的是为了发现离题的反应或胡来的做法。如果得分过高，就表明他不像一般正常人那样进行反应，或是在有意装病，或是有精神方面的问题。

④ "修正"或"防御"分数（K）

与说谎和诈病分数有关。K分数高时，受测者可能表现出一种自卫反应，努力掩饰自己的不健状况；K分数低时，则可能表现为一种诈病倾向。

（2）MMPI临床结果的解释

MMPI对分数的解释通常有两种方法：

第一，简单的分量表分析。MMPI与MMPI-2都将T分数作为标准分数，即每个量表T分数分布的平均数是50，标准差是10，但两者的临床分界点不同，MMPI美国常模的临床分界点是70，MMPI-2的美国常模是65，但MMPI和MMPI-2的中国常模都将分界点定为60。如果某个分量表的T分数大于常模的临床分界点，则表明该受测者存在某种心理问题。各分量表的分数解释如下：

①疑病症分数（Hs）

高分提示受测者有许多叙述不清的身体上的不适。T分超过60（中国标准），有疑病症的表现。高分者的表现为：不愉快、自我中心、敌意、需求同情、诉苦及企图博得同情。

②抑郁症数（D）

高分者往往表现出抑郁倾向，尤其是那些T分数超过70（中国标准）的人为典型的抑郁症。高分者表现为：易怒、胆小、依赖、悲观、苦恼、嗜睡、过分控制及自罪。

③癔病分数（Hy）

T分超过70（中国标准）暗示有经典的歇斯底里症，高分者表现为：依赖、外露、幼稚及自我陶醉；人际关系经常被破坏，并缺乏自知力；伴有身体症状，把心理问题作为躯体问题来解释。

④精神病态偏倚或病态人格（Pd）

高分者很难接受社会的价值观和社会规范，而往往热衷于各种非社会的或反社会的行为。T分超过70分时，有典型的反社会人格、病态人格。高分者表现为：外露，善交际，但却是虚伪、做作的；爱享受，好出风头，判断力差，不可信任，不成熟，敌意的，好攻击，爱寻衅；在婚姻及家庭关系中，经常处理不好，并违反法律。

⑤性度或男性化—女性化（Mf）

高分男人：敏感、爱美、被动、女性化；缺乏对异性的追逐。低分男人：好攻击、粗鲁、爱冒险、粗心大意、好实践及兴趣狭窄。高分女性：被看作男性化、粗鲁、好攻击、自信、缺乏情感、不敏感。低分女性：被看作被动、屈服、诉苦、吹毛求疵、理想主义（不现实）、敏感。

⑥偏执狂或妄想狂（Pa）

T>70（中国标准）：明显的精神病行为，也许有思维混乱、被害妄想，也常有关系观念。极端高分者可被诊断为偏执狂分裂症和偏执狂状态。

60<T<70：偏执，过度的敏感、疑心、敌意，也常见穷根究理的态度；往往将自己的问题合理化，并归因于他人，心理治疗预后不佳，并与治疗者的信赖关系不好。

⑦精神衰弱（Pt）

高分者往往表现紧张、焦虑、反复思考、强迫思维、强迫行为、神经过敏、恐怖、刻板。他们经常自责、自罪、感到不如人和不安。

⑧精神分裂症（Sc）

$70 < T < 80$：表现出异乎寻常或分裂的生活方式；退缩、胆小、感觉不充分、紧张、混乱、心情易变，可有不寻常或奇怪的思想，判断力差及怪僻（不稳定）。

$T > 80$：表现接触现实差、古怪的感觉体验、妄想和幻觉。

⑨轻躁狂（Ma）

$70 < T < 75$：善交际、外露、冲动、精力过度充沛、乐观、无拘无束的道德观、轻浮、纵酒、夸张、易怒、绝对乐观及不现实的打算、过高地估价自己、有些造作、表现性急、易怒。$T > 75$：情绪紊乱、反复无常、行为冲动，可能妄想。

⑩社会内向（Si）

高分者表现：内向、胆小、退缩、不善交际、屈服、过分自我控制，过于慎重、速度慢、刻板、固执及自罪。低分者表现：外向，爱社交、富于表情、好攻击、健谈、冲动、不受拘束、任性、做作，在社会关系中不真诚。

需要强调的是，MMPI说明书中列举的人格特点只是一类人的共同的典型特点，而在具体解释某个人的分数时则需要持谨慎灵活的态度。

此外，MMPI还有一套编码解释系统。该方法来源于哈萨威和麦金利所提出的对MMPI剖析图进行完形分析的思想，现在通行的是采用简单的两点编码。这是源于临床上的发现，即患者的MMPI剖析图往往会出现两个或者两个以上的高峰，即患者的MMPI剖析图往往会出现两个或者两个以上的高峰。两点编码即将出现最高分的两个量表的数字符号连结起来，分数稍高的写在前面。如12组合表示1量表得分高于2量表，而21组合则与之相反。两点编码具有可对换性，如上句提到的两个组合具有同一性的特征，1、2均为高峰。目前已经具备了较为完备的编码集，列出了编码的解释，这一方式也称为"双峰原则"。二元组合的情况介绍如下：

12／21 出现这两个高峰的受试者，常有躯体的不适并伴有抑郁情绪，会长时间处于紧张状态，而且神经质。

13／31 由于强烈的精神因素，引起夸张了的各种疼痛或不适。这种人与人相处关系肤浅。

18／81 这种类型的剖析图，如同时伴有F量表的高分，可诊断为精神分裂症。

23／32 具有这种剖析图的人常常感到疲劳、抑郁、焦虑、不能照顾自己。表现不成熟、稚气、表达自己的感觉困难，有不安全感，适应社会困难。

24／42 具有这种剖析图的人，常有人格方面的问题，如反社会，他们可能过去受过法律制裁而产生抑郁，因此此量表分会提高。

26 / 62　具有这种剖析图的人有偏执倾向。

28 / 82　此类剖析图常见于精神病患者，多主诉焦虑、神经过敏、紧张易激动、睡眠不稳定、精力不集中、思想混乱、健忘等症状。

34 / 43　这种人以经常性严重的易怒为特征，他们常惹麻烦，对自己的敌对情绪来源无清楚的认识。

38 / 83　具有这类剖析图的人有焦虑与抑郁感，大多数人可能有多种躯体主诉，有时表现神经错乱。

46 / 64　这种人多为被动—依赖性人格，对人要求多，当别人对他/她提出要求时则感到不满，常有压抑的敌对情绪，易激惹。

47 / 74　这种人对别人的需求不敏感，但很注意自己行为的后果，常自己抱怨自己，经常犯错误而后又自责，表现为行为进行期与自罪懊恼期反复交替，心理治疗效果甚微。

48 / 84　这种人行为好像很怪，很特殊，行为飘忽不定，不可捉摸，亦可能干出一些反社会行为。

49 / 94　这种人常有违反社会要求的行为，经常表现躁狂、易怒、粗暴、外向、能量很大，常有冲动行为，自我中心，对个人渴求不能推迟等待。

68 / 86　具有这类剖析图的患者，常易被诊断为精神分裂症。这种人表现多疑、不信任，缺乏自信与自我评价。他们对日常生活表现退缩，情感平淡，思想混乱，并有偏执妄想，不能与别人保持密切联系，常与现实脱节。

78 / 87　这种人常有高度激动与烦躁不安等症状，缺乏掌握环境压力的能力，可能有防御系统衰竭表现。

89 / 98　这类人常有高度激动与烦躁不安等症状。他们需要得到别人的注意，当他们的要求得不到满足时，会变得恼怒。他们对自己缺乏自知力，活动过度，精力充沛，情感不稳定，有不现实及夸大妄想。

此外，也有四元组合分析的方法，即把得分最高的三个量表编号从大到小排列作为分子，把得分最低的量表编号作为分母，形成四元组合。（如247/6）

总之，MMPI的解释很复杂，最好的方法应当是分析剖析图，在两点编码基础上考虑各分量表的得分形态，如图7-3。

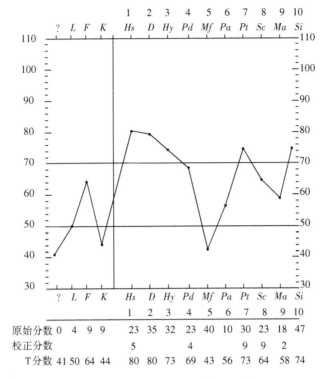

图7-3　某被试MMPI得分剖析图示意图

	?	L	F	K		Hs	D	Hy	Pd	Mf	Pa	Pt	Sc	Ma	Si
原始分数	0	4	9	9		23	35	32	23	40	10	30	23	18	47
校正分数						5			4			9	9	2	
T分数	41	50	64	44		80	80	73	69	43	56	73	64	58	74

第三节　艾森克人格问卷（EPQ）

一、EPQ简介

艾森克人格问卷（Eysenck Personality Questionaire，简称EPQ）是由英国伦敦大学心理系和精神病研究所汉斯·艾森克（H. J. Eysenck）及其夫人于1975年编制的。该问卷的理论基础是艾森克提出的人格三维度理论，该理论强调人格的三个基本维度——内外倾、神经质和精神质，在这里人格维度是个连续体，每个人都或多或少具有这三个维度上的特征，但是不同个体的表现程度又各不相同的。根据这个理论编成的《艾森克人格问卷》专门用于测查在这三个特质维度上的个体差异。

EPQ有成人问卷和青少年问卷两种形式，儿童问卷适用于7-15岁的受测者，而成人问卷则适用于16岁以上的受测者。英国原版的成人问卷中共有90题，青少年问卷中共有81题。我国有陈仲庚（1983）和龚耀先（1983）的两种修订版本，成人问卷和青少年问卷均为88题。北京大学心理学系钱铭怡等于1995年完成了"艾森克人格问卷简式量表中国版"（EPQ-RSC）的修订工作，包含48个题目。

二、EPQ的结构和内容

EPQ包括四个结构成分：（1）E量表（内外向）：与中枢神经系统的兴奋、抑制的强度密切相关；（2）N量表（情绪的稳定性，又称神经质）：与植物性神经的不稳定性密切相关；（3）P量表（精神质）：测量精神倔强性；（4）L量表（效度）：测量受测者的"掩饰"倾向，同时反映了受测者的纯朴性。

题目示例：

你是否有广泛的爱好？

在做任何事之前，你是否都要考虑一番？

你的情绪经常波动吗？

你是一个健谈的人吗？

…………

每个测题只要求受测者回答"是"或"否"。

三、EPQ的使用

1. 施测方法与计分方法

EPQ属于团体测验，对施测情境的要求与MMPI以及16PF相同。

EPQ计分的根据是计分键，要注意项目号前是否有"-"号，若没有"-"号则表示该项目受测者选择"是"计1分，选择"否"或者"不是"计1分；而有"-"号则与之相反。按E、N、P、L四个量表分别计分，再算出各分量表的总分（原始分数）。

2. 原始分数的转换

EPQ的常模采用T分数。根据受测者的性别和年龄，对照常模表将受测者各分量表的原始分数转化为T分数，然后在剖面图上找出各维度的T分数点，将各点相连就可以得到受测者人格特征的曲线图（如图7-4所示）。

3. 测量结果的解释

（1）精神质（P）：又称倔强性，并非暗指精神病，它在所有人身上都有存在，只是程度不同。

高分（T分数75分以上）特征：性情古怪，孤僻，感觉迟钝，不关心他人，难以适应外部环境，与别人不太友好，喜欢寻衅搅扰，追求奇特的事物，并且不顾危险。如果此项分过高（90分以上），有心理变态倾向，应注意加以矫正。

（2）神经质（N）

又称情绪性，反映的是正常行为，并非指病症。高分（T分数75分以上）特征：焦虑，紧张，易激动，爱发怒，偏激，并伴随有抑郁。睡眠不好，情绪易变，对各种刺激的反应过于强烈，情绪激发后又很难平静下来；适应性较差，人际关系比较紧张。

（3）内外性（E）

高分（T分数75分以上）表示性格外向，可能好交际，爱交际，朋友多；渴望刺激和冒险，情感易于冲动；喜冒险，外向；回答问题迅速，但常常是漫不经心；随和、乐观、好动，喜欢谈笑，行为比较主动；需要有人跟他（她）谈话，不愿意一个人独立工作。低分（T分38分以下）表示人格内向，可能是好静，富于内省，除了亲密的朋友外，对一般人缄默冷淡，不喜欢刺激，喜欢有秩序的生活方式。

（4）掩饰性（L）

测定受测者的掩饰、假托或自身隐蔽等情况，或测定其社会性幼稚的水平。T分数25分以下，表明回答问题比较真实，测验结果有效。

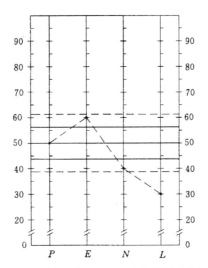

（注：张××，男，22岁。P、E、N、L各量表粗分分别为5，12，8，6，其T分数则分别为50，60，40，30。）

（引自：金瑜主编：《心理测量》，华东师范大学出版社，2005年11月第二版，p. 110）

图7-4　EPQ量表剖析图

　　此外，艾森克还将 E 和 N 两个维度作了垂直交叉分析，以 E 为 x 轴，N 为 y 轴，交叉成十字形成一个坐标图，又得到4种典型的人格特征，即外向稳定型、外向易变型、内向易变型、内向稳定型（图7-5）。坐标图上有三条实线：T=50（均值线），T=43.3 和 T=56.7 之间约占常模群体的50%人数；两条虚线：T=38.5，T=61.5，两者之间约占常模群体的75%人数。

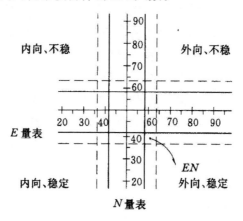

（注：张××的 *EN* 相交图倾向于外向稳定型人格。）

（引自：金瑜主编：《心理测量》，华东师范大学出版社，2005年11月第二版，p.111）

图7-5　EPQ量表 EN 二维关系图

第四节　加州心理调查表（CPI）

一、CPI 的来源和编写目的

　　加州心理测验（Clifornia Psychological Inventory，简称 CPI）由美国加州大学心理学家哈里斯·高夫（H. G. Gough）于1948年编制，1951年正式出版，包括15个分量表、480个题目；1957年心理学家出版社再版，分量表增加到18个；1987年，高夫对他的量表进行了修订，增加了几个新的量表，修改或淘汰了一些过时的、男性至上主义的，或者不易阅读的项目，而且将整个量表的长度减少到了462个项目；1996年，这个量表经历了第三次修订（Gough & Bradley），又淘汰了28

个项目，这些项目被剔除的原因或者是使测验接受者感到不快的、侵犯到个人隐私的，或者是与最近的残疾人权利法案相冲突。目前，CPI在美国是使用最广泛的测查正常人人格特点的量表之一。

CPI是以MMPI为基础编制的，但更看重对正常人格的测查。CPI的编制目的主要有两个：一是力图发展出一套能描述人的正常社交行为的量表；二是企图通过测验预测一个人在某些特殊场合下做出什么反应。CPI主要是基于经验的方法建立起来的。这种方法一般先是选择出两组在某一心理特质上具有差异的人（如被认为在社会支配性上高或低的人）接受这个测验。然后，根据被测者的反应识别出那些能够有效区分这两个群体的项目，进而将这些项目归入反映这一人格品质的量表中。CPI的13个量表是根据这种技术编制的。还有4个量表是基于内部一致性编制的，具体方法是选择出那些看起来可以测量到我们想研究的特质的项目，然后求出这些项目间的两两相关来提炼这一测量。前两种量表编制方法的结合使用产生了剩余的3个量表。

二、CPI的结构和内容

原版CPI由480个项目构成，其中178个来自MMPI，另一些则反映正常青少年和成人的人格。这些项目被分配到18个量表中（其中3个为效度量表）。这18个量表皆包含人际关系的重要方面，因此该测验在反映性格的人际关系特征方面是一种理想的工具。根据各量表所表现的心理特征，可将18个量表分为四大类表（见表11-6）：

（1）人际关系适应能力的测验（6个量表），分别为：支配性（Do），上进心（Cs），社交性（Sy），自在性（Sp），自尊性（Sa），幸福感（Wb）。

（2）社会化、成熟度、责任心及价值观的测验（6个量表），分别为：责任心（Re），社会化（So），自制力（Sc），好印象（Gi），从众性（Cm）。

（3）成就潜能与智能效率的测量（3个量表），分别为：遵循成就（Ac），独立成就（Ai），智能效率（Ie）。

（4）个人生活态度与倾向的测量（3个量表），分别为：心理性或共鸣性（Py），灵活性（Fx），女性化（Fe）。

此外，CPI还包括3个效度量表：Gi（好印象）、Wb（幸福感）和Cm（从众性）。

三、CPI的使用

CPI 既可以个别施测，也可以团体施测，而且测验时间往往不到一个小时。评分包括计算每一个量表上所认可的项目数量以及将原始分数转换到一个测验剖析图上。手工评分和机器评分均可。使用任何一种评分方法，测验剖析图上的分数都很容易转换为 T 分数，便于解释。

与大多数多元人格测验的情况相同，对 CPI 结果剖析图的解释对主试个人的心理学专业素养、使用 CPI 的经验以及对 CPI 所依据的原理的研究知识的依赖很大。也就是说，不同使用者可能采用不同的解释方式和步骤。

对 CPI 结果解释时，首先看 Gi（好印象）、Wb（幸福感）和 Cm（从众性）这三个分量表的分值，因为它们兼具效度量表的作用。如果 Gi 分数过高，则可能是受测者在企图给人留下好印象。Wb 分数过低，则要怀疑受测者是否夸大了他个人的忧愁，或者完全在作假。Cm 的分数表示受测者在做测验时是否小心尽力，当分数非常低时，他随便作答的可能性较大。

解释 CPI 时，需要注意以下几方面：

（1）注意整个剖析图的高度。如果几乎所有的分数都超过平均标准分数线（T=50）的话，可能表示该人是一个在社交和智力两方面功能都很好的人。相反，如果多数的分数都低于平均分数，则该人很可能在人际关系适应上存在困难。

（2）注意四类量表间的不同高度。在就各个量表分数做出一般功能性评估后，还应根据各类量表分数间的相对高低进行更为综合的类水平的评估。例如，如果第三类的各量表（Ac、Ai、Ie）分数要比第一类的各量表（从 Do 到 Wb）的分数高的话，可以认为这个人的智能和学业适应潜力比较强，而他的社交技能发展得比较弱。

（3）注意得分最高的量表和得分最低的量表。分数越极端，该量表解释摘要中那组特别的形容词就越能适当地描述该人。此外，还须注意量表的交互作用。当两组以上的极端分数所描述的行为是很类似时，则它们越可能相互强化；如果这些行为是相反的或对立的，则它们可能会相互中和。

（4）注意剖析图的独特性。对少见的高分或低分的组合，某些不平常的偏离常模的现象，某个量表格外突出等的解释要格外谨慎。

表7-6　CPI包含的分量表及其含义

	低分	高分
Do(Dominance)支配性	谨慎,安静,对采取主动犹豫不决	自信,武断,支配,任务导向
Cs(Capacity for Status)上进心	缺乏自信,不喜欢直接竞争,对不确定性和复杂性感到不安	具有雄心,希望成为成功人士,兴趣广泛
Sy(Sociabilsty)社交性	害羞,拘谨,更愿意在社会情境中处于幕后	好交际,喜欢与人相处,外向
Sp(Social Presence)自在性	缄默,对表达自己的意见犹豫不决,自我否定	自信,表现自然,多才多艺,言语流畅,乐于探索
Sa(Social Presence)自我接纳性	自我怀疑,当事情发生问题时易于自责,常常认为别人比自己好	具有良好的自我概念,认为自己是天才并具有人格吸引力,健谈
In(Independence)自主性	缺乏自信,寻求他人的支持,努力避免冲突,难以做出决策	过于自信,足智多谋,独立,无论别人是否同意都会追求某一目标
Em(Empathy)共情性	不能共情,对他人的意图表示怀疑,对自己的情感和愿望采取防御态势,兴趣范围狭窄	自我满意,易于被他人接受,理解他人的感情,乐观
Re(Responsibility)责任心	自我纵容,缺乏纪律,无视个人职责	负责任的,可靠的,对道德和伦理问题有高度的警惕,严肃对待职责和义务
So(Socialization)社会化	抗拒法规,不喜欢服从,常常是反叛的,易于惹麻烦,具有不合常规的观点	尽责的,有组织地参加活动,易于接受和服从标准规范,很少卷入麻烦中
Sc(Self-control)自制力	具有强烈的情绪和情感,而且不去隐藏自己的情绪和情感,喜欢冒险以及新鲜的体验	努力控制情绪和脾气,对自控力引以为傲,压制敌意和性欲
Gi(Good Impression)好印象	即使会引起摩擦或问题也坚持以自我为中心,对许多情绪不满意,常常抱怨	希望有一个良好的印象,努力做出取乐他人的行为
Cm(Communality)从众性	视自己为与众不同的,不符合常规的,不服从的,常常是多变的、情绪化的	易于适应,视自己为相当普通的人,很少努力改变事情,通情达理的
Wb(well-being)幸福感	担心健康和个人问题,悲观的,往往抱怨遭到了不公平的待遇或没有被顾及	感觉身体良好和情感健康,乐观地看待未来,精神愉快
To(Tolerance)宽容性	疑心重,吹毛求疵,常常有敌意的和报复性的情感	即使与自己的信仰不同或相矛盾,也可以容忍他人的信仰和价值观,通情达理的
Ac(Achievement Conformance)遵循成就	在规章制度严格的情况下难以很好地完成工作,易于被打扰	具有强烈地把事情做好的动机,喜欢在任务和期望都明确定义的情境下工作
Ai(achievement via Conformance)独立成就	在模糊的、定义不清、缺乏明确说明的情境下难以很好地完成工作	具有强烈地把事情做好的动机,喜欢在鼓励自由和个体创新的情境下工作

续表

	低分	高分
Ie(Intellectual Eiffciency)智能效率	难以开始认知任务，也难以关注它们直到完成	可以有效地运用智力，当他人进行劝阻时也可以继续完成自己的任务
Py(psychological mind-edness)心理性(或共鸣性)	对实际和具体事情比抽象事情更感兴趣，更关注人们做了什么而非他们是怎么感觉的或怎么想的	富有洞察力，感觉敏锐，理解他人的情感，但并不一定提供支持或帮助
Fx(Flexibility)灵活性	不可变的，喜欢步调稳定和计划良好的生活，传统和保守的	灵活的，喜欢变化和多样性，容易对常规和日常经历感到厌倦，可能没有耐心，甚至可能反复无常
F/M(Femininity/Masculinity)女性化/男性化	果断的，行动导向的，具有主动性，不易于屈服，不易动感情，意志坚强	男性的高分者往往被认为是敏感的，女性的高分者往往被认为是富有同情心的，热情的，谦虚的，但是往往也是依赖的。

四、CPI中文修订版

1983年，中国科学院心理研究所宋维真教授对CPI进行初步中文修订；1993年，杨坚和龚耀先教授完成了CPI的修订（CPI-RC）。该问卷含440个测题，由三个部分组成：

第一部分：通俗概念量表

该部分由20个概念量表（因素）组成，它们分别是：支配性；进取能力；社交性；社交风度；自我接受；独立性；通情；责任心；社会化；自我控制；好印象；同众性：适意感；宽容性；顺从成就；独立成就；智力效率；心理感受性；灵活性；女／男性化。

第二部分：结构量表

包括三个维度：V.1是外向—内向；V.2是怀疑规范—遵从规范；V.3是意志消沉—自我满足。

第三部分：特殊目的和研究量表

包括12个量表，如管理潜能（MP）、工作取向（WO）、研究和学术高水平创造性（CT）等。

CPI的剖析图将外向性—内向性、怀疑规范—遵从规范这两个维度相结合，得到了4种类型：外向而遵从规范的α型；内向而遵从规范的β型；外向而怀疑规范的γ型；内向而怀疑规范的δ型。第三个维度，即意志消沉—自我满足则代表个体人格的整合程度，属于人格的实现维度。它是通过一个7点量表测量的，高分代表着人格的整合性较好。一般说来，α类的人倾向于喜欢交际、积极参与社会活动、遵从社会规范以及赞同为生活设定指导方针。α型的个体往往是优秀的外向型领导者，如果他们在第三个维度得分很高，则是受人爱戴的领导；β类的人也喜欢社会规范和价值观，但他们不喜欢惹人注意，尽量避免公开地透露自己的思想和情感，β型个体则更喜欢听从别人的指挥。γ型虽然也很外向，但他们不遵从社会规范，他们喜欢并努力寻求参与社会活动，但是，他们对社社会规范和大多数人的价值观持怀疑的态度，他们更欣赏自己的价值观。如果他们在第三个纬度得分为1，则表现为社会病态；得4分者则常表现出冲动；得7分者创造性很高。δ型个体内向，怀疑社会规范，这类人宁愿对自己的一切守口如瓶，也不愿意与他人积极交流，而且他们选择的价值体系也是更加自私的、独特的，而不是公开的、公有的。

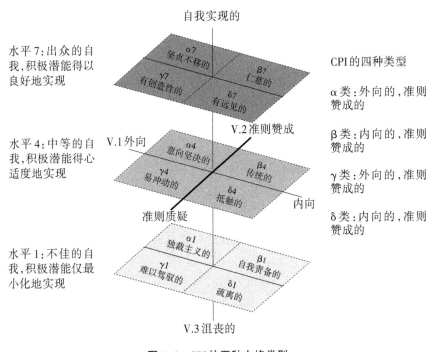

图7-6 CPI的四种人格类型

这四种人格类型与人们的生活有密切的关系，比如选择大学主修的专业，α类的人倾向于主修商商业、工程以及职前计划；β类的人倾向于选择从事像教师和护士这类社会服务性职业；γ类选择像心理学和社会学这类社会科学；δ类选择像美术、音乐以及文学这样的人文学科。

CPI中文修订版根据T=50+10（X-M）/SD对20个概念量表进行原始分到线性量表分的转换，得到T分数常模表。其他两部分量表基本上参照CPI原版，对测验分数采用"划界分"判定的常模类型。

第五节 迈尔斯一布里格斯性格类型测验（MBTI）

迈尔斯一布里格斯性格类型测验（Myers–Briggs Type indicator，简称MBTI）以瑞士著名心理学家荣格（Carl G. Jung）的心理类型理论为基础。荣格在他的著作《心理类型》（Psychological Types）中提出了这一理论，嘉芙莲·谷嘉·布里格斯（Katharine Cook Briggs）和她的女儿伊莎贝·布里格斯·迈尔斯（Iasbel Briggs Myers）对此产生了极大的兴趣，她们潜心研读荣格的著作，进行了20年研究，发展和完善了心理类型理论，并且编制了相应的测量工具——MBTI测验。

一、MBTI的维度

MBTI理论从四个方面来反映人的性格：我们与世界相互作用的方式以及注意力和能量集中的方向？我们习惯性留意的信息类型？我们做决定的方式？我们处理事情时是喜欢结构性强还是喜欢自由随意？人类性格的这些方面在心理学中称为"维度"。每个维度都有两个相反的方向，如表7-7所示：

表7-7 MBTI的维度和偏好

我们与世界相互作用的方式	（E）外向——+——内向（I）
我们获取信息的主要方式	（S）感觉——+——直觉（N）
我们的决策方式	（T）思考——+——情感（F）
我们的做事方式	（J）判断——+——知觉（P）

每个人的性格都落足于四个维度的这一边或者那一边，每种维度的两边称为"偏好"。例如，如果你落在外向的那边，你就具有外向的偏好；如果你落在内向的那边，你就具有内向的偏好。实际上，在生活中所有人都会用到每个维度的两个偏好，但仍会有一种天生的倾向于这一边或者那一边的偏好。运用自己的偏好会让自己更舒服。

1. 外向（E）/内向（I）

性格类型的第一个维度是关于我们喜欢怎样与世界相互作用，以及我们向何处释放能量。每个人都有自然的倾向于外部或内部世界的偏好。外向者主要定位于外部世界，倾向于集中在人和事上，他们具有易沟通、好交际的特点，他们易适应环境，随环境变化随时调整，自然地被外部的人和物所吸引。外向者趋向于通过感受来了解世界，会更趋于参加许多活动，喜欢成为活动的焦点，而且容易接近。内向者主要定位于内部世界，倾向于把知觉和判断集中于观念和思想上，他们更多地依赖于持久的观念而不是暂时的外部事件。他们总是避免成为注意的中心，而且他们一般要比外向者沉默一些。例如一位外向者这样描述自己："对我来说，与人交往，特别是与朋友交往，是非常快乐并且令人振奋的事情。我喜欢走到哪里都能遇见很多熟人。"而一位内向者则截然相反："我喜欢人，但我不太看重迅速而肤浅的交往，我觉得参加各种团体活动和聚会是累人的事，与那些我连名字都记不起或再也不会见面的人交谈，有什么意思呢？"

很多人认为，"外向"是"健谈"的意思，"内向"意味着"腼腆"，但在心理学理论中，内向、外向的含义远远超出健谈、腼腆的范畴。表7-8列出了外向与内向者诸多方面的差异。

表7-8　内向和外向

外向（E, Extraversion）	内向（I, Introversion）
■ 善于表达	■ 通常保留
■ 自由的表达情绪和想法	■ 情绪和想法不轻易流露
■ 听、说、想同时进行	■ 先听,后想,再说
■ 朋友圈大	■ 固定的朋友
■ 主动参与	■ 静静反思
■ 大家	■ 个人
■ 许多	■ 少数
■ 广度	■ 深度

2. 感觉（S）/直觉（N）

性格类型的第二个维度关注于我们习惯性注意的信息类型。感觉型的人关注"是什么"，而直觉型的人则关注"可能是什么"。感觉型的人倾向于通过收集具体、特殊的信息了解外在世界，通常具有善于观察、对细节敏感、关注事物的现实性等特点。他们专注于看到、听到、感觉到、闻到及尝到的事物，他们信赖自己的经验，关注此时此刻发生的事情。感觉型的人看到一个情况时就会想精确地知道发生了什么。直觉型的人倾向于感知外界环境的全貌或整体，关注事物的现状及发展变化，通常具有反应敏捷，思维跳跃，追求变化等特点。注重暗示和推理，信赖自己的灵感和预感，注重将来，喜欢预测事物，并总想改变事物。直觉型的人看到一个情况时，就想知道这意味着什么，结果是怎样的。例如，一个直觉型的人抱怨道："我是个很有主意的人，我最喜欢的就是接手一个烂摊子，然后给出解决问题的方法，但是整个公司没有一个人有远见，尤其是我的老板，他的注意力从未超出过他的办公桌！每当我向他提出一个能对公司未来产生深远影响的好提议时，他只知道问：成本如何？需要多久？在你干新工作时谁来接替你？"而这位朋友的老板看问题的角度则不同："也许他确实比我富有创造力吧，但问题是他的大多数想法都不切实际，他需要给出经过深思熟虑的成本收益分析，以及对公司预期的影响，这一切都需要认真而有计划的研究。但他常常忽略这些重要的东西。"表7-9更详细的说明了两种偏好的人有哪些相反的特点。

表7-9 感觉和直觉

感觉（S, Sensing）	直觉（N, Intuition）
■ 明确、可测量	■ 可发明、改革
■ 细节、细致	■ 风格、方向
■ 现实、现在	■ 革新、将来
■ 看到、听到、闻到	■ 第六感
■ 连续的	■ 任意的
■ 重复	■ 变化
■ 享受现在	■ 预测将来
■ 基于事实、经验	■ 基于想象、灵感

3.思考（T）/情感（F）

第三个维度关于我们如何做出决定，思考型的人主要是以逻辑推理为基础，通过理智思考进行活动和决策。分析问题的解决是否符合公认的标准，具有客观、理性、有条理等特点。情感型的人主要是通过权衡问题的相对价值和利益进行决策，他们判断时依赖于对个人价值观或社会价值观的理解，在决策时往往照顾他人的感受，具有同情心、渴望和谐。就如前面提到的，每个人都会用到这两种偏好，思考型的人也有感情和个人价值，情感型的人也可以非常客观和有逻辑。然而，每个人都会更自然、更经常、更成功的倾向于其中之一。表7-10更详细的说明了两种偏好的人有哪些相反的特点。

表7-10　思考和情感

思考（T, Thinking）	情感（F, Feeling）
■ 客观、公正	■ 主观、仁慈
■ 批评,不感情用事	■ 赏识,也喜欢被表扬
■ 清晰	■ 协调
■ 基于分析的	■ 基于体验的
■ 关注事情和联系	■ 关注人和关系
■ 理智、冷酷	■ 善良、善解人意
■ 头脑	■ 心灵
■ 原则、规范	■ 价值、人情
■ 情有可原、法不容恕	■ 法不容恕、情有可原

4.判断（J）/知觉（P）

性格类型的最后一个维度是关于我们喜欢结构严谨（做决定）的方式还是自由宽松（获得信息）的方式。判断型的人喜欢井然有序的感觉，而且当他们的生活被规划好，事情被解决好时，他们是最快乐的。判断型的人想方设法管理和控制生活，具有善于组织、有目的性、有决断性等特点，通常在获得行动所必要的信息时，就不再寻求新的信息而直接付诸行动。知觉型的人以一种比较宽松的方式生活，并且当生活很有余地时，他们感到最快乐。知觉型的人试图去理解生活而不是控制它，具有比较开放、适应性强、灵活多变、不拘小节等特点，通常喜欢随遇而安，思考多于行动，对规则和约束反感。例如，一个知觉型的人，他的房间经常是杂乱无章的，衣服、书包、水杯、书、食物……这些物品到处摆放，凌乱而随意，找起东西来总是免不了要大费周折，尽管他们会辩解道自己能找到任何需要的东西。而一个判断型的人，他的房间在大部分时间是整洁有序的，所有的物品都有属于它们自己固定的位置，一切都井井有条。以此类推，像橱柜、钱包、桌面，这些地方的状况都可以反映出主人的性格特点。

表7-11 判断和知觉

判断（J, Judging）	知觉（P, Perceiving）
■ 按部就班	■ 随遇而安
■ 随时控制	■ 不断体验
■ 明确规则和结构	■ 确定基本方向
■ 有计划、有条理	■ 灵活的、即兴的
■ 快速判断、决定	■ 喜欢开放、获取
■ 清晰	■ 协调
■ 确定	■ 好奇
■ 最终期限	■ 新的发现
■ 避免"燃眉之急"的压力	■ 从最后关头压力中得到动力

二、MBTI的类型

MBTI用四个维度上代表偏好的字母来表示一个人的类型，例如，一个人的偏好依次是外向、感觉、情感、知觉，那么他的类型则用ESFP来表示。由于每个维度上各有两种偏好，有四个维度，所以所有的类型组合共有2×2×2×2＝16种。这里需要强调的是，由于各个维度之间存在交互作用，因此每个类型所蕴含的内容远远多过于四个偏好的简单叠加。

表7-12 MBTI的类型

ISTJ 稽查员	ISFJ 保护者	INFJ 咨询师	INFP 治疗师／导师
ESTJ 督导	ESFJ 供给者／销售员	ENFJ 教师	ENFP 倡导者／激发者
ISTP 操作者／演奏者	ISFP 作曲家／艺术家	INTJ 智多星／科学家	INTP 建筑师／设计师筑师／设计师
ESTP 发起者／创造者	ESFP 表演者／演示者	ENTJ 统帅／调度者	ENTP 企业家、发明家

心理学家大卫·凯尔西将这16种类型归纳为四种性格，分别为 NF、NT、SP、SJ，每一种性格对应着四个MBTI类型。

NF："理想主义者"。寻找独一无二的特征和意义。懂得考虑对方，珍惜人际关系。通常很有热忱，希望使世界变得更美好。相信本身的直觉和想象力，思考时从整合和相似之处着手。专注于发展别人的潜能，寻找生活的目标和化解分歧，要做到保持真我。通常适合的职业：咨询师、记者、艺术家、心理学家。

NT："概念主义者"。取向以理论为主。寻找途径去理解世界和事物运作的真理。相信逻辑和理由，有怀疑精神和精确性。思考时从差异、类别、定义和框架入手。专注于能够实现长远目标以及能带来进步的策略和设计。看重办事能力和深入的知识。通常适合的职业：科学家、建筑师、工程师、设计师、经理人员。

SP："技术者"。取向以行动和影响为主。对"即兴"有一种渴望。乐观、相信运气和他们的能力能够应付任何事情。投入于目前一刻。洞察人和事，并会适应改变去使事情得以完成。寻求冒险经历和体验，思考时从变化入手。专注于技巧去助人和获得期望的结果。要求有自由去选择下一步。通常适合的职业：表演者、企业家、排除故障者、自由职业者、抢险队员。

SJ："监护者"。渴望责任和预见性。喜欢以标准的操作流程作为保障和保护，很严谨。相信过往经验、传统和权威，思考时从比较、次序和关联入手。专注于行政安排和去支持别人，维持组织和实现目标。要求安全感、稳定性和归属感。通常适合的职业：经理人员、会计、警察、医生、教师。

在理解MBTI的类型时，需要注意以下几点：

（1）性格类型没有对错，而在工作或人际关系上，也没有更好或更坏的类型。每一种性格类型都能带来独特的优点。

（2）一个人属于哪一种性格类型，是由他/她自己来做最后判断的。测验得出的MBTI结果是根据受测者对问题的回答，判断出受测者最可能属于哪一种性格类型，但是，只有自己才知道自己真正的性格类型。

（3）要留意自己对类型的偏见，避免负面地把别人定型。

第六节　其他问卷式自陈人格测验

一、大五人格测验修订版（NEO PI-R）

大五人格测验修订版（NEO PI-R）是美国心理学家考斯塔（Paul Costa）和马

5

克雷（Robert McCrae）在1992年编制的。考斯塔和马克雷于1989年提出了"大五人格模型"理论，认为人格可以分成五个基本维度：

神经质（Neuroticism，N）：焦虑、敌意、抑郁、自我意识、冲动、脆弱

外倾性（Etraversion，E）：热情、乐群、果断、活跃、冒险、乐观

开放性（Openness to Experence，O）：有想像力、审美、情感丰富、活跃、创意、道德感强

宜人性（Agreeableness，A）：信任、谦虚、服从、利他、直率、温和

责任感（Consciousness，C）：胜任、自律、成就动机强、尽职、有条理、审慎

NEO PI-R量表包括300个题目，整个测试大约需要35~45分钟。测验使用5点量表对每个题目进行评定（从"完全同意"到"完全不同意"）上指出每个句子表示他们自身特点的程度。如：

谨慎的 5 4 3 2 1 自信的

NEO PI-R包含有5个分量表和3个效度量表，复本S是自陈部分，复本R是观察者用第三人称写的报告，内容为同伴、配偶或专家的评定。3个效度量表为默许（倾向于做肯定反应）、否认（倾向于做否定反应）和随机作答。量表的常模分男性常模、女性常模和两性常模3种。大五人格测验以T分数（平均分为50，标准差为10）的形式报告分数，其施测、计分和解释均实现了计算机化。5个分量表的高低分含义如表7-13所示：

表7-13 大五人格模型特征

	高	低
神经质	焦虑,情绪化,脆弱,抑郁	放松,少情绪化,有安全感,自我陶醉。
外倾性	合群,热情,主动,乐观,武断,寻找刺激	谨慎,冷静,退让,寡言
开放性	好奇,兴趣广泛,有创造力,富于想象,非传统	较传统,讲实际,兴趣少,无艺术性
宜人性	信任人,利他主义,坦率,顺从,谦虚,敏感	粗鲁,愤世嫉俗,多疑,不合作,报复心意,残忍,好操纵人
责任感	胜任工作,公正,有条理,尽职,有成就感,自律,谨慎,克制	无目标,懒惰,粗心,松懈,不检点,意志弱,享乐主义

大五人格测验还有一个60题的简本，称作NEO 5因素测验（NEO-FFI），仅需要10~15分钟的时间，其内部一致性信度为0.74~0.89。简本和原来的版本都要求有6年级以上的阅读水平。该测验的中文版由张建新修订而成。

不同的研究者采用了不同的方法，结果都表明NEO PI-R效度较高（McCraea & Costa，1987）。总量表的内部一致性信度为0.86~0.95，分量表则为0.56~0.90。另外，因素的跨文化一致性、自我等级评定和他人评定的一致性、特质分数与动机情感及人际行为的相关性，似乎给"大五"模型提供了证据。但我国台湾省的杨国枢和大陆的王登峰自1990年开始合作，在大陆和台湾同时进行中国人人格的研究，结果发现，大陆和台湾的人格维度惊人地相似，而和西方的"大五"却截然不同（表7-14）。

表7-14　我国大陆和台湾"大五"人格比较

大陆"大五"	台湾"大五"
卖弄,炫耀,贪心	势力浮夸
乐观,活泼,健谈	沉稳干练-迷糊懦弱
恒心,毅力,沉稳	善良宽厚
友爱,好心肠,和善	外向开朗-内向拘谨
急躁,暴躁,刚烈	暴躁固执

有专家认为，虽然因素分析在对有同类趋向的行为或项目进行聚类方面特别有用，但能否依靠它发现人格的元素周期表却是值得怀疑的。考斯塔和马克雷提出的"大五"模型依然是描述了现象中的人格特质，而不能解释现象本身，也不能解释各因素相互间是如何作用的以及各因素是如何与情境交互作用的，因此尽管目前"大五"模型被广泛接受，但它并不是探求人格特质的有用框架。

二、大七人格问卷

1. 人格特征量表（IPC-7）

人格特征量表（the Inventory of Personal Characteristics，IPC-7）由美国心理学家特里根（Tellegen）和沃勒（Waller）于1991年编制。特里根和沃勒于1987年提出人格"大七"模型。他们认为，"大五"并不能代表自然语言中人格的所有方面，而且做因素分析前的选词标准主观随意性大；"大五"模型在建构时，在选词构成词表时内容有所偏颇，依此构造的人格维度也不全面，使得很多潜在的人格术语没有进入因素分析的筛选范围。因此，他们通过理论和方法的改进，提出了人格"大七"模型。

IPC-7共有161个项目，分别测量人格的七个维度。这七个维度和典型特征如表7-15所示。

表7-15　大七人格维度及其特征

维度	特征
正情绪性	抑郁,忧闷,勇敢,活泼等
负价	心胸狭窄,自负,凶暴等
正价	老练,机智,勤劳,多产等
负情绪性	坏脾气,狂怒,冲动等
可靠性	灵巧,审慎,仔细,拘谨等
宜人性	慈善,宽宏大量,平和,谦卑等
因袭性	不平常,乖僻等

与"大五"人格模型相比，在这七个因素中，正价和负价是两个新的人格维度，其余五个维度，即正情绪性、负情绪性、可靠性、宜人性、因袭性，分别与"大五"的外倾性、神经质、责任感、宜人性和开放性有大致的对应关系。但这些对应关系只是在某种程度上相似，而不是完全相同，如在"大五"模型的宜人性中包括脾气的一些特质词，而"大七"模型的宜人性却不包括这些词。这是因为"大七"与"大五"相比，将评价性特质词增加到因素分析范围，因此它们虽然采用了同样的因素分析法，却得到了不同的维度结构。

三、中国人人格量表（QZPS）

中国基于"大七"模型的人格测验是由王登峰编制的，他从20世纪90年代中期开始人格因素研究，用中文辞典选取形容词，得到了中国人的"七因素"人格结构，并由此编制了测量中国人的人格量表——QZPS（问卷形式）和QZPAS（形容词评定）。

中国人人格量表（QZPS）由180个项目组成，可以测量中国人人格的七个维度和相关的18个小因素：

（1）外向性：反映人际情景中活跃、主动、积极和易沟通、轻松、温和的特点，以及乐观和积极的心态，是外在表现与内在特点的结合。包括活跃、合群、乐观三个小因素：①活跃：人际交往中的主动性和人际技巧特点。高分反映与人交往中主动、积极、活跃、自然和擅长组织协调的特点；低分反映不善言辞、社交场合拘谨、沉默等特点。②合群：人际交往中的亲和力特点。高分反映待人亲切、温和、易于沟通和受人欢迎的特点；低分反映不易亲近和不受欢迎的特点。③乐观：个体积极乐观的特点。高分反映积极、乐天和精力充沛的特点；低分反映情绪消极和低落的特点。

（2）善良：反映中国文化中"好人"的总体特点，包括待人真诚、宽容、关心他人、以及诚信、正直和重视感情生活等内在品质。包括利他、诚信和重感情三个小因素：①利他：个体友好和关注他人的特点。高分反映对人宽容、友好和顾及他人；低分反映容易迁怒、自私和为达目的不择手段。②诚信：人际交往中的信用特点。高分反映个体诚实、言行一致和表里如一；低分反映人际交往中虚假、欺骗。③重感情：对情感联系或利益关系的看重程度。高分反映重感情、情感丰富和正直，低分反映注重目的和利益为重。

（3）行事风格：反映个体的行事方式和态度，包括严谨、自制和沉稳三个小因素：①严谨：工作态度和自我克制的特点。高分反映做事认真、踏实和严谨；低分反映做事马虎、不切实际、缺乏合作和难缠等。②自制：安分、合作的特点。高分反映自我克制、安分、合作和淡泊名利；低分反映做事不按常规、别出心裁和与众不同。③沉稳：做事谨慎、沉着的特点。高分反映凡事小心谨慎和深思熟虑；低分反映粗心和冲动。

（4）才干：反映个体的能力和对待工作任务的态度，包括决断、坚韧和机敏三个小因素：①决断：决断能力。高分反映敢作敢为、敢于决断、思路敏捷和个性鲜明；低分反映遇事犹豫不决、紧张焦虑和无主见。②坚韧：做事的毅力特点。高分反映做事目标明确、坚持原则、有始有终且持之以恒；低分反映做事难以坚持、容易松懈。③机敏：自信、敏锐的特点。高分反映工作投入、热情敢为和积极灵活；低分反映回避困难、遇事退缩。

（5）情绪性：情绪稳定性特点，包括耐性和爽直两个小因素。①耐性：情绪控制能力和情绪表现特点。高分反映情绪稳定、平和，能够控制自己的情绪；低分反映情绪急躁、冲动、冒失、容易发脾气和难以控制情绪。②爽直：情绪表达的特点。高分反映心直口快、急性子和对情绪不加掩饰；低分反映情绪表达委婉、含蓄。

（6）人际关系：对待人际关系的基本态度，包括宽和与热情两个小因素：①宽和：人际交往的基本态度。高分反映待人温和、友好、宽厚和知足；低分反映计较、暴躁易怒、冷漠和自我中心。②热情：人际沟通特点。高分反映沟通积极主动、活跃，及行事成熟、坚定；低分反映被动、拖沓和盲目。

（7）处世态度：对人生和事业的基本态度，包括自信和淡泊两个小因素。①自信：反映对理想、事业的追求。高分反映对生活和未来坚定而充满信心，工作积极进取；低分反映无所追求、懒散和不喜欢动脑筋。②淡泊：对成就和成功的态度。高分反映无所期求、安于现状、退缩平庸；低分反映永不满足、不断追求卓越和渴望成功。

题目示例：

1. 在社交场合，我总是显得不够自然。　　　　1 2 3 4 5

2. 我有话就说，从来憋不住。　　　　　　　　1 2 3 4 5

中国人人格量表（QZPS）的编写，依据的是对中国人人格维度的系统研究的结果，同时项目的编写完全依据中国人的日常生活的内涵与经验，保证了量表的结构和内容的完整性。这是第一个适合中国人特点的原创性人格量表。

四、爱德华个性偏好量表（EPPS）

爱德华个性偏好量表（Edwards Personal Preference Schedule，EPPS）由美国心理学家爱德华（Edwards）于1953年编制。以美国心理学家默里（Murray）在1938年提出的22种明显需要理论（manifest need system）为基础，爱德华挑选了其中最重要的15种需要，编制了15个分量表，这15种心理需求的含义如下：

（1）成就需要（Ach）：希望获得成功，希望成为大家所公认的权威；做事尽力而为，努力去完成某些需要技术和毅力的任务，努力去做某些有意义的工作；总是力图在各方面超过别人，总是努力去解决别人解决不了的难题。

（2）顺从需要（Def）：希望别人能够指导自己做事，希望发现别人的想法启示和开拓自己做事的思路，乐意接受别人的领导；喜欢阅读有关伟大人物的书籍，遵从社会规范。

（3）秩序需要（Ord）：进行困难的工作前详加计划，使事物井然有序；按照一定的系统或方式整理信件和资料；定时定量地进食，将事物、生活和工作安排得井井有条。

（4）表现需要（Exh）：喜欢富有机智的话语，喜好说些有趣的故事或笑话；愿讲述个人的冒险和经历，以引起别人对自己的重视和赞美；谈论自己的成就是为了成为大家注意的中心，喜欢问一些他人无法回答的问题。

（5）自主需要（Aut）：随心所欲地来去，好发表意见；做自己决定要做的事，做一些不同于习俗的事；避免必须遵从他人的情景，做事时不管别人怎么想；好批评并攻击权威，常避开责任和义务。

（6）亲和需要（Aff）：愿对朋友忠诚，愿参加友善的团体，为朋友做些事情；喜欢结识新朋友，尽量多交朋友，与朋友分享快乐；愿与朋友一起做事，而不喜欢单独行动；常写信给朋友，并保持密切的接触。

（7）省察需要（Int）：愿意分析自己的动机和感受，也愿意观察别人，了解别人对事物的感受；能设身处地地为别人着想，判断人时注重别人为什么做，而不管别人做什么；喜欢分析别人的行为和动机，好预言别人将如何行动。

（8）求助需要（Suc）：当自己陷入困扰时，企盼有人帮助，寻求旁人鼓励，希望有人能对个人的问题有所了解和同情；乐于接受别人的感情，愿意旁人帮助自己；抑郁时盼望有人帮助，生病时希望有人安慰，受伤时渴望别人小题大做。

（9）支配（Dom）：好为自己的观点辩论，欲成为所属团体的领导；欲被人视为领导，做团体的决策者；喜欢说服并影响别人，希望指导或监管别人的行动，告诉别人如何行事。

（10）谦卑需要（Aba）：常为做错事而感到内疚；愿对自己的过失接受惩罚，愿屈从他人而不愿意与人有所争执，有坦然承担错误的需要；在不能处置的情景中感到沮丧，在优势者面前显得胆怯，在许多方面都自觉不如他人。

（11）慈善（Rur）：乐于帮助困境中的朋友，乐于协助不幸的人；能以仁慈和同情待人，能宽恕旁人；好施恩惠于人；对旁人十分慷慨，特别同情那些受伤和有病的人；愿意对旁人付出更多的感情，同时希望旁人信任自己。

（12）变化需要（Chg）：喜欢从事新而难的工作，喜欢旅行和遇到新的朋友，喜欢经历日常生活中的新奇和变化，喜欢到异地走动或生活.喜欢追求新的时尚。

（13）坚持需要（End）：坚持致力于一项工作直到完成为止，对于指定的任务能全力以赴；执著地对付难题或困惑，直到解决后方肯罢手；为做完一件事能长时间而不分心地工作，对于看起来并无进展的问题仍能孜孜以求；避免在工作时间内受到打扰。

（14）异性恋需要（Het）：欲邀异性外出，与异性一同参加社交活动，与异性谈恋爱；喜欢让异性把自己看做体态迷人者；愿参与有关"性"的讨论，阅读有关性方面的书籍或剧本，倾听或叙说与此相关的笑话。

（15）攻击需要（Agg）：好攻击相反的意见，好公开批评别人，开别人的玩笑；自己若与别人不一致时好斥责别人；因受辱对人施加报复；容易发怒；事情出差错时好指责别人；喜欢阅读报刊上有关暴力的内容。

EPPS由225个题目构成，题目是以如下形式成对出现的：

1. A. 我喜欢与别人谈论自己。

   B. 我喜欢朝自己设定的目标努力。

2. A. 失败时我感到沮丧。

   B. 在很多人面前演讲时，我感到很紧张。

每一题目中，A、B选项受赞许的程度相同，但每一选项与不同的效标相关，回答时使用迫选法，即对于每道题的A、B，必须而且只能选择其一。上例中，第1题选A者会在表现分量表上得1分，而选B者则在成就分量表上得1分。在15个量表中，每个量表的项目都会与其他14个量表的项目配对。由于是被迫选择，所以EPPS产生的是自比分数，也就是说，每一个需要的强度不是以绝对的方式表达的，而是相对于该个体的其他需要的强度。

EPPS的测试结果用剖面图来反映，如图7-7所示：

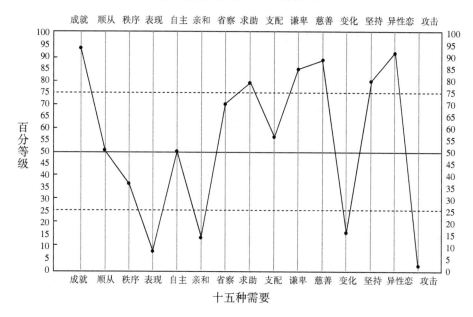

图7-7　EPPS剖析图

在剖析图中，各点表示各需要类型得分的百分等级，百分等级50为中界限，高于50表示比多数人分数高，低于50表示比多数人低；高于75分为典型高分特征，低于25分为典型低分特征。

五、"Y—G"性格测验

"Y—G"性格测验是由日本心理学家矢田部达郎（Yztabutatusrou）等人根据美国心理学家吉尔福德（J. P. Guilford）编制的个性测验改造而成。Y—G是"矢田部——吉尔福德"的英文缩写。

该量表由130个测题、13个分量表（每个分量表10题）组成，其中有12个临床量表（性格特征量表）和1个效度量表。我国从1983年开始对YG性格测验进行了修订，中文修订本与原版在测验结构、评分及解释方法上基本相同。略有不同的是，该修订本只有120题，12个临床量表，不设效度量表。

Y—G性格测验是以性格的特质理论编制的量表，它有12个性格特性：

D特性——抑郁性，测定是否经常抑郁，容易悲伤；

C特性——情绪变化，测定情绪变化大小，是否动荡不安；

I特性——自卑感，测定自卑感的大小；

N特性——神经质，测定是否对人、对事抱怀疑态度，喜欢担心，容易烦躁不安；

O特性——主、客观性，测定主观还是客观，是否喜欢空想，容易失眠；

Co特性——协调性，测定是否与集体、社会协调，信任他人；

Ag特性——攻击性，测定是否对人和悦，对人、对事容易采取攻击或过激行为，敢作敢为；

G特性——一般活动性，测定是否开朗、爱动、动作敏捷；

R特性——粗犷细致性，测定细心还是粗心，慢性还是急性；

T特性——思考的向性，测定思考内向还是外向；

A特性——支配性，测定乐于支配还是乐于服从；

S特性——社会的向性，测定是否善于交际。

这12个特性归纳为：情绪稳定性、社会适应性、向性（又包括活动性、冲动性、主导性）等主要因素。

根据Y—G性格测验的结果，可以把被试的性格分为5种：A型，B型，C型，D型，E型，如表7-16所示：

表7-16 Y-G性格测查所划分的5种性格类型

类型	情绪稳定性	社会适应性	内外向性
A	一般	一般	不明显
B	不稳定	不适应	外向
C	稳定	适应	内向
D	稳定	适应	外向
E	不稳定	不适应	内向

对测验结果的解释可以参照Y—G性格测验剖析图。该剖析图的纵坐标为12种性格特征，横坐标为各性格特征所得分数（0—20分），连接相邻的坐标点，即形成受测者的性格类型曲线，将绘出的受测者的剖析图中的曲线与5种性格类型的标准曲线相对照（见图7-8），判断其属于哪一种曲线，亦即哪一种性格类型。而后，从测验指导手册中找到相应曲线类型的性格描述，对受测者进行评定。

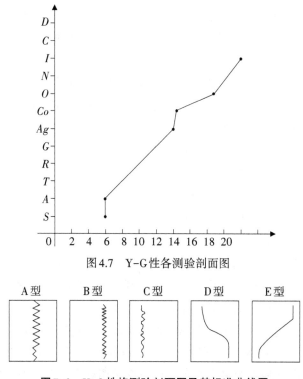

图4.7 Y-G性各测验剖面图

图7-8 Y-G性格测验剖面图及其标准曲线图

六、心理控制源评定量表

心理控制源评定量表是建立在"控制源理论"（locus of control）基础上的一系列评估心理控制源的量表，如罗特（J. B. Rotter）的内在—外在心理控制源量表（LELCS），赖文森（Levensorl）的内控／他控／机控量表（IPC）和多维度健康状况心理控制源量表（MHLC）等。

"控制源理论"是由罗特（J. B. Rotter）对心理控制源进行研究并发展起来的归因理论，它与海德、韦纳等的归因理论不同，控制源理论认为知觉者之间存在着一些稳定的个体差异，这些个体差异影响了因果推论。因此，控制源理论既是归因理论，也是人格理论。控制源是指个人的行为有效控制和驾驭外部环境的期望，它有内控和外控的个体差异。内控者（internal control）倾向把自己的行为看成是引发随后事件的主要因素，认为自己的成败祸福取决于自身因素；而外控者（external control）则常把行为之后的事件看成是机遇、运气或超出自己能力的外部力量所决定的，从而不愿去做努力和尝试。控制源的不同倾向会对个体的行为和心理造成不同程度的影响，一般说来，外控与焦虑、抑郁情绪有关，外控者可能更难应付紧张的生活环境，而内控者可能更乐观、有更高的自我效能感和社会适应性。

1966年，罗特最早在"控制源理论"的基础上编制了"内在—外在心理控制源量表"（Rotter's Internal-External Locus of Control Scale，IELCS）。该量表为自陈式迫选量表，要求在15分钟内完成，最常应用于大学生，也可用于其他人群。对被试的外控性选择进行计分，分数越高表示外控性越强，分数越低，内控性越强。I—E量表是一种每个项目包括两个句子，受测者必须从中选择且只能选择一个他认为正确的句子。如I—E量表的某个项目如下：

a. 从长远来看，人们能从世人那里获得他们应有的尊敬。

b. 不幸的是，不论他多努力，个人的价值常常被忽略。

一直到20世纪70年代中后期，I—E量表获取的这类控制期望在帮助预测某些行为时起到了重要的作用，然而，为了最大限度地达到预测的准确性，对控制期望的测量有必要针对研究的特定人群和行为领域，因此就促发了若干不同的控制源量表的编制。它们有些适用于不同的人群，如《儿童Nowicki—Strickland内外控制量表》和《期望控制量表》（老年）；有些目的在于评定与特定领域有关的控制信念，如《婚姻心理控制源量表》和《多维度健康状况心理控制源量表》；还有一些包含关于控制的不同领域（如成就和参与）或不同范围（如个人效能、人际控制及社会政治控制的因果信念），这方面的量表有《多维度一多归因因果量表》和《智力成就责任问卷》等。

赖文森（I. evensn）根据她本人及其他研究者的结果，对心理控制源的外控定向作了进一步的区分，提出了心理控制源的多维度结构概念，并设计了内控／他控／机控量表，即IPC量表。

多维度健康状况心理控制源量表（MHLC）有18个条目，分为内控性（IHLC）、机遇性（CHLC）、有势力的他人（PHLC）三个分量表，每个分量表高于24分为高分，低于24分为低分。

第七节　投射测验

投射测验的历史可以追溯到19世纪晚期。在初期，人们试图使用墨迹来测量想象力和智力。1921年，赫尔曼·罗夏（Hermann Rorschach）的墨迹测验首次出版发行；1943年，亨利·默瑞（H. A. Marray）出版发行了主题统觉测验（TAT）。这两个测验大大地促进了整个投射测验领域的发展，它们也深刻地影响了心理学实践，促使无数的相关研究出版，而且成为后来产生的一些投射测验的典范。

一、投射测验概述

（一）什么是投射测验

1. 什么是投射

"投射"是指个人对客体特征的想象式解释，这种解释有这样一些特征：（1）个人的一种不自觉的过程，把自己的态度、愿望、情绪等投射于环境中的事物或他人；（2）个人的情结对外界事物的影响；（3）个人从一种经验出发作出的推断。

投射测验是指以没有结构性的测题，引起被试者的反应，赖以考察其所投射的人格特征。投射测验通过向受测者提供一些未经组织的刺激情境，让被试在不受限制的情境下自由地表现出他的反应，分析反应的结果，以推断其人格情况。各种刺激情境（墨迹、图片、语句、数码等）的作用就像银幕一样，被试把他的人格特点投射到这张银幕上。

2.投射测验与其它人格测验的差异

（1）投射测验就是给被试一个模糊而暧昧的刺激情境，使被试有一个机会来表示出内心的需求，以及许多特殊的知觉，和对该情境所作的许多解释。而人格调查测验是有若干标准化了的问题，要被试回答其在一些不同的情境中是何感情和活动。而投射测验不能告诉被试测验的目的，只告诉这是一种想象测验，它只是提供给被试相当自由的情境，使其有充分表示知觉上个别差异的机会，让被试间接说明他自己。

（2）投射测验注重整体人格的分析，也可以用来考察个人的智能、创造力、解决问题的能力。而一般的人格测验，往往只能测量某些人格特征。

（二）投射测验的原理与特点

1.投射测验的原理

投射测验的原理与精神分析理论有密切联系。按照精神分析理论的无意识观点，个人无法单凭自己的意识功能了解到自己的人格特征，因此，运用自陈问卷法不可能测量到被试的真实的人格特征。如果我们以某种无确定意义的刺激情境作为引导，被试就会在不知不觉中将自己无意识结构中的愿望、要求、动机、心理冲突等特征投射在对刺激情境的解释中。

此外，投射测验的原理也与人格的刺激一反应理论和知觉理论有关。刺激一反应理论假设个体不是被动地接收外界的各种刺激，而是主动地、有选择地给外界的刺激赋予意义，然后再对之做出反应。知觉理论假设个体在知觉反应中，或多或少都有投射的过程，这表现在两个方面：一是知觉者常把自己的情绪投到外界事物上去；二是知觉者的期望对于知觉经验往往也有影响，人们更容易感知到他们准备感知的事物。

从以上理论出发，投射测验假定：（1）人们对外界事物的解释性反应都是有其心理原因的，同时也是可以给予说明和预测的；（2）人们对外部刺激的反应虽然决定于所呈现的刺激特征，但受测者过去形成的人格特征、当时的心理状态以及对未来的期望等心理因素也都会影响其对刺激反应的过程和结果；（3）正因为受测者的人格会无意识地渗透在其对刺激情境的解释性反应中，所以通过分析受测者对模糊情境的解释，就可能获得对受测者人格特征的认识。

2.投射测验的特点

与其他人格测验相比，投射测验有几个鲜明的特点：

（1）测验材料没有明确的结构和确切的意义，从而为被试提供了针对测验材料进行广阔自由联想的机会和空间。

（2）由于被试可根据自己对测验材料的理解作各种想象式解释，因此，被试对测验材料的解释在很大程度上不是取决于测验材料的性质，而是取决于被试的人格特征和当时的心理状态。

（3）测验的目的具有明显的隐蔽性。被试事先并不知道施测者对他的反应作何心理学的解释，这就在很大程度上避免了被试的伪装和防卫，使测验的结果更能反映被试真实的人格特征。

（4）对测验结果的解释重在对受测者的人格特征获得整体性的了解，而不是评估某个或某几个单个的人格特质。

（5）投射测验的内容多为无明确意义的图片，在测验时不受语言文字的限制，所以被广泛地应用于人格的跨文化研究。

投射测验也存在一些明显的不足，主要表现为以下几个方面：（1）评分缺乏客观标准，计分困难，对测验结果难以进行确定的定量分析；（2）缺少充足的常模资料，测验结果不易解释；（3）信度和效度不易建立；（4）原理复杂深奥，非经专门训练者不能使用。

（三）投射测验的分类

依据目的、材料、反应方式、测验的编制和实施、对结果的解释方法的不同，投射技术有不同的分类。例如林德西（G. Lindzey）根据受测者的反应方式将投射测验分为以下五类：

联想型——要求受测者说出某种刺激（如单字、墨迹）所引起的联想，如荣格的文字联想测验和罗夏墨迹测验（Rorschach Inkblot Test）。

建构型——要求受测者根据所看到的图画，编造一套含有过去、现在、将来等发展过程的故事，通过故事的内容探索受测者的人格特征，如默瑞的主题统觉测验。

完成型——提供一些不完整的句子、故事或辩论材料等，要求受测者自由补充使之完整，根据受测者完成的倾向来探索其人格特征，如语句完成测验。

表露型——要求受测者利用某种媒介（如绘画、游戏、心理剧等）自由表露其心理状态，如画人、画树测验。

选排型——要求受测者根据一定的准则（如美观、意义等）来选择项目，或作各种排列，根据这些选择和组合来推断其人格特征。可用数字、图画、照片等作为刺激项目。目前对于选排型投射测验的应用与介绍都比较少，相对于其他投射测验也还不够成熟。

我国心理学者把投射测验分为四类：联想型，构造型，完成型，表达型。

（四）对投射类测验的评价

1.优点

通过投射技术可以使被试不愿表现的个性特征、内在冲突和态度更容易地表达出来，因而在对人格结构、内容的深度分析上有独特的功能。投射技术在临床领域有一定的应用前景。

2.批评

（1）由于投射测验结果的分析一般是凭分析者的经验的主观推断，其科学性有待进一步考察。

（2）投射测验在计分和解释上相对缺乏客观标准，人为性较强，不同的测验者对同一测验结果的解释往往不同，并且，投射测验的重测信度也很低。

（3）投射技术是否能真正避免防御反应的干扰，在研究上并未得出一致结论。

3.投射测验在应用时不便之处

（1）投射测验一般为个体测验，不仅测验时间长，分析结果所需要的时间也很长，实施起来耗费精力。

（2）投射测验对主试和评分者的要求很高，一般只能由经验丰富、有专业背景的人担当。这种局限使一般的人事管理人员无法直接应用投射测验，测验的传播受到影响。

（3）对投射测验结果的评价带有浓重的主观色彩，不能满足人事测验的公平性原则。

二、罗夏墨迹测验（RIT）

1.RIT的编制方法

罗夏墨迹测验（Rorschach Inkblot Test，RIT）由瑞士精神医学家罗夏（H. Rorschach）于1921年编制完成。他从1910年开始用画片来研究精神障碍对病人知觉过程的影响，后来改用墨迹图。在最初制作墨迹图时，他先在在一张纸的中央滴一摊墨汁，然后将纸对折并用力压下，使墨汁四下流开，形成沿折线两边对称但形状不定的图形；用数千种这样制作出墨迹图对各种精神病患者、低能者、正常人、艺术家等进行测试，比较他们的不同反应，最后选定其中10张作为测验材料，逐步确定记分方法和解释被试反应的原则。罗夏墨迹测验基于知觉与人格之间有某种关系的基本假说，即个人对刺激的知觉反应投射出该人的人格。由于它采用非文字的墨迹图形刺激，因此，适合不同国家和种族使用。

2. RIT的测验内容及实施

RIT测验时，用的是10张对称的墨迹图片，其中有5张是黑白的（1、4、5、6、7），各张墨色深浅不一；2张主要是黑白墨色加以红色斑点（2、3）；3张由彩色构成（8、9、10）。这10张图片均为对称图形，且内容皆毫无意义（如图7-9所示）。

图7-9 罗夏墨迹测验墨迹图示例

在测验开始前，有一个标准指导语："我要给你看10张卡片，一次一张。卡片上印有墨迹染成的图形。你看每一张卡片时，告诉我，你在卡片上看到了什么，或者你认为出现在卡片上的是什么东西。每一张卡片看的时间不限制，只是请你务必把每一张卡片上看到的任何东西，都告诉我。当你看完一张卡片时，也请告诉我。"（S. J. Beck，1944）测验的实施分为四个阶段：

（1）自由（联想）反应阶段

主试按规定顺序和方位将图片递交给被试，同时问被试："你看这像什么？这使你想到什么？"在该阶段，主试应避免采用诱导性的提问，对被试的反应一般也不予干涉，而应让被试对每个图片自由联想。主试要把被试的每一回答尽可能完整地记录下来，主要任务为：①逐句记录反应的语句；②每张图片从出现到开始第一个反应所需时间；③各反应之间较长的停顿时间；④每张图片中反应的全部时间；⑤被试在图片里最敏感反应的位置；⑥被试附带动作、情绪及重要的行为；⑦被试在反应过程中带有某种重复出现的反应倾向等。

（2）提问阶段

罗夏墨迹测验的一个特别的技术在于，施测时必须对被试的反应作出标记，即用英文字母对各个反应分类，使资料处理简单化。分类按反应区位、反应决定因子和反应内容三个维度来进行。在提问阶段，主试再次将图片逐一递给被试，并根据需要按分类的维度提问。与分类维度相对应，询问包括：每一反应是根据图片中的哪一部分作出的？引起该反应的决定因子是什么（例如是否根据墨迹的形状、颜色、阴影作出反应）？自由反应阶段和提问阶段的资料使主试得以将反应用英文字母进行分类。

（3）类比阶段

在这一阶段，对提问阶段尚不能充分明了的问题作补充说明，主要询问被试的某种考虑是否与其他一些反应相类似。

（4）极限测试阶段

该阶段主要是确定被试是否能从图片中看到某种具体的事物，是否使用的是某个反应领域及决定因子。主试在该阶段往往采用构造化的直接提问方式，使那些在前阶段回答含糊的被试能给出充分的信息。例如："别人从这张图片上可以看出两只熊，你能看到吗?"

3. 罗夏墨迹测验的记分

罗夏墨迹测验得到的是被试质的回答，因此必须通过分类、记分的过程将质的回答数量化。其数量化的方法是按记号类别计算反应的次数，即计算某种反应类别的频数、百分数、绝对数等统计量，画出心理图像，进行解释和分析。

记号化是指对被试的测验资料进行分类，将具有相似特性的反应归类，并给予同样的记号。记号化包括4个方面：

（1）定位（Location）

这是根据被试对墨迹图反应的范围进行的分类，用来确定被试的每一反应着重墨迹图的哪一部分。有5种类型：①整体（W）；②部分（D）；③小部分（d）；④细节（Dd）；⑤空白（S）。

（2）定性（determinants）

这是根据被试对墨迹反应时的依据所作的分类，用来确定被试反应的因素。包括4个方面：①形状（F）；②黑白光度（K）：与情感满足有关；③色彩（C）；④运动（M）。

（3）内容（content）

这是根据被试对墨迹图所作的反应的内容进行的分类，主要有以下典型的反应内容：人（H）、动物（A）、解剖（At）、性（Sex）、自然（Na）、物体（Obj）等等。

（4）独创和从众（original and popular）

这是根据被试对墨迹图反应的独特性所作的分类，有普通反应（P）和独创反应（O）两种情况。在一般的被试中有1／3对同一墨迹作反应，则为从众反应；如果一般人在一百次反应中只出现一次，则可视为独特反应。

4. 罗夏墨迹测验结果的解释

根据上述记号化的结果，在决定因子的心理图像上标上每个因子的反应次数，将各点相联，即是被试的人格图像。然后结合反应区位、反应内容、反应的独创性，以及它们之间的数量关系，根据测验分高，表示具有手册中的描述解释被试的人格特征。

（1）定位解释

整体（W）。对墨迹图作整体的或接近整体的反应，表示概括倾向。W次数过低或没有，表示受测者缺乏综合能力，而W过高则表示过分概括倾向或期望过高。

部分（D）。受测者的反应只利用了墨迹图中明显的某一部分，如对空白、阴影浓淡、色彩等墨迹图像的形态性质所隔开的较大部分进行反应。较高数量的D表示此人具有良好的常识水平，有具体的、实际的、少创见性的心理能力。

小部分（d）。受测者的反应只利用了墨迹图中较小但仍可以明显划分的一部分。

细节（Dd）。受测者的反应只利用了墨迹图中极小的或不同于一般方法分割的一部分，如轮廓线、极小部分、内部浓淡部位等。Dd表示有特殊的知觉，有时表示有精确的批评能力。如果表现极端，则表示注意琐事；数量多，意味着有刻板或不依习俗的思维。

空白（s）。受测者的反应所利用的是墨迹图中的白色背景部分。

（2）形状解释

最常被认为的形状为F，少见但是很清楚的形状为F+，表示受测者的现实性思维，适应良好，智能效率高，莫名其妙的形状为F-，表示受测者思维过程的混乱。被试如有F＋或F，表示他对于心智的过程和做事上有控制能力。分裂型的人，其行为无组织，对事曲解，故常有F-分。F分过高，表示在情绪上和社会适应性上会受限制。

（3）色彩解释

只对色彩反应而不对形状反应为C，代表感情作用和内在冲动，纯粹的C反应是情绪控制的病态欠缺，是爆发性和一触即发的情绪性指标，在正常人中很少见；对形状反应较色彩显著者为FC，表示具有情绪上的控制和社会适应的能力；对色彩反应较形状显著者为CF，表示冲动和自我中心。

色彩震惊（color shock），这表示被试由于焦急、神经症或受严重的损伤而致的情绪的不平衡。

（4）黑白光度的解释

K是一种无形扩散的反应，将墨迹看作没有形状的雾或霞，表示被试有情绪上的需求，有模糊不清和蔓延浮动的焦虑，意味着对情爱的欲求压抑以及不满足感。

（5）运动解释

墨迹本身没有运动，但受测者把墨迹理解为代表运动的物体，这通常是想象和移情的作用，M也是内倾性符号，M多意味着情感丰富，M少意味着人际关系差。有M分表示有丰富的社会生活和理想生活。若单有运动反应而无色彩反应，表示有内心的生活，而对外在的事物无感情，即外向人格。适应有困难的人有M分表示幻想生活，躁狂症的人有M则表示自我中心的愿望满足。

（6）内容的解释

内容经常的反应如表7–17所示。

表7–17　罗夏墨迹测验的反应内容及其意义

符号	内容	意义
H	人	反应对人的态度,H过少表示却反对他人的理解,缺少与他人的共鸣和好的人际关系。
(H)	非现实的人,如怪物、仙女等。	
Hd	栩栩如生的人体的一部分	Hd反应过多表示对他人敏感,过于批评性的倾向
(Hd)	虚构人物的部分	
AH	半人半兽	
At	解剖学意义上的人体部分(内部器官或X光照片)	At代表意识固执于身体,有焦虑反应,At的%在10%以下正常。
Sex	与性器官及性行为有关的东西	反映了人格病态倾向性,表示对性的关心、亢进及与社会的脱离。
A	动物	A反应是正常反应,A%在某种程度上是刻板性指标。正常人的A%在25%–40%的范围内,A%过低或过高,其社会成熟度皆有问题。
(A)	非现实的动物	
Ad	动物的部分	
Aobj	动物制品	
A,At	动物解剖学概念(切断面,X光照片等)	At代表意识固执于身体,有焦虑反应,At的%在10%以下正常。
Pl	植物	
N	自然	表示对自身内部某种基本力量的态度。
Obj	人所制造的物体	表示受测者的定像物

续表

符号	内容	意义
Arch	建筑物	表示人的身体或人的业绩
Art	艺术	
Abst	抽象概念	
Cl	云	
Bl	血	与不安定的色彩反应有联系
Fire	火	控制的情感反应

（7）独创与从众的解释

如果被试的反应与一般人不同，则可能表示他有独特的见解，智力比较高，或者是有意歪曲事实，有与社会不易相融的倾向。与一般人有许多雷同的地方，可能表示他的智力一般，或者社会适应良好。

5.对罗夏墨迹测验的评价

（1）罗夏墨迹测验是一种普遍使用的有效的临床心理工具，它在克服被试的心理防卫方面有积极效果。

在20世纪60年代前期，罗夏墨迹测验一直被临床医生广泛使用（Dawes，1994；Wade & Baker，1977）。到了20世纪80年代，虽然它的最高位置已被MMPI取代，但它在日常的临床实践中仍然是重要的诊断工具之一。它开创了人格测验的新途径，同时还可用于跨文化的研究。

（2）该测验在解释上有较大的主观性，效度不甚可靠；其计分和实施比较复杂。

因此，后来的心理学家致力于编制更为客观精确的墨迹测验，比较有代表性的是赫兹曼（W. H. Holtzman）与其同事编制的赫兹曼墨迹技术（Holtzman Inkblot Technique，HIT）。赫兹曼测验包含有45张墨迹图，根据经验选择出这些墨迹图是为了最大化测验分数的信度和临床诊断的效度。然而，不同于罗夏测验，赫兹曼墨迹技术只允许对每张图片做出一个反应。然后，使用标准化的程序对这45个反应（有关罗夏测验主要维度的许多方面）进行评分。

三、主题统觉测验（TAT）

1. TAT的理论基础

主题统觉测验（Thematic Apperception Test，TAT）由美国心理学家默瑞（H.

A. Murray） 及其同事摩根（Morgan）于1935年编制，1943年第三套修订版使用最广泛。

主题统觉测验的编制是建立在默瑞的需要—压力理论基础上的。该理论认为，人类复杂的心理行为都可以用特定的欲求和压力相结合的简单形式来解释。个体人格的形成及表现具有明确的动力性，完整的人格往往是内在欲求和压力相平衡的结果。若不平衡，则会发生人格偏离或心理异常。TAT假设个人对图画情境编造的故事和其生活经验有着紧密的关系，且受到无意识动机的影响。故事内容中有一部分受到当时知觉的影响，但其想象部分却包含个人有意识或无意识的反应，即受测者在编故事时，会不自觉地把隐藏在内心的欲望和冲突穿插在故事情节中，借故事中人物的行为投射出来。

2. TAT的内容和实施

（1）TAT的内容

主题统觉测验最初设计作为病人心理分析的工具。刺激材料包括31张卡片，其中一张是空白的。30张卡片都是黑白的，包括各种情景呈现给测试者某些人类情境。一些图片包括一个主人公、一群人，或者根本没有人，一些图片逼真的象照片一样，另外一些是超现实的图片。受试者聆听着这样一个开头：这是一个关于想象力的测试，我们需要回答图片的场景说明了什么样的事情，那个个时刻发生了什么，结果又是什么，还要求回答卡片中的人们在想什么。如果空白卡片被施测的话，受试者需要想象有一图片在卡片中并要就其讲一故事。

正式测试使用的TAT全套测验共有30张内容隐晦的黑白图片，另有空白卡片一张，图片的内容以人物或景物为主。如图7-10所示：

图7-10　主题统觉测验图片示例

30张图片组合成4套，分别适用于成年男性、成年女性、男孩和女孩。其中，每组专用的图片各一张，成年组与非成年组共有的图片各一张。男女共有的各7张，各组通用的共10张。

（2）TAT的实施

正式施测时，按照男、女、男孩、女孩，分成四组，每个组测20张（包括一张空白片）。测验指导语为："我要请你看一些图片，并且要你根据每张图片讲一个故事，说明图片中所表现的是怎么一回事，为什么会造成那种情况，以后会有什么结果。你可以随意讲，故事愈生动、愈戏剧化愈好。"对空白卡片，要求受测者想象出一幅在卡片上的画并进行描述，讲一个关于它的故事。

测验时间分为两个阶段各1小时，每个阶段完成10张卡片，一般后10张图片内容奇特、更有戏剧性和更古怪的卡片，并伴有指导语促使受测者发挥自由想象，容易引起情绪反应。

3. TAT的计分与解释

（1）TAT的计分

TAT的计分有两部分：一是在每一种需要变量和情绪变量上的分数，计分规则是根据每一种需要或情绪的强度在1～5之间计分；二是在每一种压力变量上的分数，计分规则是根据每一种压力的强度在1～5之间计分。最后在每一变量上都得到两个分数，一是总体平均分（AV），二是分数的分布（R）。被评定的主要需要变量和情绪变量有：恭顺、成就、攻击、自责、关怀、顺从、性、受保护、进取、归属、自主、矛盾、情绪变化、沮丧、焦虑、怀疑等；被评定的主要的压力变量有：归属、攻击、支配、关怀、拒绝、身体危险等。评定这些变量的分数的依据是受测者在所编的故事中对主人公的行为、需要、动机、情感和主人公所处的环境的描述，以及整个故事所反映出的主题性质。

（2）TAT的解释

解释TAT有两个基本假设：第一个假设是主人公的归因（需要、情绪状态和情感）代表着被试人格的倾向性。这种倾向性是被试的过去和他所预期的将来，即：他已做过的事，他想去做的事，他未意识到的一些基本的人格力量，他当时所体验的情绪和情感，他对将来行为的预测。第二个假设是被试所统觉的环境压力也代表着过去、现在和将来，即：他真正遇到过的情境，他出于愿望或恐惧而想像到的情境，他正在统觉的情境，他期望遇到的或害怕遇到的情境。

TAT的解释主观性很强，因此最好由两三位主试共同评估。主试需根据所编故事的内容特质（故事格局、明确的内容、省略情节等）和形式特质（长度、种类、故事的组织、内容描述的恒定性）对被试的需要、情感、冲突、压力作了解。默瑞曾提出对主题统觉测验解释时应注意以下几点：

（1）主角本身：被认为代表受测者自身的角色，如隐士、领袖、犯罪者等。

（2）主角的动机倾向和情感：主角行为，尤其是主角的异常行为，在分析时应注意提到次数多的行为。屈辱、成功、控制、失意等若干特性，均可按照叙述的强烈、持续、重复次数及重要性做成一个五等级量表。

（3）主角的环境力量：特别是人事力量。有时图片中没有的人和物，是被试自己选出来的，这些代表对主角产生影响的力量（如拒绝、身体的伤害、缺陷、失误等），可根据其强度而列成五等级量表。

（4）结果：主角本身力量与环境力量的对比，经历了多少困难和挫折，结果是成功还是失败，是快乐还是不快乐。

（5）主题：分析受测者最严重、最普遍的难题是来自环境的压力还是自身的需要。

（6）兴趣和情操：如图片中的老年妇女常常被比喻为母亲，老年男子常常被比喻为父亲；图片中的角色，有时被描述为正面人物，有时则为反面人物。

目前研究者们已经编制了TAT的很多改编本以适应多种特殊用途，如用来调查成就动机、态度等问题，如成就需要问卷（n-Ach）及用于职业咨询、行政评价和种类繁多的研究项目；还有些被用于特殊的人群，如学前儿童、小学、残疾儿童、青少年和各种少数民族和种族群体，如儿童统觉测验（CAT）、TEMAS等。

统觉测验除了TAT之外，还有密歇根图片测验、密西西比TAT等。

四、其它类型的投射测验

（一）语句完成测验

这种方法是给被试一些未完成的句子，要他填上几个字，使之成为一个完整的句子。例如：

我喜欢……

某一天，我会……

我总是记得那时……

我担心……

当……我会特别害怕。

我受伤害了……

我妈妈……

我希望爸妈……

常见的语句完成测验有罗特（Julian B. Rotter）等人编制的"未完成语句填充测验"（Rotter Incomplete Sentence Blank，RISB）包含40题，每一个项目都含有一个句根，被测者根据它来建立一个符合项目内容的完整句子，题目示例如下：

最幸福的时刻是＿＿＿＿＿＿＿＿＿＿＿＿＿＿＿＿＿＿＿＿＿＿＿＿＿＿

我想知道＿＿＿＿＿＿＿＿＿＿＿＿＿＿＿＿＿＿＿＿＿＿＿＿＿＿＿＿＿

根据每一个完成的句子所表明的适应或适应不良的程度在七点量表上进行评定，受测者的反应被分为C反应（冲突或不健康的反应，如"我恨所有的人"）、P反应（积极的或健全的反应，如"我喜欢一切美好的事物"）和N反应（缺乏情调的中性反应，凡不属于C、P的皆属于N反应，如"我想要知道你的姓名和籍贯"）。各个项目的分数总和，表示其不良适应的程度。

（二）补全故事测验

故事也可用做投射的载体。M. 托马斯（Madeleine Thomas）的补全故事测验（Mills，1953）共由13个故事组成，适合对6~13岁的儿童单独施测。以下是其中的几个例子：

1. 一个男孩（女孩）在学校上学。有一次课间休息时他没有和别的孩子玩，而是一个人呆在角落里。这是为什么？

3. 一个男孩和父母正在吃饭，突然爸爸发起脾气来，这是怎么回事？

8b. 一个男孩有一个很要好的朋友。有一天，这个朋友对他说："跟我来，我给你看一样东西，但你要保密，别告诉任何人。"他的朋友会给他看什么东西呢？

对被试的反应进行逐字逐句的记录，以备分析和解释之用。编者认为，上面的故事1能揭示出一个人的适应水平、在学校的表现及逃避的心理。

（三）逆境对话测验

"逆境对话测验"（the Rosenzweig Picture-Frustration Study，P-F）由罗桑兹威格（Rosenzweig）在1941年编制，原名是"罗桑兹威格图画挫折研究"。该测验有24张类似卡通片的图片，测验图片分为两种形式，分别测量4至13岁的儿童以及成人（14岁以上）。每一张画有两个对立的人物漫画，其中一个对着另一个说了几句逆耳的话，这些话足以引起另一个人生气（即产生挫折的情境），被试扮演后者的角色，必须对这些逆耳的话做出反应。该测验假设受测者在反应时将自己的想法投射到图片中受挫人物的身上，因此他的回答可以预测受测者在遭遇挫折时的反应倾向（图7—11）。

图7—11 逆境挫折测验图片示例

作答后，根据受测者答案的"攻击类型"和"攻击方向"对反应分类并计分。评分分为6种挫折反应方式和攻击行为："自我防卫"（为自己辩论），"强调障碍"（强调困难所在），"坚持需要"（提出解决问题的途径，以克服障碍），"责人反应"（朝向他人或外界事物，即责怪别人），"责己反应"（归咎自己），"免责反应"（设法避开所面临的问题）。

（四）绘画测验

绘画测验属于表露型测验。一般认为，绘画作品常常透露出画家的内心世界，因此心理学家也借助绘画来了解一个人的心理。绘画测验在人格测量上比较有名的有麦考沃画人测验、布克（Buck）1948年的"屋—树—人技术"（House-tree-person technique，简称HTP）、考夫曼（Kaufman）1970年的动态家庭绘画技术（Kinetic Family Drawing，简称KFD）和卡尔柯奇的画树测验（Drawing-a-tree）。这里仅简单介绍一下画人测验。

画人测验（Draw-a-Person Test，DAP）由美国心理学家凯伦·麦考沃（Karen Machover，1949）编制。编制DAP的基本假设是被测者会将他们自己投射到被要求画的人像上。麦考沃认为这些再现的人物形象可以揭示被测者的冲动、焦虑以及其他的内部情绪状态。

测验时给被试一枝铅笔，一张8×11吋白纸，在良好的照明条件下，让被试舒适地坐着，要求被试画一个人，当画完之后，再要求被试画一个与刚刚性别相异的人。主试就以这两张画为评分和解释的依据。当被测者在完成这些任务时，主试要观察他们画出人体各部分的顺序、绘画过程中的言语表现以及与实际绘画过程有关的其他因素。有时，在被测者将两幅画都完成以后就要进人一个询问阶段。在这一阶段，要问出关于人像的年龄、职业、家庭身份等一些信息。

DAP的评分和解释既复杂又主观，需要注意人像的大小、构图的位置、线条的粗细轻重、正面或侧面、身体各部分的情况（头、手、脚等）。对于没有画出来的部位、比率、阴影、细节、增添、对称、涂擦等都有特殊的解释。另外，详细讨论身体每一主要部位的特征。表7-18总结了其中一部分结构及其伴随的假设意义。

表7-18 画人测验中着重于身体不同部位的意义

身体部位	心理学意义
头的大小	察觉的智力能力、冲动控制、自我陶醉
面部表情	恐惧、憎恨、攻击、温顺
侧重于嘴	与吃有关的问题、酒精中毒、胃痛
眼睛	自我概念、社会问题、偏执狂
头发	生殖力的象征、潜在的性机能障碍
臂和手	与环境接触的程度、对他人的开放性
手指	操纵和阅历他人的能力
腿和脚	支持的数量、性攻击、攻击
侧重于胸部	性未成熟、神不守舍、神经衰弱症

尽管DAP分数的效度不确定，但它还是位列10个临床医生最常用的评估工具之内（Lubin，Larsen，& Matarazzo，1984）。

（五）沙盘游戏

沙盘游戏（Sand—Play Therapy）也叫箱庭治疗法，是一种心理疏导手段，使用沙、沙盘以及有关人或物的缩微模型来进行心理治疗与心理辅导的一种方法，由瑞士荣格分析心理学家多拉·卡尔夫（Dora Kalff）创立。

沙盘游戏的最初创意，可以追溯到威尔斯（H. G. Wells）1911年出版的《地板游戏》。威尔斯在书中介绍了自己勾画的许多图案，以及他儿子在玩地板游戏时的实际照片。1979年，英国儿童精神病学家玛格丽特·洛温菲尔德（Margaret Lowenfeld）受此启发，在自己的儿童心理诊所添置了很多玩具和模型、托盘、沙子和水，由来访的儿童自发地选择玩具及游戏内容，并给所玩的游戏命名，她把这种治疗技术命名为"游戏王国技术"（The world technique）。1935年洛温菲尔德出版了专著《童年游戏》（Play in Childhood）。之后，卡尔夫结合荣格分析心理学中的积极想象技术和艾里克·纽曼（Erich Neumann）的儿童发展阶段理论，并融合东方哲学和文化（尤其是周敦颐的思想），创建了"沙盘游戏"。1985年国际沙盘游戏治疗学会成立。

沙盘游戏的理论假设是：在一个自由、受保护的空间，通过在沙盘内用各种模型、玩具摆弄心灵故事，使来访者与无意识接触并表达超语言的经历和被阻碍的能量。这种接触与表达，可促进激活、恢复、转化、治愈、新生的力量，对访者心理健康的维护、想象力和创造力的培养、人格发展和心性成长都有促进作用。

沙盘游戏需要有一间专门的房间，里面放置着沙盘、人或物的微缩模型以及水罐或其他盛水器具等沙盘游戏的必需物品。沙盘一般被放在低矮的桌子上。常用的沙盘大小为70厘米长、55厘米宽、11厘米高。它的底和边框被漆成天蓝色，并且能防水，里面装的沙子大约是盒子高度的一半。沙盘的大小要能让人目之所及，一眼看到全貌，这有利于集中和加强人的心理注意力。玩具有人形、动物、树木、花草、各种车船、飞行物、建筑物、桥、栏杆、石头、怪兽等。标准的沙盘游戏治疗一般需要1200多个沙盘游戏模具，要按照基本的类别来适用当摆放。这样一般需要3个沙盘游戏模型架。

图7-12 沙盘游戏的沙箱和模型架

沙盘游戏操作起来比较简单，辅导师首先要和受测者建立关系、取得信任，同时初步了解受测者的基本情况。然后，辅导师将受测者的兴趣逐渐引向沙盘游戏的材料，并明确告诉他，只要他愿意，他可以自由使用它们，自由建造头脑中想象出的任何图景。受测者在玩沙盘游戏的过程中，辅导师通常要坐在一个离沙盘较近的地方，以便及时发现受测者在建造过程中的种种表现，但这个地方不能太近，太近了会干扰建造过程。在沙盘游戏完成之前，辅导师最好不要插话，不要问问题，也不要发表个人意见，而只是静静观看。当沙盘游戏完成之后，辅导师要询问每一个形象具体代表什么，或提出一些其他的问题，对它任何进一步的讨论都会围绕着对主题或扩展主题的兴趣展开。

　　沙盘游戏目前已成为一种以心理分析为基础的独立的心理治疗体系，成为艺术治疗和表现性治疗的主流之一，并在临床心理学界、心理咨询与心理治疗第一线得以推广和应用。

第八节　人格评定量表和情境测验

一、人格评定量表

（一）评定量表的性质及其种类

　　评定量表（rating scale）是用来量化观察中所得到的印象的一种测量工具，在形式上与自陈量表相似，只是作答者是他人而已，要求选择和被评者最相符的一项。该方法最早是由高尔顿创制，现在广泛地用于各种领域，尤其是评定量表的结果常作为编制人格测验的效标资料。

　　评定量表的常见形式有以下几种：

　　（1）数字评定量表。即提供一个顺序的数字系列，由评定者给被评者的行为确定一个数值（等级）。

　　（2）描述评定量表。即对所要评定的行为提供一组具有顺序性的文字描述，如好、中、差等，由评定者选出一个适合被评者的描述。描述评定量表可以与数字量表结合起来，对每一描述赋予一个数字等级，还可与图表结合起来。描述评定量表具体且简单，因此应用广泛。

　　（3）标准评定量表。即事先提供不同类型人的行为标准，由评定者将这些标准与被评者的行为对照，看被评者最像哪一类人，由此获得被评者特质的估计。常用的标准评定量表是猜人测验。

（4）强迫选择评定量表。即提供许多组词汇或陈述句，评定者必须在每组中选出一个最能代表被评者行为或人格的词汇或陈述。此法与自陈量表中的强迫选择法类似，可消除某些评定误差。

（5）检核量表。即提供一个由许多形容词、名词或陈述句构成的一览表，要求评定者将表中所列与被评者的行为逐一对照，将其中所有能描述被评者人格的词或项目圈出来，只需作"是"或"否"的判断，最后对结果加以分析。检核表是一种直接而有效的获得被评者人格特征的方法，比较常用的检核表有：问题检核表和形容词检核表。问题检核表主要用来探查行为或情绪障碍，观察者或被评者只需将符合其情况的问题圈出，最后便可评定问题所在；形容词检核表则是要求被评者阅读形容词，并划出与被评者相符的形容词。

（二）常用的人格评定量表

1. 梵兰社会成熟量表

梵兰社会成熟量表（Vineland Social Maturity Scale，简称 VSMS）是美国梵兰训练学校校长道尔在长期工作中摸索编制的，适用于婴幼儿至30岁的成人。其结构与标准化是以斯坦福一比奈量表为蓝本的。测题以年龄分组，很像斯坦福一比奈量表。

下面列举几项有关自助、自我指导、作业、交往及社交方面的项目。

自助：接触邻近的东西（出生至1岁）

自我指导：购买自己的衣服（15岁至18岁）

移动：在屋里随意漫步（1至2岁）

作业：助理细小家务（3至4岁）

交往：打电话（10至11岁）

社交：引人注意（出生至1岁）

主试与被试本人或亲友会面之后，根据交谈和调查结果逐项计分，由此可得到社会年龄（social age），再除以实足年龄，即得社会商数（social quotient，简称 SQ）。

1980年日本三木正安教授修订该量表，称之为婴儿一初中生社会生活能力量表（日本S—M社会生活能力检查修订版）。我国现也有中国修订版本。

2. 莱氏品质评定量表

莱氏品质评定量表又叫内外向品质量表（Scale for measuring introversion extroversion qualities），是莱德（D. A. Laird）编制的评定他人内向还是外向的量表。在我国常见的是肖孝嵘先生的修订本，共有40个问题，每个问题后面有5个不同的描述短句，短句有的是按外倾到内倾的顺序排列，有的则相反。评定者必须观察被评者最近数月内的思想行为，逐题评定，在每一题后面的5个短句中，选择与被试最相符或相近的一个。测验题目举例如下：

他每日所做的工作无间断否？

连续工作至完毕而止；有时停止工作；时作时辍；常思交谈或休息；无故停止工作。

评定时间不加限制，记分时应先查明每题从外向到内向的顺序，然后以5等记分，依次为1、2、3、4、5分。总分可与常模比较，高分为内向，低分为外向。

3. 猜人测验

猜人测验（Guess—who Test）是一种标准评定量表，最初是哈特松（H. Hartshorne）、梅尔（M. A. May）及马勒（J. B. Maller）在从事品格教育研究时首先应用的，后经特莱隆（C. M. Tryon）等的研究，发展为两种不同的形式，主要目的是利用同班同学的长时间相处，互相评定一群学生的各种人格特质。

受测者根据对某种行为的品质、特征的描述，找出团体中最符合这些描述的人来。对于每一种描述，每个受测者只能而且必须选出一个符合或者近似符合者，不能不选。如下就是量表中的其中一项：

（　）　　热情　　　　　　　孤独　　　（　）
　　情感外露，坦白热诚　　态度保留，寡言，冷淡

把团体中所有人的表格收回后，在热情一项被提名的次数最多的人，就是比较热情的；在孤独一项被提名的次数最多的人，就是比较孤僻的。如果有人在热情上被提名10次，在孤独上被提名1次，抵消后等于在热情上被提名9次，依此类推。

二、情境测验

情境测验（situational test）指预先布置一种情境，主试观察被试在此情境中的行为表现，从而判定其人格。该方法常用于教育及军事领域或特殊人才的选拔。下面介绍几种常用的情境测验。

（一）品格教育测验（CEI）

品格教育测验（Character Education Inquiry，CEI）是由哈特松（Hartshorne）和梅尔（May）于1928设计的最著名的情境测验。

CEl采用的是学龄儿童日常生活或学习中所熟悉的、自然的情境，用来测量诸

如诚实、自我控制以及利他主义等品格或行为特点。研究者选择了体育比赛、联欢会、学生家里等不同的场合来了解在机会不请自来的情况下，学生作弊、说谎、伪造、偷窃及自我吹捧等情况。在一个研究中，研究者要求学生自己批改分数，但他们并不知道研究者早已改过他们的卷子了，因此，将两个评分相对照，即可发现学生是否有作弊行为。在另一个测验中，研究者将装有钱的盒子发给孩子，并告诉他们这些盒子上没做任何标记，等盒子收回来以后，检查里面的钱数，即可确定学生是否有偷窃的不诚实行为。

哈、梅的诚实测验的另一种方法叫做"不可信的成绩"，包括曲线迷、周迷、方迷三种测验（见图7-13）。

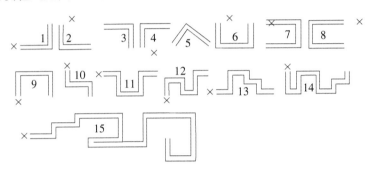

（A）曲线迷测验

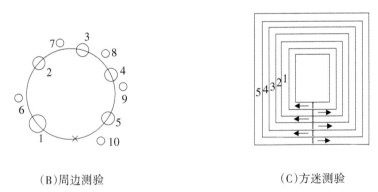

（B）周边测验　　　　　　　　（C）方迷测验

图7-13　周迷测验示意图

例如周迷测验（circle puzzle）设计了让儿童相信在不受监视的情况下可以撒谎的情境，儿童被要求闭着眼睛在10个不规则排列的小圆圈上做一个标记。在排除偷看条件下的控制测验表明，在总共3次实验中正确标记不可能超过13个，因此标记超过13个被看作是偷看的证据。

(二) 情境压力测验

情境压力测验主要应用于军事或领导人才的选拔上，通常采用设计好的情境，用来对个体在压力、挫折或情绪分裂条件下的行为进行抽样调查，从而了解其人格特征。典型的情境压力测验有无领导小组、文件筐测验等多种，这两种方法我们后面专章讨论，这里只介绍内田—克雷佩林测验。

内田—克雷佩林测验 (Uchida-Kraepelin psychodiagnostic test) 是由日本临床心理学家内田勇三郎 (Yuzaburo Uchida) 编制的，简称 "UK 心理测验"，用以测定人的性格类型，预测人的心理健康与否，甚至能够比较快速准确地测查评估人的应激状态和适应能力等。

内田—克雷佩林测验源于德国精神病学家埃米尔·克雷佩林 (Emil Kraepelin) 对人格的研究。1895 年，克雷佩林论述了连续加算可适用于精神医学的诊断，并开始运用该检查方法对容易出现精神疲劳者或异常性格的人进行检查，但克雷佩林本人并没有把这一研究成果作为人格诊断检查的方法继续发展。内田勇三郎在 20 世纪初从克雷佩林连续加法运算作业中得到启示，将该检查法引入日本国内，历经 20 余年编制成了内田--克雷佩林测验。

内田—克雷佩林测验的内容十分简单，仅要求受测者作一位数的连续加法计算，然后通过对作业曲线的分析，得到受测者心理特点的大量信息，从而对受测者的性格、气质、智力做出全面的评估。

内田—克雷佩林心理测验针对不同的人群特点设计了三种版本：适合中学生及以上的人使用的 "标准型" 测验；适合小学三年级至六年级学生使用的 "儿童型" 测验；适合幼儿和小学一、二、三年级学生使用的 "幼儿型" 测验。

以标准型测验为例，测验由三部分组成：(1) 受测者的基本情况，包括姓名、性别、年龄、接受该测验的日期和次数、测验时的身心状况等内容；(2) 练习部分共有 5 行、每行 59 个数字，目的是让受测者熟悉内田—克雷佩林心理测验的施测方法；(3) 正式测验共有 34 行、每行 115 个数字，分为前、后两个部分。

标准型测验采用十进位的连续加法，受测者按指导语从横向排列的第一行、第一个数字起，将两两相邻的数字相加，相加之和超过 10，则将所得答案的个位数写在两个数字中间；相加之和若没有超过 10，则将所得答案直接写在两个数字中间。每行做 1 分钟，1 分钟到时，受测者根据指令换行，从下一行最左端数字重新开始计算，依此方法连续进行 15 分钟的加法作业，然后休息 5 分钟，再做后半部分，方法与前半部分相同，也是每行做 1 分钟，做 15 分钟。

测验完成后，将受测者各行完成的加法运算数值在坐标图上用直线依次连接起来，于是就形成了两条曲线，内田称之为作业曲线。每个人在接受这项心理测验时因为"精神紧张"、"兴奋"、"习惯"、"疲劳"以及"练习"等五种因素的影响，每分钟的作业量都会有所差异，从而形成了特有的作业曲线，它们代表了个体特有的能力和特有的人格特质及心理调节机能在作业过程中的动态表现。通过对这些客观表现的分析和差异比较，就可以对个体的基本能力、人格的综合特征以及性格和行为的特异倾向做出全面而细致的评定。

与其他测验相比，内田测验有着施测简单、施测方法客观以及不受语言和文化差异影响的优点，但是计分和解释缺乏量化的客观标准，使测验的结果评定有很大的主观性，要求评定者有丰富的临床经验，这也是和其他投射测验共有的不足。

内田一克雷佩林心理测验通过连续加法运算作业，可以准确、客观、科学地反映出受测个体的能力特征和个性倾向，广泛用于学校心理健康诊断、企业或政府机关等单位的应聘测试、岗位配置、心理咨询、预测工作、学习的业绩等方面。在日本，内田一克雷佩林心理测验被广泛应用于教育、医疗、司法、企业管理等许多领域，已成为日本一个相当有名的心理测验。

第八章　需要和动机测验

第一节　需要测验

一、需要概述

人为了求得个体和社会的生存和发展，必须要求一定的事物。例如，食物、衣服、睡眠、劳动、交往等等。这些需求反映在个体头脑中，就形成了他的需要。需要被认为是个体的一种内部状态，或者说是一种倾向，它反映了个体对内在环境和外部生活条件的较为稳定的要求。

需要是个体行为和心理活动的内部动力，它在人的活动、心理过程和个性中起重要作用。

首先，需要是个体行为积极性的源泉。人的各种需要推动人们在各个方面的积极活动。个体活动的积极性，根源在于他的需要。需要和人的活动紧密相联，需要越强烈，由此引起的活动也就越有力，它是个体活动的动力。没有需要，也就没有人的一切活动。而且需要永远具有动力性，它不会因暂时的满足而终止。

其次，需要又是个体认识过程的内部动力。人们为了满足需要必须对有关事物进行观察和思考。需要调节和控制着个体认识过程的倾向。需要对情感和情绪影响很大。人对客观事物产生情感和情绪，是以客观事物能否满足人的需要为中介的，凡是能够满足人需要的事物，则产生肯定的情感和情绪，否则产生否定的情感和情绪。情感和情绪就是人对客观事物与人的需要之间关系的反映。需要推动意志的发展。个体为了满足需要，从事一定的活动，要用一定的意志努力去克服困难。人在克服困难的过程中，锻炼了意志。

最后，需要在个性中起重要作用，是个性倾向性的基础。个性倾向性的其它方面如动机、理想、信念等等都是需要的表现形式。

二、需要测验

比较常用的需要测验是根据马斯洛的需求五层次理论而进行的。

美国心理学家马斯洛（A. Maslow）把人的需要分为五个层次，如图8-1所示：

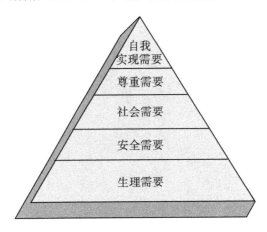

自我
实现需要

尊重需要

社会需要

安全需要

生理需要

图8-1 马斯洛的需要层次论

生理需要（Physiological needs）。食物、水、住所、性满足以及其他方面的生理需要。

安全需要（Safety needs）。保护自己免受身体和情感伤害的需要。

社会需要（Social needs）。包括友谊、爱情、归属及接纳方面的需要。

尊重需要（Esteem needs）。内部尊重因素包括自尊、自主和成就感；外部尊重因素包括地位、认可和关注等。

自我实现需要（Self—actualization needs）。成长与发展、发挥自身潜能、实现理想的需要。这是一种追求个人能力极限的内驱力。

马斯洛指出，生理的需要、安全的需要是低级需要，而社会需要、尊重需要和自我实现的需要是高级需要；人的需要一般是从低级向高级发展，当低级需要相对得到满足后，人们更看重高级需要的满足。

北京大学的王垒教授等根据马斯洛的需求五层次理论，编制了需求测验问卷。该问卷由67道题目组成，测验五种基本需求：生理需求、安全需求、归属和爱的需求（即社会需求）、自尊的需求、自我实现的需求，每种需求选定10~16道题目加以测试。每道题目陈述一个观点，应试者根据他对此观点的同意程度七点评分，如"完全同意"评"7"分，"完全不同意"评"1"分，测验时间约为30分钟。测验样题如下：

我认为有一个安稳的住所是发展事业的前提。

1、完全不同意；2、非常不同意；3、稍有不同意；4、无所谓；5、稍有赞同；6、比较赞同；7、完全赞同

通过测试，可以了解应试者对生理需要、安全需要、归属和爱的需要、自尊的需要和自我实现的需求等各大类生活需要的程度，可全面了解个体的需求状况和需求的主次形态，并可定性、定量分析员工总体需求分布模式以及各种需求的强弱程度。

第二节　动机测验

一、动机概述

动机是指引起、维持和指引人们从事某种活动的内在动力。

需要和诱因是形成动机的必要条件，但是，在动机的内在条件和外在条件各自所起的作用上，心理学家所强调的侧面是有所不同的：即所谓"拉"和"推"的理论。"拉"的理论强调动机中的环境的作用。"推"的理论强调动机中个体内部力量。一般认为，有些动机形成时需要的作用强些，有些动机形成时诱因的作用强些。

动机在人类行为中具有引发、指引和激励的作用。（1）引发作用：人类的各种各样的活动总是由一定的动机所引起的，没有动机也就没有活动。（2）指引作用：动机像指南针一样指引着活动的方向，使得活动向预定的目标前进。（3）激励作用：动机对活动具有维持和加强的作用，强化活动以达到目的。

二、动机测验

常用的动机测验以麦克莱兰的动机理论为基础。

美国哈佛大学的戴维·C·麦克莱兰（David C. McClelland）提出工作情境中存在三种最主要的动机：成就动机、权力动机和亲和动机。

1. 成就动机（achievement motivation）

成就动机指追求卓越以实现目标的内驱力。麦克莱兰发现，高成就动机者具有如下特点：①事业心强，比较实际，敢冒一定程度的风险；②有较高的实际工作绩效，要求及时得到工作的信息反馈；③一旦选定目标，就会全力以赴投入工作，直至成功地完成任务；④把个人成就看得比金钱更重要，从成就中得到的鼓励超过物质鼓励的作用，把报酬看做是成就的一种承认。

高成就动机者的工作特点是：①高成就需要者喜欢能独立负责、可以获得信息反馈和中度冒险的工作环境。在这种环境下，他们可以被高度激励。②高成就需要者并不必定就是一个优秀的管理者，尤其是对规模较大的组织而言。③员工可以通过训练来激发他的成就需要。

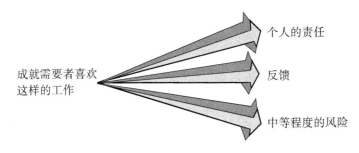

图10-2 高成就动机者的工作特点

2. 归属动机（affiliation motivation）

归属动机或称为亲和动机，指建立友好和亲密的人际关系的欲望。有些人对于他人的接纳有着异乎寻常的需求，他们倾向于服从别人的期望。对归属需要的研究表明：归属需要高的人的一个共同目标就是与他人的社交和沟通，这种人不喜欢孤单。在某些情况下，亲合行为与减轻焦虑的需要有关。人们与他人交往可能是由于别人能部分缓解他们的恐惧或压力，这就是"同病相怜"的道理。其他时候，人们就是单纯地喜欢与他人在一起。

不论归属需要的原因是什么，它所产生的行为是相似的。归属需要高的人寻求他人的陪 伴并设法讨他们喜欢。他们试图展现一个良好的形象，并努力消除相处中的任何不快或紧张 状况。他们会帮助和鼓励他人，并希望因此而被人喜欢。

3. 权力动机（power motivation）

权力动机指影响和控制他人的欲望。有些人有一种强烈的需要，想赢得辩论或说服他人、在各种情况下都占上风。这些人可能就是受到强烈的权力需要的驱使，否则他们就觉得不舒服。16世纪的哲学家兼政治家马基雅维利就是一位精于利用权力来达到自己的目的，他的名字已经被用来指代那种操纵他人的性格类型——马基雅维利主义者。

不过，强烈的权力欲望并不见得就不好或表明品格有缺陷。从积极的角度来看，权力反映的是一种过程，即领导者具有说服力的、鼓舞人心的行为，能促使下属对自身能力产生"我行"的感受。权力能给人自信。当积极主动的领导者帮助团队树立目标并帮助其成员实现自身目标时，他／她就是在建设性地使用自己的权力。

北京大学王垒教授等编制了《生活特性问卷》，用来评定个体的四种动机水平：风险动机、权力动机、亲和动机和成就动机，其中权力动机、亲和动机（即归属动机）和成就动机的含义与上述的麦克莱兰的三种动机的含义相同，而风险动机指决策时敢于冒险，敢于使用新思路、新方法，不惧怕失败的动机。该问卷由51道题目组成，每种动机选定11—15道题目。每道题目陈述一个观点，应试者根据他对此观点的同意程度用七点量表（相当于7分制）评分，如"完全同意"评"7"分，"完全不同意"评"1"分。样题如下：

我喜欢对他人的工作做指导。

1. 完全不赞同；2. 非常不赞同；3. 稍有不赞同意；4. 无所谓；5. 稍有赞同；6. 比较赞同；7. 完全赞同

测验不限定时间，要求被试者凭直觉做答，不用过多考虑。一般在20分钟左右可以完成。测验通过揭示个体的动机水平和需求模式，能有效地预测其未来的工作表现和绩效，以及个体自身的工作满意度。

第九章　兴趣测验

　　兴趣是个体力求认识某种事物或从事某项活动的心理倾向，它表现为个体对某种事物或从事某种活动的选择性态度和积极的情绪反应。

　　兴趣是职业成功的重要推动力。美籍华人杨振宁说："成功的真正秘诀是兴趣。"一个人如果做自己感兴趣的工作，往往能将自己的潜能最大限度地调动起来，会表现得孜孜不倦、废寝忘食，很容易取得优异成绩；而如果一个人的职业与兴趣不吻合，那么他就很难表现出积极主动性，工作上只是勉强应付，自然难以有所作为，更毋论成功的人生了。由于职业兴趣在职业指导、人员选拔和分类安置上的重要性，几乎所有的兴趣测验都针对职业兴趣展开。

　　兴趣研究最早的尝试开始于第一次世界大战期间，最早对兴趣和能力的关系进行探讨的是桑代克（Thorndike，1912），第一个兴趣问卷则由詹穆士（James Miner）于1915年编制。职业兴趣量表种类很多，美国《心理测验第九年年鉴》曾列举了50多种职业兴趣量表（Mitchell，1985）。当前国际上最受欢迎的三大职业指导测验分别是：斯特朗—坎贝尔兴趣量表（Strong Campbell Interest Inventory，简称SCII）、库德职业兴趣量表（Kuder Occupational Interest Scale，KOIS）和霍兰德的职业偏好量表（Vocational Preference Inventory，VPI）、自我导向探查表（Self-Directed Search，SDS），下面分别介绍。

第一节　斯特朗—坎贝尔兴趣量表（SCII）

一、SCII的编制及发展历程

　　斯特朗—坎贝尔职业兴趣问卷的前身是美国斯坦福大学教授斯特朗（E. K.

Strong）于1927年编制的第一个职业兴趣测验量表《斯特朗职业兴趣问卷》（SII）。SII是一个经验性的问卷，而不是一个严格的量表，所以它不具备理论基础和统计的支持。斯特朗职业兴趣问卷的基本编制思路是，首先编制涉及各种职业、学校科目、娱乐活动及人的类型的问卷，然后取两组被试，其中一组是专门从事某种工作的标准职业者，另一组是一般被试，将两组不同的被试反应不同的题目放在一起，让这两组受测者对测验项目进行诸如喜欢、无所谓和不喜欢这三种选择的反应，由于这些人有差异，所以他们的回答不尽相同。斯特朗把这些能够反映两者差异的项目挑选出来并结合在一起，这样便构成某个标准职业的兴趣测验的项目集。不同的职业有不同的项目集组合（某些职业有些项目相同），把这些不同的项目结合在一起就构成了该问卷的总项目。为了确定某个人的职业兴趣，就将这个人对所有项目的反应分别按照各种职业标准量表计分，然后视其得分的高低，最终确定其职业兴趣。此后，该问卷发展为斯特朗职业兴趣调查表（Strong Vocational Interest Blank，SVIB，1946）。由于库德爱好记录表的产生和发展，而且它产生的影响也越来越大，1968年明尼苏达大学的坎贝尔（D. P. Campbell）就把库德量表中的同质性量表（比具体职业大的职业领域量表）引入了斯特朗职业兴趣问卷。在1972年，坎贝尔又把霍兰德的六大职业领域也引入了斯特朗职业兴趣问卷。这样一来，这个量表的结果就可以从三个层次上解释了：第一个层次是霍兰德的一般职业主题，简称GOT；第二个层次为互相异质的同质性量表，简称BIS；第三个层次为职业量表。后来，坎贝尔对此量表进行了一系列的修订，于1966年完成了男性量表的修订，1969年完成女性量表的修订。1974年，斯特朗职业兴趣调查表（SVIB）的两个量表（男性用和女性用量表）结合成了同一个测量工具，最终成为斯特朗—坎贝尔兴趣量表（Strong Campbell Interest Inventory，简称SCII）。该量表在1981年、1985年、1994年数次修订。

二、SCII的内容

（一）斯特朗职业兴趣问卷（SII）

1. 斯特朗兴趣调查表的形式

斯特朗兴趣调查表（SII）或斯特朗职业兴趣调查表（SVIB）是斯特朗编制的。该调查表包括317个题目，被分为以下8个部分：

Ⅰ. 职业：135个职业名称，对其中每一个做出反应：喜欢（L），无所谓（I），不喜欢（D）。

Ⅱ.学校科目；39个学校科目，对其中每一个做出反应：喜欢（L），无所谓（[），不喜欢（D）。

Ⅲ.活动：46个一般职业活动，对其中每一个做出反应：喜欢（L），无所谓（1），不喜欢（D）。

Ⅳ.休闲活动：29个娱乐活动或爱好，对其中每一个做出反应：喜欢（L），无所谓（I），不喜欢（D）。

Ⅴ.不同类型的人：20类人，对其中每一个做出反应：喜欢（L），无所谓（I），不喜欢（D）。

Ⅵ.两种活动之间的偏好：230对活动，对每对活动指出偏爱左边的活动（IJ）或右边的活动（R），或没有偏好（=）。

Ⅶ.你的个性212种个性特点，根据其是否描述了自己，并做出反应：是，不知道，否。

Ⅷ.对工作世界的偏好：6对观念、数据和事物，在每对中指出偏爱左边的题目（L）或右边的题目（R），或没有偏好（＝）。

尽管斯特朗兴趣调查表在题目、形式和施测程序上与以前的版本并没有本质的变化，但其内容进行了扩展，包含了211个职业量表（其中男性和女性各自独立的量表各有102个，另外7个职业量表只有一种性别的版本。

2.斯特朗兴趣调查表的内容

斯特朗认为，将特定职业的校标组的反应与非特定的一般群体组的反应进行比较，然后可以识别出能够区分这两个群体的一个独立的项目集合。他所选择的校标组工人必须是一些对自己的工作感到满意，而且从事这个行业至少有三年之久的人。当他发现与一般的参照群体的反应相比，从事某一个职业的工人群体明显更多地或者更少地认可某些项目时，他就将它们归入这个职业的兴趣量表之中。例如，如果艺术家比一般参照样本的成员更多的特别认可一个项目（如我喜欢参加美术交流会），那么，斯特朗就会将这个项目归入艺术家量表中。与此类似，如果与一般参照样本相比，艺术家们更明显少地赞同某个项目，如"我喜欢物理"。那么，这个项目也会被归入艺术家的表中，这是因为它也可以将校标组和艺术家区分开来。 值得注意的是，职业量表项目的根本特征是：它们是专门用来区分职业群体和一般参照群体的，那些职业群体和一般参照群体都赞同或者不赞同的项目是不能进入量表的。

量表上的反应均是由计算机来计分，然后根据下面五类量表进行分析：管理指数量表、个人风格量表、一般职业主题量表、基本兴趣量表和具体职业量表。下面具体介绍一下这五类量表：

第一，管理指数（Administrative Indexes）量表

测验管理指数量表对每一份答案进行常规性统计，以确保在施测及数据录入过程中没有意外情况发生。它包括三个统计量：整体反应指标、异常反应指标和反应类型指标，这些指标是设计用来提醒施测者可能会降低测验结果的效度或大大减少它们有用性的一些可能解释的问题，包含下面的一些指标：

（1）总反应指标：代表了被评分机器正确阅读的项目数量。如果项目遗漏的数量非常多，那这个测验结果的效度是非常值得怀疑的。那些遗漏项目的常见原因可能是被测者不熟悉项目中所使用的专业术语或者是他们在答题纸上做的标记不符合规范，读卡机扫描答题纸时无法正确地识别他们的答案。

（2）效度指标，提供个体是否能正确完成量表的检查。当一位被试在测验上做出不寻常且大量罕见的反应时，就表明了他的这个反应式样是有问题的。这些问题会对结果产生一定的影响，引起无效的描述。为了防止将错误的解释传达给个体，故对此问题进行检测是非常有必要的。

（3）反应分布矩阵，它显示"喜欢"、"无所谓"和"不喜欢"各类反应的百分率，能够帮助施测者检测其他的解释问题。例如，常做"无所谓"反应的个体就有可能会有决策问题，不能清楚地区分他们的兴趣。在此情况下，SII的更大作用在于指出他们的决策问题而不是测量的职业兴趣。当然，在另外的两项上出现的异乎寻常的反应百分率也会引起测验结果的可解释性的变化。

第二，个人风格量表

最早的SII量表中包含多种类型测量个体一般偏好的量表，但后来的SII量表仅采用了四个个人风格量表来代替这些偏好量表。这些量表是用来评估个体感到有价值令人满意的工作和学习环境的类型，还有日常活动的一些类别。在这四个量表中只有风险量表在最早版本中出现过，但是其他三种也表现出与过去量表一些明确的类似之处。

（1）工作风格量表。专门用来区分喜欢从事需要大量人际接触工作的人和喜欢与数据、思想及事件打交道的人。该量表有一个潜在的假设是：对于喜欢高水平人际接触工作的人，他们可能更倾向于选择具有更多人际接触特点的职业，如咨询、销售等。而偏向于较少人际接触的人则会在需要较少与人接触的职业上会感到更加满意，如科研工作者、计算机编程员。

（2）学习环境量表。这个量表是用来提供这样的信息：被测者与处于学术环境之中、追求更高等的教育和专业学位的人，这两者之间是否有相类似的兴趣。它的编制途径是：首先是识别并选择出一些能够将研究生学位获得者的反应和那些不追求高于中等专业学位者的反应区分开的项目。在这个量表中，得分高者一

一般都喜欢文化和语言性的活动,喜欢学校环境,并且追求较高等的学位。而低分者则一般偏好于实际的在职培训,他们一般只会在从事的某一种职业有明确的要求时才追求更正式的高等教育。

(3)个人风格量表,指领导风格,它的目的在于试图评估人们在他们工作环境下将会喜欢的领导的角色类型。在这个量表上得分高者一般喜欢那些更加友善、精力充沛的领导类型,并有劝说他人的风格,如学校管理者、政府官员、广播员等。他们更多地倾向于选择那些能够发挥他们强烈社会特点和具有果敢特征的工作环境,从而获得最大的满意感与价值感。与此相对的是,在这个量表上的低分者则更偏向于喜欢以榜样的形式来领导他人,而且更愿意自己完成任务而不是指挥别人。他们会常常躲避那些需要游说的演讲技巧的工作环境,而选择像数学、化学或者园艺这样的专业。

(4)风险量表。在以前的SII中是作为基本兴趣量表中的一部分。这个量表主要是用来评估被测者对自然风险和冒险的偏好。它不仅可以识别那些喜欢冒险或行事有些冲动的人,而且在对于识别那些没有仔细计划或经验不够就不愿意参加新活动的人,也有一些效用。这后一种效用说明了一种倾向即安全行事,以一种更保守的方式做事。

第三,一般职业主题量表

这个部分是根据霍兰德职业理论建立起来的。有六个量表即霍兰德职业兴趣理论的六个职业兴趣(RAISEC),每个量表包括20题,共120个题目。统计表明,这六个量表得分存在不同程度的相关。

随着越来越多的各种职业被吸收到这个量表之中,就迫切地需要对这些职业进行一个系统的分类。斯特朗在研究了多种不同的分类体系之后,最终选择了一个基于各种职业量表的组间相关的分类体系。这个体系一直贯穿于20世纪20年代中期到1974年的版本之中。虽然这个体系运作很好,但是总有少数的那么几个职业由于和许多不同类别都有大量的相似之处,因而可以被归入多个类别中,如兽医量表既可以与科学类别具有相关,也与户外技术类具有相关。当1974年,SVIB将男性与女性量表合并为一个量表之后,由于原有的两个量表均有许多不同职业类别,因此就需要一个新的分类体系。霍兰德(1973年)的理论体系就成为一个新的有组织的分类方法。

第四,介绍基本兴趣量表

该部分由在内容上具有相似性且在统计上具有高相关的题目组成。因此,这种量表属于同质性量表,用来提供关于喜欢反应和不喜欢反应的具体信息的。这些量表都是由与它们各自内容相当或相似的少量项目所组成。每个量表都聚焦于一个狭小集中的兴趣领域。

第五，介绍具体职业量表

这一部分根据的斯特朗的经验性方法建立起来的。在SCII的1985年版本中包括106种职业，除其中5种为男女共享同一常模外，其余各有自己的常模。

这一部分是斯特朗兴趣量表中最古老也是研究最多的量表。它是设计用来专门提供关于被测者兴趣和所选职业效标组兴趣之间相似程度的信息。每一个职业量表都是由经验得来，先比较从事某种职业的工人样本的反应和一般的非特定样本群体的反应，再选择那些可以有效地将这两个群体区分开的项目。最后所选出得到的项目报据它们各自的项目内容被合并到不同的量表之中。例如，内科医生表现出对高尔夫运动的明确偏好，虽然这个项目没有反映与职业相关的偏好，但它确实有效地将内科医生和一般群体区分开了，所以它就被纳入了内科医生这个职业量表之中。再者，比如心理学家与一般男性效标组都非常偏爱与数学有关的项目，但是这个项目不能区分开这两个群体，所以它就不能被包含在心理学家的量表中。

（二）斯特朗—坎贝尔职业兴趣量表（SCII）的内容

1. SCII的1985年版本

斯特朗—坎贝尔职业兴趣问卷的1981年和1985年的修订版本均由汉森（J. C. Hansen）编制，他主要是致力于平衡不同性别的量表。例如，在1981年的版本中，汉森增加了17个女性的职业量表，从而与已有的男性职业量表相匹配（包括生物学家及人事主管等），再者增加了11个男性量表与已有的女性量相匹配（包括航空接待员及艺术老师等）。在1985年的版本中，汉森则在职业量表中增加了一些无需大学学历的职业，如木匠、厨师等，同时还编写了第一个使用说明手册。

SCII的1985年版本中包括325个项目，构成264个量表，其中包括6个一般职业主题量表（GOT），23个基本兴趣量表（BIS），207个职业兴趣量表（OS），2个特殊量表（SS），26个管理指标量表（AI）。问卷主要包括了七个部分，分别为：

第一，职业。13道题，共有131种职业，要求被试对每一个职业选择下列的反应之一：喜欢（L）、无区别（I）、不喜欢（D）。

第二，学校科目。13道题，共有36门学校科目，反应方式同第一。

第三，活动。516题，共有51种一般职业活动，反应方式同第一。

第四，娱乐。39道题，共有39种娱乐或业余爱好，反应方式同第一。

第五，人的类型。24道题，有24种类型的人，反应方式同第一。

第六，两种活动间的偏好。30道题，要求被试说明对30对活动偏好的方向，偏好哪一种：左边的（L）、右边的（R）、无偏好（一）。

第七，本人特征。14道题，要求被试对14种自我描述的特征表示同意或不同意。

斯特朗—坎贝尔兴趣调查把职业分为如下六类：实际的、调查的、艺术的、社会的、筹划的和事务的。

根据被试的测验结果，将其放在所有的职业量表、基本兴趣量表和一般职业主题上计分，就可以得到该受测者的职业兴趣的总体状况。一般来说，在职业量表中，如果标难分在45分以上，那么该受测者则被认为与从事这一职业的人很类似，如果标准分低于25分，则被认为与从事这一职业的人很不相似。而分数在26至44分之间的人就被认为没有提供多少信息，最后给出很相似和很不相似的职业分数。

2. SCII 的 1994 年版本

在斯特朗—坎贝尔职业兴趣问卷1994年的最新版本中，汉森等人又对问卷的语言进行了修改，并且新增了一些量表。研究者增加了4个基本兴趣量表和14个职业量表以反映当前的职业类型及发展趋势。此外，研究者还增加了一类新的量表，即个人风格量表（Person Style Scale）以衡量受测者的工作风格，如善于学习的、富于冒险精神的、有领导力的等。

SCII（1994版）问卷总共包括了317个项目，题目分为8部分：

（1）职业：135道题，主要涉及一些职业的名称，如会计、飞行员或农场主等；

（2）学校科目：39道题，让被试用"喜欢"、"一般"和"不喜欢"对计算、美术、文学等课程做出回答；

（3）活动：46道题，如修理钟表、进行访谈等；

（4）休闲活动：29道题，如高尔夫、艺术画展和野营等；

（5）人的类型：20道题，让被试指出他们最喜欢哪一类人，如芭蕾舞演员、婴儿、老人等。

（6）两种活动中的偏好：30道题，在"喜欢"、"一般"和"不喜欢"中三选一，如出租车司机／警察或统计员／社会工作者；

（7）个性特点：12道题，回答是或否，如"喜欢用小工具进行修补"；

（8）工作领域的偏好：6对题，呈现"构想、数据、人和事物的所有可能的配对"。

SCII（1994版）包括以下4个分量表：

（1）个人风格量表。其中包含：a. 与人或与思想、数据、事物打交道；b. 学习环境量表（高层次的专业训练或实践学习）；c. 领导风格量表（指挥他人或喜欢独自完成任务）；d. 承担风险／冒险量表（喜爱的工作方式）。

（2）一般职业主题（the General Occupational Theme，GOT）：现实主题、研究主题、艺术主题、社会主题、进取主题、传统主题。

（3）基础兴趣量表（the Basic Interest Scale，BIS），包括：现实主题（农业，自然，军事活动，体育活动，机械兴趣），社会主题（教学，社会服务，医疗服务，宗教活动），研究主题（科学，数学，医学），进取主题（公共讲演，法律／政治，商贸，销售，组织管理），艺术主题（音乐／戏剧，艺术，应用艺术，写作，烹调艺术），传统主题（数据管理，计算机活动，办公室服务）。

（4）职业量表（the Occupational Scale，OS）：将个人的回答与总体参照样本组进行对照，如汽车机械师、农场主、摄影师、医生（男性／女性）、心理学家（女性／男性）。

（三）SCII 的计分方法

SCII 问卷的计分方式是：分别计算 162 个分数，最后这些分数形成一个职业兴趣剖析图。成绩报告和分数解释包括四个部分：

第一部分：施测指数和特别量表，即特殊量表。施测指数是 7 个部分和全问卷中"喜欢"、"一般"和"不喜欢"三种回答的百分比；特别量表是"学术满意量表"和"内外向量表"，前者反映了在学术环境中的满意程度，后者反映了被试是否愿意与其他人一道工作。

第二部分：一般职业主题，按照霍兰德的职业分类理论给出被试的职业选择模式。

第三部分：基本兴趣量表，给出被试在 25 个职业量表上的得分。这 25 个基本职业类别概括范围较 162 个职业组更广一些。

第四部分：包含 162 种职业上得分的职业量表和相应的剖析图。

SCII 量表根据五种测量计分：实施指标、一般职业范畴、基本兴趣量表、职业量表和特殊量表，每种测量都由许多不同的量表组成，具体说明如下：

第一，实施指标。在解释各种测验之前，首先是检查总的反应情况和未反应题目数及其他的实施指标。这些指标标志了被试在反应时是否草率，是否有反应定势，从而能够容易判定实施、计分是否适当。无效回答问卷的检测标准如下：（1）答题少于 300 道的；（2）罕见的答案（选择奇特的答案）；（3）喜欢／一般／不喜欢（LID）的比例。比如，回答"喜欢"的次数很多，说明被试是个爱说"是"的人；同样，"一般"和"不喜欢"的比例也可以用这种方式做出解释。

第二，一般职业范畴。根据霍兰德的"职业人格"系统分类，把 25 种职业类型归纳成六种，即现实型职业、研究型职业、社会型职业、艺术型职业、企业型职业和传统型职业，以标准分数T和言语描述表示（从低到高）。一般来说，大多数的人都不是某一种典型的职业类别，而是几种类型的结合。

第三，基本兴趣量表。包括了25个量表，各个量表的题目内部的一致性很高。基本兴趣量表的分数表示被试较强烈和一致的兴趣（如：商业、社会服务、公共关系等）。这25种量表又可以集合在六种框架之下，每一种框架包括一到五个量表。在原始分数转换成T分数之后，34以下的为很低，35到42为低，43到57为平均数，58到65为高，66以上的为很高。

六种职业范畴和基本兴趣量表介绍如下：

现实性职业：农业、自然、探险、军事活动、机械活动；

研究性活动：科学、数学、医学科学、医学服务；

艺术性职业：音乐／戏剧、美术、写作；

社会性职业：教学、社会服务、运动、家政、宗教活动；

企业性职业：公共演说、法律、政治、商业、销售、商业管理；

事务（传统）性职业：办公室工作。

第四，职业量表。这个部分由164个职业量表组成，并且根据性别分别建立了常模。每个量表是根据在某种职业中的人群与一般人群进行了比较而后选择题目构成的。被试在量表上的分数要有+1和—1的权数，这个权数表示题目的鉴别度，即为正向或负向题目。再将被试在各题上的得分转换成T分数，然后参照团体（由某种职业中的工作者构成）的平均T分数是50。被试的分数与职业标准化常模分数相比较，用语言描述表示相似性高低（分为很低、低、中等、高、很高）。

第五，特殊量表。主要是用于特殊目的的分量表，内容如下：

学术合适性量表：根据比较高中或大学中学习成绩较好的学生的反应与成绩较差学生在SCII上的反应编制而成，成绩与是否继续学习的倾向有关。

内—外向量表：根据比较在明尼苏达多相人格问卷上内向型被试和外向型被试在SCII上的反应编制而成的。结果表明内向的被试偏好单独工作，外向的被试则偏好与他人一同工作。

第二节　库德职业兴趣量表（KOIS）

库德（G. F. Kuder）于1939年发表了库德偏好记录（Kuder Preference Record，KPR），随后将其发展成为库德职业兴趣量表（Kuder Occupational Interest Scale，KOIS）。

一、KOIS的编制

库德用两种不同的方法测验兴趣。在第一种方法中，他对一群大学生施测描述各种活动的短句，从被试的反应中确定句子的种类，最后编制出涉及10个兴趣范围的分量表。这10个兴趣范围分别是说服型、文秘型、机械型、服务型、计算型、科研型、户外型、艺术型、文学型、音乐型。其基本思想是：把所有职业分成10个兴趣领域，然后确定与之相应的10个同质性量表，受测者的结果按这10个量表计分，通过得分高低决定主要的兴趣领域。在第二种方法中，库德采用了与斯特朗相似的实证性解答技术，只是没有总体参照组，而是将每个人的分数直接与不同职业的人的分数相对照。在某一职业中与被试回答相同的人数越多，他在量表上得到的分数也就越高。

KOIS使用自比项目形式，用三合一的形式呈现每一个项目，并要求从每一个项目的三个选择项中选出一个最喜欢的和一个最不喜欢的。题目示例如下：

下面每一组都描述了三种活动，被测者要从每组中选择出一个他们最喜欢（M）的活动和一个最不喜欢（L）的活动，用圆圈在适当的位置标出自己的选择。每一组中都要有一个选项是空白的，表示它介于最喜欢和最不喜欢的活动之间。

1. 参观美术画廊　　　　M　　　L
　　浏览图书馆　　　　　M　　　L
　　参观博物馆　　　　　M　　　L
2. 收集真迹石版复制品　M　　　L
　　收集石头　　　　　　M　　　L
　　收集硬币　　　　　　M　　　L

二、KOIS的结构

1985年版的KOIS包括100组"三合一"项目，分为五个分测验，要花30到45分钟完成。它所包含的分量表分别是：

（1）验证量表（Verification Scale）：该量表是专门设计来评估被测者是否正确地填写了他们的调查表。这个量表的每一个项目都由三个选项组成，但是通常大多数人只会选择其中的一个选项。如果在整个测验中有大量的罕见反应，所得到的分数的效度就令人怀疑。下面的一些因素常常是可疑的验证分数的来源，例如，粗心地填写答题纸、没有遵守测验的指导语、有意地作假或者随机反应。然而，所有可疑的验证分数都需要进一步地追踪调查以确定它们的原因，因为一些具有相当独特的、非常不同于一般人兴趣模式的被测者也可能会产生类似于无效测验图的验证分数。

（2）职业兴趣评估（Vocational Interest Estimates，VIE）：将被测者的兴趣分到如上所述的10个主要的兴趣领域。有人研究认为，这10个兴趣领域可以归类到霍兰德的六类兴趣中。例如，户外活动和机械领域可以结合到霍兰德的现实主题中；艺术、音乐和文学领域可以作为霍兰德的艺术主题的一部分（Zytowski，1985）。

（3）职业量表（Occupational Scales）：用来反映被试的兴趣和那些从业者兴趣间的相似性。与SCII上的对应量表相比，库德的职业量表包含了更多的高基础率的项目（即那些大多数人都会经常做出的反应），从而被试往往会得到更高的兴趣分数。

在库德的量表上，根据个体的兴趣和各种效标组从业者兴趣的相关系数来报告职业量表的分数。测验图上的分数是按照降序排列的。库德认为这种最有意义的分数排列方式可以提供一个列表，在这个列表上人们的兴趣从最强到最弱依次排列，而不考虑这些兴趣所暗示的类型。

（4）大学主修专业量表（College Major Scales）：这些量表专门设计来测验反应者的兴趣和那些主修不同学科的大学四年级学生的兴趣之间的相似性。KOIS上一共有22个男性和17个女性大学主修专业量表。

（5）实验量表（Experimental Scales）：库德量表中包括了8个附加的量表以提供补充性的管理信息，用来确定整个量表的效度。M和W量表是专门设计用来帮助确定被测者是否以一种开放的真诚的态度完成了调查表。这一任务是通过比较被测者的反应和那些在两组不同的指导语下接受测验的男性和女性的反应得以完成的。在第一种情况下，指导语是以符合实际的真实的方式来反应（M和W量表），而在第二种情况下，指导语是做出产生最可能好的自我印象的反应（MBI和WBI量表）。结果，被测者如果做出了过分夸赞他们兴趣的反应，他们就可能在"最好印象"量表上获得比在另一组代表更加真实反应的量表上更高的分数。M和W量表的另外一个用途是评估反应者的兴趣和那些成人男性和女性兴趣的相似性如何。

剩余的四个量表是设计来向使用者提供关于个体兴趣发展阶段的信息。F和M

量表是通过让一群父母在正常指导语下对这个量表进行反应而建立起来的。S和D量表是通过让这些父母的孩子们也在正常的情境下完成这个调查表而建立的。通过比较在这些量表上的反应分数，使用者可以确定个体的兴趣是否更类似于更年轻一些的群体还是更类似于年长的成人。

三、KOIS的解释

首先要检查验证分数，看看测试结果是否能有效地代表他的兴趣。如果分数高于0.45，就表明这是有效的兴趣测验图。然后根据职业量表评估被试在说服型、文秘型、机械型、服务型、计算型、科研型、户外型、艺术型、文学型、音乐型领域中分数分布情况，得分最高的即为其兴趣领域。大学主修专业量表判断与大学四年级学生最类似的所学习的课程领域，实验分数量表检查被试是否以开放的诚实态度对测验进行反应的，是否存在故意掩饰自己的测验结果以有利于某一目的的情况。

该量表的最新版本于1999年发布，新的测验称为"库德职业搜索与个人匹配"（Kuder Career Search with Person Match）。这个版本提供的是个人—个人的匹配，而非在早期的库德量表上所使用的个人—群体的匹配。

第三节　霍兰德职业兴趣测验

美国心理学家霍兰德（John L. Holland）一生都在研究职业兴趣以及相对应的职业类型划分，他的广为人知的职业兴趣六边形模型（RIASEC）奠定了他在职业咨询和职业发展领域的重要地位，在工业组织心理学领域也产生了深远影响。

一、六种人格和职业类型

二战期间，霍兰德在军队做人事工作，他发现士兵以前的工作经历仅用少数几个类型就可以概括，之后，他便着手对职业进行分类。在大学从事职业咨询工作的时候，霍兰德认识到兴趣是人格的一个方面，它具有稳定、持久的特征，兴趣类型实际上反映着人格类型。接着，霍兰德开始考虑人格和职业的匹配问题，他利用"斯特朗兴趣调查表"（Strong Interest Inventory）为工具，描绘了不同职业人群的人格特征，试图在人格类型与职业类型间建立关系。1959年，霍兰德提出了他的职业兴趣理论，将职业环境和人格以同样的维度分为6个类型，即现实型（Realistic）、研究型（Investigative）、艺术型（Artistic）、社会型（Social）、企业型（Enterprising）、常规型（Conventional）。一个人的职业是否成功，是否稳定，是否顺心如意，在很大程度上取决于其人格类型与职业类型之间的匹配情况。

表9-1 霍兰德兴趣理论的6个类型

类型	喜欢的活动	重视	职业环境要求	典型职业
现实型R	用手、工具、机器制造或修理东西。愿意从事实物性的工作、体力活动，喜欢户外活动或操作机器，而不喜欢在办公室工作	具体实际的事物，诚实，有常识	使用手工或机械技能对物体、工具、机器、动物等进行操作，与"事物"工作的能力比与"人"打交道的能力更为重要	园艺师、木匠、汽车修理工、工程师、军官、兽医、足球教练员
研究型I	喜欢探索和理解事物，学习研究那些需要分析、思考的抽象问题，喜欢阅读和讨论有关科学性的论题，喜欢独立工作，对未知问题充满兴趣	知识，学习，成就，独立	分析研究问题、运用复杂和抽象的思考创造性地解决问题的能力，谨慎缜密，能运用智慧独立地工作，一定的写作能力	实验室工作人员、生物学家、化学家、心理学家、工程设计师、大学教授
艺术型A	喜欢自我表达，喜欢文学、音乐、艺术和表演等具有创造性、变化性的工作，重视作品的原创性和创意	有创意的想法，自我表达，自由，美	创造力，对情感的表现能力，以非传统的方式来表现自己；相当自由、开放	作家、编辑、音乐家、摄影师、厨师、漫画家、导演、室内装潢设计师
社会型S	喜欢与人合作，热情关心他人的幸福，愿意帮助别人成长或解决困难、为他人提供服务	服务社会与他人，公正，理解，平等，理想	人际交往能力，教导、医治、帮助他人等方面的技能，对他人表现出精神上的关爱，愿意担负社会责任	教师、社会工作者、牧师、心理咨询师、护士

续表

类型	喜欢的活动	重视	职业环境要求	典型职业
企业型 E	喜欢领导和支配别人,通过领导、劝说他人或推销自己的观念、产品而达到个人或组织的目标,希望成就一番事业	经济和社会地位上的成功,忠诚,冒险精神,责任	说服他人或支配他人的能力,敢于承担风险,目标导向	律师、政治运动领袖、营销商、市场部经理、电视制片人、保险代理
常规型 C	喜欢固定的、有秩序的工作或活动,希望确切地知道工作的要求和标准,愿意在一个大的机构中处于从属地位,对文字、数据和事物进行细致有序的系统处理以达到特定的标准	准确、有条理、节俭、盈利	文书技巧,组织能力,听取并遵从指示的能力,能够按时完成工作并达到严格的标准,有组织有计划	文字编辑、会计师、银行家、薄记员、办事员、税务员和计算机操作员

二、六边形模型

1969年,霍兰德等提出了兴趣类型的六边形模型,反映了6种人格/职业环境类型之间的关系。在六边形模型中,6种类型的职业兴趣位于正六边形的6个顶点上,按照RIASEC依次排列。在六边形上任何两种类型之间的距离越近,其职业环境及人格特质的相似程度就越高。例如,企业型和社会型在六角型模型上的距离最近,它们的相似性也最高,如社会型和企业型的人都较其他类型的人喜欢与人打交道。而企业型和研究型在模型上正好相对,这就意味着它们的相似程度最低。企业型和实用型则具有中等程度的相似性。六边形模型可以帮助我们对人格特质类型与职业环境类型之间的适配性(Congruence)进行评估,如果人格类型与职业环境匹配,如一个社会型人格特质的人在社会型的职业环境中工作,就有可能取得令人满意的结果,如增加职业满意度,带来职业成就感和提高职业稳定性等。因此,占主导地位的特质类型可以为个人选择职业和工作环境提供方向。

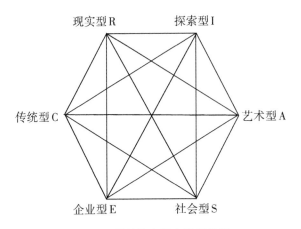

图9-1　霍兰德兴趣六边形模型

　　霍兰德认为，个人的职业兴趣往往是多方面的，很少只是集中在某一种类型上，每个人都是这六种类型的不同组合，只是占主导地位的类型不同。因此，为了比较全面地描绘个人的职业兴趣，通常用三个字母的代码来表示一个人的职业兴趣，这个代码就称为"霍兰德代码"（Holland Code）。这三个字母间的顺序按照兴趣递减排列，表示了兴趣强弱程度的不同。比如，SAI和ASI的人，具有相似的兴趣，但是他们对同一类型事务的兴趣强弱程度是不同的。SAI的人对社会型事务的兴趣最大，其次是艺术型；而ASI的人对艺术型事务的兴趣最大，其次是社会型。相对应的，具体职业也采用上述三个字母代码的方式来描述其职业性质和工作氛围。例如，建筑师这一职业的代码是AIR，意味着该职业的艺术型成分更多一些，研究型其次，而现实型更少，该代码同时也说明了建筑师这一职业较少社会型、企业型和事务型的职业氛围。

　　霍兰德的理论自提出以后，在职业咨询、职业生涯发展、组织行为学等领域得到了广泛的应用。有许多使用频率很高的测验工具都是依据霍兰德的六边形模型编制而成的，如霍兰德本人编制的"自我探索量表"（Self-Directed Search，SDS）、库德兴趣量表（Kuder General Interest Survey）和电脑职业生涯辅助系统"发现"（DISCOVER）等。国内有"北森职业兴趣测验"以及SDS的本土化版本等。经过测评，通常会得出一个霍兰德代码，以及与这一代码相匹配的一些职业。上述兴趣测评的基本假设是：不仅个人的职业兴趣可以通过霍兰德代码也表示，职业环境也可以如此分类，从而寻求二者之间的匹配。

三、VPI与SDS量表的编制

　　以职业人格理论为依据，霍兰德编制了职业偏好量表（Vocational Preference

Inventory，VPI），量表由160个职业条目构成。如前所述，他把职业兴趣分成六个方面，即现实型、研究型、艺术型、社会型、企业型和常规型，相应地，与六种人格类型相对应，有六种环境模式。环境的性质是其所属成员典型特性的反映，它提供了相应人格类型的人发挥其兴趣与才能的机会，并强化相应的人格特质。同时，职业也分成与之对应的六个领域，根据受测者对160个职业条目反应的得分高低在职业分类表中查找职业。其最终的职业兴趣既可以是大的职业兴趣领域，也可以是具体的职业。由于该理论将职业兴趣划分为六种类型，人们也将其简称为RIASEC理论。该理论被认为是最有影响的职业发展理论和职业分类体系之一。

自我导向探查表（Self-Directed Search，SDS）是在VPI的基础上发展而成的量表，它是自己管理、计分和解释结果的职业咨询工具。整个量表有四个部分：第一部分是列出自己理想的职业；第二部分是测查部分，分别测验活动、潜能、爱好的职业及自我能力评定四个方面，每个方面都是按霍兰德的理论编制的测验六种类型的项目，每个方面题数相等（每类型38题）；第三部分按六种类型的四个方面测得结果的得分高低，按由大到小取三种类型构成三字母职业码（这些字母为六种类型的英文的头一个字母，每种职业根据研究都有职业码）；第四部分为职业寻找表，包括1 335个职业，每种职业都标有职业码和所要求的教育水平。第三部分所得的职业码可在第四部分寻找喜欢的职业，如找不到，还可改变三字母的排列顺序去寻找。

VPI和SDS这两种量表均是以霍兰德的RIASEC理论构想为基础，可以对职业兴趣的个体差异做出有效评估。

四、我国的职业兴趣测验研究

我国对职业兴趣的研究和西方国家相比起步较晚，早期的研究大部分以引进和修订西方量表为主。从我国目前已有的与升学就业指导有关的职业兴趣研究结果来看，20世纪80年代张厚粲、冯伯麟等人针对职业兴趣展开了研究。冯伯麟（1987）采用库德职业兴趣量表、霍兰德的VPI以及卡特尔16 PF探讨中学生职业选择过程中的主要影响因素。结果发现兴趣是影响中学生选择职业的重要因素，而人格、兴趣和职业之间存在一定的对应关系。郑日昌（1987）修订了美国ACT的职业兴趣量表，并命名为中学生升学就业指导评定量表（VIESA-R）。1993年，时勘在其《心理咨询读本》中介绍了Holland的自我职业选择量表（SDS）。龙立荣（1991）对国外三大主要职业兴趣测验SCII（Strong-Campbell Interest Inventory）、

KOIS（Kuder Occupational Interest Scale）和 SDS（Self‑Directed Search）的发展趋势进行了探讨。白利刚（1996）详细介绍了 Holland 六角形职业兴趣理论。方俐洛等人（1996）以霍兰德理论为基础编制了霍式中国职业兴趣量表。凌文辁（1998、1999）将霍式中国职业兴趣量表应用于职业指导，探索建立我国大学科系职业兴趣类型图。龙立荣（2000）采用职业自我选择测验（Self—Directed Serach，SDS）1996 年的修订版尝试建立我国大学专业搜寻表。张厚粲（2003）发现当代我国高中学生的职业兴趣分为七种类型：艺术型、事务型、经营型、研究型、自然型、社会型和技术型，并紧密结合我国实际情况编制出一套适用于当代我国高中生的职业兴趣测验。

第十章　态度和价值观测验

第一节　态度测验

一、态度概述

（一）态度的含义

所谓态度（attitude）指个体自身对社会存在所持有的一种具有一定结构和比较稳定的内在心理状态。

态度是一种内在的心理状态，是由知、情、行三部分组成。"知"即态度的认知成分，指个体对态度对象所具有的知觉、理解、信念和评价。态度的认知成分常常是带有评价意味的陈述，即不只是个体对态度对象的认识和理解，同时也表示个体的评判，赞成或反对。"情"即情感成分，指个体对态度对象所持有的一种情绪体验，如尊敬和鄙视、喜欢和厌恶、同情和嘲讽等。"行"即行为倾向成分，指个体对态度对象所持有的一种内在反应倾向，是个体做出行为之前所保持的一种准备状态。

（二）态度的特点

1.态度的方向：指一个人是喜爱还是讨厌某物体。

2.态度的强度：即态度的强烈程度。某个体可能对于一项社会政策持稍微赞成的态度，然而另一个体可能会强烈地反对它。

3.态度的普遍性或范围：某个体可能强烈地讨厌学校的一两个方面，然而另一个体可能讨厌学校的所有方面。

4.态度的一致性。一些人在态度量表上体现出高度一致性的特点；而另一些人却对于同一事物给予喜爱和不喜爱两种回答。

5.态度的显著性，即表达某一看法的自发程度和迅速程度。显著的态度通常是人们非常重视的态度。只有当被试不假思索地表达出某种态度时，显著性才可被测验。

二、态度测验

态度测验是对态度的方向和强度的测验，由一组相互关联的态度语或项目构成，根据受测者对态度语或项目作出的反应推测被试的态度，这些态度语和项目的方向和强度是有区别的。

态度测评的方法有许多种，下面介绍几种主要的态度测量的方法。

（一）社会距离量表

E.博加德斯（Emory Bogardus，1925）描述了一个最早的态度量表类型，他对测量人们与不同种族成员之间的社会距离程度感兴趣。他假设社会距离越大，人们对该群体的态度就越差。他把接受与拒绝分为7个等级（分别标为0-6），比如："可与此人结为姻亲"，"可使此人成为我在俱乐部中的死党"，"可使此人成为我的邻居"，"可雇佣此人加入我的公司"，"可使此人加入我国国籍"，"只能让此人作为观光者来我国"，"将此人驱逐出境"，但各连续类别之间的差异并不代表等量的社会距离，因此社会距离量表是一种顺序量表。

对社会距离量表进行修订可以使其也适用于其他的群体和环境。例如，H.特安迪斯和L.特安迪斯（Harry Triandis & Leigh Triandis，1960）曾使用博加德斯的一些类别，但也包括其他的，如"我会与此人结婚"和"我会对此人用刑"，添加这两个选项是为了拓展社会距离的最小和最大限度。

（二）等距量表（equal interval scales）

这种量表为瑟斯顿（L. L. Thurstone）在1929年首创，以后曾一度被广泛使用。瑟斯顿量表（Thurstone scale）中包括大约200道题，题目简短、明确，可用喜欢或不喜欢来描述，而且无歧义。题库中的每个题目都独立地打印在卡片上，并让50个或更多评估者进行评估，评估者要把这些卡片分成11类，第1类代表最喜欢的题目，第11类则是最不喜欢的。等距量表的前提假设就是评估者可以独立地根据自己的态度在喜欢——不喜欢的维度上对题目进行分类。一旦分类完成，每道题都会获得一个评估分布。这种分布表明有多少评估者将某一题目分到了11类、10类、9类、……、1类中。所有评估者评估结果的中间值即为这道题的标度值。从原始题库中选出具有不同标度值的20-25道题，在某种程度上这些标度值是等量增长的，因而可以进行等距测量。另一个选题的标准是评估结果的变异性，这可以通过四分位间距来测量。四分位间距在某种程度上只是测量评估者之间的认同程度，四分位间距小说明评估者彼此认同。范围越大，说明评估者的差异越大。将两个具有相同标度值和四分位间距的题目随机分配到两个复本中，通过这样的方法可以编制出可替换的复本。在每个复本中，题目随机呈现，答题者只需给自己同意的表述打"√"；不同意的打"×"就可以了。每个打"√"的表述的标度值的中间值就是这个人的态度分数。

编制等距量表时，编制者首先要收集有关所测问题、事物的各种态度的表述语。如关于妇女解放的问题，"妇女解放是社会进步的标志"，"妇女未必非和男子一样不可"等这样一些包含有一定观点、看法的语句即是态度的表述语。表述语的收集一般是由编制者从有关的报刊上摘录，也可通过直接找人谈话将其观点、看法写下来的方式进行收集。这样做的目的在于保证收集到的态度表述语是客观真实的。编制量表时收集的表述语数目应比最后正式使用的数目多一倍以上，并请有关的专家学者作评断，根据每一表述语句所含观点的看法、赞成和反对的程度，将所有语句排放在一个１１点的尺度上。然后根据全部评断者对每一态度表述语评断的结果，求出态度表述语在尺度１１点上的累积评断次数，画出曲线图。用作图法以５０％为基准确定每一态度表述语的量表值，再用作图法算出每一态度表述语的Q值（四分位差）。Q值是语句筛选的一个重要依据。所有态度表述语的量表值和Q值都算出后，就可进行语句的筛选，剔除那些不合用的语句。用筛选合格的态度表述语编制成正式测验用的量表，测验时要求被试勾出自己所赞同的语句，算出这些语句量表分的中数，即为被试态度测验的得分。得分的意义可参照１１点尺度而进行解释。

瑟斯顿的"等距量表"特点在于侧重态度的认知维度，编制方法也较为严谨，不足之处则是过于繁琐、费时，故近些年来已少为人们采用。

（三）总加量表（summated rating scales）

利开特（R. A. Likert）在1932年创制。这种量表的编制过程较为简单，编制者首先要收集或编写大量的有关所测问题或事物的态度表述语，将其编制成问卷，每句表述语之后附有一个５等级选择问答，如"人们应该顺其自然地进行生育"这一表述语后附回答"非常赞成、赞成、不置可否、不赞成、非常不赞成"，对于这５等级选择回答的分数最高为5分，最低为1分。将这样的问卷发给一些被试者填答，之后计算每个被试所得总分以及在每一态度语上的得分，根据这些分数进行态度表述语的筛选，以确定用于最后的正式量表中的语句。

通过上述的方法和步骤，即可编制出用于正式测验的量表，其形式基本上仍与上述问卷一样。通常每一量表所容纳的态度表述语为20句以上。被试填答完后，将其每句得分总加在一起即为对被试测验所得分数。被试得分的意义则要参照量表中所有态度表述语的分数总和情况来定。例如，一个量表由20个态度语组成，则所有态度语的分数总和最高为100分，最低为20分，中间分为60分。被试在此表的测验上所得总分为85分，则说明该被试所持态度是赞成的，另一被试测验得15分，则说明被试是持非常不赞成的态度的。

总加量表不仅编制起来相对简单，分数的评定也简便易行，而且也容易进行项目分析，因此为人们广泛采用。总加量表的另一个特点即是对态度的情感维度的侧重，是通过对被试所持观点、看法的情感强度进行测定来确定被试态度的异同的，这是与瑟斯顿的"等距量表"明显不同之处。

（四）语义分化量表

语义分化量表（semantic differential scales）由奥古德（C. E. Osgood）和苏西（G. J. Suci）在1957年创制，原用于测验某一概念或事物本身对人们所具有的意义，这种意义并不完全是由概念或事物本身的语词涵义所决定，而是根据人们所具有的经验或对此的理解来定的。例如家庭这一概念，其语词涵义是统一的，相对稳定的，但其对具体的每个人来说则可能具有不同的意义。有的人想到家庭时会产生温暖、舒适的感受，有的人则可能会联想起悲伤或痛苦的经历，还有的人则可能会产生一种梦幻式的体验。

奥斯古德和苏西根据语义分化的测验，发展出了语义区分测验（SDT）。他们使用因素分析的方法，分析出各种概念或事物对人们所具有的意义的三个维度，即评价维度、潜能维度和活动维度。（1）评价维度：从好——坏、有价值的——没价值的、清洁的——肮脏的这些量表中得出；（2）潜能维度：从强——弱、大——小、重——轻这些量表中得出；（3活动维度：从主动——被动、快——慢、敏锐——迟钝这些量表中得出。

语义区分是一种能标准化的和定量的程序，用来测量个体对某一概念的理解。每一概念使用一系列的双极形容词量表，一般包括15个或15个以上，被测者要在七点量表上对每一组形容词加以评定。

语义区分量表的分析有多种方法。对于定量处理，每一量表的评级都可以给予一个数值，可以是从1到7，或是从-3到+3。对某一个体或群体而言，任何两个概念的相似性可根据它们在所有量表中的位置而测得。

语义区分法的应用十分广泛，它被应用于对各种问题的研究，如临床诊断和治疗、职业择、文化差异、社会态度变迁和顾客对产品与商标名称的反应等。管理心理学研究中有关领导行为的LPC量表和MPC量表，就是运用语义区分量表法所设计的。而且这一技术本身进一步精确化的工作也在不断进行中。

（五）Q分类技术

Q分类技术（Q-Sort Technique）是由美国心理学家斯蒂文森（Stephenson）于1953年提出的一种研究自我概念的特殊技术，被广泛地应用于研究自我概念、人格适应、身心健康等方面。

在Q分类技术中，给受测者提供很多张描述人格特质的卡片，要求他们按照与自身特质的吻合程度将这些卡片分为1—9个等级。为了保证评级分布的一致性，采用了迫选的常态（forced normal）分布，要求每个等级中都有规定数量的卡片。由于应用了迫选技术，因此Q分类技术只能得到自比指标而不是常模数据。

Q分类技术已经被用于研究各类心理问题。在个体人格的研究中，受测者经常被要求在不同的参考构架下重新对相同的特质卡片进行分类，如把这些卡片上描述的特质应用于自己和他人（如父母、配偶等），或把它们应用于自己所处的不同环境（如家庭、工作单位等）。Q分类技术也可以去研究个体的现实自我（他们认为自己是什么样的）、社会自我（他们认为别人是怎么看他们的）和理想自我（他们希望自己成为什么样的人）状况。除此之外，Q分类技术还可以用来观察心理治疗中患者自我概念的变化趋势。

（六）哥特曼量表

哥特曼量表是由哥特曼（L. Guttman）于1950年提出的，它最初是作为决定一系列关于态度的陈述是否是单维的技术而产生的，它试图确定一个单向性的量表。所谓单向性，也就是项目之间的关系或排列方式是有序可循的。在哥特曼看来，如果同意一个特定态度的某种陈述的受测者也会同意该态度的较温和的陈述，也就是说这种态度量表的项目能按强度或接受难度顺序排列。但在实际中，这种假设不可能完全达到，只能在一定限度内近似。受测者的结果取决于他所选的项目总分，由于量表的单向性，在哥特曼量表中分数相同的人，态度模式是一致的，这就克服了瑟斯顿的中位数估计法与利克特的总分估计法的局限，即对于相同分数等级的人难以作出相同态度模式的测量结论。

哥特曼量表的制作过程较简单：挑选可用于测量对某事物态度的具体叙述句（项目），构成一个预备量表，并施测于一个有代表性的样组。将受测者按赞成程度由高到低排列，将项目依赞成程度也由高到低排列，得到一个受测者对项目集的反应表。然后去掉某些无法判断是赞成或是反对的项目，计算复制系数（Crep=

1-误答数／总反应数，是单向性好坏的指标）。如复制系数高于0.90，则单向性得到基本保证。

（七）内隐法

社会认知常会以内隐的方式影响人们的判断和行为，但由于内隐社会认知被定义为"无法内省获取的"，直接的外显报告往往无能为力，对其进行科学的测量便成为一项重要任务，以往研究中常用的方法主要包括了启动测验、投射测验和内隐联想测验等方法。

1.启动测验

启动效应（priming effect）指先前经验对当前刺激项目进行某种加工时所产生的易化现象，即：前面接触的相同或类似的信息，促进某个具体信息的加工，其实质是反应了一种自动的无意识的记忆现象。在内隐社会认知的研究中，启动技术得到了广泛的应用。例如巴格（John A. Bargh）等人（1996）在他们的实验中，用启动技术向被试呈现粗鲁、老年人、美国黑人的特质词或图片，结果发现受到粗鲁词启动的被试更容易打断主试的谈话，受到老年人刻板印象词启动的被试，实验后在走廊中行走得更慢；而受美国黑人图片启动的被试，则对主试的请求表现出更加敌视的态度。

2.投射测验

这部分内容在本书前面章节已有介绍，这里不再赘述。投射测验的一个重要用途就是从受测者的解释中对其潜意识的思想进行剖析，这种方式能在一定程度上了解被试的内隐态度。

3.内隐联想测验

这是用来测量概念之间自动化联系强度的一种测验方式，通常采用的是一种计算机化的辨别分类任务，以反应时为指标，通过对概念词和属性词之间自动化联系的评估进而来对个人的内隐态度进行间接的测量。当两个概念联系紧密时，人们容易对其样例作同一反应，反之，当两个概念联系不是很紧密甚至存在冲突时，对它们的样例作同一反应则较为困难。利用人们对不同概念的样例作同一反应的难易程度，便可获得个体内隐认知层面这两者的联系强度。内隐联想测验在生理上是以神经网络模型为基础的，该模型认为信息被储存在一系列按照语义关系分层组织起来的神经联系的结点上，因而可以通过测量两概念在此类神经联系上的距离来测量这两者的联系。在认知上，内隐联想测验以态度的自动化加工为基础，包括态度的自动化启动和启动的扩散。

内隐联想测验常见的测验步骤如下：①呈现概念词：让被试对花的名字（如：郁金香）和昆虫的名字（如：蜘蛛）归类并做出一定的反应（看到花的名字

按F键，看到昆虫的名字按J键）；②呈现属性词：让被试对积极的词汇（如：可爱的）和消极的词汇（如：丑陋的）做出反应（积极词汇按F，消极词汇按J）；③联合呈现概念词和属性词：让被试做出反应（花的名字或积极词汇按F，昆虫的名字和消极词汇按J）；④让被试对概念词做出相反的判断（花的名字按J，昆虫的名字按F）；⑤再次联合呈现概念词和属性词，让被试做出反应（昆虫的名字或积极词汇按F，花的名字或消极词汇按J）。

（八）生理反应法

生理反应法（physiological measure）是根据被试生理反应的变化来确定其态度的一种方法，因而仍是一种间接的方法，通常采用的生理指标有皮肤电反应、脉搏等。这种方法的原理在于态度中包含有情感因素，情感在态度中起着重要作用。当态度发生变化时，则总会伴有由于情感变化而引起的体内生理反应的变化，如呼吸急促、脉搏加快、瞳孔放大等。根据这些生理变化的测定，即可推测人们的内在态度。在实际使用中，生理反应法也常常是结合其他的方法一起使用的，如果同问卷法或访谈法一起使用，这样就能够提高对态度测定的准确性了。

三、民意测验和问卷编制

民意测验或态度调查问卷通常是由研究中心的工作组编制的，特别是急需非常精确、无偏差的数据时更是如此。例如，进行政治预测或消费者喜好的研究。全国性的和大范围的调查需要有相应组织的协助，而那些较小范围的民意测验和问卷教师就有能力编制。

编制民意测验的6个步骤：

（1）确定目标。编制问卷的第一步就是要明确需要什么样的信息，收集信息的目的是什么。例如，在研究人们对早餐的态度时，问题要涉及价格、口感、简便性、营养、包装（颜色、大小、形状、字体、产品信息）、吸引力（价格、竞争）以及大量其他信息。目标明确后，接下来的工作才有意义。

（2）确定总体。总体是承载相关信息的所有人的总和。它可能是少量的、可数的（一个学校里的学生），也可能是大量的、不可计数的（4岁以上的所有中国人）。它可能局限于地域、性别、年龄、宗教、社会经济地位（SES）、种族或其他任何重要的特征。必须严格区分这些特征。

（3）选择样本。样本是从某一总体中选出的数量有限的一些人。当总体人数较少时，抽样就没有必要了，总体中所有的人都可作为研究对象。当总体人数较多时，抽样就是必要的，因为获得每一份信息所付出的代价都很高。如果总体中不是每个人都有平等的机会被选中，那么这个样本就有偏差。抽样方法通常有简单随机抽样、系统抽样、分层抽样、多段抽样、整群抽样等。

（4）编题。有时可以找到符合自己目的的态度量表。然而，我们通常需要自己编写题目。这些题目要求给出答案，提供选项或在访谈中用于口头提问。访谈可以弄清作答者的意图，但它却要花费大量的时间和金钱。问卷是一种较便宜且较简单的方式，但它的测量深度却不如访谈。对于小孩和文盲，访谈是最好的形式。记住，如果问卷是要寄出的，那么没有寄回的问卷就有可能造成抽样误差。那些花费时间和精力回答并寄回问卷的人通常与不回答问卷的人有很大差异。

虽然对于编写好的问卷或访谈题目有许多建议，但却没有一套完善的被实践证明了的准则可以保证所编的题目就是准确的、公正的、能够代表样本成员的观点的。有这样一道题："如果学校委员会对公众需求做出更多的反应，你会支持它吗？"无疑，这道题在强迫人们做出"是"的回答，因为每个人都会想要"更有责任感"的学校委员会。至少，一道题的措辞不应让答题者看出出题者的态度。

在最后确定题目之前，应检查它们的内容效度。项目分析的作用在于减少题目的模糊性并增加题目对持不同态度的人的区分度。对所有改变了措辞的题目，都要再一次检查其内容效度、清晰度和区分度。

如果测验包含的是认知方面的题，那么其长度可以影响态度量表的信度。只需回答是与否的简单题不能测量态度的不同方面，例如强度、普遍性和一致性。要更好地了解答题者的态度可以增加题数或选项数，但是也要有个限度。

（5）施测。寄出的问卷要包含主办者的签名和一封用以解释问卷重要性的短信。同时应提供一个写好地址并贴好邮票的回邮信封。要告知答题者他的答案是否会被保密或在什么情况下会被公开。如果是匿名答题，则不允许给未答者寄催促信，这样他们就会知道自己会被识别出来。如果编号是为了验证身份，那么应让答题者了解这一情况。

（6）分析和解释数据。在分析问卷、访谈和民意测验时，通常要用到赞成或反对某个问题的人数百分比。数据的精确性（假定为无误差的样本）主要是由样本中个案的数量和总体中态度的变异性来决定的。如果总体中每个人的态度相同（即变异性为0），那么一个人的态度就可以精确地反映出总体的态度。当态度变异性增加时，需要有更多的个案对此误差做出补偿。当然，样本容量增加的前提假设是这些样本都是以无误差的方式抽取的。如果样本有误差，样本数的上升会引起更大的误差。

如果想要确定持某种罕见态度的人的比例，那么就需要抽取一个大样本。如果在10 000人中只有1个人相信地球是扁的，那么要找到这种人也许要抽取比这大许多倍的样本。

在呈现民意测验、问卷或访谈的结果时，应该告知读者总体中有多少人接受了调查，有多少人做出了回答，有多少人没有回答，以及有多少人虽然回答了但他们的答案因某种原因被作废了等信息。这些数字也应转换为百分比，从而使对照简便化。

在编制题目之前就应该考虑如何分析数据。如果回答要分类别报告（性别、种族、年龄等），这些信息必须在问卷中写明。

第二节　价值观测验

一、价值观概述

（一）价值观的定义

心理学关于价值观的定义众说纷纭、莫衷一是，其中以克拉克洪（Clyde. Kluckhohn）在1951年所提出的价值观定义影响最大。他认为：价值是一种外显的或内隐的，有关什么是"值得的"看法，它影响人们对行为方式、手段和目的的选择。

俗话说："人各有志。"这个"志"实际上反映的就是一个人的价值观，它是一种具有明确的目的性、自觉性和坚定性的人生选择的态度和行为，对一个人人生目标起着决定性的作用。

（二）价值观的结构维度和内容

1. 价值观的结构维度

罗克奇（Milton Rokeach）把人类价值观的结构分为两个维度，即终极性价值和工具性价值；劳瑞（Lorr）等提出了3个维度的价值观结构，即个人目标、社会目标、个人和社会所偏好的行为方式；杨国枢将价值观分为个我取向和社会取向，社会取向又具体划分为家族取向（家族延续、家族和谐、家族团结、家族富足、家族荣誉、泛家族化）、关系取向（关系的角色化、关系互依性、关系和谐性、关系宿命观、关系决定论）、权威取向（权威敏感、权威崇拜、权威依赖）、他人取向（顾虑他人、顺从他人、关注规范、重视名声）4个次级取向；杨中芳将价值观的结构分为世界观（对人及其与宇宙、自然、超自然等关系的构想，对社会及与其成员关系的构想）、社会观（从文化所属的具体社会中为了维系它的存在而必须具有的价值理念）、个人观（成员个人所必须具有的价值理念），等等。

2. 价值观的内容

例如派瑞（Perry）将人们的价值观分为认知的、道德的、经济的、政治的、审美的和宗教的；奥尔波特（Allport）等根据斯普兰格对人性的划分，将价值观分为理论的、经济的、审美的、社会的、政治的和宗教的6种类型；戈登（Gordon）的人际价值观调查量表测量支持、服从、认可、独立、仁慈和领导等6种价值观；文崇一把价值观分为宗教、家庭、经济、成就、政治和道德六种；杨国枢把中国人传统的价值观分为：遵从权威、孝亲敬祖、安分守成、宿命自保和男性优越5个方面，将中国人所表现出的现代价值观分为：平权开放、独立自顾、乐观进取、尊重情感和两性平等。黄希庭等人将价值观分为政治的、道德的、审美的、宗教的、职业的、人际的、婚恋的、自我的、人生的、幸福的10种类型等。

二、价值观测验

（一）奥尔波特、弗农和林迪的《价值观研究》

1931年，奥尔波特、弗农和林迪（Allport，Vernon & Lindzey）基于E. 斯普拉吉（E. Spranger，1928）的理论，编制了《价值观研究》量表，这是一份测量6种价值的相对优势的量表，这6种价值为：理论价值（事实、经验和理智），经济价值（实践价值和有用性），审美价值（美感、形态和对称），社会价值（利他主义和博爱主义），政治价值（权利、人格再认和影响力），宗教价值（神秘性和经验的统一）。奥尔波特、弗农和林迪3人于1951年和1960年对其进行了修订。

在《价值观研究》中，被试的任务是将不同的点数赋予各选项。例如下题，被试要把4点给予最吸引自己的选项，将1点给予最没有吸引力的选项。

一个工作了一周的人最好在周日做什么？

a. 读一些严肃的书籍。

b. 赢得一场高尔夫或赛马比赛。

c. 听一场管弦音乐会。

d. 听一场出色的演讲。

对于只含两个选项的题来说，被试可以把所有的点数都给其中一个而不给另一个，或按自己认为合适的方式分配点数，但两个选项所得点数不能均等。因为《价值观研究》的计分采用自比的方法，作者为高中、大学和不同职业的群体提供了每种价值观的平均分数，这些平均分是分男女报告的。

（二）科尔伯格的《道德判断量表》

L. 科尔伯格（Lawrence Kohlberg，1973；1974）提出儿童的道德发展分为六个阶段，每个人必然都是从第一阶段顺次地发展到第六阶段，这六个阶段分别为：

第一阶段：行为的动机是避免受到惩罚，"良心"是对惩罚的不合理的害怕。

第二阶段：行动的动机是想得到赞扬或好处。可能的犯罪反应被忽视了，而且用实用主义的方式看待惩罚（把自己的惧怕、愉快或痛苦同惩罚—结果区分开来）。

第三阶段：行动的动机是由于预料到别人实际的或想象的责备（即有罪）（把责备同惩罚、惧怕和痛苦区分开来了）。

第四阶段：行动的动机是由于预见到不名誉即出于没有尽到责任而通常会受到的谴责，也由于对别人所造成的具体伤害而内疚（把正式的不名誉和非正式的责备区别开来了。把造成坏的后果的内疚跟责备区别开来了）。

第五阶段：关心维持受同类人的以及社会的尊敬（假定他们的尊敬是出于理智而不是出于感情。关心自己的自尊心，即避免判定自己是无理性的、言行不一的、没有决心的人（把惯常的谴责跟社会上的不尊敬或不自尊区分开来了）。

第六阶段：关心违犯自己的原则而自我谴责（把社会的尊敬和自尊区别开来了。把一般的完成合理事情的自尊和维护道德原则的自尊区分开来了）。

为此，他编制了《道德判断量表》，试图区分处在6个不同道德阶段的学生。《道德判断量表》由9个两难问题组成，要求学生做出判断和解释。有一个很典型的题目，说是有一个患癌症濒临死亡的女人，只有一种药可以救她，但这种药却掌握在一个高价药商的手里。这个女人的丈夫向药商解释了他们的处境并保证以后会还清他的钱，但药商不同意，于是丈夫就闯入药房为妻子偷了药。问题是：丈夫是否应该这样做以及为什么。施测者要得到学生尽量完善的解释，从而确定学生属于哪个道德阶段。科尔伯格认为学生会选他们所能理解的最高道德水平。因此，如果施测者能确定学生的理解水平，就能估计出他们的道德评价水平。

（三）职业锚测验

由于职业价值观在职业选择中起着至关重要的作用，因此职业价值观测验受到高度重视。目前在职业选择领域中被广泛用于职业价值观测验的问卷有：苏伯尔（1970）的"职业价值观调查表"（Work Values Inventory，WVI），由3个大类共15个项目组成，采用Likert 5点量表计分，适用于7年级以上至成人；"职业价值观问卷调查表"（Work Values Questionnaire，WVQ），共有24个因子，采用6点量表评估；"明尼苏达重要性量表"（Minnesota Importance Questionnaire，MIQ）；"俄亥俄职业价值量表"（Ohio Work Values Inventory，OWVI，针对4至12年级的学生编制）；宁维卫（1996）根据苏伯尔的"职业价值观调查"制作的WVI中文版；凌文辁等人根据文献自编的"大学生职业价值观量表"。下面介绍直接针对职业价值观进行定位的职业锚理论及其测验方法。

1. 职业锚理论

职业锚理论是美国麻省理工学院斯隆管理学院埃德加·施恩（Edgar H. Schein）教授发明的，该理论是从斯隆管理研究院毕业生的纵向研究中形成的。施恩教授从1961年、1962和1963年起对斯隆管理学院的44名硕士毕业生进行了最初的访谈，当时这批学生正在二年级（总共两年的学习时间）。在这批学生毕业六个月及毕业一年后，在各自的工作地点对所有的人进行了重复访谈，这些访谈揭示了从学校到组织转变过程中的大量问题。所有参与者在毕业五年后完成了一份调查问卷。1973年，在这些参与者毕业十到十二年后，又进行了一项跟踪访谈，要求参与者按时间详细回顾自己的职业生涯历史，不仅要求他们识别关键职业选择和事件，而且让他们思考做出决定的原因及每次变动的感受。他们从访谈中发现，尽管每个参与者的职业经历大不相同，但从职业决策的原因和对事件的各种感受中，却发现了惊人一致性。个人潜在的自我意识来自于早期学习过程所获得的成长经验，当他们从事与自己不适合的工作时，一种意识会将他们拉回到使感觉更好的方向（职业）上——这就是"职业锚"。

来源：

美国学者施恩（Edgar. Schein）1978年开始在"职业动力论"研究中使用"职业锚"的概念，此概念有助于职业工作者进行职业定位。

特点：

是个人和工作情境之间早期间相互作用的产物，经过若干年的实际工作后才能被发现。

内容：

自省的动机需要

以实际情境中的自我测试和自我诊断以及他人的以馈为基础

自省的才干和能力

以个人工作环境中的实际成功为基础

自省的态度和价值观

以自我与雇佣组织和工作环境的准则和价值观之间的实际遭遇为基础。

（引自：程社明，卜欣欣，戴洁：《人生发展与职业生涯规划》，团结出版社2003年1月第一版，P. 91）

图10-1　职业锚示意图

（1）职业锚的涵义

职业锚是指员工在早期工作中逐渐对自我加以认识，发展出的更加清晰全面的职业自我观，是一个人无论如何都不会放弃的最重要的东西。自我观主要包含三部分内容，共同组成"职业锚"：

①自省才干和能力——以多种作业环境中的实际成功为基础；

②自省的动机和需要——以实际环境中的自我测试和自我诊断的机会，以及他人的反馈为基础；

③自省的态度和价值——以自我与雇用组织和工作环境的准则和价值观之间的实际遭遇为基础。

"职业锚"概念有以下五个特点：

①"职业锚"定义工作价值观、工作动机的概念更具体、更明确。"职业锚"产生于最初的工作价值观和工作动机之上，但又受到实践工作经验和自我认识的具体强化。

②由于实践工作成果的偶然性，"职业锚"不可能凭各种测试来预测。"职业锚"是个人同工作环境互动作用的产物，在学校中表现出的潜在才干和能力，在经过实际工作的多次确认和强化之前，并不能成为"职业锚"的一部分。个体的一系列职业选择偶然性，体现出从不适应、无法满足需要的工作环境向更和谐环境移动的必然性。在实践中选择、认知和强化，这就是"职业锚"的比喻。

③"职业锚"强调了能力、动机和价值观的互动作用。我们可能喜欢某类职业，不断提高能力，对此职业的擅长又使我们更喜欢它。或者，我们可能发现自己擅长某职业，渐渐培养起兴趣和感情，后来就越发精通了。职业取向中单独的动机、能力、价值观概念是意义不大的，重要的是突出三者相互作用的整合作用。

④"职业锚"是在正式工作若干年后才可能被发现。即"职业锚"的确定需要各种情境下实践工作的反复验证方可确认。职业取向的必然性需要一定时间内变化偶然性的累积方可突现。

⑤"职业锚"概念倾向于寻求个人稳定的成长区域，它并不意味着个人停止变化或成长，"职业锚"本身会发生变化。

（2）职业锚的类型[①]

施恩教授总结出八种类型的"职业锚"：

---

①本节内容摘引自：(美)埃德加·施恩著，北森测评网译.职业锚.北京：中国财政经济出版社，2004.5。

①技术/职能型

技术/职能型的人追求在技术/职能领域的成长，以及技能的不断提高，希望在工作中实践并应用这种技术/职能。他们对自己的认可来自于他们的专业水平，他们喜欢面对专业领域内的挑战。通常，他们不喜欢从事一般的管理工作，因为这意味着他们不得不放弃在技术/职能领域内的成就。例如，一位工程师非常擅长设计；一位销售员发现自己在销售方面的天赋和对销售的强烈愿望；一位教师非常高兴自己在专业领域中更加突出。因此，他们都更愿意从事专业领域的工作而不是做管理。

工作类型：技术/职能型职业锚的人期望从事具有一定挑战性的工作，如果一项工作不能考验他们的能力和技术水平，那么很快他们就会对这份工作失去兴趣。由于他们的自尊取决于才能的施展水平，所以他们需要能够展现自己才能的工作。

薪酬补贴：技术/职能型职业锚的人希望能够按照教育背景和工作经验确定技术等级和报酬。他们倾向于关注外在平等，即与其他组织中具有同等技术水平的人比较收入的高低。如果他们的收入偏低，即使是本组织内部薪水最高的，他们也认为自己没有得到公平待遇。

工作晋升：技术/职能型职业锚的人看重技术和专业等级，而非职位的晋升，他们不愿接受行政或管理岗位的晋升。这一点不管是在研发部门、工程部门、还是在组织中其他职能部门，例如财务、市场、制造或者销售，都是非常适用的。尽管如此，很少有组织设立适合该类型人的职业发展阶梯。

认可方式：技术/职能型职业锚的人更加需要同行专业人士的认可，而非管理者的表扬。另外一种认可的形式，是得到在专业领域继续学习和发展的机会。接受培训的机会、组织提供的休假、鼓励参加专业性的会议、提供购买资料和设备的经费都是非常有价值的认可方式。除了继续学习，他们喜欢的认可方式还有一种，就是成为某种协会或者团体的专家。

②管理型

管理型的人追求并致力于职位晋升，倾心于全面管理，独立负责一个部分，可以跨部门整合其他人的努力成果。他们想承担整体的责任，并将公司的成功与否看作衡量自己工作的标准。具体的技术/职能工作仅仅被看作是通向全面管理层的必经之路。

要想成为管理型的人，需要整合三个方面的能力和技巧。第一是分析能力。管理者能够在信息不全面和不确定的情况下，识别、分析、归纳信息以解决问题。第二是人际和团队能力。管理者必须能够影响、监督、领导、操纵和管理组织的各级人员，从而实现组织目标。第三是情感管理能力。管理者必须为情绪、人际关系和危机所激励而不是被压倒，要有承担高度责任的能力，果敢地使用权力做出决策。

工作类型：管理型职业锚的人希望承担更大的责任，喜欢有挑战性的、多变的和综合性的工作，渴望有领导机会，看重对组织的贡献。对组织成功越重要的工作，对他们越具有吸引力。

薪酬补贴：管理型职业锚的人通常把收入水平作为衡量自己成功的标准，期望有相当高的收入。与技术/职能型职业锚的人不同的是，他们倾向于内在的公平而不是外在的公平。他们希望收入要远远高于他们的下级。他们也希望得到短期奖励，例如实现某个组织目标的奖励。

工作晋升：管理型职业锚的人期望晋升应该基于个人的贡献、可量化的绩效和工作成绩。尽管他们承认性格、方式、资历、政治和其他因素在晋升中的重要作用，但管理人员仍然坚持达到目标的能力才是最为关键的标准。

认可方式：对于管理型职业锚的人来说，提升到有更大管理责任的职位无疑是最好的认可方式。他们以级别、头衔、薪水、下属数量、预算规模和一些无形的因素（如所负责的项目、部门或区域，对公司发展的重要性等）的组合来衡量自己的地位。他们期望不断得到提升，如果在一个职位上呆的时间过长，他们就会觉得自己表现得不够好。这一类型的人也非常重视金钱形式的认同，像加薪、奖金和股票期权，喜欢头衔、地位象征（例如很大的办公室、轿车或者特权），最重要的是得到上司的认可。

③自主/独立型：

自主/独立型的人希望随心所欲地安排自己的工作和生活。追求能施展个人能力的工作环境，最大限度地摆脱组织的限制和制约。他们宁愿放弃职位提升或工作发展的机会，也不愿意放弃自由与独立。

工作倾向：自主/独立型职业锚的人喜欢专业领域内职责描述清晰、时间明确的工作。承包式或项目式工作，全职、兼职或者临时性的工作都是可以接受的。这种类型的人倾向于有明确的工作目标，并且不限制工作完成方式的组织，他们不能忍受别人在旁边指手画脚。自主/独立型职业锚的人会慢慢将工作转向自主性比较强的职业，例如对商业和管理感兴趣的人，他们可能会从事咨询和培训。如果在大型的公司中工作，他们会选择一些相对独立的职位，例如研发部门、区域销售、数据处理、市场调研、财务分析等。

薪酬补贴：自主/独立型职业锚的人更加倾向于基于工作绩效的工资、奖金，并且当时付清，或没有附加条件的报酬方式。

工作晋升：自主/独立型职业锚的人倾向于基于以往成就的晋升，希望从新的职业中获取更多的自主权。如果新的职位带来更高的头衔和更多责任而减少了自由度，则会令自主/独立型职业锚的人感到恐惧。例如，如果一个自主/独立型职业锚的销售代表认为成为销售经理会降低他的自主性，他就会拒绝晋升机会。

认可方式：自主/独立型职业锚的人最喜欢直接的表扬和认可。对于自主/独立型职业锚的人来说，勋章、证书、推荐信、奖品、证书等奖励方式比晋升、获得头衔甚至金钱更具有吸引力。多数组织的激励机制并不适合自主/独立型职业锚的员工，他们经常因为不能忍受组织的制度而辞职。

④安全/稳定型

安全/稳定型的人追求工作中的安全感与稳定感。他们因为能够预测到稳定的将来而感到放松。他们关心财务安全，对公司忠诚，能够完成老板交待的工作。他们并不关心具体的职位和具体的工作内容是什么，只要职位与工作内容比较稳定，他们就会感到比较放松。

工作类型：安全/稳定型职业锚的人愿意从事安全、稳定、可预见的职业。相比工作本身，他们更加关心的是工作的内容。工作环境、工作挑战等内在激励方式不如直接加薪、改善收益状况更有效。许多组织工作具有这方面的特性，而每个组织都在很大程度上依赖员工中高比例的安全/稳定型职业锚的员工和技术/职能型的员工。这种类型的人通常会选择提供终身雇佣、从不辞退员工、有良好的退休金计划和福利体系、同时看上去强大而可靠的公司。因此，政府部门和事业单位对这类人来说很有吸引力。他们会为自己的组织感到自豪。

薪酬补贴：安全/稳定型职业锚的人希望薪酬基于工作年限、并可预测地稳定增长。他们倾向于强调保险和养老金的薪酬方案。

工作晋升：安全/稳定型职业锚的人喜欢基于过去资历的提升方式，喜欢有明确晋升周期的公开的等级系统。显然，这种类型的人偏爱学校和大学这样的提供终身雇佣的组织。

认可方式：安全/稳定型职业锚的人希望因为忠诚和稳定的绩效而被认可，并且希望得到稳定和连续的雇佣保证。最重要的是，他们相信，"忠诚"会给组织绩效带来实质贡献。这种类型的人适合多数的人事系统。

⑤创造/创业型

对于创造/创业型职业锚的人来说，最重要的是建立或设计某种完全属于自己的东西，例如，以自己名字命名的产品或服务；建立或投资新的公司，收购其他公司，并按照自己的意愿进行改造。创造/创业型职业锚的人渴望向别人证明：通过自己的努力能够创建新的企业、产品或服务，并使之发展下去。

创造/创业型与自主/独立型的区别：自主/独立型职业锚的人发展自己的生意，

是源于自主独立的需要；相反，创造/创业型职业锚的人是想证明自己能够创立属于自己的企业，这意味着在创业的早期阶段牺牲自由和稳定，直到事业获得成功。在创业没有成功之前，他们会从事传统的职业，同时寻找创业的可行性方案。

工作类型：创造/创业型职业锚的人喜欢实现创造的需求，容易对过去的事情感到厌倦。在自己的企业中，他们仍会不断地创造新的产品或服务，当他们失去兴趣时就把这个企业卖掉再创建一个新的企业，他们需要不断接受新的挑战。

薪酬补贴：创造/创业型职业锚的人最看重的就是所有权。通常他们并不为自己支付很多工资，但控制着自己公司的股票。如果他们开发出新的产品，那么他们希望自己拥有该产品的专利。希望能够留住这类人的大公司，经常误解他们的内在需求。除非他们拥有新公司的控制权和多数的股票，否则一个创造/创业型职业锚的人不会留在这个公司。他们积累财富并非完全为了自己，而是一种向他人证明成功的方式。

工作晋升：创造/创业型职业锚的人希望职业能够允许他们去做自己想做的事情，有一定的权力和自由去扮演任何角色以满足自己不断进行创新变化的需求。例如，研发主管，董事会主席等。

认可方式：创造财富和一定规模的企业是他们获取认可最重要的方式，此外，创造/创业型职业锚的人通常以自我为中心，要求很高的知名度和公众认可，喜欢用自己的名字命名产品和公司。

⑥服务型

服务型职业锚的人希望职业能够体现个人价值观，他们关注工作带来的价值而不在意是否能发挥自己的才能或能力。他们的职业决策通常基于能否让世界变得更加美好。那些帮助性的职业最能得到此类人的认同。例如护理、社会工作者、教育和公共管理等。此外，在公司中也存在以服务为导向的职业，例如，采取积极行动的人力资源专家，致力于提高劳资关系的劳动法律师，研究新药物的科学家，或是为提高某一方面的社会现状进入公共服务领域的经理人。能够体现助人为乐、为人类服务和为国家服务等价值观的工作是他们职业的首选。

当然，并非所有帮助性行业中工作的人都希望去服务别人。一些医生、律师、社会工作者可能是技术/职能型的、自主/独立型的或安全/稳定型的。

工作类型：服务型职业锚的人希望职业允许他以自己的价值观影响雇佣他的组织或社会。

薪酬补贴：服务型职业锚的人对组织忠诚，希望得到基于贡献的、公平的薪酬，钱并不是他们追求的根本。

工作晋升：比金钱更重要的是认可他们的贡献，给他们更多的权力和自由来体现他们自己的价值。

⑦挑战型

挑战型职业锚的人认为他们可以征服任何事情和任何人，并且将成功定义为"克服不可能的障碍，解决不可能解决的问题，战胜强硬的对手"。随着自己的进步，他们喜欢寻找越来越强硬的"挑战"，希望在工作中面临越来越艰巨的任务。挑战型与技术/职能型的差别在于技术/职能型的人只关注某一专业领域内的挑战，高层次的战略咨询顾问可以归于挑战型职业锚，因为工作需要他们去解决一个比一个困难的战略任务。

对于挑战型职业锚的人来说，一定水平的挑战是至关重要的。缺少挑战自我的机会会使他们变得厌倦和急躁。对他们而言，职业中的变化非常重要，管理工作吸引他们的一个主要原因是管理工作的多变性和面临的强大挑战性。

如何激励和发展挑战型职业锚的人是一个非常复杂的管理问题，他们一方面有强烈的自我发展动机，对带给他们挑战机会的雇主非常忠诚；但同时，他们意志坚定，可能给其他不同价值观的同事制造麻烦。

⑧生活型

生活型职业锚的人希望将生活的各个主要方面整合为一个整体，喜欢平衡个人的、家庭的和职业的需要，因此，生活型的人需要一个能够提供"足够弹性"的工作环境来实现这一目标。生活型的人甚至可以牺牲职业的一些方面，例如放弃职位的提升或调动，来换取三者的平衡。相对于具体的工作环境、工作内容，生活型的人更关注自己如何生活、在哪里居住、如何处理家庭事情及怎样自我提升等。

生活型职业锚的人喜欢为提供灵活选择的组织工作，这些选择包括：在家庭条件允许的情况下出差；在生活需要的时候非全职工作；休假、产假，提供日托；提供弹性工作制；在家办公等。生活型职业锚的人关注组织文化是否尊重个人和家庭的需要。

2. 职业锚测验

（1）职业定位问卷

这份问卷的目的在于帮助你思索自己的能力、动机和价值观。下面给出了40个问题，根据你的实际情况，从1—6中选择一个数字。数字越大，表示这种描述越符合你的实际情况。例如，"我梦想成为公司的总裁"，你可以做出如下的选择：

选"1"代表这种描述完全不符合你的想法；选"2"或"3"代表你偶尔（或者有时）这么想；选"4"或"5"代表你经常（或者频繁）这么想；选"6"代表达种描述完全符合你的日常想法。

请尽可能真实并迅速的回答下列问题。除非你非常明确，否则不要做出极端的选择，例如："从不"或者"总是"。

01. 我希望做我擅长的工作，这样我的内行建议可以不断被采纳：

02. 当我整合并管理其他人的工作时，我非常有成就感。

03. 我希望我的工作能让我用自己的方式，按自己的计划去开展。

04. 对我而言，安定与稳定比自由和自主更重要。

05. 我一直在寻找可以让我创立自己事业（公司）的创意（点子）。

06. 我认为只有对社会做出真正贡献的职业才算是成功的职业。

07. 在工作中，我希望去解决那些有挑战性的问题，并且胜出。

08. 我宁愿离开公司，也不愿从事需要个人和家庭做出一定牺牲的工作。

09. 将我的技术和专业水平发展到一个更只有竞争力的层次是成功职业的必要条件。

10. 我希望能够管理一个大的公司（组织），我的决策将会影响许多人。

11. 如果职业允许自由地决定自己的工作内容、计划、过程时，我会非常满意。

12. 如果工作的结果使我丧失了自己在组织中的安全稳定感，我宁愿离开这个工作岗位。

13. 对我而言，创办自己的公司比在其他的公司中争取一个高的管理位置更有意义。

14. 我的职业满足来自于我可以用自己的才能去为他人提供服务。

15. 我认为职业的成就感来自于克服自己面临的非常有挑战性的困难。

16. 我希望我的职业能够兼顾个人、家庭和工作的需要。

17. 对我而言，在我喜欢的专业领域内做资深专家比总经理更具有吸引力。

18. 只有在我成为公司的总经理后，我才认为我的职业人生是成功的。

19. 成功的职业应该允许我有完全的自主与自由。

20. 我愿意在能给我安全感、稳定感的公司中工作。

21. 当通过自己的努力或想法完成工作时，我的工作成就感最强。

22. 对我而言，利用自己的才能使这个世界变得更适合生活或居住，比争取一个高的管理职位更重要。

23. 当我解决了看上去不可能解决的问题，或者在必输无疑的竞赛中胜出，我会非常有成就感。

24. 我认为只有很好地平衡了个人、家庭、职业三者的关系，生活才能算是成功的。

25. 我宁愿离开公司，也不愿频繁接受那些不属于我专业领域的工作。

26. 对我而言，作一个全面管理者比在我喜欢的专业领域内做资深专家更有吸引力。

27. 对我而言，用我自己的方式不受约束地完成工作，比安全、稳定更加重要。

28. 只有当我的收入和工作有保障时，我才会对工作感到满意。

29. 在我职业生涯中，如果我能成功地创造或实现完全属于自己的产品或点子，我会感到非常成功。

30. 我希望从事对人类和社会真正有贡献的工作。

31. 我希望工作中有很多的机会，可以不断挑战我解决问题的能力 （或竞争力）。

32. 能很好的平衡个人生活与工作，比达到一个高的管理职位更重要。

33. 如果在工作中能经常用到我特别的技巧和才能，我会感到特别满意。

34. 我宁愿离开公司，也不愿意接受让我离开全面管理的工作。

35. 我宁愿离开公司，也不愿意接受约束我自由和自主控制权的工作。

36. 我希望有一份让我有安全感和稳定感的工作。

37. 我梦想着创建属于自己的事业。

38. 如果工作限制了我为他人提供帮助或服务，我宁愿离开公司。

39. 去解决那些几乎无法解决的难题，比获得一个高的管理职位更有意义。

40. 我一直在寻找一份能最小化个人和家庭之间冲突的工作。

现在重新看一下你给分较高的描述，从中挑选出与你的日常想法最为吻合的三个，在原来评分的基础上，将这三个题目的得分再各加上4分（例如：原来得分为5，则调整后的得分为9）。然后就可以开始评分了。

（2）计分方法

将每一题的分数填入下面的空白表格（计分表）中，然后按照"列"进行分数累加得到一个总分，将每列的总分除以5得到每列的平均分，填入表格。记住：在计算平均分和总分前，不要忘记将最符合你日常想法的三项，额外加上4分。

计分表：

TF	GM	AU	SE	EC	SV	CH	LS
1	2	3	4	5	6	7	8
9	10	11	12	13	14	15	16
17	18	19	20	21	22	23	24
25	26	27	28	29	30	31	32
33	34	35	36	37	38	39	40
总分							
平均分							

（3）解释

①技术∕职能型职业锚

如果你的职业锚是技术∕职能型，你始终不肯放弃的是在专业领域中展示自己的技能，并不断把自己的技术发展到更高层次的机会。你希望通过施展自己的技能以获取别人的认可，并乐于接受来自于专业领领域的挑战，你可能愿意成为技术/职能领域的管理者，但管理本身不能给你带来乐趣，你极力避免全面管理的职位，因为这意味你可能会脱离自己擅长的专业领域。

你的这一领域的得分列在计分表的第一列TF的下方。

②管理型职业锚

如果你的职业锚是管理型，你始终不肯放弃的是升迁到组织中更高的管理职位，这样你能够整合其他人的工作，并对组织中某项工作的绩效承担责任。你希望为最终的结果承担责任，并把组织的成功看作是自己的工作。如果你目前在技术∕职能部门工作，你会将此看成积累经验的必经过程；你的目标是尽快得到一个全面管理的职位，因为你对技术∕职能部门的管理不感兴趣。

你的这一领域的得分列在计分表的第二列GM的下方。

③自主∕独立型职业锚

如果你的职业锚是自主∕独立型的，你始终不肯放弃的是按照自己的方式工作和生活，你希望留在能够提供足够的灵活性，并由自己来决定何时及如何工作的组织中。如果你无法忍受任何程度上的公司约束，就会去寻找'些有足够自由的职业，如教育、咨询等。你宁可放弃升职加薪的机会，也不愿意丧失自己的自主独立性。为了能有最大程度的自主和独立，你可能创立自己的公司，但你的创业动机是与后面叙述的创业家的动机是不同的。

你的这一领域的得分列在计分表的第三列AU的下方。

④安全∕稳定型职业锚

如果你的职业锚是安全∕稳定型的，你始终不肯放弃的是稳定的或终身雇佣制的职位。你希望有成功的感觉，这样你才可以放松下来。你关注财务安全（如养老金和退休金方案）和就业安全。你对组织忠诚，对雇主言听计从，希望以此换取终身雇用的承诺。虽然你可以到达更高的职位，但你对工作的内容和在组织内的等级地位并不关心。任何人（包括自主∕独立型）都有安全和稳定的需要，在财务负担加重或面临退休时，这种需要会更加明显。安全∕稳定型职业锚取向的人总是关注安全和稳定问题，并把自我认知建立在如何管理安全与稳定上。

你的这一领域的得分列在计分表的第四列SL的下方。

⑤创造∕创业型职业锚

如果你的职业锚是创造／创业型的，你始终不肯放弃的是凭借自己的能力和冒险愿望，扫除障碍，创立属于自己的公司或组织。你希望向世界证明你有能力创建一家企业，现在你可能在某一组织中为别人工作，但同时你会学习并评估未来的机会，一旦你认为时机成熟，就会尽快开始自己的创业历程。你希望自己的企业有非常高的现金收入，以证明你的能力。

你的这一领域的得分列在计分表的第五列EC的下方。

⑥服务型职业锚

如果你的职业锚是服务型的，你始终不肯放弃的是做一些有价值的事情，比如：让世界更适合人类居住、解决环境问题、增进人与人之间的和谐、帮助他人、增强人们的安全感、用新产品治疗疾病等。你宁愿离开原来的组织，也不会放弃对这些工作机会的追求。同样，你也会拒绝任何使你离开这些工作的调动和晋升。

你的这一领域的得分列在计分表的第六列SV的下方。

⑦挑战型职业锚

如果你的职业锚是挑战型的，你始终不肯放弃的是去解决看上去无法解决的问题、战胜强硬的对手或克服面临的困难。对你而言，职业的意义在于允许你战胜不可能的事情，有的人在需要高智商的职业中发现这种纯粹的挑战，例如仅仅对高难度、不可能实现的设计感兴趣的工程师。有些人发现处理多层次的复杂的情况是一项挑战，例如战略咨询仅对面临破产、资源耗尽的客户感兴趣。还有一些人将人际竞争看成挑战，例如职业运动员，或将销售定义为非赢即输的销售人员。新奇、多变和困难是挑战的决定因素，如果一件事情非常容易，它马上会变得令人厌倦。

你的这一领域的得分列在计分表的第七列CH的下方。

⑧生活型职业锚

如果你的职业锚是生活型的，你始终不肯放弃的是平衡并整合个人的、家庭的和职业的需要。你希望生活中的各个部分能够协调统一向前发展，因此你希望职业有足够的弹性允许你来实现这种整合。你可能不得不放弃职业中的某些方面（例如晋升带来跨地区调动，可能打乱你的生活）。你与众不同的地方在于过自己的生活，包括居住在什么地方、如何处理家庭事务及在某一组织内如何发展自己。

你的这一领域的得分列在计分表的第八列LS的下方。

第三篇

心理测量应用

第十一章　心理测量在教育中的应用

心理学与教育学密切相关，因此各种心理测量方法在教育领域都得到了应用。教育测验包括测量学生的学科知识和技能、学习能力倾向、学习兴趣、学习动机、学习焦虑、学习适应性等与学习有关的特性的测验。

第一节　学绩测验

学绩测验也称成就测验，通常是根据教育目标的要求，按一定规则用数字对教育效果加以确定的过程。标准化学绩测验按测验内容可分为综合学绩测验和单科学绩测验。

一、综合学绩测验

（一）斯坦福成就测验

这是最早的综合学绩测验，于1925年编制出版，以后经过多次修订。该测验适合小学和初中，测验的目的是考查学生是否掌握中小学课程应掌握的知识和技能。测验分为4种量表：（1）幼级量表：适用于小学1～3年级。测验内容包括段落大意、拼字、算术推理和四则运算。（2）初级量表：适用于小学3～4年级。测验内容包括段落大意、词义、拼写、语言、算术推理和四则运算。（3）中级量表：适用于小学5～6年级。测验内容包括段落大意、词义、拼写、算术推理、四则运算、社会常识、科学常识和学习方法。（4）高级量表：适用于初中1～3年级。测验内容与中级量表相同。

各题型的形式和内容如下：

1. 段落大意测验：给学生一篇课文，将其分成若干段落，每个段落要求学生从 2～4 个多项选择中选出一个正确的答案，使之与该段落的思想内容一致。例如：

很久以前，秘鲁人不知道写字，为了计数，他们在不同颜色的绳子上打结。每种颜色代表不同种的事物。

（1）在绳子上_____

A. 打结　　　B. 涂色　　　C. 做圈　　　D. 加捻

（2）代表_____

A. 数的　　　B. 叫的　　　C. 写的　　　D. 事物

2. 词义的测验：用学生经常接触的词考查学生对词义的理解。例如：

一件东西如果是_____，它就是巨大的。

A. 很重要的　　　B. 庞大的　　　C. 爆炸了的　　　D. 很远的

3. 拼写测验：该测验中一半的词是常用的，它要求学生从 4 个词中辨认哪个拼写正确，例如：

The guards moved_____

A. quitly　B. quietly　C. quitely　D. not qiuen

4. 语言测验：要求学生对配对词组（正确的或似是而非的）进行选择，从而分析学生对于大写、标点、句子意义、惯用法以及语法的掌握情况。例如：

Du you want（no more, any more）ice cream?

5. 算术推理测验：要求学生解算术应用题，从而考查学生的阅读理解能力、推理计算能力。例如：

俱乐部的一把锁价值 1.35 美元，如果 9 个儿童平均负担，每个儿童应负担多少钱？

A. 9 美分　B. 14 美分　C. 37 美分　D. 12.15 美分 E. 以上都不对

6. 四则运算测验：通过学生对整数、小数、分数等四则运算题的运算结果，来分析他们的计算技能。例如：

3/4÷1/2=_____

A. 3/8；　　B. 2/3；　　C. 3/4；　　D. 11/2；　　E. 以上都不对

7. 社会常识测验：该测验考查对历史、地理、公民课等社会学科教材中的基本概念和事实的掌握程度。例如：

在殖民时代的一项重要职业是_____

A. 火车工程师　B. 管了工　C. 铁匠　D. 电话接线员

8. 自然常识测验：考查学生对物理、生命科学、地球科学、卫生学等学科知识的掌握程度。例如：

儿童的骨骼要正常化需要_____

A. 丰富的糖　B. 淀粉　C. 脂肪　D. 钙质

9. 学习方法测验：该测验是测量学生看地图、示意图、表格、查阅参考资料、索引、字典等的熟练程度。例如，让学生看一张直方图后回答下列问题：

图上列出的许多洲中有几个洲的平均高度在海拔2000米以上

A. 1　B. 2　C. 3　D. 4

斯坦福成就测验是按照各分测验分别建立常模的。测验分数换算成百分等级和标准分，各分测验以及总分的信度都很高，效度用内容效度来表示。

（二）教育进步序列测验

该测验是用来评定学生将课堂上所学知识运用于实际的能力。它适用于小学4年级至大学2年级学生。测验分为4种水平：第1级水平适用于小学4～6年级；第2级水平适用于初中1～3年级；第3级水平适用于高中1～3年级；第4级水平适用于大学1～2年级。测验内容包括阅读理解、听觉能力、写作短文、写作知识、数学、自然科学、社会科学等项目。阅读理解测验是通过学生对一段短文的阅读回答作者的写作意图、文章的构思等问题，从而评定学生的阅读理解能力。听力测验是让学生听一段话后做一些选择题，以评定其理解、分析、评价的能力。写作短文测验要求学生根据给出的题目写一篇短文，然后运用评定量表作出评分，以测量学生的写作能力。写作知识测验要求学少辨别各种写作材料中的缺点和错误，以考查其语法、修饰等知识。

数学测验是测量学生日常生活中数的概念和技能，内容包括数量、运算、符号、测量、几何、函数、相关、演绎与推理、概率与统计等。

自然科学测验是测量学生应用生物、化学、物理、天文、地质、天象等学科知识，解决家庭、经济、文化、社会情境中的问题的能力。

社会科学测验是测量学生应用历史、地理、经济、管理和社会学等知识、分析解决各种社会问题的能力。

教育进步序列测验采用年级常模，用百分等级和标准分数表示测验结果。

（三）学绩水平测验

这是由北京师范大学心理系与总参政治部宣传部编制的中小学生学绩水平的综合测验。测验分为Ⅰ、Ⅱ、Ⅲ三级，分别测量小学生、初中生和高中生。下面以Ⅱ级为例，介绍这一测验的基本结构与内容。

学绩水平测验（Ⅱ）分语文、数学、理化三部分。语文部分分2个单元。第1单元3种类型共45道题目，测验时限为35分钟。其中1—20题为选择反义词，例如：

好的　　A.酸的　B.红的　C.坏的　D.热的　E.丑的

要求在以上5个选择答案中选出与"好的"意义最相反的一个答案。（该题的标准答案是C）

21～35题为字词类比练习，每个题均由1对相关的字词组成，并有5对字词可供选择，要求被试从中选择最能反映题目中字词之间相互关系的一对字词，并把相应字母写在答卷纸上。例如：

打哈欠——无聊

A.做梦—睡觉；　　B.生气—疯狂；　　C.微笑—偷快；　　D.面孔；　　E.急躁一反抗

（答案：C）

36—45题为选择填空，要求被试从5个答案中选择最为恰当的字或词，使原有空缺的句子完整。例如：

（　　）你说得对，我们（　　　）改正。

A.只要……就　B.因为……所以　C.既然……因此　D.不但……而且　E.即使……也（答案：A）

第2单元共15题，全部为阅读理解题，测验时限为25分钟。该单元在测验时先让被试阅读短文，然后根据对短文的理解回答短文后面的问题，每个问题都有5个可供选择的答案，要求选出1个最佳答案。该单元共有4篇短文，每篇短文后的问题有3—5个。

数学部分也分为2个单元。第1单元共25道题目，考查被试的计算、平面几何、比例、解析几何、数论等基本知识的应用能力。全部题目都是4择1或5择1题型，测验时限为30分钟。第2单元共35道题，内容都是代数与平面几何基本知识，这些题目注重于考查被试对这些知识熟练运用的能力。其中1—5题与第1单元相似，6—25题均由两个项目（项目一和项目二）组成，每道题都有4个可供选择的答案，即：

A.项目一比项目二大　　　B.项目二比项目一大

C.项目一与项目二相等　　D.无法确定二者之间的关系

通过将每道题中的项目一和项目二的数值上的大小比较，要求被试从上面4个答案中选出1个正确的答案，并将相应字母写在答卷纸上。例如：

项目一：2×6 项目二：2＋6 （答案：A）

26—35题是一般的5择1的选择题，第2单元测验的时限为30分钟。

理化部分也分为2个单元，每单元30个问题，每单元的测验时限均为30分钟，题型都是选择题，有3择1、4择1和5择1。例如：

在日常生活中，为了安全用电，人们通过实践规定了一个安全电压值，只有当电路中的电压低于这个电压值时，才可认为电路是安全的。这个电压值是：

A.220伏 B.110伏 C.36伏 D.24伏 （答案：C）

二、单科学绩测验

单科学绩测验是以单一学科的内容编制的学绩测验，如语文学绩测验、数学学绩测验、英语学绩测验等。

（一）语文学绩测验

语文学绩测验行阅读测验、向汇测验、语法测验、作文测验、书法测验等形式。阅读测验如艾伟、杨清编的小学国语默读诊断测验。该测验分为四部分：测验一，测险学生泛读能力；测验二，测量学生精读能力；测验三，测量学生概括文章或段落主题的能力；测验四，测量学生理解寓意的能力（每种测验后有12篇短文，每篇短文后面有1—4个测题，每个测题都采用4择1题型）。该测验可适用4—6年级学生。通过测验，可帮助教师发现学生阅读能力的缺陷，以便采取对策。

语句测验如艾伟、丁祖荫合编的语顺测验。该测验测量学生语句组织能力。它分为三种水平：低水个组适合2年级上至3年级上的学生，中水平组适合3年级下的学生，高水平组适合5年级上至6年级下的学生。每类测验中有50个句子，但词序都打乱了。例如："无想可简法直"要求学生重新组织成一句通顺的句子，如上句可组织成"简直无法可想"。50个句子要求35分钟内完成。

语法测验是考查学生语法知识和正确遣词造句的能力。如陈鹤军小学语法测验，它适用小学高年级的学生，共有50题，每题有一个字是不符合语法的，需要学生改正。测验时限为20分钟。例如：

（1）皮鞋是牛皮做得。

（2）那个地方我从来没有走过。

（5）这件事我觉可非常奇怪。

标准答案：（1）的 （2）来 （3）得

（二）数学学绩测验

小学生数学能力测验是以赵裕春为首的小学生数学能力研究协作组从 1980 年开始设计和编制。经初试、预试和正式测试，1987 年全部编制完成。该测验分为 6 套，Ⅰ、Ⅱ套适用于小学低年级学生，Ⅲ、Ⅳ套适用个年级学生，Ⅴ、Ⅵ套适用于高年级学生。每套测验都测试数的概念、数的概念与推理、空间关系三方面的内容。测验每部分时都限定测试时间。题型既有选择题，又有填空题。测验编制的原则是尽量保证测题对学生是构成问题的新课题，即有待学生通过思考才能解决的问题。测验的方法是利用下列多种题目形式。透过学生知识掌握的深度、广度和在变化的形式中发现不变性的概括化程度的迁移效果，综合地说明学生数学的能力。

（1）利用表征数学要领的多种变式，看学生能否从变化中看出它的不变性。

（2）概念的内涵与外延的一致性。

（3）利用抽象符号表明一般的数量关系。

（4）对计算问题中的数与数量关系的理解。

（5）对先期学过的数学概念的理解。

（6）利用旧知识理解新概念，或利用已有的预备性知识解决尚未学到但与将要学到的东西有直接联系的新课题。

（7）在新具体情境下或各种不同的抽象水平上用数学概念解决新问题（或逆向问题）。

（8）根据问题条件重新组织自己的知识、经验，创造性地解决新课题。

（9）不同年龄或年级的学生，对各种数量观念守恒、部分与整体的关系、分类操作及对有关概念如平行、垂直、坐标、集合或概率等的认知发展水平。

上海市初中平面几何标准测验是由初中平面几何学业成绩评定研究协作组 1983 年编制。该测验内在一致性系数为 0.907，准则关联效度为 0.575（以中考数学成绩为准则）。测验参照布鲁姆教育懒标分类学认刘领域的分类。将知识与布鲁姆的学习水平分类系统相结合形成双向细目表（见表 11—1），再具体明确每一测题所测知识和能力的层次。该测验共有 32 题，其中有 19 道题只要学生回答 1 个答案，有 8 道题要求学生回答 2 个答案，另有 5 道题要求学生回答 3 个答案。如若将 1 个答案作为 1 个考合点，则总共有 50 个考查点。测题的格式有选择、填允、作图、简答、连续、改错等 6 种。下面对该测验进行介绍：

表11-1　初中平面几何标准测验双向细目表

内容	识记	了解	应用	分析	综合	评价	合计
第一章							
第二章			8	2			10
第三章		12	6	2	10		30
第四章	4	4	2	2	6		18
第五章	2	10	12	8	4	6	42
合计	6	26	26	14	20	6	100

（1）识记

例如选择题：a·d=b·c⇔□，要求学生从A、B、C、D四个选项中选择一个正确的答案填入方框内。四个选项如下：

A.（a+b）/b=（c+d）/c　　　　B.（a+c）/c=（b+d）/d

C.（a-b）/c=（b-d）/b　　　　D.（a-c）/a=（b-d）/d

（答案：B）

（2）了解

例如填充题：　如图11-1所示，l1、l2、l3交于O，l2⊥l3，B、C、E均为垂足，则AB在l1上的投影是□，AB在l2上的投影是□。（正确答案：第一个填充答案为CD，第2个填充答案为B点。）

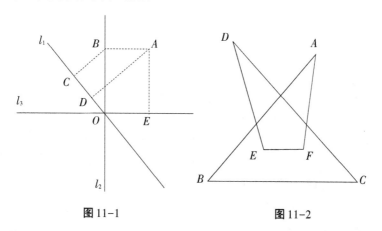

图11-1　　　　　　　　　　　　图11-2

（3）应用

例如填充题：图11-2中，∠A+∠B+∠C+∠D+∠E+∠F=□度。（答案：360°）

（4）分析

例如作图题：已知定点 A 和⊙O，试作出经过 A 点的⊙O 的线，此题要求作出两个图，一个定点 A 在⊙O 上，另一个是定点 A 在⊙O 外。

（5）综合

例如填充题：如图 11-3 所示，正方形 EFGH 的对角线交点与正方形 ABCD 的 D 点重合，旋转 EFGH，则两个正方形的叠合部分的面积为一定值是□（其中正方形 EFGH 的边长为 a，正方形 ABCD 的边长为 b）。（该题的正确答案是：$a^2/4$）

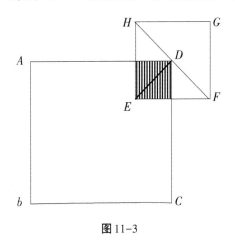

图 11-3

（6）评价

例如改错题：要求学生对已给出的"圆的外切平行四边形是菱形"的论证过程错误的部分进行改错。

三、学习能力倾向测验

学习能力倾向测验是用来预测学生学习成就的一种测验，这种测验由于测量对象人数较多，所以都是团体纸笔测验，测题形式一般那是客观题。为了达到更好的预测功能，测验的内容中常常反映了由先前所学知识发展来的技能，同时避免过多地依赖具体的知识和教育经验，注重知识和技能应用到新情境的迁移能力。

学习能力倾向测验采用的效度一般是效标效度，常用的效标是学年平均学习成绩、学绩测验分数或教师的评定等。下面我们介绍几种常见的学习能力倾向测验。

（一）学术能力倾向测验

学术能力倾向测验（Scholastic Aptitude Test，简称 SAT）是美国大学三种入学考试之一，192年编制使用，至今已有70多年历史。该测验每年举行5次，在美国及全世界其他各地区同时举行。SAT主要测试考生是否具备胜任大学学习的能力，因而测验注重将知识灵活应用的能力，而不考那些死记硬背的知识。

SAT测验不分科目，只有语言和数学两大部分。语言部分有反义词、句子填充、类比推理、阅读理解、标准书面英语等项目，主要测试学生的词汇量、阅读理解、逻辑推理及做出判断和结论的能力。数学部分包括算术、小数、分数、概率、排列组合、测量、百分数、数论、图形、代数、平面几何、立体几何和解析几何，主要测试学生的数学运算、数学概念运用、推理能力和运用基本数学知识解决实际问题的能力。每次测验3个小时，800分为满分，每个考册分6段（每段30分钟）。语言两段共85题，数学两段共60题，标准书面英语测验一段，调查性测验一段，后两段不记入SAT成绩。标准书面英语测验旨在预测入大学后的阅读和书写能力，以便帮助学生决定入学后应修哪些语言课。调查性测验旨在为测验中心今后拟定试题提供统计资料。

SAT的试题都采用多项选择题，选项有4—5个，每题答对得1分（原始分），不答0分，答错倒扣分。4择1的题目答错倒扣1/3分，5择1的题目答错倒扣1/4分。该测验题目难度差别较小，一般在0.1-0.9之间，大部分试题难度不大，但整个测验题量大，速度要求高，是一种速度测验。整个测验只提供语言和数学两个分数、没有合成分。

下面是该测验的一些题目范例：

语言部分：

（1）反义词：找出与第一个词意义相反的词。

随后：A.初期； B.最近；C.当代；D.先前

（答案：D）

数学部分：

（1）M城位于E湖边，C城在M城西边，S城在C城东边。

又在M城西，D城在R城东边，又在S城与C城的西边。假设

这些城都在美国，哪一个城最靠西？

A.M城；B.D城；C.C城；D.S城；E.R城

（答案：E）

（二）少年儿童学习能力测验

该测验由我国学者林传鼎、张厚粲等根据澳大利亚教育学会制定的学习能力测验（TOLA）改编而成，用来测量小学毕业生的学习能力，并预测是否具备学好

初中一年级课程的能力。该测验是一种团体测验，整个测验由2个分测验组成：

1. 找同义词

这个分测验有31个题，每题给出1个词，要求被试在下面5个词中找出意义与它相同或最相近的词，测验中的词汇都是从小学生常用的词汇中选出。例如：

例题1

说话

B. 嘴；P. 发言；M. 响声；F. 词句；D. 笑；（答案：P）

例题2

儿童

B. 游戏；P. 学校；M. 自行车；F. 小孩；D. 课本　（答案：F）

2. 算术推理

该分测验由22道题目组成，主要测量以数学推理为主的解决问题的能力。下面是该分测验的两道例题：

读下面的故事来帮助你回答例题1和例题2中的问题。

小张、小李和小苏每个人都有一条绳子。小张的绳子比小李的绳子长，小苏的绳子最短。

例题1：问谁的绳子最长？

B. 小张；P. 小李；M. 小苏　（答案：B）

例题2：问：一共有几条绳子？

B. 1　P. 2　M. 3　F. 4　（答案：M）

3. 语言类比

该分测验共18道题目，测量类比推理能力。题目形式如下：

例题1：蹄—马

爪—　B. 人；P. 狗；M. 椅；F. 桌

例题2：马路—汽车

铁路—　B. 车站；P. 飞机；M. 火车；F. 货场

测验要求被试先找出第一对词的关系，然后从后面的4个答案中给下面的词挑选一个词，使得它们也具有与例词相同的关系，如例题1中，"蹄"与"马"是部分与整体的关系，因此"爪"应该选P（狗）。因为"爪"与"狗"也具有部分与整体的关系。同样，例题2的答案应该是M（火车）。

这三个分测验的时限分别是8分钟、20分钟和5分钟，加上施测说明等时间，整个测验时间约一节课。该测验的信度印效度经检测，都达到可接受的水平。

第二节 学习意向性测验

学习意向性是指体现在学习上的个性倾向性，主要指学习兴趣和学习动机。

一、学习兴趣测验

兴趣是一种认识倾向，是动机产生的重要内部原因。良好的学习兴趣是学习活动的自觉动力。学习兴趣测验可作为了解学生学习兴趣的指向和强度的工具，广泛应用于学习指导、职业指导等方面；学习兴趣可细分为学科兴趣、课外阅读兴趣和课外活动兴趣等方面，每一方面都可以用相应的测验或问卷测查。

（一）学科兴趣诊断表

学科兴趣诊断表是由日本心理学家田崎仁编制。该诊断表针对9门学科，编制了90个问题，每门学科10道题，列在学科兴趣诊断表上。试题分为A、B两类，让学生根据A、B的题意，结合自己的学科兴趣，分别在9门课下边对应格中填写A和B。如果认为A和B中有不符合自己想法的或摸棱两可的，则可打"△"。学科兴趣诊断表上的9门学科依次为：语文，社会学，数学，理科，音乐，美术，保健卫生，技术，英语。

A	一二三四五六七八九	B
1.喜欢作文、作诗	A　B	喜好编制统计表
2.愿意参加英语学习小组	B	愿意参加物理学习小组
3.注意报纸和电视中世界新闻	A　　B	研究奥林匹克的记录
4.喜欢画广告画	A　B	喜欢设计书架

……（A、B各45题。）

（资料引自林崇德著：《中学生心理学》.北京出版社，1983.）

表11-2　学科兴趣诊断表

该表的记分是画A或B记2分,打"△"记1分,未画A、B即空内的为0分。然后各学科分别将得分相加,算出各科的得分。

(二) 学习兴趣问卷表

学习兴趣问卷表是由青少年理想、动机、兴趣研究协作组编制[①]。该问卷表包括学科兴趣、课外阅读兴趣、课外活动兴趣和对时事、政治的兴趣四部分,学科兴趣分为最喜欢的一门课和最不喜欢的功课。问卷的指导语与问卷表如下:

指导语:为了了解同学们的学习情况,请你们来填写这份问卷。这一问卷不是作为成绩评定用的,请不要有任何顾虑。在填写时要根据你自己的情况,说出自己的真实想法。不要互相交换意见。请先仔细阅读题目,然后将你所选择的答案号码填在右边"选择项目"一栏内。每题只允许选择一个答案,如果题中没有你所要选择的答案,就将你自己的答案填写在该题最后一个选项的后面。感谢大家的协助!

表 11-3　学习兴趣问卷表

问题	选项
1.我喜欢的功课是＿＿＿＿＿＿＿ 其中最喜欢的一门课是＿＿＿＿＿＿＿ 因为: (1)从小就喜欢 (2)能动脑筋 (3)老师讲得好 (4)学习有用 (5)有事实,生动,有趣 (6)有演示,有变化 (7)……	

[①] 青少年理想、动机、兴趣研究协作组.国内十省市在校青少年理想、动机、兴趣研究.心理学报, 1982.2。

续表

问题	选项
2.我不喜欢的功课是 _____ 其中最不喜欢的一门课是_____ 因为： (1)得过坏分数 (2)从小就不喜欢 (3)基础不好,跟不上 (4)老师讲得不好 (5)学了没用 (6)喜欢文科,不喜欢理科 (7)喜欢理科,不喜欢文科 (8)……	
3.我对课外书籍是： (1)从来不阅读 (2)很少去阅读 (3)仅仅阅读老师所指定的 (4)喜欢读小说、故事书或其他书,只满足于知道书的内容 (5)不仅能广泛地阅读理论的、文艺的和科技的书,而且能深入专研一些问题	
4.我对课外活动是： (1)不想参加 (2)只参加老师规定的活动 (3)能够积极参加 (4)不仅积极参加,而且已取得一定的成绩(比如航模、无线电、教具或参加文体比赛获的名次等)	
5.我对报章杂志和新闻广播是： (1)很少看或听 (2)只听听小说、故事广播,看看有趣的文章 (3)经常看报纸、听广播,了解新闻、时事 (4)主动看报,经常关心国内外大事,对重大问题能发表自己的看法	

该问卷不是标准化测验，对个体评定意义不大，但可作团体统计分析。团体分析可统计出对不同学科的兴趣以及最喜欢或最不喜欢某一个学科原因的人次数和所占百分数，统计出各年级学生在课外阅读、课外活动及对时事、政治感兴趣的各级水平的人次数和所占的百分数；这些资料可作为教师学习指导和课外活动指导的依据。

（三）中学生学习兴趣调查表

该调查表由黄希庭编制。调查表涉及的学科有中文、数学、物理、化学、机械技术、师范教育、艺术、军事等13个门类。每个门类有6个测题，整个调查表共有78个测题。测验时要求被试仔细阅读每个题目，并根据自己的兴趣在每个题目的题号后面填上相应的答案。如果"非常喜欢"，就写上2个"十"，如果"比较喜欢"，就写上1个"十"，如果"不喜欢"，就不要做任何记号。测题按如下规则记分：2个"十"记2分，1个"十"计1分，没有记号的记0分。然后按学科计算13类兴趣倾向的得分，其中得分最多的学科就是被试的优势兴趣倾向。

下面就是兴趣调查表的部分题目：

1. 阅读有趣的物理或数学书籍
2. 阅读关于化学发明的书籍
3. 查阅无线电仪器的构造
4. 阅读技术类杂志
5. 了解各国的疆域、民情和物产
6. 了解动植物生存的情况
7. 阅读世界文学名著
8. 讨论国内外时事政治事件
9. 阅读有关教育的书籍
10. 了解医生的工作

......

二、学习动机诊断测验（MAAT）

（一）测验目的

学习动机诊断测验是由周步成等修订，适用于小学4年级到高中3年级学生。人的行为是在一定动机的基础上产生的，学生的学习行为也是受各种学习功机影响的。学习动机诊断测验是为了分析和测定学生学习活动的内在功机而制定的，其目的是从多方面测定学生的"学习热情"。利用本测验结果，可以了解学生学习动机的强度，从而有助于促进学生的学习行为，诊断学习落后的原因，为学习指导提供参考。

（二）测验的构成

学习动机诊断测验由成功动机、考试焦虑、自己责任和要求水平4个分量表组成。

1. 成功动机

这是测定追求成功的动机强度的。成功动机中包括成功要求、成功预想和期望、成功重要性的认识和克服成功障碍的态度等。这些动机以下面4种场面分别加以测量：

A. 知识学习场面——测定有关"学习"课题的成功动机。

B. 技能场面——测定有关图画、美工、音乐等课题的成功动机。

C. 运动场面——测定有关运动和体育等课题的成功动机。

D. 社会生活场面——测定有关与班级、朋友的社会关系的成功动机。

以上测量成功动机的每一场面有12道题目。

2. 考试焦虑

人们对考试结果的关心程度不同，会产生石同的考试焦虑。研究表明，考试焦虑既可能对学习有阻碍作用，也可能对学习有促进作用。担心考试失败带来过度紧张会阻得学习，而对考试不安产生的适应紧张则对学习有促进作用。因此本测验中把考试焦虑分为促进和抑制两种作用进行判定。

E. 促进的紧张：对考试的不安带来适应紧张，具有促进学习的倾向。

F. 回避失败动机：对考试的不安带来过度紧张，具有阻碍学习的倾向。

成功动机是促使人进行学习的积极动机，回避失败动机则是惟恐失败而想逃避学习的消极动机。

3. 自己责任性（G）

自己责任性是指经历过成功和失败，或受到赏罚时，把原因归之于自己的行为，而不是归之于别人的行为或其他的环境因素。这一分分量表由15道题目组成。

4. 要求水平（H）（假设场面）

要求水平就是个人期望的完成课题的水平，即预想的"能完成多少"的水平。这种要求水平的高低程度是由场面的性质和人具有的各种特点决定的；所以要求水平测定的是假设场面中要求水平的高低。一般说来，在假设场面中，成功动机强的人所设定和要求的水平亦高，回避失败动机强的人，所设定和要求的水平则低。

（三）测验的方法

本测验属于团体问卷测验。在正式测验之前，主试应向被试讲清测验的目的，使被试正确了解测验，以正确的态度积极参加测验。

测验材料分测题本和答题纸两种。测题本要反复使用，不能在上面写任何字。正式测验时，打开例题本，先阅读"回答方法"和"注意事项"部分，同时做好"例题"练习。当被试完全掌握答题方式后，才正式答题。整个测验大约需要一节课时间，但测验时间不必严格限制。

测验记分方法如下：

1. 分量表1（成功动机）和分量表2（考试焦虑）的记分是答案a、b、c分别代表3分、2分和1分。

2. 分量表3（G）（自己责任性）的每道题正确回答为1分，其他回答为0分。分量表的最高分为15分，最低分为0分。

3. 分量表4（H）（要求水平）的记分根据答案a、b、c、d、e分别为1分、2分、3分、4分、5分，最高分25分，最低分为5分。

（四）测验结果的解释

测验结果先将原始分根据常模转化为等级分，然后根据等级分进行解择。

分量表1—A（成功动机——知识学习场面）是测定知识学习场面成功动机的强度的。等级分5分表示成功动机非常强，4分为相当强，3分为一般。2分为稍弱，1分为非常弱。等级分越高越好。分量表1—B、l—C、1—D）的解释均1A一样。

分量表1—综合是将A、B、C、D四个内容量表结果的总计，是全面表示成功动机的强度的，等级分越高越好。

分量表2—E（考试焦虑——促进的紧张）是测定考试中能够发挥自己实力的紧张程度的。评价越高表明越能发挥实力并取得好成绩。

分量表2—F（考试焦虑——回避失败动机）是测定考试中阻碍发挥实力的紧张程度的。等级分1分为回避失败动机强，等级分5分为回避失败动机弱。应注意的是，该部分的原始分与等级分是相反的，即原始分越高等级分越低。

分量表3（自己责任性）等级分越高则自己责任性越强，表明活动越积极，越能取得好的成果。

分量友4（要求水平——假设场面）等级分的解释较为复杂。等级分4分表明考虑了自己的能力，制订了与此相应的积极的要求水平。是最理想的要求水平。等级分3分表明这是现实的要求水平，是理想的要求水平。等级分5分表明要求水平过高，等级分2分表明要求水平低于自己的实际能力，这两种等级分都是不理想的要求水平。等级分1分表明要求水平大大低于自己的能力，是非常不理想的要太水平。

（五）测验的信度和效度

1.信度

本测验采用折半法和重测法进行信度测定。折半信度在0.83-0.89，重测信度（间隔2个月）在0.79-0.86。这说明本测验的信度是高的。

2.效度

本测验的效度采用与学习成绩的关系以及与教师评定的关系两种方法。

（1）与学习成绩的关系

以学生的学习成绩为效标，比较学习成绩高低两极端组在测验时行量表得分的差异，结果发现高低两极端组除在运动场面外，其他各量表的得分，确有显著差异存在，即学习成绩高组的的学生，动机诊断测验的得分等级也高；学习成绩低组的学生，动机诊断测验的得分等级也低，可知尚具建构效度。

（2）成功动机得分与教师评定的关系

在小学5年级和初中2年级各抽出1个班级，对测验的成功动机得分和教师评定的关系进行调查。具体做法是：从上述2个班级里各选出成功动机得分高的10人和得分低的10人，与教师的评定进行比较。结果表明，成功动机得分高的学生，教师的评定也高。

第三节　学习适应性测验

学习适应性测验是用来诊断学生学习不良的原因的。因为造成学习不良的原因多种多样，所以学习适应性测验包括一系列测验，例如智力测验、学习能力倾向测验，学绩测验、生理与心理健康测验、学习态度测验、人际关系测验、问题行为测验等等。前文已经介绍了智力测验、学习能力倾向测验、学绩测验等内容，本节只介绍周步成等修订的"提高学习能力因素诊断测验（FAT）"、"心理健康诊断测验（MHT）"、"问题行为早期发现测验（PPCT）"和"亲子关系诊断测验（PCRT）"。

一、提高学习能力因素诊断测验（FAT）

提高学习能力因素诊断测验（FAT）原由日本筑波大学教授松原连哉编制，后经周步成等修订，并制订出中国的常模，成为适合于我国小学生学习诊断与指导的标准化测验工具。

（一）测验的特点和结构

FAT对影响学生学习能力的主要因素进行全面诊断，可以准确了解学生的接受能力，并详细分析提高学生学习能力的主要条件或因素，有利于早期发现和预防学业不良现象；能够诊断学生学业不良的原因，并提出指导方法，有助于发现学生逃学的原因和干预办法，并预测和纠正不良行为。

FAT分为小学量表和中学量表两种，小学量表有6个分测验，中学量表有8个分测验。

小学量表的6个分测验为：（1）在学校里的学习方法；（2）在家里的学习方法；（3）心理健康；（4）身体健康；（5）与老师关系；（6）家庭环境。小学1年级和2年级每个分测验有10道测题，小学3-6年级每个分测验有15道测题。

中学量表的8个分测验为：（1）心理健康；（2）身体健康；（3）学习方法；（4）学习热情；（5）朋友关系；（6）与老师关系；（7）家庭环境。（8）学校环境。以上每个分测验都由20道测题组成，其中第5-10题为效度量表测题。

（二）测验项目举例

（1）你对谁都经常讲话吗？
　a.是　b.一般　c.不是

（2）你心境开朗吗？
　a.是　b一般　c.不是

（3）你认为比别人的运气坏吗？
　a.是　b.有时认为　c.不认为

（4）你是否制定计划进行学习？
　a.经常　b.有时　c.不是

（5）你订的计划能实现吗？
　a.经常能　b.有时能　c.不能
　…………

（三）测验实施、记分和解释方法

FAT属团体测验，整个测验大约用一节课时间。但是，测验时间不必严格控制。一般而言，年级越高，所需测验时间就越短。

在测验正式开始前，主试应向被试讲清测验的目的，使被试正确解测验，以正确的态度积极参加测验。

测验指导语：这个调查不是了解你的能力和性格是好还是不好，而是要详细地调查研究，如何进行学习才能根据你的性格、健康状况和环境条件，充分提高你的学习能力。因此.你实际上是怎样做的，怎么想的，就怎么回答。如果不说实话，回答的内容与平时情况不同，那么这项调查对你是没有用处的。"

测验记分除小学1、2年级每题采用0分、1分二级记分外，其余年级一律采用三级记分，即0分、1分、2分。题目分正题和反题，正题选"a"记（）分.选"b"记1分，选"c"记2分；反题选"a"记2分，选"b"记1分，选"c"记0分。记分完毕后，先计算各分测验和全量表的原始分，然后按常模换算成标准分，最后按常模等级表再确定属于哪一等级。常模分为5个等级，"1"为差等，"2"为中等，"3"为中等，"4"为中上，"5"为优等。为了检查被试在测验中回答问题的真实性，该测验附加一个效度量表。该测验的效度量表由"回答的一贯性"测验项目构成，即对同一件事情用不同的说法提问，放在整个测验的前后，看被试对它们的回答是否一致。

（四）测验的标准化

1.样本标准化

FAI常模取样以全国六大区为第1层次，再从每大区各抽1—3个城市为代表，共10个城市，每一城市抽1—2个有代表性的普通中小学，每个年级随机抽样2个班级学生。

2.信度

FAT采用折半信度和重测信度两种信度指标，折半信度以小学和中学5个年级各抽1个班的资料计算，算得5个年级折半相关系数为0.76—0.88。重测信度也以小学和中学5个年级各抽1个班为样本，间隔2个月后重测，算得重测相关系数为0.75—0.95。以上结果说明该测验的信度是高的。

3效度

FAT采用以学生学习成绩为效标。通过比较学习成绩高低两极端组在该测验各分测验上的差异，发现高低两极端组在各分测验及全量表得分上有显著差异存在，说明该测验具有较高效度。

二、心理健康诊断测验（MHT）

心理健康诊断测验（简称MHT）是周步成等人根据日本铃木清等人编制的"不安倾向诊断测验"修订而成，并制订了中国常模，使其成为适用于我国中小学生标准化的心理健康诊断测验。

（一）测验的结构

MHT由8个内容量表构成，分别是：A.学习焦虑（15题）；B.对人焦虑（10题）；C.孤独倾向（10题）；D.自责倾向（10题）；E.过敏倾向（10题）；F.身体症状（15题）；G.恐怖倾向（10题）；H.冲动倾向（10题）。把以上8个内容量表的结果综合起来，就可以知道学生的一般焦虑程度。为了检查被试在答题中有无说谎，MHT中还设置一个效度量表L，共10题。效度量表与内容量表H混杂在一起，以增强隐蔽性。

MHT全量表共有100个测题，测题都采用2择1选择题（a.是；b.不是）。

（二）测验的记分和解释

MHT的记分很简单，除第84、94、96道测题选"a"记0分、选"b"记1分外，其余测题均为选"a"记1分，选"b"记0分。MHT的结果解释按下列步骤进行：

1. 效度量表的解释

效度量表是说谎量表，得分高的人是为了获得好的结果而作假的，所以测验结果不可信。效度量表的得分范围是0一10分。0一6分说明测验结果大体可信，7-10分说明测验结果不可信。

2. 整个测验的解释

将各内容量表的原始分和全量表的原始分按常模标准分换算表换算成标准分，然后将8个内容量表的标准分加起来就是全量表总焦虑倾向的标准分。这一分数是从总体上反映焦虑程度强不强和焦虑范围广不广。若总焦虑倾向标准分在65分以上，说明该被试焦虑程度很高，在日常生活中有不适应行为，因此需要对其制定特别的个人指导计划。苦总焦虑倾向标准分在64分以下，需要进一步了解各内容量表得分的情况。

3. 内容量表得分的诊断

内容量表的标准分若在8分以上者，说明在该内容量表测量的焦虑程度很高，必须制定特别的指导计划。

（三）测验的信度与效度

对5个年级（每个年级1个班）的测验资料计算，折半信度在0.84—0.88，全量表的折半信度为0.91，重测信度（间隔2个月）在0.667—0.863，证明该量表具有较高的内在一致性和稳定性。

测验的效度检验比较复杂。MHI采用理论分析、相容效度（与MMPI）、学生班干部和班主任评定、临床资料等方法捡验测验效度。以上各种方法检验结果都证明MHT具有较理想的效度。

三、问题行为早期发现测验（PPCT）

问题行为早期发现测验（简称PPCT）是根据日本长岛贞夫等人编制的PPCT修订而成，适应于检测中小学生的问题行为，以便早期发现，并进行预防性指导。

问题行为是一个非常广泛的概念。测验编制者认为，问题行为按等级可分为犯法行为、虞犯行为（有可能犯法的行为）、问题行为征兆群（缺课、不愿学习、作弊、反抗等）、不适应行为征兆群（孤立、首领欲、粗暴、不爱说话等）和不适应性格特征（攻击性、非社会性、冲动性、不安感、自卑感等）。PPCT以测量不适应性格持征群为基础，因为这些问题行为的早期发现，可预测与预防问题行为征兆群和犯法行为。

（一）测验的构成

该测验由6个内容量表和L量农（效度量表）构成。各内容量表均由10个项目组成，其中2个项目在不同的量表上使用）。L量表有20个项目，全量表共有80个项目（因有2个项目两次出现，实际项目是78个）。各内容量表的测量内容如下：

1. R量表（反抗倾向）

这是反映对人际关系的不适应，具有攻击性、反抗性倾向。主要表现为：威胁别人、偷懒、牢骚多、吵架、容易生气、偷钱、毁坏东西、喝酒吸烟、常在外过夜、流浪成性、离家出走、躲避老师、顶嘴等。

2. O量表（被压迫感）

这个倾向也显示对人际关系的不适应。与R量表不同的是，被压迫感是由于自身受到他人的攻击与拒绝而产生的一种被压迫和被害的感觉，主要表现为：不喜欢与人交往，突然采取粗暴行为，容易闹别扭，嫉妒别人，有孤独感、自卑感、集体暴力行为，不喜欢说话，异常喜爱床，猛然吓唬人等。

3.I量表（欲求不满强烈）

由于有不能控制的欲求冲动，忍受不了欲求不满，便容易走向异常行为，其行为待征主要有：自制力差（直接见诸行为），抵制他人的关心，做事突然，欺负弱者，同异性不正当交往，做安眠游戏，跟异性胡闹，随随便便地施行暴力，破坏东西，离家出走，以自我为中心，喜欢冒险等。

4.A量表（有孤独感倾向）

有孤独感倾向的行为特征主要表现为：有孤独感，有神经症倾向，嫉护别人，有自卑感，容易闹别扭，有被害感，有莫名其妙的不安感，有性恶癖，装腔作势，缺乏自信，有洁癖，常空想，依赖性强，注意容貌，追求虚荣等；不适应集体生活，认为自己不能被他人接受，因而表现不出积极行动和指导性行为。

5.S量表（没有学习热情）

这一量表主要测量学业上的挫折感与失败感。没有学习热情的主要表现为：不能取得与能力相当的成绩，成绩差，有自卑感，有孤独倾向。有不正当的异性交往，在外过夜，有放荡癖，赌博，喜欢危险的事情，不按时交作业，讨厌上课，注意力不集中等。

6.N量表（缺乏成就欲求）

缺乏成就欲求，其行为特征主要表现为：不能取得与能力相当的成绩，经常逃学，做什么事都容易厌倦，对自己估计过高，耐性差，意志薄弱，好空想，不肯上学，为一点小事就哭等。

7.L量表（说谎量表）

又称为效度量表，这是评价测验结果是否可信有效的指标。当L量表得分较高时，说明被试自我防卫水平高，或对测验题目不理解或采取不合作态度，其各内容量表的测验结果是不可信的。

（二）测验的记分与解释

PPCT的测题都是3择1的选择题。"a"为"是"，"b"为"不是"，"c"为"难以确定"。每题答案的评分各异，测题不同，所给的分数也大小不一。内容量表在计算原始分数后，根据常模表转化为C分，C分数为0—10分，分A、B、C三个等级。A等（0—5分）的学生被诊断为没有问题；B等（6—7分）的学生被诊断为稍有问题；C等（8—10分）的学生被诊断为有问题。

L量表的原始分满分为20分，也分为A、B、C三个等级，凡L量表得A或B级的被试，说明他在各内容量表上的测验结果是可信的。L量表得C级的被试，他的测验结果不可信，即测验结果无效。

6个内容量表根据性质组合为3个分量表，它们是对人关系不适应、情绪不稳定和学习不适应，这些分量表的记分、解释和诊断如下：

1. 对人关系不适应

对人关系不适应包含两个内容量表：反抗倾向（R）和被压迫感（O），这一分量表的C分数是R量表和O量表的两个C得分的平均数，即（R＋O）/2（小数以下四舍五入）。

对人关系的不适应常常是问题行为和非法行为的先导。当一个学少在该分量表上得分越来越高，说明该学生心理正在朝不良方向发展，其问题行为倾向越来越明显。因此，该分量表是预测非法行为的重要指标。

2. 情绪不稳定

此量表由欲求个满强烈（I）和有孤独感倾向（A）两个内容量表构成。它的C分数是I量表和A量表C得分的平均数，即（I＋A）/2（小数以下四舍五入）。

情绪不稳定是非社会性的儿童和学生以及反社会的儿童和学生的共同特征，这两类儿童和学生常常感到欲求得不到满足，自己的意向和希望不被他人接受，冲动倾向强烈，情绪很不稳定。因此，欲求不满强烈、有孤独感帧向是非社会行为和反社会行为的征兆。

3. 学习不适应

此量表由没有学习热情（S）和没有成就欲求（N）两个内容量表构成。它的C分数是S量表和N量表C得分的平均数。

有反社会行为倾向的学生往往对学习极少会表现出强烈的热情和坚强的忍耐力，而在其他反社会行为上则表现出极端的热情。有非社会行为倾向的学生，学习不适应表现为强烈的自卑感和失败感，对学习丧失热情，同时这类学生在整个生活方面都缺乏热情。因此，学习不适应、没有学习热情、缺少成就欲求发展为问题行为的倾向很大。

以上三个分量表分数C平均分就是全量表的C分数。

（三）测验的信度和效度

1. 折半信度

在小学4年级、初中1年级和高中1年级中各抽1个班，共计148人，算得折半信度为0.82—0.89，全量表折半信度为0.78—0.91（用斯皮尔曼—布朗公式法）。

2. 重测信度

采用折半信度同样的样本，在正式施测2个月后进行重测，求得重测信度为

0.78—0.82。

3效度

从量表编制过程看,测验基本上是通过因素分析构成的,因此其建构效度是有保证的。

测验对预测效度也进行过检验,即对在初中1年级时实施的测验项目,到初中3年级时进行分析,找出能鉴别问题行为明显的学生和适应良好的学生的那些项目构成该测验,因此其预测效度是有保证的。

收集标准化资料时,在初中2~4年级和初中3年级各抽出1个班,由班主任在自己班级中挑选有问题行为和适应良好的学生各2-5名,把两组学生实施测验的得分作比较,在6个内容量表上的得分均有明犯的差异,这表明量表具有效标效度(同时效度)。

表11-4   问题行为早期发现测验分数解释

量表名称	含义	C分(0-5) A等	C分(6-7) B等	C分(8-10) C等
Ⅰ.对人关系不适应	由于跟家人和朋友处不来,容易引起问题行为。	没有人际关系问题(跟周围人关系正常)	有一点问题	有问题,要注意
Ⅱ.情绪不稳定	欲求不满强烈,或自己不被人接受,容易引起问题行为	没有情绪问题(情绪稳定)	有一点问题	有问题,要注意
Ⅲ.学习不适应	不起劲,容易厌倦,想从其他活动满足自己,引起问题行为	没有学习不适应(有学习热情和成就欲求)	有一点问题	有问题,要注意
全量表	从Ⅰ、Ⅱ、Ⅲ整体看,有引起问题行为的倾向	没有问题,但Ⅰ、Ⅱ、Ⅲ里可能个别有问题	有一点问题	有问题,要特别注意

第十二章　心理测量在工业组织中的应用

　　几乎所有的现代组织都把人力资源作为最重要的资源之一，因此，对人力资源的管理就成为现代组织管理，尤其是企业管理的一个重要方面。而在组织人力资源管理的各个环节中，如招聘、安置、考核、晋升、培训等，几乎都离不开心理测评方法的运用。由此，人力资源测评成为现代企业人力资源管理中不可缺少的综合性技术。

第一节　人力资源测评概述

一、人力资源测评的含义

　　人力资源管理中一个最核心的理念是人岗匹配，即"人适其岗，岗配其人"。由于人与人在能力、兴趣、个性、知识、经验等方面都存在差异，他们能发挥作用的领域及效能的大小各不相同。只有将工作的性质与个人的特长相结合进行合理安置，才能使人的才能充分发挥。这就需要借助有关个体差异的科学理论，研制各种测量工具，从而对人的能力、兴趣和人格等心理特征进行科学评价，以便实现科学的"人岗匹配"。

　　人力资源测评就是在人力资源管理过程中，运用心理学、管理学、测量学、统计学等多门学科知识，通过心理测量、考试、履历分析、情境模拟等多种手段，对人的综合素质进行系统的测量和评价，从而为个人提供发展性咨询、为用人单位提供人才的录用、选拔、培训、诊断等咨询信息的系统工程。

二、人力资源测评的特征

1. 人力资源测评主要针对心理属性

就人力资源测评的对象而言的，它主要是对个体的个性心理特征和个性倾向性的测量，包括能力、态度、理想、信念、兴趣、爱好、性格、品质、气质、人生观、价值观等。尽管身高、体重等身体素质有时也被列入测量的范畴，但它们不是测评的主要方面。因为对一个人事业的发展起决定性影响的还是其心理因素。

2. 人力资源测评属于间接测量

这一特点是由测评对象即个体的心理属性的特点决定的。人的心理属性是其实施社会行为的基本条件和潜在能力，是隐蔽在内的客观存在，看不见摸不到。但是它有一定的表现性，可以通过外在的行为特征进行间接的推测和判断。例如一个小孩说话很生动，应对很得体，记忆力、判断力很强，我们说他天赋智力高，就是凭他的语言、应对、记忆、判断等行为间接估量的，因此人力资源测评是间接测量，而不是直接测量。

3. 人力资源测评的结果不是绝对的

任何测评都力求全面客观地反映被测者素质的实际状况，但是任何一个测评都不可能避免误差，这是由测评的主观性决定的。人力资源测评毕竟是人对人的测评。首先，测评方案的设计和实施过程都由人完成，不同的人对测评目标的理解、测评工具的使用及对测评分数的解释不同，因此结果也不可能完全一致。其次，被测人员的素质是抽象模糊的，其构成相当复杂，测评的工具又有一定局限性。再次，由于人力资源测评是在有限的时间内开展的，不可能掌握被测评者的全部信息，而只能采用行为抽样的方法，对部分要素进行测评，并根据行为样本的测量结果来推断全部待测评内容的特征。由此，也会导致测量结果出现不可避免的误差。因此，人力资源测评的结果只有相对意义，不可能百分之百的精确。

三、人力资源测评的种类

（一）诊断性测评

人力资源的诊断性测评包括两个方面：一是指采用一定的测评方法和技术对宏观的组织整体的人力资源状况及微观的组织成员进行客观的测评，发现测评对象的现状并评定哪些方面为优，哪些方面为良，哪些方面还存在着不足与缺点，为制定具体的改进措施和方法提供依据；二是诊断性测评还可以通过全面、系统的工作分析和胜任特征分析，挖掘不同岗位间的特征，以及在未来一段时间内对某些特定素质的人员的需求情况，再根据组织人力资源的现状分析制定具体的人力资源规划，满足组织的任务需要和发展需要。

（二）预测性测评

预测性测评主要是在招聘和录用等人力资源管理活动中使用的各种测量技术和方式的总称。它因招聘和录用的形式和目的不同而具有不同的内容和特点：

一种是在众多的应聘者中挑选优秀的并有发展潜力的人才，作为良好的人才储备。这就需要通过预测性测评提供丰富而准确的有关人员当前发展水平和未来发展潜力的信息（如能力、个性特征、职业兴趣等），而这些信息都是以发展规律为基础的，能够有效地预测个体今后在某些方面的发展潜力，比如一般外向型性格的或人际理解程度较高的人更能在市场营销类的岗位上有较大的发展。

另一种就是根据岗位选人员，这就需要通过工作分析确定该岗位需要有何种素质的人员，然后再借助恰当的测评技术有针对性地对被试者进行测评，发现和挖掘受测者实际具备的素质和发展潜力，从而准确的判断受测者对该岗位的胜任程度，这一过程也就是预测受测者将来在某一岗位可能的达到绩效水平和创造价值大小的过程。

（三）配置性测评

配置性测评可以提供有关人员的知识、能力、技能、个性特征、职业兴趣、动机等方面的信息，即通过科学的测评对员工的素质进行系统全面地评价，评定员工具备的素质特点或与岗位的匹配程度。

在安置人员时除了注意人事匹配外，还要注意人与人之间的匹配，以便组成高效团队。这就需要通过科学的测评技术来考察各成员的能力、个性、经历、知识、性别等方面的特征，并根据互补理论（即团队成员要实现高效的工作必须实现各方面的互补）合理进行人员配置，促进整体工作的高效率。

（四）开发性测评

分为三类：一类是对新进员工的测评，提供员工的素质和潜能等方面的尽可能多的信息，以便有针对性地开展培训和开发工作；另一类是适应组织的变化和需要，对在职员工的优缺点和开发潜能等进行测评，然后有针对性地进行培训和开发，促进组织的发展和员工的自我发展；第三类是对培训结果的测评，用来评定培训是否有成效。

（五）选拔性测评

它是一种以选拔优秀人员担任更高职位为目的的一种人力资源测评，是人力资源管理在执行晋升等职能时所使用的各种测量方法和技术的总称。

当组织内部一些待遇优厚、层次较高并且十分重要的职位出现空缺时，就需要及时从一些合格的候选人中挑选最适合的人选及时填补空缺，保证组织正常甚至更好的运作。为了能够科学而公正的进行人事筛选，就需要客观有效的测评，从能力、性格、动机、兴趣等各个角度和多个层次对候选人做广泛的测查，依据职位要求综合性地评定各人的优势，和与职位要求的匹配程度，最终挑选出综合优势最好的人员。

（六）考核性测评

考核性测评就是根据科学、合理的评价标准和评价体系，采用适当的评价方法，对员工的工作现状、业绩水平和态度等进行总体、客观、准确的评价。这种测评本身就可看作人力资源管理活动的绩效评估过程，为组织奖惩措施和薪酬制度的制定提供一定的依据，进而达到保持员工积极性和良好的劳资关系，以及激励员工的目的。考核性测评的内容包括员工的工作表现、工作业绩和工作态度等。

第二节　人力资源测评的方法

常用的人力资源测评方法包括：履历分析、心理测验、笔试、面试和情景模拟等。心理测验方法前面已经介绍，这里介绍其他测评方法。

一、履历分析

（一）履历分析的含义

履历分析是通过对评价者个人的基本信息，工作经历和生活状况等进行分析，来判断其对未来岗位适应性的一种人力资源测评方法。该方法起源于第二次世界大战期间的个人经历分析法，即根据士兵的个人经历来预测军事训练的成功率，后来广泛运用到公开选拔领导干部、人才招聘等工作中。

（二）履历分析的基本过程

1.评价者根据职位的要求，选择一些与职位关系比较密切的结构要素，如专业知识、决策能力、个性特征等，建立职位特征模型。

2. 评价者根据职位特征模型的结构要素，进一步明确每个结构要素应包含多少个测评指标，以及各指标之间的关系和权重。每个测评指标设有若干选项，由应试者来填写。

3. 当应试者填完相应的内容后，评价者根据事先设定的计算方法，对应试者填写的内容以及所选的选项进行量化统计，并确定应试者每项测评要素的得分。

4. 评价者将全部测评指标的得分相加，就可得到应试者履历分析的初步总分。然后根据面谈或对其他材料的分析，对初步得分进行误差修正，得到应试者履历分析的最后得分，并评价应试者对应聘职位的适宜性或胜任度。

（三）履历分析的主要形式

1. 直接评价

直接评价是组织根据应试者递交的简历和资质证明等材料，对应试者是否具备胜任某项工作所必需的工作经验和能力进行评价。其特点是评价资料是由应试者直接提供的，其内容和结构不是测评者事先规划好的。

在测评过程中，评价者可采用资历时间评价、工作要素评价和资历等级评价三种形式，对应试者的工作和学习经历进行评价。资历时间评价主要是通过考察应试者在应聘现任职位以前的工作经历，评价其是否满足一定岗位的任职时限要求；工作要素评价主要是通过考察应试者的工作经历，来评价应试者是否具备一定工作岗位所需要的职业或专业素质；资历等级评价是对应试者工作经历中相应的资历做出等级评价。

2. 加权申请表

申请表是现代人力资源测评中的常见材料之一，把申请表作为测评材料，要求申请人如实填写，评价者要分析申请表内的各项内容所提供的信息，在此基础上做出初步的筛选。而加权申请表是通过对申请表的题目进行分析，统计并汇总，确定出每个题目的权重，然后以此为依据，对应试者的申请表进行评定。

通过对申请表中的题目进行加权和赋予相应的分值，不但能把传统申请表的定性分析转化为定量分析，而且能使分析更趋科学、统一、客观，提高申请表格的测评效果。值得注意的是，申请表中各题目的加权应建立在调查研究与事实分析的基础上，不能凭空想象，任意加权赋分。但是加权赋分并不是一成不变，应根据时间、对象、职位、组织情况的具体变化而加以适当调整。表12-1是加权申请表分析的一个样例。

表 12-1　用水平百分比法制定的加权申请表

反应类别 婚姻资料：	下组（人）	上组（人）	总数（人）	上组百分比 （%）	加权数
未婚	35	19	54	35	4
已婚	52	97	149	67	7
离婚	25	8	33	24	2
分居	15	6	21	29	3
寡居	13	10	23	43	4
合计	140	140	280		
教育： 小学	13	14	27	52	5
中学肄业	28	23	51	45	5
中学毕业	56	46	102	45	5
大学肄业	18	16	34	47	5
大学毕业	16	25	41	61	6
研究生	9	16	25	64	6
合计	140	140	280		
工作经验： 无	18	5	23	22	2
生产	40	30	70	43	4
文书	38	28	66	42	4
推销	8	35	43	81	8
管理	5	17	22	77	8
专业	13	16	29	55	6
其他	18	9	27	33	3
合计	140	140	280		
服兵役与否： 已服	77	86	163	53	5
未服	63	54	117	46	5
合计	140	140	280		

根据表 12-1，可以计算出一位未婚、大学毕业、无工作经验、已服兵役的申请者的得分是：4+6+2+5=17，依次将每位申请者相应情况换算成分数，在筛选时作参考。

3.经历调查表

经历调查表是以开放式问卷的形式，向应试者提出一些有关其生活和工作经历方面的问题，以及其对过去经历中的各种事物的态度、意见。评价者根据应试者的回答，对其在某些方面的能力和发展前景做出预测或评价。

与加权申请表相比，经历调查表的开放性更强，能提供更深入的信息，但也需要更精心地设计。该方法借鉴调查问卷的编制技术和方法，将履历分析与心理测验法有机地结合起来，提高了履历分析的目的性、科学性和准确性。

二、笔试

（一）笔试的含义

笔试是指用纸笔测验的形式，对应试者的知识广度、深度和知识结构进行测评的一种方法。这种方法的功能是能有效地"测量"应试者的基础知识、专业知识、写作能力、阅读能力以及综合运用知识的能力，以此来区别众多应试者之间的答题差别。在人员招聘中，笔试历来因其公平、简便、迅速的特点而被广泛采用。

（二）笔试的特点

笔试有经济性、客观性、广博性的优点。

所谓笔试的经济性，指笔试可以在同一时间、不同的地点，同时测量大批应试者。通过优胜劣汰，推荐合格者进入面试。

所谓笔试的客观性，是指笔试从岗位需要出发，依据一定的客观标准.对应试者的学识水平予以评价。考官与应试者之间以试卷为媒介，没有直接接触，因此评卷的人为因素干扰少，相对较为客观。

所谓笔试的广博性，是指笔试作为一种抽样测量，试卷容量较大，它可根据岗位要求.测量各个方面有代表性的内容，因此，笔试的信度较高。

当然，笔试也有缺点：对应试者的某些素质（如政治态度、品德修养、实际工作能力等）难以测试；在答题时应试者可能凭猜测甚至作弊的方式取得高分；在偶尔疏忽答错时，由于不能及时纠正，因此，难以了解应试者真正掌握知识的程度等。所以说，若仅以笔试分数取人.难免出现"高分低能"现象。

（三）笔试的类型

根据考试的内容特点，笔试又可分为专业知识考试、综合知识考试和外语考试。

1. 专业知识考试

专业知识考试，又称深度考试，主要考试内容是和招聘职位有直接关系的专业知识。例如，招聘营销经理。专业知识考试内容可包括市场营销、会计、广告、公关策划、消费心理学等。

2. 综合知识考试

综合知识考试，又称广度考试，考试内容包罗万象，可以是语文、历史、环境、自然常识、社会知识等，主要了解应聘者对基本常识、相关知识的了解程度或知识面的宽度。例如，公务员考试，通常包括人际沟通协调技巧、办公自动化、法律知识、行政管理、宏观经济、公文写作、时间管理知识等；外交人员的招聘考试，可能涉及对当前国内、国际重大事件的看法，当地的文化、民俗等内容；公共关系人员的招聘考试，可能涉及心理学知识、公关礼仪、人文知识等。

3. 外语考试

外语考试的目的是要了解应聘者对某一门外语的掌握程度。

考试的形式可以分成笔试和口试两类。企业招聘中各企业对应聘者的英语水平要求并不一致：有的企业要求所有的应聘者都先参加笔试，笔试通过者再进行口试；有的企业只要应聘者具备英语四、六级证书或BEC证书就免予笔试，直接进行口试。

从形式上来讲，企业的英语笔试大都类似于水平考试，考试项目一般包括选择、完形填空、阅读理解、翻译（英译中、中译英）、写作等。不同于一般的水平考试的是，这类考试的考题中，内容的专业性较强，专业词汇较多，与应聘者将要从事的工作联系得较为密切，甚至有可能考卷上要求翻译的段落语句或者要求回答的问题，直接来自实践。例如，要求某技术经理职位的应聘者把某种仪器的安装说明和操作规定从外文翻译成中文。又如，不少外资企业规定，在面试的时候，招聘者和应聘者都必须使用外语，以便考核应聘者用外语来表达自己、进行沟通的能力。也有相当一部分外资企业在招聘广告中就已言明应聘者必须具备哪一等级的的外语水平证书，在此基础上再进行一些与专业领域有关的笔译或会话。英语笔试中的中译英或写作十分重要。这类题目往往是用来测试应聘者的英文写作能力，要求应聘者具备正确、熟练、快速的写作能力。例如，要求应聘者写一份办公室便笺（MEMO），内容是提供资料并提出建议（Supply Information and Make a Proposal）、呈交报告（Submit a Report）、说明问题（Define a Problem）、描述产品（Describe a Product）等。

三、面试

（一）面试的含义

面试是一种经过精心设计的、在特定时间地点进行的，通过面对面的交谈与观察，由表及里考察应聘者的性格特点、专业知识、工作能力等方面素质的测评方法。

人力资源测评中的面试和日常生活中的面对面交谈是不同的，其目的是对应试者适应职位的可能性和发展潜力进行评价。

（二）面试的种类

从不同的角度，可以对面试进行不同的分类：

1. 根据考官人数、顺序的分类

（1）个人面试法。考官与面试者一对一单独面谈的方法。

（2）集体面试法。由面试小组成员集体对应试者进行面试。

（3）逐步面试法。将考官按照由低到高的顺序排列，依次对同一应试者进行面试。底层考官以考查岗位专业知识为主，中层考官以考查 能力为主，高层考官进行全面考查。应试者只有通过了低层次的面试，才有可能进入下一轮。

2. 根据结构式与否的分类

（1）结构式面试。面试时考官根据事先拟定好的问题对应试者进行提问，根据应试者的回答情况进行评分。

（2）非结构式面试。面试时由考官根据具体情况随时提问，再根据应试者对问题的反应，考查他们是否具备某一职务的任职条件。

（3）混合式面试。将结构式面试和非结构式结合起来运用。

（4）模式化行为描述面试。通过结构化提问的形式，将应试者的行为进行归纳，评价其是否适合某一岗位。

3. 压力或能力面试法

（1）压力面试法。在面试过程中逐步向应试者施加压力，以考查其能否适应工作中压力。一般适用于独立性强、难度大、责任重的岗位，如质检、审计等。

（2）能力面试法。考官从四个方面入手（情景、任务、行动、结果），找出应试者过去的成就中独特的优点，将这些优点与企业岗位的要求相对照，决定取舍。

（三）面试的实施程序

1. 选择适当的面试环境

在选择面试地点时，相关人员应该考虑到以下几点：尽量给应试者营造一个比较放松的氛围；确保考官和应试者双方坐得都很舒服；面试环境应该比较安静，防止他人打扰或意外电话的干扰等。

2. 营造轻松气氛，开始面试

考官应该努力为应试者设置较为自然、轻松的气氛，以便让应试者以放松方式进入面试，开始时，考官可以问一些无关紧要的问题来打破坚冰，如就最近的新闻热点或一些小事作评价。当应试者心情平静后，面试就可以开始了。可以先让应试者做自我介绍，收集其所接受过的培训、工作经验方面的信息。

3. 明确应试者的求职动机和期望

考官应了解应试者的求职动机和拟招聘岗位的工作要求是否一致。假设一个人的动机有问题，或对未来工作有不适当的期望，则可以考虑加快面试进程，或做适当的解释并中止面试。

4. 根据面试提纲提问

具体来说，考官可以按照预先拟定的面试提纲发问，对应试者进行全方位的考察，直到考官认为已经获得了足够的信息。

5. 提供职位信息

当考官已经获得关于应试者足够的信息后，考官可以详细提供有关职位和组织的信息，考官也可以适当地给应试者一些机会，让其问一些问题。这样有利于避免社会赞许效应。如果应试者已开始就知道工作的有关要求，有可能按照让考官满意的方式回答问题，从而降低了面试的效度。

6. 结束面试

在结束面试前，考官应该检查一下，事先设定的问题是否已经全部问完，是否有相应的记录，然后再向应试者解释以后将有什么样的程序。最后，考官应该以轻松的语气向应试者宣布结束面试。

7. 处理面试结果

面试结束后，应根据每位考官的评价结果，对应试者的表现进行综合分析与评价，形成对应试者的总体看法，以便决定是否录用。在处理面试结果时，可采用面试评价量表。面试结果的处理工作，包括三个方面内容：综合面试结果、面试结果的反馈以及面试结果的存档。

综合面试结果，是将多位考官的面试评价量表上的评价结果汇总，得出应试者的综合排序。面试结果的反馈不仅仅是指说一声用还是不用的问题，有关录用的所有事项，均应在面谈中解释清楚。而对未被录用的应试者，大多数都是采取"缺省处理"的反馈方式，即在面试时告知若多少天内未通知录用，则视同未被录用。实际上，规范的做法是在发送聘用通知的同时发出辞谢通知，以表示公司的诚意。最后，要将面试结果存档，为将来干部选拔的测试积累了基础数据。

（四）面试题型

1. 背景型问题

这类型的题目通过询问应试者的教育、工作、家庭等方面的问题，以便了解应试者的求职动机、成熟度和专业技术背景等要素。设计这种题型设计相对容易，一般只能围绕应试者的个人背景而进行。

2. 行为型问题

它是通过要求应试者描述过去经历的工作或生活事件，来了解应试者各方面素质特征的一种题型。这种题型的替代性较小，容易受应试者个人情况的影响。此外，还要求考官的经验非常丰富，不仅能识别应试者回答的真伪，而且还能进一步判断应试者的回答真实性与合理性。

3. 情境型问题

在面试过程中，给应试者展示一些假设的情境，让其解决情境中出现的问题，从而考察应试者的综合分析能力、问题解决能力、情绪稳定性、人际交往技巧等。这种题目在设计上比较容易，而且还能满足多种测评要素的考察需要。但应试者的回答是否真实有效，难以做出科学的评判。

4. 智能型问题

通过询问应试者对一些复杂问题或社会现象等的分析，来考察应试者的问题解决能力、逻辑思维能力、反应能力和压力应对能力。这种题型对考官的要求较高，需要考官能借助参考答案来评判应试者可能回答的多种答案。

5. 意愿型问题

这类型的题目直接征询应试者的意向，考察应试者的求职动机、敬业精神和价值观等要素。

（五）面试评价量表

面试评价量表是将面试要素和面试题目结合起来，并给予相应的评价标准和权重。该量表主要包括以下内容：应试者的姓名、性别、年龄等个人信息，以及现任职位和应聘职位；面试的测评要素、评价标准与等级；考官对应试者的评价；考官签名与面试时间等。

由于面试主要以考官对应试者的观察、分析、判断为依据，评价往往带有一定的主观性。为了使面试尽可能做到公平公正，因此在设计面试评价量表时，要特别注意评价标准及等级的制定。评价等级的划分，一般有定性与定量两种方式。定性方式是按成绩或能力的"优、良、中、差"或"较强、一般、较差"等进行标记；定量方式就是采用分值的形式进行标记，如5级评定、7级评定或百分制的分值。

面试评价量表的格式主要有以下三种：

1. 问卷式评价量表

该量表将所要评价的题目列举出来，由考官根据应试者在面试中的行为表现对其特征进行评价，也可以说是考官就应试者的行为表现完成相应的评价问卷。评价等级有"非常符合、可能符合、不符合"，"好、一般、不好"或"可以、一般、不可以"等。

2. 等级标准评价表

首先根据拟应聘职位的特点，确定面试评价的基本要求，然后将每一要素划分为若干标准等级，考官根据应试者在面试过程中的行为表现及回答问题的状况，选择一个符合应试者客观实际情况的等级予以评分。

3. 提问项综合评价表

该量表按提问顺序记分，每一评价要素对应若干题项，最后将答题项的平均得分综合统计在一张评价表上。

四、评价中心技术

在当代西方发达国家的大型企业中，很多时候人力资源测评需要综合多种技术和方法来开展，这就是所谓的评价中心（Assessment Center）。在第二次世界大战期间，美国的战略情报局开始使用小组讨论和情景模拟练习来选拔情报人员，获得了成功。受其启发，美国电话电报公司在企业中率先开展了评价中心的研究与应用，也获得了成功。此后，许多世界知名的大公司，如通用电气公司、IBM、福特汽车、柯达公司等都相继采用了这项技术，并建立了相应的机构来评价管理人员。

那么什么是评价中心呢？评价中心的核心技术是情境模拟测试，即创设一种仿真的管理情境或工作情境，将应试者置入其中，要求其完成各种各样的工作。比如，在无领导小组讨论中，六、七名应试者一起围绕一个管理案例阐述自己的意见，并展开深入讨论；在公文筐测验中，候选人要处理一堆模拟的公文，对其中涉及的各类事件进行分析、归类、处理；在角色扮演中，应试者可能要面对一位难以应对的"下属"、"上级"或"客户"，与他们进行沟通和交流，尽力影响并说服对方。而在这一过程中，专业考官在一旁认真观察记录应试者的行为表现，并据此评价应试者的若干能力和素质。同时，评价中心也采用传统测评中常用的方法，如履历分析、心理测试、面试等。所以，评价中心的实质就是以情境模拟为核心的多种人力资源测评方法的有机整合。

由于综合了多种测评技术，所以评价中心的准确性和有效性要比单一的测评方法高。尤其是在选拔高层管理人员的时候，其优势更加明显。此外，评价中心还具有很好的培训效应。

对应试者而言，经历评价中心的过程本身就是一个绝佳的培训机会。通过评估报告和具体行为表现的反馈，应试者可以更清楚地了解自己的优势领域和有待发展的素质，有利于在今后工作中扬长避短，积极发挥自己的特长，并在行为层面改进自己，有意识地培养弥补自己的劣势，成长为更为优秀的人才。可见，评价中心技术除了是一种非常有效的人才选拔工具，同时在培训和职业生涯规划等方面也有很强的应用价值。

表 12-2　评价中心各种活动的使用频率（1990 年美国资料）

复杂程度	测验的类型		使用的比例
比较复杂的 比较简单的	角色游戏		25%
	公文筐		81%
	小组任务		未调查
	小组讨论	分配角色的	44%
		未分配角色的	59%
	演讲		46%
	案例分析		73%
	搜寻事实		38%
	模拟面谈		47%

下面介绍常用的几种评价中心技术。

（一）公文筐测验

公文筐测试，也可称为公文筐作业或公文处理，是情景模拟中使用最多的一种形式。在这种测评形式中，将应试者置于某一特定的职位或管理岗位的模拟情境中，由考官提供一些该岗位经常需要处理的文件，文件是随机排列的，包括电话记录、请示报告、上级主管的指示、待审批的文件、各种函件、建议等形式，它们分别来自上级和下级，组织内部与外部，包括日常琐事和重要大事。这些文件都要求应试者在一定的时间和规定的条件下处理完毕。应试者还要以口头或书面的形式解释说明处理的原因。考官待应试者处理完后，应对其所处理的公文逐一进行检查，并根据事先拟定的标准进行评价。考官可根据应试者处理的质量、效率、轻重缓急的判断，以及处理公文中应试者表现出来的分析判断能力、组织与统筹能力、决策能力、心理承受能力和自控能力等进行评价。

公文筐测验结果的处理，按其具体内容可以分为三种形式：

①所需处理的公文已有正确结论，是已经处理完毕归入档案的材料，用这样的公文来让应试者处理，其目的是要检验应试者处理得是否有效、恰当、合乎规范；

②处理条件已具备，要求应试者在综合分析的基础上做出相应的决策；

③有些公文缺少某些条件或信息，看看应试者是否能发现问题，以及能否提出进一步获得信息的要求。

公文筐测验的测验方式简便，易于操作，测验情境与实际的工作情境几乎一致，因而测验的信度也很高。对同一个应试者的处理方式的评价，可以由几名考官在评分标准的基础上共同决定。但是，该测验也有一些不足之处，如文件编制的成本较高，需要测评专家、管理专家和行业专家共同完成，另外，评分比较困难，标准比较难确定。

（二）无领导小组讨论

无领导小组讨论又称无主持人讨论，是情境模拟法中常用的一种无角色群体自由讨论的测评形式。它是将应试者按一定的人数（一般为7-12人一组）编为一个小组，事前并不确定讨论会的主持人，考官则在一旁观察应试者的行为表现并做出相应评价的一种方法。

无领导小组讨论既不指定重点发言，也不布置会议议程，更不提出具体要求，小组成员只是根据考官提供的真实或假设的材料，如有关文件、资料、会议记录、统计报表等材料，就某一个指定题目进行自由讨论。讨论的题目内容往往是大众化的热门话题，避免偏僻或专业化，以使每个应试者都有开口的机会，如教育问题、财务问题、社会热点问题等。讨论主题呈中性，即没有绝对的对或错，这样就容易形成辩论的形式，给被试者提供展示自己才华的机会。不管在哪种情况下，要求小组能形成一致意见，并以书面形式汇报。在测评过程中，讨论的内容可以是与拟聘岗位有关的工作内容，如可把某企业经营管理中出现的问题作为案例提出来由大家讨论。这时，应试者不但要迅速了解掌握工作的背景、资料，熟悉工作本身的内容，还要敏捷地发现需要解决的问题，准确地提出可行性的解决方案，并且分析、讨论、综合他人意见，引导小组形成统一认识。所以这种测评形式能够比较全面和深入地考察应试者的素质。

在无领导小组讨论中，考官可以从以下几个方面评价应试者的表现：

①发言次数的多少，发言质量的高低，说理能否抓住问题的关键，是否能提出合理的见解和方案；

②是否倾听别人的意见，尊重他人的不同看法，是否注意语言表达技巧，特别是批驳的技巧；

③是否敢于坚持自己的正确意见，是否敢于发表不同意见，是否支持或肯定别人的合理建议；

④是否能控制全局，消除紧张气氛，是否善于调解争议问题，并说服他人，创造积极融洽的气氛，使每个小组成员都能积极思考，畅所欲言，是否能以良好的个人影响力赢得大多数人的欢迎与支持，把众人的意见引向一致；

⑤是否具有良好的语言表达能力，分析判断能力，反应能力，自控能力等才能，以及宽容、真诚等良好品质。

相关研究表明，无领导小组讨论对于领导技能的评价非常有效，尤其适用于对分析问题、解决问题以及决策能力的测评。但也有研究者认为，无领导小组讨论测评方式也有一些不足之处。比如，外向开朗、善于交际与口头表达能力强的应试者比较容易得到较好的评价，相对而言，内向的、不善言辞的被评者处于劣势；该测评只能用于同一小组内的比较，在不同小组中应试者的可比性差；测评中也存在偶然因素的影响。

（三）角色扮演

角色扮演就是要求应试者扮演一个特定的管理角色，来处理日常的管理事务，以此来观察应试者的多种表现，以便了解其心理素质和潜在能力的一种测试方法。通过角色扮演，可以测评应试者的社会判断能力，决策能力，领导能力，也能反映出应试者的性格、气质、兴趣、爱好等心理素质。角色扮演的最终目的，是评价个人在模拟情景中的行为表现与组织预期的行为模式的一致性，即个体素质与将要担任职务的角色规范之间的和谐程度。

在人力资源测评中，角色扮演的操作步骤分为两部分：准备阶段和实施评估阶段。

1. 准备阶段

角色扮演前，事先要作好周密的计划，每个细节都要设计好，不要忙中出错，或乱中出错。另外，考官的助手事先要训练好，讲什么话，做什么动作，都要规范化，在每个应试者面前要做到基本统一。还要编制好评分标准，主要看其心理素质和实际能力，而不要看应试者所扮演的角色像不像，是不是有演戏的能力。

2. 实施评估阶段

对应试者所扮演角色的评估，实际上就是一个收集信息、汇总信息、分析和评价信息的过程。一般而言，角色扮演的实施评估阶段可以分成以下步骤：

（1）观察行为。每一位考官要仔细观察，及时记录应试者的行为，记录要客观、详细，通常不要进行评论。

（2）归纳行为。观察结束后，考官要马上整理观察到的行为结果，并把它归纳到角色扮演设计的目标要素中，如果有些行为和目标要素没有关系，就应该剔除。

（3）为应试者打分。对与目标要素有关的所有行为进行观察，归纳结束后，要根据规定的标准答案对目标要素进行打分。

（4）初步评价。分数出来后，每位考官要独立对所有的信息都进行汇总，形成评价，并向其他考官报告自己的评价。包括对应试者表现的总体印象，以及对各目标要素的评分。当其中一位考官报告时，其他考官可以提出问题。

（5）重新评价。当所有的考官都报告完毕后，大家先进行了初步讨论，然后每位考官可以根据讨论的内容，评分的客观标准，以及自己观察到的行为，重新给应试者打分。

（6）总体评分。根据重新评价的打分，考官再进行一次讨论，对每一种要素的评分，大家发表意见。经过小组讨论，达成一致意见，确定应试者的总分。

对角色扮演的评价重点考察以下几方面：第一，角色把握能力，主要包括应试者能否迅速地判断形势并进入角色情景，按照角色规范的要求去采取相应的对策行为。第二，角色的行为表现，包括应试者在角色扮演中所表现出的行为风格、价值观、人际倾向、表达能力和应变能力。第三，角色的仪表与言谈举止是否符合角色及当时的情景要求。第四，其他方面，包括缓和气氛及化解矛盾的技巧、达到目的的程度、行为策略的正确性、行为优化程度、情绪控制能力等。

（四）案例分析

案例分析是指给应试者提供一些实际工作中经常会出现问题的书面案例材料，要求他们就案例中的问题提出解决方案。也可以要求他们进一步写出分析报告，或者在小组讨论会上做口头发言，展开讨论。当书面分析报告提交之后，考官可以从报告的形式与内容两个方面，对应试者各方面的素质进行分析和评价。

案例分析的优点是操作简便易行，不但可以测评应试者分析问题的能力，而且也可以用于测评应试者某一方面的特殊才能，例如处理一些财务问题等。其缺点是评分的主观性比较强，很难制定一个客观化的评分标准。

第十三章　心理测量在临床和咨询心理学中的应用

临床和咨询心理学工作者采用各种各样的心理测验技术，包括前面已经介绍的大多数心理测验类型，其目的是评定患者或咨客的认知水平、情绪状态、人格特征和能力状况，为其它专科制定临床治疗方案、实施心理治疗和心理咨询、评价治疗效果提供必要的依据。

从临床诊断的角度可把临床心理测验分为：诊断性测验和筛查性测验。诊断性测验的结果可直接作为临床诊断的依据，辅助临床诊断；而筛查性测验的结果只是为临床工作者提供受试者是否存在某些心理问题的线索。

常用的临床和咨询心理测验包括心理健康调查问卷、专项心理疾病诊断问卷、神经心理测验等。下面分别介绍之。

第一节　心理健康调查问卷

一、SCL-90症状清单

SCL-90症状清单（Symptom Check List 90, SCL-90）又名症状自评量表（Self—Reporting Inventory），由德罗加蒂斯（L. R. Derogatis）于1975年编制。该问卷包含90个项目，测量较广泛的精神症状学内容，从感觉、情感、思维、意识、行为直到生活习惯、人际关系、饮食睡眠等。测试时，要求受试者根据自己某段时间里（通常是一周）的症状水平，按照". 1-没有"、"2-很轻"、"3-中等"、"4-偏重"、"5-严重"5级水平评分。评定没有时间限制，一次评定约需20分钟。

该量表可以得到受试者在9个方面的因子分：（1）躯体化：反映主观的躯体不适感；（2）强迫症状：反映临床上的强迫症状群；（3）人际关系敏感：反映个人的不自在感和自卑感；（4）抑郁：反映与临床上的抑郁症状群相联系的行为表现；（5）焦虑：反映与临床E焦虑症状相联系的精神症状及体验；（6）敌对：从思维、情感及行为三个疗面反映受试者的敌对表现；（7）恐怖：反映传统的恐怖状态或恐怖症的内容；（8）偏执：指猜疑和关系妄想等；（9）精神病性：反映精神分裂症状项目。

SCL-90的统计指标主要有以下各项：

（1）单项分：90个项目的各自评分值，表示某一症状的严重程度。

（2）总分：90个单项分之和。总分是代表受测者心理苦恼水平最敏感的单一数量化指标，能反映病情严重程度，其变化能反映病情的演变。

（3）总均分：总分／90。

（4）阳性项目数：单项分≥2的项目数，表示病人"有症状"的项目有多少。该项数目越多，表示病人症状越丰富。

（5）阴性项目数：单项分为1的项目数，即90－阳性项目数。表示病人"无症状"的项目有多少。与阳性项目数相反。

（6）阳性症状均分：阳性项目总分／阳性项目数；另一计算方法为（总分－阴性项目数）／阳性项目数。表示病人在阳性项目，即"有症状,,项目上的平均分，反映病人自我感觉不佳的项目其严重程度究竟介于哪个范围。

（7）因子分：组成某一因子的各单项分之和（或）组成某一因子的项目数，共上述9个因子。每一个因子反映病人某一方面的症状，可以了解症状的分布特点；因子分高，表明这一组症状较严重，某一因子对诊断某一疾病可能有较大意义；因子分的变化还可以反映靶症候群的治疗效果。以各因子为横轴，因子分为纵轴，可做出因子轮廓图，直观反映症候群特点和变化。

SCL-90在国外1994年的修订版提供了男女成年人和青少年非病人及精神病住院病人和出院病人的各种常模，然而有些常模并不具备代表性。我国于20世纪80年代将SCL-90引入，中国量表协作组曾对全国13个地区的1 388名正常成人的SCL-90进行了分析，基本以此为常模做临床鉴别。如果总分超过160分，或阳性项目数超过43项，或任意一个因子分超过2分，可考虑筛查阳性症状，做进一步检查。但是由于常模的代表性不够，因此影响了解释的效力。

二、康奈尔医学指数量表（CMI）

康奈尔医学指数量表（Cornell Medical Index，CMI）是美国康奈尔大学H. G.

Wolff 和 R. Brodman 等编制的自填式健康问卷。CMI 最初是为临床设计的，作为临床检查的辅助手段之一，后来精神病学家发现将 CMI 应用于精神障碍的筛查和健康水平的测定也有较好的效度。现在该量表是国内外公认信度和效度较好的精神障碍筛查量表，在我国医学院校学生、士兵、驾驶员、南极科学考察队员、飞行人员等不同人群中应用也有较好的信度和效度。

康奈尔医学指数量表分成 18 个部分，共有 195 个问题。问卷涉及四方面的内容：躯体症状；家族史和既往史；一般健康和习惯；精神症状。男女问卷除生殖系统的有关问题不同外，其它内容完全相同。前三部分的内容共有 144 个项目，关于与精神活动有关的情绪、情感和行为方面的问题共有 51 个项目。

CMI 的适用于 14 岁以上的成人，也可用于普通医院及精神病院中非重性精神病患者。利用该量表能够在正常人群中发现早期心身障碍者，为开展社区、团体的保健工作提供依据；同时能了解正常人群的身心健康水平，为特殊专业选择人员提供基础数据；而且可用于指导心理干预措施的实施，可以为医院门诊提供标准化的采集病史的方法，作为筛查精神障碍的工具。

三、中学生心理健康量表

中学生心理健康量表由我国著名心理学家王极盛教授编制，是有效而准确地测查中学生心理健康状况的工具。该量表共有 60 个项目。由应试者就自己近来心理状态的真实情况进行自评。采用 5 级（①从无；②轻度；③中度；④偏重；⑤严重）评分制，每个项目为一个陈述句，一次评定约需 20 分钟。

该量表由 10 个分量表组成，分别是：（1）强迫症状：反映受试者做作业必须反复检查，反复数数，总是在想一些不必要的事情，总害怕考试成绩不理想等强迫症状。（2）偏执：反映受试者觉得别人占自己便宜，在背后议论自己，对多数人不相信，别人对自己评价不当，别人跟自己作对等偏执问题。（3）敌对：反映受试者控制不住自己的脾气，经常与别人争论，易激动，有想摔东西的冲动等。（4）人际关系紧张与敏感：反映受试者觉得别人不理解自己，对自己不友好，感情容易受到伤害，对别人求全责备，同异性在一起觉得不自在等问题。（5）抑郁：反映受试者感到生活单调，自己没有前途，容易哭泣，责备自己，无精打采等问题。（6）焦虑：反映受试者感到紧张，心神不宁，无缘无故的害怕，心里烦躁，心里不踏实等问题。（7）学习压力：反映受试者感到学习负担重，怕老师提问，讨厌做作业，讨厌上学，害怕和讨厌考试等问题。（8）适应不良：反映受试者对学校生活不适应，不愿意参加课外活动，不适应教师教学方法，不适应家里的学习环境等。（9）情绪不平衡：反映受试者情绪不稳定，对老师和同学以及父母态度多变，学习成绩忽高忽低的问题。（10）心理不平衡：反映受试者感到老师和父母对自己不公平，对同学比自己成绩好感到难过和不服气等问题。

该最表进行大样本的施测（2万个被试），结果表明：量表60个项目和量表总分的相关在0.4～0.76之间，表明各项目区分度良好：10个分量表重测信度在0.716～0.905之间，同质信度在0.60～0.8577之间，分半信度在0.6341～0.8726之间：分量表与总量表的相关在0.7652～0.8726之间。可见，该量表具有较好的信度和效度。

四、大学生心理健康测评

大学生心理健康的评估工具和量表，国外著名的有日本的University Personality Inventory（UPI），美国的the College Adjustment Scales（CAS），MMPT-2 College Maladjustment Scale（MMPT-2 CMS），the Student Adaptation to College Questionnaire（SACQ）等。国内，本世纪初由北京师范大学郑日昌教授主持开发了大学生心理健康量表，并开发了相应的电脑软件。该量表通过对全国各地17所高校的3 026名大学生进行初测、2 045名被试进行再测、2周后再对150名做过正式量表的被试进行重测，通过因素分析，取得重测信度指标和效度指标，并最终确立了躯体化、焦虑、抑郁、自卑、偏执、强迫、退缩、攻击、性心理、依赖、冲动和精神病倾向12个维度。同时，用大量病人和来访学生的临床诊断作效标。结果表明，该量表具有良好的信度与效度，可以用于我国大学生心理健康水平的检测。

五、成年人心理健康测评系统

成年人心理健康测评系统（Adults Psychology Assessment）是由北京师范大学郑日昌教授主持，联合多名心理测量、心理咨询领域的专家经多年研究开发而成，专门用于18岁以上成年人心理健康的测评。

该系统包含老年版、中年版、青年版三个版本，每个版本均由六大系统组成：心理症状检测、日常心理适应评估、幸福快乐指数考察、心理素质考察、精神压力分析、心理危机评价，共含36个测验量表，从心理健康的不同侧面对受测者进行全面的、各个层次的心理测评和分析。该系统所有量表及计算机软件现已投入使用，可以由"中国心理测评与咨询网"为受测者提供专业的、系统的测试以及社会支持与心理健康服务。

第二节 专项心理疾病诊断问卷

一、抑郁评定量表

（一）贝克抑郁量表（BDI）

贝克抑郁量表（Beck Depression Inventory，简称BDI）由美国心理学家贝克（A. T. Beck）编制，用于评价抑郁的严重程度。内容源自临床，每个条目代表一个"症状—态度类别"，包括抑郁、悲观、失败感、不满、自罪感、自我失望感、消极倾向、社交退缩、犹豫不决、体象歪曲、工作困难、疲劳、食欲下降等13项内容。对每个条目的描述分为四级，按其所显示的症状严重程度排列，从无到极重，级别赋值为0-3分。总分范围为0-39分。

BDI作为最常用的抑郁自评量表，是用于抑郁状态筛查的经典工具。该量表适用于成年之各年龄段，但在用于老年人时会有些困难，因为BDI涉及许多躯体症状，而这些症状对老年人可以是与抑郁无关的其它病态甚或衰老的表现。

（二）自评抑郁量表（SDS）

自评抑郁量表（Self—Rating Depression Scale，简称SDS）是 W. K. Zung 于1965年编制，用于衡量抑郁状态的轻重程度及其在治疗中的变化。我国于1986年取得中译版常模，北京大学 Insight Group 于1997年取得国内中学生的常模。

SDS由20个陈述句和相应问题条目组成，每一条目相当于一个有关症状，均按1、2、3、4四级评分。20个条目反映抑郁状态的四组特异性症状：（1）精神性—情感症状，包含抑郁心境和哭泣2个条目；（2）躯体性障碍，包含情绪的日间差异、睡眠障碍、食欲减退、性欲减退、体重减轻、便秘、心动过速、易疲劳，共8个条目；（3）精神运动性障碍，包含精神运动性迟滞和激越2个条目；（4）抑郁的心理障碍，包含思维混乱、无望感、易激惹、犹豫不决、自我贬值、空虚感、反复思考自杀和不满足，共8个条目。

SDS的评定时间跨度为最近一周。评分不受年龄、性别、经济状况等因素影响，但如果受试者文化程度较低或智力水平较差则不能进行自评。SDS操作方便，容易掌握，能有效地反映抑郁状态的有关症状及其严重度和变化，特别适用综合医院用以发现抑郁症病人。

（三）老年抑郁量表（GDS）

老年人躯体主诉多，而其中许多躯体主诉在老年阶段属于正常范围，却被误诊为抑郁症。1982年Brink等人创制老年抑郁量表（the Geriatric Depression Scale，简称GDS）作为专用于老年人的抑郁筛查表，从而更敏感地检查老年抑郁患者所特有的躯体症状。

GDS以30个条目代表了老年抑郁的核心，包含以下症状：情绪低落、活动减少、易激惹、退缩、痛苦的想法，对过去、现在与将来的消极评价。每个条目都是一句问话，指示语是"选择最切合你最近一周来的感受的答案"，要求受试者回答"是"或"否"。30个条目中的10条用反序计分（回答"否"表示抑郁存在），20条用正序计分（回答"是"表示抑郁存在）。

GDS适用于56岁以上的老人。Brink等（1982）、Yesavage等（1983）、Hyer和Blount（1984）分别对GDS进行检验，结果表明GDS有较好的重测信度和内部一致性，它与其它常用抑郁量表SDS、HRSD、BDI的相关系数分别是0.82~0 84、0 82~0.83、0.73，并且对老年人的临床评定发现，GDS较之BDI和SDS有更高的符合率。

二、焦虑评定量表

（一）贝克焦虑量表（BAI）

贝克焦虑量表（Beck Anxiety Inventory，简称BAI）由美国心理学家Beck等人于1988年编制，用于评定多种焦虑症状的严重程度。BAI共有21个自评项目，每个项目都是一种焦虑症状。被试根据最近一周内自己被这些症状烦扰的程度作4级评分，其中1表示"无"，2表示"轻度，无多大烦扰"，3表示"中度，感到不适但尚能忍受"，4表示"重度，只能勉强忍受"。

BAI具有较高的内部一致性信度，Cronbach a系数在0.88~0.92之间；一周后的重测信度在0.71~0.75之阅。BAI与多种焦虑自评量表的分数有显著的正相关，相关系数在0.56~0.88之间，显示出较好的会聚效度；BAI与贝克抑郁量表（BDI）的相关系数在0.54~0.63之间，显著低于状态—特质焦虑问卷（STAI）与贝克抑郁量表的相关系数，表现出较好的区分效度。

BAI主要适用于17岁以上的成年人，在心理门诊、精神科门诊或住院病人中均可使用，帮助了解近期心境体验及治疗期间焦虑症状变化动态。

（二）状态—特质焦虑问卷（STAI）

状态—特质焦虑问卷（State—Trait Anxiety Inventory，简称 STAI）由 Charles D. Spielberger 等人编制，首版于 1970 年问世，于 1979 年做了修订。中译版于 1993 年在长春地区和北京地区测试，取得常模结果。北京大学 Insight Group 于 1997 年取得国内中学生的常模。

状态—特质焦虑问卷包含状态焦虑和特质焦虑两个不同的概念。前者描述一种不愉快的情绪体验，如紧张、恐惧、忧虑和神经质，伴有植物神经系统的功能亢进，一般为短暂性的；特质焦虑则用来描述相对稳定的、作为一种人格特质且具有个体差异的焦虑倾向。问卷由 40 个题目组成。第 1~20 题为状态焦虑分量表（简称 SAI），其中半数为描述负性情绪的条目，半数为描述正性情绪条目，主要用于评定即刻的或最近某一特定时间或情景的恐惧、紧张、忧虑和神经质的体验或感受，可用来评价应激情况下的状态焦虑。第 21~40 题为特质焦虑分量表（简称 TAI），用于评定人们经常的情绪体验，其中有 11 项为描述负性情绪的条目，9 项为描述正性情绪的条目。

状态—特质焦虑问卷可用于个人或集体测试，受试者一般需具有初中文化水平。测查无时间限制，一般 10~20 分钟可完成整个问卷条目的回答。每一条目进行 1~4 级评分，分别计算 S—AI 和 T—A1 分量表的累加分，分值范围在 20~80 分，反映状态或特质焦虑的程度。

状态—特质焦虑问卷可广泛用于评定内科、外科、心身疾病及精神病人的焦虑情绪，也可用来筛查学生、军人和其他职业人群的有关焦虑问题，以及评价心理治疗和药物治疗的效果。

（三）焦虑自评量表（SAS）

焦虑自评量表（Seif-Rating Anxiety Scale，SAS）是 W. K. Zung 于 1971 年编制，用于评出有焦虑症状的个体的主观感受，作为衡量焦虑状态的轻重程度及其在治疗中的变化的依据。SAS 是一种分析病人主观症状的临床工具。我国对该量表进行了修订，有一个 1158 人的正常人常模。

SAS 由 20 个项目组成，均按 1、2、3、4 四级评分。SAS 的 20 个项目希望引出的 20 条症状是：1）焦虑；2）害怕；3）惊恐；4）发疯感；5）不幸预感；6）手足颤抖；7）躯体疼痛；8）乏力；9）静坐不能；10）心悸；11）头昏；12）晕厥感；13）呼吸困难；14）手足刺痛；15）胃痛或消化不良；16）尿意频数；17）多汗；18）面部潮红；19）睡眠障碍；20）恶梦。

SAS 的效度相当高，有研究表明它与汉密尔顿焦虑量表（HA，VIA）的分数相关为0.365，Spearman等级相关系数为0.341。国外研究认为SAS能较准确地反映有焦虑倾向的患者的主观感受。

（四）汉密尔顿焦虑量表

汉密尔顿焦虑量表（Hamilton Anxiety Scale，HAMA）是由汉密尔顿（Hamilton）于1959年编制。主要用于评定神经症及其他病人的焦虑严重程度，是一种医用的焦虑量表，也是最经典的焦虑量表之一。

HAMA有14个项目，由肌肉系统、感觉系统、心血管系统症状、呼吸系统症状、胃肠道症状、生殖泌尿系统、植物神经系统症状、焦虑心境、紧张、害怕、失眠、认知功能、抑郁心境及会谈时的表现组成。HAMA采用5级评分，0—无症状；1—症状轻微；2—有肯定的症状，但不影响生活和活动；3—症状重，需处理，或已影响生活和活动；4—症状极重，严重影响其生活。总分超过29分，可能为严重焦虑；超过21分，肯定有明显焦虑；超过14分，肯定有焦虑；超过7分，可能有焦虑；小于7分，没有焦虑症状。

该量表除了评价各项症状特征外，还可作因子分析，分为躯体性和精神性两大类因子结构。因子分=因子各项目的总分/因子结构的项目数。可通过分析因子分数进一步理解病人的具体焦虑特点及变化情况，因此临床应用性很强，有极好的一致性。

（五）考试焦虑量表

1952年，美国著名临床心理学家萨拉森（Sarason）和曼德勒（Mandler）编制了考试焦虑问卷（Test Anxiety Questionnaire，TAQ）。在TAQ的基础上，通过不断增删修订，1978年萨拉森编制完成了目前使用的37个项目的考试焦虑量表（Test Anxiety Seale，TAS）。这是目前国际上广泛使用的最著名的考试焦虑量表之一。

考试焦虑量表的项目涉及个体对于考试的态度、个体在考试前后的种种感受及身体紧张等。对每个项目，被试根据自己的实际情况答"是"或"否"。其中有5个项目为反向计分。此量表适用于大、中学生群体，进行集体或个体的测试。

三、孤独评定量表

（一）UCLA孤独量表

UCLA孤独量表（UCLA Loneliness Scale）由鲁塞尔（Russell）等人于1980年编制，是出现最早、使用最广泛的孤独量表。该量表是一维性量表，检验受测者的人际关系质量，用于评价由于对社会交往的渴望与实际水平的差距而产生的孤独。

量表由20道题组成，正向计分题11道，反向计分题9道（第1、5、6、9、10、15、16、19、20题）。每题采用4级评分制，1—从未有此感觉，2—很少有此感觉，3—有时有此感觉，4—常常有此感觉。所有项目得分相加即为总分，范围在20～80，分数越高表示孤独程度越高。

因为孤独是一种不被社会所欢迎的、名声不好的状态，所以整个量表中没有使用"孤独"字样，以减少受测者的偏好性。

（二）儿童孤独量表（CLS）

儿童孤独感量表（Children's Loneliness Scale，CLS）由Ashley等人于1984年编制，用于评定儿童的孤独感和社会不满程度。

该量表含有24个题目，适用于3~6年级的儿童。在24个题目中，有16个条目是有效评定题目，有8个条目是插入题目。有效评定题目直接指向量表的测量目的，用于评定孤独感、社会适应与不适应感以及对自己在同伴中的地位的主观评价，其中10条语句指向孤独，6条指向非孤独。插入条目对于孤独的评定不起作用，而是询问一些课余爱好和活动偏好，使得儿童的回答更坦诚和放松，避免他们意识到量表的真正测量目的而掩饰了自己的真实回答，因为孤独是不被社会接受的心理品质。对条目的回答分为5级，从"一直如此"到"一点都投有"，总分范围是16～80分。高分表示孤独感—社会不满较重。

该量表具有较高的内部一致性信度，16个有效条目负荷于单一因子上，Cronbach α系数为0.90，8个插入条目在此因子上无负荷。从效度上看，孤独与同伴评分、同伴对其合群程度的评价这两种社会计量学状态有显著相关。16个条目与同伴评分和同伴对其合群程度的评价相关约为−0.30（P<0.001），该相关因儿童年龄和性别不同而有些许差别，但仍属于较高的相关。该测验的区分效度较高，孤独得分与插入条目没有相关，与学生个人成就也基本无关。

四、应激及相关问题评定

（一）生活事件量表（LES）

生活事件量表（Life Event Scale，简称LES）由杨德森等人在前人工作的基础上经五年的实践和研究于1986年定型，这是一个自评量表，强调个体对客观事件的主观感受。适用于16岁以上的正常人、神经症、心身疾病、各种躯体疾病患者以及自知力恢复的重性精神病患者。

　　该量表含有48条生活事件，包括三个方面：家庭生活（28条）、工作学习（13条）、社交及其它方面（7条）。受测者先将某一时间范围内（通常为一年内）的事件发生时间记录下来，然后让受测者根据自身的实际感受而不是按常理或伦理道德观念去判断那些经历过的事件对本人来说是好事还是坏事，发生了多少次，影响程度如何，影响持续的时间有多久。生活事件的刺激量可根据这些因素计算得到。另外，还可以根据研究需要，按家庭问题、工作学习问题和社交问题等方面将刺激量进行分类统计。

　　LES总分越高反映个体承受的精神压力越大。95%的正常人一年内的LES总分不超过20分，99%的不超过32分。

（二）防御方式问卷（DSQ）

　　防御方式问卷（Defense Style Questionnaire，简称DSQ）是M. Bond（加拿大）于1983年编制、1993年修订而成，目的是全面测查个体的防御机制特点，包括不成熟的到成熟的防御机制。

　　DSQ包括88个条目，涉及比较广泛的防御行为，分为4个分量表：

　　（1）不成熟防御机制，具体包括投射、被动攻击、潜意显现、抱怨、幻想、分裂、退缩和躯体化；

　　（2）成熟防御机制，具体包括升华、压抑和幽默；

　　（3）中间型防御机制，具体包括反作用形成、解除、制止、回避、理想化、假性利他、伴无能之全能、隔离、同一化、否认、交往倾向、消耗倾向、期望；

　　（4）掩饰因子，指受测者为了制造较好的社会形象而不能如实做答的倾向。

　　DSQ分别于1986年、1989年和1993年进行了三次修订，修订后的防御方式问卷具有较好的信度和效度。各条目与总分的相关系数均在0.31以上；各分量表的内部一致性系数均在0.74以上；对30名被试间隔四周后的重测信度，不成熟防御机制分量表为0.91，成熟防御机制为0.84，中间型防御机制为0.86。因子分析的所提取出的因子和当初理论建构的设想比较一致。神经症患者的不成熟防御机制得分要显著高于正常被试的。另外，不成熟防御机制的得分与SCL90总分、EPQ的N分量表得分存在显著的正相关（$p<0.05$）。

　　DSQ是自评问卷，项目采用九级评分方法，要求受测者判断是否赞同每一项目中对自己行为的描述，1—9表示从"完全反对"到"完全同意"。对于文化程度低的受测者，可由心理咨询工作人员逐项念给他（她）听，并以中性的态度，不带任何偏向的把问题本身的意思告诉他（她），一般测试需要30~40分钟。

　　DSQ与以往了解防御机制的方法（如会谈和自传分析）相比，可以全面、准确、迅速地收集个体的防御机制资料，便于进行比较和研究。DSQ能够提供一个连续的心理社会成熟程度指标，不仅适用于研究常人的防御行为，也适用于各种精神障碍和躯体疾病患者，为临床心理学诊断、治疗以及病理心理机制的研究提供科学依据。

（三）社会支持评定量表（SSRS）

社会支持评定量表是肖水源于1993年设计的。社会支持是影响人们社会生活的重要因素，它涉及到学习、生活、健康等各个方向。提供充分的社会支持将有利于个体获得社会资源，增强信心.为个体提供归属感。

目前采用的社会支持量表多采用多轴评价法。量表共有10个项目，包括客观支持（3条）、主观支持（4条）和对社会支持的利用度（3）等三个维度。问卷的设计基本合理，条目易于理解不会产生歧义，具有良好的信效度，重测信度也较好，通过该量表的测量可以较好的反映个体的社会支持水平，能更好地帮助人们适应社会和环境，提高个体的身心健康水平，一般用于16岁以上的成年人。

该量表两个月内重测总分一致性为0.92，各条目一致性在0.89到0.94之间，表明该问卷具有较好的重测信度。

（四）应付方式问卷（CSI）

应付方式问卷是由肖计划等1996年在前人研究的基础上编制而成的，用于评估个体的应付方式特点。该量表包括62个条目，分为6个因子：（1）退避：指逃避问题；（2）幻想：指用想象中的美好来安慰自己；（3）自责：指责备自己，认为是自己的错；（4）求助：指请别人来帮助自己；（5）合理化：指为自己的行为找一个理由，以便减轻自己的痛苦；（6）解决问题：指积极着手解决遇到的问题。上述6个因子对应了6种常用的应对方式，其中前三个属于不成熟的应对方式，"求助"和"解决问题"属于比较成熟的应对方式，"合理化"属于混合型，既有积极的一面，也有消极的一面。

该量表为自陈式评定量表，评定的时间范围是指受测者近两年来的情况，每个条目有"是"、"否"两个选项。适用于文化程度在初中和初中以上的、年龄在14岁以上的个体，包括各种心理障碍患者（痴呆和重性精神病除外）。

第三节　神经心理测验

临床神经心理学家的工作是评价记忆障碍、脑损伤、大脑失常、阿尔海姆症、注意障碍、学习无能以及精神发育迟滞等病症（Norton，1997）。他们通常与神经学者（这些人一般专攻外围神经系统）、精神病学家（他们在评价行为损伤的神经基础时需要得到辅助）、职业教育和康复医学方面的从业者（比如，检查脑损伤对重新工作的能力的影响）以及临床心理学家协作，同时他们还为行为机能障碍提供了可能的神经基础的信息。神经心理学评价通常包括一系列方法，范围从简单测验到复杂的神经成像技术。

一、学习诊断类测验

（一）神经心理成套测验（HR）

霍尔斯特德—赖坦神经心理成套测验（Halstead-Reitan Neuropsychological Test Battery，HR）由美国心理学家霍尔斯特德（W. C. Helstread）于1955年编制，1974年赖坦（R. M. Reitan）对此进行了修订。测验包括成人式（15岁以上）、儿童式（9～14岁）和幼儿式（5～8岁）三套。该测验施测费时，共需5～10小时才能完成。

该成套测验包括9个分测验：

（1）范畴测验。这是一个视觉概念形成测验，它要求应试者确定几个刺激项目有哪一条或那几条共同规律。

（2）触摸操作。在该测验中，要求应试者在蒙着双眼的条件下将一定形状的积木放置到模板上的相应木槽中，然后要求他根据回忆画出模板以及放置积木的位置。

（3）语音测验。该测验要求应试者从每个测题的多个备选项中选出与其所听到的词相应的词。

（4）音乐节律。该测验要求应试者确定所听到的各对音乐节拍是否相同。

（5）连线测验。要求应试者用线条将印在纸上的一定数量的圆圈按顺序连接，或按交替顺序将阿拉伯数字和英文字母连接起来（例如，1-A-2-B-3-C等等）。

（6）手指敲击测验。该测验测量手指的敲击速度。

（7）Reitan Indiana失语检查测验。该测验测量总的语言技能，一般用于评价阅读、书写、拼写、命名、计数等方面的障碍。

（8）Reitan-Klove侧性优势检查。该测验采用一系列简单的身体任务（如踢一个想象中的球）来评价手、脚的操作以及眼睛的运用。

（9）握力测验。用握力计测量被试的握力。

我国的龚耀先等人于20世纪80年代对该测验进行了修订，并建立了常模。修订后的HR包括10项分测验：（1）范畴测验；（2）手指敲击测验；（3）言语声音知觉测验；（4）触觉操作测验；（5）音乐节律测验；（6）握力测验；（7）连线测验；（8）一侧性优势测验；（9）失语检查；（10）感知觉障碍测验。

HR产生许多分数，其中包括几个总体损伤指数（属病理的测验数／总测验数），可以用来确定可能与脑的何部位有关及评估属于何种程度的损害。脑左半球损害的患者智力表现为言语智力得分低于操作智力；语言记忆能力特别低；心算、相似性能力特别低；敲击、触摸时间、握力右手明显低于左手；感知觉右手、右侧有阳性发现；言语困难，言语知觉成绩低。脑右半球损害的患者智力表现为言语智力得分高于操作智力；木块图、图片排列成绩特别低；左手明显低于右手、定型性运动能力低；左手、左侧有阳性发现，节奏性、感知觉降低；有结构性失用。弥漫性脑损伤患者智力普遍降低；记忆普遍降低；范畴、领悟、相似性成绩降低；连线B型得分低。

（二）LN神经心理成套测验（LN）

鲁利亚—内布拉斯加神经心理学成套测验（Luria-Nebraska Neuropsychological Battery，LN）是1975年美国内布拉斯加大学医学院的戈尔登（J. Charles Golden）教授及其同事对鲁利亚（Luria）提出的神经心理检测技术进行修订和标准化而成的。LN有两种形式（分别有269个和279个项目）、成人及8--13岁少儿两个版本。它的实施时间通常要2-3小时。

LN的编制思想是：行为与感觉输入、认知加工以及行为应答有关，这三方面中任何一个的分裂都会在行为中有所表现。该成套测验包括11个临床量表和5个概括量表，如表13-1所示。

表13-1　LN神经心理成套测验中的量表

临床量表	概括量表
C1运动——包括多种分级的手部、臂部及脸部动作	S1病症学——以经验为根据编制的量表，用于区分脑机能障碍患者和其他患者
C2节律——简单和复杂音调及节奏的辨别	S2左半球——用右手操作C1和C3两个量表中的运动及触觉项目
C3触觉——手指感觉及辨别力量表	S3左半球——用左手操作C1和C3两个量表中的运动及触觉项目

续表

临床量表	概括量表
C4视觉——对清晰或残缺图片的视觉命名	S4剖析图评估——根据经验得到的试验性量表,可以表明大脑机能障碍的敏度
C5感受性语言——对简单言语指令的恰当反应	S5损伤——根据经验得到的试验性量表,可以说明总体认知缺陷
C6表达性语言——复述复杂性不断增加的字或字串	
C7书写——为字母排序,拼写,抄写,写字	
C8阅读——阅读从单个单词到段落的材料	
C9算术——辨认阿拉伯数字,计算,分析算术符号	
C10记忆——回忆单词、视觉刺激、故事、视觉序列	
C11智力过程——对图片和文本进行概念分析,心算	

LN根据各测验项目操作的正确性、流畅性、时间、速度、质量计分。采用0、1、2三级计分:0一正常;1一边缘状态;2一异常。将各量表分累加后得该量表的原始分,得分越多,表明损伤越严重。如将原始分根据常模换算成T分,则可进行各量表间的比较,作进一步临床分析。

(三)伊利诺斯心理语言能力测验

伊利诺斯心理语言能力测验(Illinois Test of Psycholinguistic Abilities, ITPA)是专门评估学习无能的最主要测验之一。基于现代人类信息加工理论,ITPA假设人们不能够对刺激做出正确反应的原因不仅在于错误的输出(反应)系统,也可能是由于错误的输入或者信息加工系统造成的。这个测验假设人类对外界刺激的反应可以被看作包括不同的独立阶段或者过程。在阶段一,感官接受输入的信息或者吸收环境信息,因此信息在被分析之前必须首先被感官接受;在阶段二,对这些信息进行分析或者加工;最后阶段三人体必须对于加工过的信息做出反应。伊利诺斯心理语言能力测验的理论假设是学习无能可能发生在信息加工过程中的任一阶段,学习无能的儿童可能在一个或者更多具体的感官通道上受到损害。输入的信息可能是可视的、可听的或者是可以触摸的。伊利诺斯测验提供了三个分测验来分别测量个体接受视觉、听觉和触觉信息输入的能力，这些测量独立于加工和输出因素。另外三个分测验分别独立地测量了对这三个通道中信息的加工过程，其他的分测验提供了对动觉和言语输出的独立测量。

表 13-2 伊利诺斯心理语言能力测验分测验描述

分测验	描述
听力接受	测量理解说出的单词的能力,例如:椅子会吃吗?
视觉接受	测量从熟悉的图片中获得意义的能力,例如用同类的图片与刺激物图片相匹配。
听力联想	测量口头陈述相关概念的能力,例如语言-类比测验(诸如"玻璃是绿色的,糖是　　")
视觉联想	测量把视觉刺激和概念联系起来的能力,例如把一个图片刺激物和相应的概念部分联系起来。
语言表达	测量语言表达概念的能力,例如用语言描述常见物体。
操作性表达	测量表明图片上物体用途的知识的能力,例如"让我看看什么与锤子有联系?"
语法填空	测量正确运用语法知识完成完成陈述的能力,例如:"这儿有一只狗,这儿有两　　"
视觉完形	测量从不完整的视觉图形中辨别出常见物体的能力,例如在充满干扰性的刺激物中识别来某一场景中具体物体的位置。
听力序列记忆	测量从记忆中口头提取数字序列的能力,如重复数字。
视觉序列记忆	测量从记忆中提取几何图形序列的能力,例如根据记忆按照正确的顺序放置几何图形
听力完形	测量当口头陈述一个单词的部分内容时完成单词拼写的能力,例如:"注意听,请告诉我谁在谈话,DA/Y哪是谁?"
声音调合	测量把以二分之一秒的时间间隔说出的音节综合成单词的能力,例如:"D-OG是什么单词?"

(二) 伍德阔可-詹森心理-教育成套测验 (修订版)

伍德阔可-詹森心理-教育成套测验 (修订版) (Woodcock-Johnson Psycho-Educational Battery-Revised, 1989) 是另一个很好的评估学习无能测验。该测验包括图片词汇、空间相关、句子记忆、概念模式、类比和多种计算问题。成就测验包括字母和单词再认、阅读理解、证明、计算、科学、社会科学和人文科学。兴趣水平测验包括阅读兴趣、数学兴趣、语言兴趣、自然兴趣和社会兴趣。得分能够转换成百分等级,反过来这些百分等级也能转换成平均分数是100、标准差是15的标准分数。

该量表评估的是被试的认知能力、成就和兴趣。通过比较儿童在认知能力方面的得分和他在成就方面的得分,人们可以判断该儿童可能存在的学习问题。界定是依据认知能力 (智力) 和成就之间的主要不一致 (通常是1.5到2个标准差) 而确定的。如果一个儿童认知能力属于平均水平〔例如第50个百分位),而成绩方面却低于平均数两个标准差,评估者将怀疑该儿童是学习无能者并可要求对该儿童做出进一步的评估。

二、脑损伤测验

脑损伤测验以心理缺陷的概念为基础,被试在完成与某些潜在的缺陷相关或者受其影响的特殊任务时,其成绩将是糟糕的。如果知道某一心理测验所测的潜在功能或能力,主试就可以把被试在这个测验上的糟糕成绩和其潜在的功能联系起来。这种测验假设脑损伤易于损害视觉记忆能力,因此视觉记忆任务方面的缺陷是与可能的脑损伤或者脑疾病相一致的,例如阿尔茨海默症等。

(一) 本德尔视觉保持测验 (BVRT)

本德尔视觉保持测验 (Benton Visual Retention Test, BVRT) 是为年龄为8岁或更大一些的个体设计的,该量表先是短暂地呈现几何案,然后再将图片移开 (见图12-11),被试必须根据记忆复制出所呈现过的几何图形,根据测验手册中的标准计算被试的反应,被试如果回答错误或者漏做题目就要失分,如果回答正确或者部分正确被试就能得分。然后依据常模来评估被试的分数。随着被试发生错误数量的不断增加,就可以判断被试是否有脑损伤及其范围。回答的错误也与正常的老化和学习无能相联系。

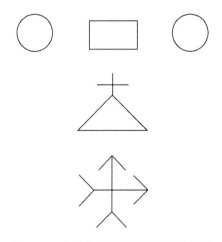

图13-1　本德尔视觉保持测验图案示例

（二）本德尔视觉运动格式塔测验（BVMGT）

本德尔视觉运动格式塔测验（Bender Visual-Motor Gestalt Test，BVMGT）最初由本德尔（Bender）编制，后经考皮茨（K. Koppitz）、哈英（Hain）、赫特（Hutt）、沃尔曼（Wolman）等人修订，成为一个临床上广泛使用的测验。它适用于4岁以上的受测者，一般12岁的受测者即可完成该组图形的完整再现。该测验一直应用于精神医学和小儿神经科，还可用于诊断抑郁症、焦虑状态、各种适应问题和学习障碍等。

该测试分为三个独立阶段：（1）复制阶段，提供给被试一支带橡皮头的铅笔，要求被试徒手复制呈现给他们的一套标准本德尔一格式塔图形。（2）精细化阶段，即将被试的复制结果与原版图形同时呈现给被试，要求他们修正或更改自己复制图形中的不完善之处，从而使其"更好"或"更令人满意"。（3）联想阶段，让被试看刺激图和自己修改后的复制图，告诉施测者每张图令他想到了什么。在复制图案过程中，被试所犯的错误并不仅仅是因为缺少艺术技能，这些曲解恰恰就是该测验临床解释的基础（图13—1）。

该量表的计分法有很多种，成年人一般用赫特适应（Hutt adaptation）（Hutt，1977），儿童一般用考皮茨的30个评分因素。赫特适应计分时要考虑到的复制图特征的26个方面，比如复制图的次序、第一张复制图的位置、空间运用、冲突、对空白处的使用、闭合困难、简易性、移动方向的一致性等。两种计分法均记录错误数，即错误越多，得分越高，表明视觉运动机能、视觉结构能力和完整性有障碍。其原理是，如再现的任何错误不能用生理感受限制、明显的智力低下或因文盲而缺乏图形方位感等作解释的话，那么成绩的下降便可认为是大脑器质性病变引起的视觉结构障碍，特别是与右脑后部的功能有关。目前对该测验的解释已经不再强调格式塔心理学的原则，而更看重上述能反映器质性脑损伤或心理病理学反应的系统差异。

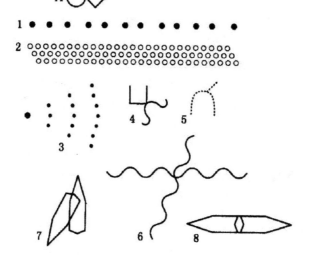

（摘自由本德尔1962年编制的本德尔完形视觉运动测验）

图13-2　本德尔视觉运动格式塔测验示意图

目前对该测验所测内容或测验分数的解释还没有一个被一致认同的理论。尽管临床实践应用广泛，但是该测验的构念效度并未得到充分验证。虽然有证据表明精神病患者在做该测验时对图形的曲解程度和病理学的程度有关，但是还没有很多论据可以支持该测验对非器质性病理学进行区分诊断时的效度。

（三）图案记忆测验

图案记忆测验（Memory-for-Designs Test，MFD）是另一个涉及到知觉－动觉协调性的测验，该量表的施测时间只有10分钟，适用于8岁半到60岁的个体被试，实证研究结果支持该量表作为脑损伤或者脑疾病的判别指标。与本顿测验一样，被试要努力地依据记忆简要画出所呈现过的图形。对照正常人和有不同程度脑损伤的病人的代表性图样来给被试的图形计分，其范围从0到3。全部15个图形的原始总分还要根据参照表对年龄和智力进行校正。然后这个校正后的分数能够对照较大的常模样本被评估。

三、婴幼儿发展诊断类测验

（一）布雷泽顿新生儿评价量表

布雷泽顿新生儿评价量表（Brazelton Neonatal Assessment Scale，BNAS）是适合年龄在3天到4星期之间的婴儿的一种个别测验，提供了一个新生儿能力的指标。布雷泽顿量表满分是47分，包括27个行为项目和20个诱发反应，这是新生儿在不同领域的得分，包括神经的、社会的和行为的功能情况，诸如条件反射、应激反应、惊奇反应、拥抱、运动成熟、对感觉刺激的适应能力、手和嘴的协调等因素都要被评估。该量表已经被用作评估药物成瘾婴儿、体重过轻对于早产儿的影响、可卡因对于孕妇的影响、孕妇接触酒精对于胎儿的影响以及环境的作用，还有的研究者利用这个量表来研究亲子依恋和高风险幼儿，但该量表缺乏常模，不能够预测婴儿未来的智力。

（二）格塞尔发展量表

格塞尔发展量表（即格赛尔成熟量表，格塞尔发展常模和耶鲁儿童发展测验）首次出版于1925年，后来人们对于该量表进行扩展研究，并再次提炼其内容，从20世纪30年代到60年代，该量表一直是婴儿智力测量的领导者之一。

格塞尔发展量表能够评估2岁半到6岁儿童的发展状况。格塞尔和他的同事们获得了人们在不同成熟阶段过程中的常模资料。根据这些资料可以看出，婴儿的发展表现出明显的阶段性特征（例如婴儿在不用他人帮助的情况下第一次学会从背部到胸部翻滚的时间，儿童说出第一个词语的时间或者儿童学会走路的时间）。人们可以把任一婴儿或者年龄较小的儿童的发展速度与已经确立的发展常模相比较，如果这个儿童表现出的行为或者反应与常模资料中发展水平更高者相一致，该儿童的发展就具有高于他或者她的生理年龄的典型特征，那么我们就可以认为这个儿童的发展超前于同样年龄的其他儿童。儿童发展速度快可能与其智力水平高相关。

在格塞尔量表中，根据个体的测验得分可以确定其发展商数（Development Quotient，DQ）的大小，这个测验分数是依据与成熟水平一致的行为的出现与否来确定。DQ概念是与心理年龄概念相对应的。因此与比奈量表相似，格塞尔量表产生一个智商分数（IQ）。计算公式如下：

IQ=（发展商数/生理年龄）×100

尽管多年来，格塞尔量表在实践中得到了广泛应用，内容也不断更新，但是该量表心理测量特性仍然欠佳。对于所要测量的人群来说，编制该量表时抽取的标准化样本不具有代表性，如多数婴儿测验一样格塞尔量表的信度和效度都没有得到很好的证明。这个测验的指导
语是模糊的，其计分程序也是值得怀疑的。和所有的婴儿感觉动觉测验一样，格塞尔量表除了能测出最低分数以外不能预测婴儿以后的智力发展。

（三）贝利婴儿发展量表第二版（BSID Ⅱ）

贝利婴儿发展量表第二版（Bayley Scales of Infant Development-Second Edition，BSID Ⅱ）也是在婴儿成熟发展的常模数据基础上对婴儿进行评估的。BSID Ⅱ为1个月到42个月的婴儿设计的，该量表产生两个主要分数〔心理和动觉）和行为的多种评定。为了评估心理功能，BSID Ⅱ运用了很多测量方法，例如婴儿对铃声的反应、目光追随目标的能力，对于年龄大一点的儿童还有遵守口语指令的能力。BSID Ⅱ的核心就是动觉量表，因为它假设后来的心理功能依赖于动觉的发展。BSID Ⅱ的原始分数需要转换成平均分是100、标准差是16的标准分数。

（四）卡特尔婴儿量表（CIIS）

卡特尔婴儿量表（Cattell Infant Intelligence Scale，CIIS）也是依据正常婴儿的发展资料构建的。从设计上看，卡特尔婴儿量表是斯坦福-比奈量表向年龄为2到30个月的婴儿和学前儿童的拓展，所以其测量对象是婴儿和较小年龄儿童的。仿照1937年比奈年龄量表的模式，卡特尔量表在2到12个月的年龄范围内为每一个月设计了5个测验项目，在12到36个月的年龄范围内，每两个月设计了5个测验项目。这些项目与别的婴儿测验项目是相似的，例如格塞尔量表。需要婴儿完成的任务包括注意一个声音和用目光追随一个物体。对于年幼儿童来说还有运用模板和操作常见物体。遵守口语指令的能力随着年龄的增长变得越来越重要。

（五）麦卡锡儿童能力量表

麦卡锡儿童能力量表（McCarthy Scales of Children's Abilities，MSCA）是20世纪70年代早期编制的，测量年龄在2岁半到8岁半儿童的能力。该量表包含18个分测验，其中15个分测验构成一个综合认知指数（The General Cognitive Index，GCI），这是一个平均数为100、标准差为16的标准分数。GCI反映了被试的智力；该智力定义为整合过去学习经验并使其适应解决新问题的能力。

麦卡锡量表的心理测量特性相对来说比较好。一般认知指标的信度系数稍低于0.90，效度也是令人满意的，与斯坦福量表（L-M版）以及WPPSI有非常好的相关。一般认知指标与比奈IQ的相关是0.81，与WPPSI全量表IQ的相关是0.71。

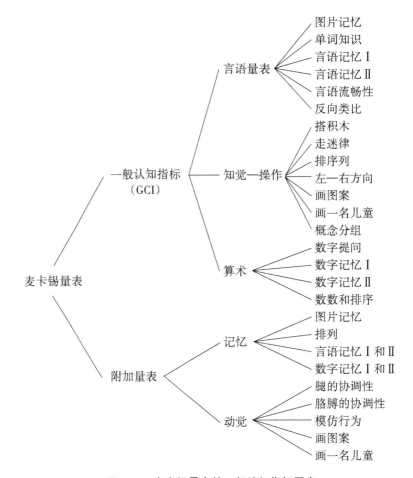

图13-3　麦卡锡量表的一般认知指标图表

四、残疾人和特殊人群的个体能力测验

（一）哥伦比亚心理成熟量表-第三版

哥伦比亚心理成熟量表-第三版（Columbia Mental Maturity Scale-Third Edition，CMMS）用来评估具有正常能力的儿童和3到12岁的各种有感官、生理和语言残疾的儿童（例如，大脑麻痹者、演讲受损者、语言限制者或者听力丧失者等）。该量表包含92张不同的卡片，根据被试的生理年龄把这些卡片分成不同水平的小组或者是不同的分量表。测验从适合儿童年龄特征的一个分量表开始，要求被试指明哪一张图片上的内容和一张6×9英寸的卡片上的图画内容不一致，这张卡片上有难度不同的三到五幅图画，从而区分出图片之间的相似和不同之处，测验的任务就是多重选择。

(二) 皮博迪图画词汇测验-修订版

皮博迪图画词汇测验-修订版 (Peabody Picture Vocabulary Test-Revised, PPVT-R) 是由 L. 杜恩 (L. M. Dunn) 和 I. M. 杜恩 (I. M. Dunn) 于1981年编制的, 适用于2岁半到18岁乃至成年人, 主要用来测试身体或者语言残疾的人的听力或者接受词汇的能力。该量表的测验可以用两种形式 (L和M), 每一种形式有175个盘子, 每个盘子里放有标有序号的四张图片, 被试必须表明四张图片中那一张与主试读出的单词关系最密切, 测验项目依据难度不同而排列, 一般被试在20分钟或更少的时间就可以完成。主试必须确定一个基线成绩和上限成绩, 为了产生一个总的分数, 要从上限中减去错误回答的数目, 再把这个分转换成一个标准分数 (平均分是100, 标准差是15)、百分等级、标准九分分数, 或者年龄-当量分数。该量表作为一种筛选工具, 被广泛应用于评估学习问题、语言问题和其他特殊问题。

(三) 莱特国际作业量表修订版

莱特国际作业量表修订版 (Leiter International Performance Scale-Revised, LIPS-R) 诞生于20世纪30年代, 严格意义上说是一种操作量表, 通过测量广泛的心理功能——从记忆到非言语推理, 为年龄范围在2到18岁之间的被试提供一种一般智力的非言语测量。在施测过程中, 主试可以不用语言指导, 要求被试用非言语方式作答, 在施测上没有时间限制。修订后的莱特量表对于不能够或者不愿意提供言语反应的被试具有很大的实用性, 因而被广泛地用于残疾人群之中, 特别是聋人和哑巴。莱特量表的效度很好, 效标效度系数范围从0.52到0.92之间。

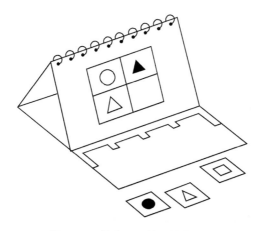

图13-4　莱特国际作业量表图例

（四）鲍德斯迷津测验

鲍德斯迷津测验（Porteus Maze Test，PMT）是一种很流行但标准化较差的非言语操作智力测验。该量表是在第一次世界大战时期首次出版的，已经成为了一种重要的个别能力测验工具。鲍德斯迷津测验是由迷津问题组成的，能够不用语言指导语进行测试，因此该量表能够被广泛地运用于各种各样的特殊人群。鲍德斯迷津测验没有测验指导手册，而且该量表的标准化样本取样已经很古老了。如果能够进一步的标准化将会极大地改进鲍德斯迷津测验的质量。

第十四章 心理测量在政治和军事领域中的应用

从中国的科举取士、英国的文官制度到现代的公务员考试；从美军在第一次世界大战时创立的α测验和β测验到当代的军事人员选拔与分类研究，心理测量技术在政治和军事领域得到广泛应用。下面简要介绍心理测量技术在政治和军事领域的应用。

第一节 公务员考试

经过竞争性考试择优录用文官，是现代文官制度的基本特征。我国现行的国家公务员录用考试，就是国家行政机关按照有关法律和法规的规定，从公务员系统之外的人员中采用公开考试的方式录用主任科员以下的公务员的一种心理测评方法。

一、国家公务员录用考试的基本内容

我国的国家公务员录用考试包括知识测试、能力测试、技能测试以及心理测试等内容。

（一）知识测试

分为基础知识和专业知识。基础知识是对公务员任职的基本要求，主要指国家行政机关工作人员所必须具备的基本知识。其考试科目包括政治、行政学、法律、公文写作与处理等。专业知识则主要是指从事具体某一专业或职业所必须具备的业务知识，它因专业不同而有差别，由各省、市、自治区以及专业部门根据

本地区、本单位的实际状况和具体特点进行灵活设置。

（二）能力测试

通过面试和笔试等方式，测试应试者的公共基础知识、专业知识水平，以及其他适应职位要求的业务素质与工作能力。如行政职业能力中包含的数量关系、言语理解和表达、判断推理、常识和资料分析等各方面的能力。面试主要考查报考者的综合分析、言语表达、计划组织、应变能力以及自我认知的程度。考试可根据拟任职位要求分类别、分等次进行。笔试合格者方可参加面试。

（三）技能测试

主要考查报考公务员者处理实际问题的能力，对所学知识或智力的运用能力、处理和协调人际关系的能力以及群体适应等能力。

（四）心理测试

主要考查报考者的性情、意志、品质以及反应等心理素质是否符合国家公务员所必须达到的各项要求。用人部门会到考生的所在学校或者单位去了解他在单位或学校的思想、生活的一些表现，如果发现有这方面问题的，比如道德上的问题、作风上的问题、思想上的问题，组织上要进行逐一的核实，不能胜任的绝对不能录用为国家公务员。

二、国家公务员录用考试的基本科目

在我国，国家公务员录用考试的笔试分公共科目和专业科目两种。其中公共科目分为公共基础知识、行政职业能力倾向测验、申论三个科目，专业科目分为财务、法律等六个科目。

（一）公共科目

我国当前公务员录用职位的主体，是科长以下担任非领导职务的公务员，因此，公共笔试科目实行全国统一规定，包括公共基础综合知识、行政职业能力倾向测验以及申论三部分。

1. 《公共基础知识》

主要测查应试者了解、掌握从事国家机关工作必须具备的知识的程度，以及运用知识解决实际问题的能力。内容涉及马克思主义哲学、邓小平理论、社会主义市场经济、法律、行政管理、公文写作及处理和国内外重大时事，这几部分均有统一的教材和复习大纲。考试题型主要有判断是非题、单项选择题、多项选择题、公文纠错题、案例分析题和综合分析题等。

2. 《行政职业能力倾向测验》

本项考试全部为客观性试题，重点测查从事机关工作的潜在能力。通过言语理解与表达、数量关系、判断推理、常识判断、资料分析五部分内容，测查考生运用语言文字进行交流和思考的能力，理解文字材料内涵的能力；把握事物间量化关系和解决数量关系问题的能力；对各种事物关系的推理能力；掌握和运用法律知识的能力；对各种形式的文字、图表、表格的理解和分析加工能力。

3. 《申论》

《申论》考试是模拟机关日常工作的仿真考试。申论，取自孔子的"申而论之"，即申述、申辩、论述、论证之意。此种考试的题型为主观性试题，一般是在试卷上给定一篇（或一组）1500字的资料，要求应试者在认真阅读给定资料的基础上，理解给定资料所反映的事件（案例或社会现象）的性质和本质，经过对资料的整理、分析、归纳后，准确地用简明扼要的文字概括出给定资料所反映的主要问题（一般要求字数在150字以内）。针对主要问题提出解决问题的对策或可行性方案等（一般要求在350字以内）；在完成上述两项程序的基础上，紧紧扣住给定资料及其反映的主要问题，申明、阐述、论证应试者对问题的基本看法和解决问题的方法（一般要求1200字左右）。《申论》所给的材料通常涉及一个或几个特定的社会问题或社会现象，要求考生能够准确地理解材料所反映的主要内容，全面分析问题所涉及的各个方面，并能在把握材料主旨和精神基础上形成并提出自己的观点、思路或解决方案，准确流畅地用文字表达出来。通过考生对给定材料的分析、概括、提炼、加工，主要测查应试者对给定材料的分析、概括、提炼、加工，测查其运用马克思主义哲学、邓小平理论、法律、行政管理等理论知识解决实际问题的能力，以及阅读理解能力、综合分析能力、提出问题能力和文字表达能力。

（二）专业科目

专业考试的目的是测查报考人员从事所报考职位必须具备的专业知识和专业能力与技能。此项考试，根据具体招考职位（岗位）的工作要求，由人事部门协同用人部门分别确定专业知识考试科目。目前，大多数专业科目的考试，无全国统一规定。通用专业科目考试有两种组织形式：一是由政府人事部门委托用人部门自己组织考试；二是由政府主考机关按补充岗位分专业统一组织考试。专业考试的方式可采取笔试的形式，也可采取专业面试或技能测试的办法进行。如报考商业行政管理的工商职位，要靠工商行政管理、经济管理和经济法等；报考外事语言类职位的要靠相关语言等。

第二节　心理测量在军事领域的应用

心理测量在军事领域的应用主要集中在军事人员选拔上，其中主要体现在士兵、军官和军事飞行员的选拔与安置方面。

一、国外士兵选拔

1917年，随着美国加入第一次世界大战，美军编制了陆军 α 测验和 β 测验。该测验可快速鉴别新兵的智力。这项工作不仅标志着近代军事心理学的诞生，也使心理测量技术在军事领域中获得了合法地位。1939 年美军军务局（Adjutant General′s Office）人员测评处编制了新的测验：陆军普通分类测验（Army General Classification Test，AGCT），在第二次世界大战期间对 1200 万官兵进行了测试。测验内容不再局限能力倾向测验，已涉及能够预测军事绩效的各个因素；测验方法出现了评价中心技术，扩大了心理测量的应用范围；测验目标由以往关注淘汰不合格人员，扩展到对能够有效掌握军事技能或执行特殊任务的人员进行选拔。第二次世界大战期间在军事领域中发展起来的心理测验理论和技术，为今天军事人员心理选拔与分配，为民用和企业人事选拔应用奠定了基础。

国外士兵选拔中常用的测试工具有：武装部队职业能力倾向测验（ASVAB）、武装部队职业资格测验（AFQT，由 ASVAB 的数学推理、段落理解、词汇、数学知识 4 个分测验组成）、空间能力测验（包括拼图、旋转、迷津、地图和推理等）、认知和心理运动能力测验（包括简单反应时、选择反应时、短时记忆、认知速度/准确率、数字记忆、目标鉴别、单/双手轨迹追踪能力等）、《生活背景和经历评估量表》（Assessment of Background and Life Experiences，ABLE）、《军队职业兴趣测验》（Army Vocational Interest Career Examination， AVOICE）等。

二、国外军官选拔

1997年，北大西洋公约组织（NATO）组建了一个由 19 个国家的专家组成的代号 "31 调查小组"，对军官选拔系统和方法展开调查，通过对领导特质、申请资格、评估内容、选拔策略和预测性等进行调查，希望提出一个适合各国军事人员选拔的框架和思路，同时加强国家间的交流与合作。但研究结论认为，目前不可能找到一套适合各国军官心理选拔的统一方法和程序。

　　琼斯（Jones，1991）总结了军官选拔的方法与采用的国家，勾画了一幅20世纪90年代前各国军官心理选拔的轮廓（见表14-1）。

表14-1　军官选拔的方法与采用国家

方法	评价技术	国家/军队
个人档案	学籍测验	埃及
院校资格评价	申请书 推荐报告 会谈	法国 西班牙 美国军事院校 前苏联
心理仪器测验 纸笔测验	能力倾向测验 生平资料 兴趣问卷	西班牙预备役办公室 美国三军预备役军官训练团 美国军官训练学校
评价中心	情境测验 能力倾向测验 心理会谈	澳大利亚 加拿大 印度 新西兰 巴基斯坦 英国
结构式心理测量	评价中心与同伴评估 人格问卷 心理学家评估	比利时 丹麦 联邦德国 以色列 荷兰

（一）个人档案

　　这是一种最古老的人事选拔方法，迄今不少国家仍在使用。尽管这种方法主观性较强，容易被研究者们忽视，却往往能够起到意想不到的作用。从理论上看，个人档案是提供候选者个人信息的重要手段，包括家庭环境、教育背景、生活和工作经历、政治活动表现，学业成绩、受训内容、在校表现和老师评价、个性特征、能力特征、个人嗜好、人际关系，疾病史和遗传病史、违规行为、犯罪记录等等。如果这些信息是真实的、评价是客观的，那么它们在人事选拔决策上具有非常重要的应用价值。如：美国海军军事学院（US Naval Academy）20世纪70年代采用在学校中的排名（rank of school）、推荐书（recommendation）和生平资料（biographical score）作为预测因子，以院校行为（由上级和同学评估）、学籍等级分数（academic grade points）和军事能力分数（态度、领导力、仪表、衣着和军官潜能）为效标，探讨前者的预测性。结果发现，学校排名是预测学业成绩的一项非常好的指标，相关系数达0.52；学校排名与推荐书对军事能力有低预测性，相关系数为0.22和0.25；但生平资料的预测性却不好。英国海军军官选拔研究发现，经严格设计的推荐书的预测效果与美国的研究相同。美国西点军校的研究数据表明，个人评分对将来能否晋升为上尉军衔有一定的预测性。

（二）纸笔测验

纸笔测验在各国军官心理选拔中被普遍采用，其中应用最广的是能力倾向测验，另外还有人格测验、动机和职业兴趣测验。军官能力测验常用来检测语言能力、数学能力、空间能力、选择性注意、知觉速度、记忆范围和一般推理能力。人格测验的使用率远远低于能力倾向测验。19个北约（NATO）国家仅有一半使用人格测验，主要包括MMPI、16PF、EPQ、GLTS、PRF和GPPI。采用动机和职业兴趣测验的国家则更少，其中美军通常使用斯特朗—坎贝尔兴趣调查表（the Strong-campbell Interest Inventory）评估候选者的职业兴趣，而比利时是唯一使用动机测验的国家。多数国家已经采用计算机辅助测验代替纸笔测验，而美国、保加利亚、法国和波兰先后开始采用CAT测验技术。

（三）评价中心

评价中心技术起源于军队，但直到上世纪80年代后期才受到广泛重视。军队评价中心技术一般包括角色扮演、文件筐测验、个人档案、结构会谈、无领导小组讨论、情境模拟和演讲等检测方法。

三、国外飞行员选拔

德国于1910年首先制定了军事飞行员的身体合格标准，英国、法国、美国、意大利等欧洲国家也先后制定了相应的标准。但是，人们发现，单纯的体格选拔并不能解决那些严重困扰飞行作业效率和安全的问题，如训练淘汰率高、严重飞行事故发生率高、飞行员战斗力低等。经过进一步的研究和分析发现，反应迟钝、判断错误、注意力分配不当、运动知觉不协调、情绪过分紧张等心理因素是造成以上问题的主要原因。由此，对于飞行员的选拔，开始从身体条件和心理品质两方面来入手考察。

（一）国外军事飞行员选拔的发展

飞行职业选拔一直伴随着航空事业的发展而发展，飞行员心理选拔大致经历了五个阶段：

1. 创始阶段：从军事飞行出现到第一次世界大战。随着军事飞行的出现，军事飞行员心理选拔应运而生。1914年第一次世界大战爆发，为适应迅速培养飞行员的需要，美国、法国、德国和意大利等国家自1916年开始了有关的研究工作。意大利首先建立了飞行员心理选拔实验室，并开始从事心理选拔方法学方面的研究。美军军队甲种能力测验是最早用于选拔飞行员的纸笔测验。早期的心理选拔主要集中于生理及简单的心理操作测验。这一阶段的选拔工作虽然发展较快，但选拔的实际效果并不理想。

2. 缓慢探索阶段：两次世界大战之间。由于厌恶战争，选拔飞行员的热情逐渐下降，直到二战爆发之前，选飞工作一直发展缓慢。此阶段，生理与动作技能检测被视为选拔飞行员的关键因素。德国率先将人格测验运用于选拔飞行员实践。这一阶段选拔飞行员的实际效果仍不理想。

3. 迅速发展阶段：从二战开始到结束。这一阶段对飞行员心理选拔的研究引入了心理测验和心理实验手段，取得了大量的成果，现代选拔飞行员技术的基础主要源于这一阶段的研究。例如，美军制定了选拔研究的三步曲：跟踪调查、工作分析和特质分析。结果表明，判断能力、飞行动机、决策和反应速度、情绪控制能力和注意分配能力是飞行员的5大特质。由于飞行员选拔技术的更新、完善，使这一阶段选飞的效度有明显改善，并产生了良好的实际效果。军事飞行员的淘汰率由二战开始时的75％降低到结束时的33%。

4. 谨慎前进阶段：从二战结束到70年代初。鉴于二战中的选飞技术已取得良好效果，人们更希望保留、完善现有的选飞技术。在智能、技能和个性三大选拔理论中，个性是这一时期探索最多的领域。尽管美国空军多年研究证实，人格与飞行绩效无明显实质联系，但人们意识到，动机测量对选拔的预测性有非常重要的价值。这一时期航空技术得到迅速的发展，飞机速度及其功能复杂性令人眼花缭乱，飞行员心理选拔技术也伴随其不断发展，飞行员淘汰率在这一阶段保持在30%的水平。

5. 综合发展阶段：20世纪80年代以后。现代高性能战斗机的出现和不断升级换代，对现代飞行员心理品质提出了更高的要求，对心理选拔方法和评价技术也提出了更高的标准。随着计算机技术的迅速发展，计算机化检测方式使纸笔测验和仪器测试的精度、可靠和稳定性有了明显的提高，并成为飞行员选拔技术发展的热点。智力与能力倾向测验的发展已趋于稳定，有人认为个性测验将对飞行员选拔产生巨大的影响。心理选拔中的综合评判将智力、能力倾向、技能、个性、动机等测验融为一体，成为世界各国飞行员心理选拔研究发展的主要方向。

（二）飞行员心理选拔的方法

世界各国用于飞行员心理选拔的方法众多。按照测验对象的人数多少，可分为个别测验和集体测验；按照各种检测方法的外部特征和内部结构，可将这些方法分为七类，包括结构会谈法、行为观察法、纸笔测验法、仪器检测法、传记法、轻型飞机检测法和飞行模拟器检测法。不同的测验方法对不同心理活动内容测定的适宜性有所差异，如纸笔测验多适用于智力或能力倾向、个性特征等的测定。飞行员心理选拔测验内容与测验方法的关系见表14-2。

表14-2 飞行员心理选拔测验内容与测验方法的关系

	智力/能力倾向	心理运动能力	个性	前飞行经验	飞行动机
结构会谈法			√		√
行为观察法		√	√		
纸笔测验法	√	√	√		
仪器检测法	√	√			
传记法				√	√
轻型飞机检测法		√			
飞行模拟器检测法	√	√			

四、我国军事人员心理选拔

我国目前只有飞行员、士兵、军官的选拔达到了一定水准，并被正式推广应用，其它检测工作还处于初步发展阶段。

（一）我国征兵心理检测系统

我国征兵心理检测系统目前只有基本资格测验功能。这套系统的开发始于2002年，由第四军医大学完成。2006年建立国家暂行标准，并在全国推广使用。该系统由计算机化的《中国士兵智力测验》（CSIT）、《中国士兵人格测验》

（CSPQ）和结构式心理访谈3部分构成。

（二）我国军官选拔

我军军官心理选拔研究始于1991年，由第四军医大学经过13年的研究，建立了初级军官3类与3水平胜任特征心理品质评价模型，包括果断、威信、决策能力等40个评价指标，并建立了包括能力倾向测验、职业相关人格特征、心理健康相关人格特征的心理检测方法。该选拔系统2007年正式推广使用，成为军队院校招收学员体格检查中的一个项目。

（三）我国军事飞行员的心理选拔

我国军事飞行员心理选拔研究工作始于1958年。从1958～1962年，心理学选拔研究主要是解决初选问题，采用的方法基本上是参照国外二战中使用的方法，所得结果与国外的研究大致相同，但未能继续研究和推广。1962～1964年，陈祖荣等人首先开始了有计划的心理选拔研究，并注意与我国招收飞行新生具体特点相结合，提出了心理选拔分阶段三级逐步实施的策略，即通过初选淘劣、预校和航校逐级淘汰的全程心理选拔方案，但不久这项工作就中断了。直至1974年，我国飞行员心理选拔研究工作才恢复，此后主要在纸笔测验、仪器测验和个性测验三个方面进行了深入研究，先后研发了12项基本能力纸笔测验、5项纸笔测验、6项仪器检测、空军飞行员心理选拔个性问卷等。

1987年经国家批准，将飞行员心理选拔作为招飞工作的一项重要内容，心理选拔测验结果成为淘汰飞行员候选者的一项指标。同年，空军航空医学研究所以新的心理测验理论为依据，着手新的飞行员"筛选－控制"选拔体系的研究。该系统由选拔程序、控制程序和效标系统三个部分组成。选拔程序用文化考试成绩代替一般能力检测，以特殊能力检测成绩作为预测指标。控制程序是对心理选拔测验的补充，解决选拔剩余的问题，采用个别心理训练方法，包括与选拔程序相对应的能力迁移训练、控制能力训练和个性塑造等，这是对初选心理测验分数在临界范围的学员进行训练后的再筛选。效标系统将学员在校学习的各种表现和训练整个过程的综合评价作为一个完整的效标系统，该效标系统有6个评价等级，从A级到F级，并编制了《飞行学员心理选拔效标系统手册》。1994年，空军招飞中心组织中科院心理所、第四军医大学等数家研究所和大学的数十名心理学专家和飞行专家联合进行研究，建立了飞行员心理选拔的三个计算机自动化测试平台，涉及飞行基本能力、情绪稳定性、个性特征、成就动机、心理运动能力和专家评判等方面，该系统已被确定为国家军用标准。

附　录

心理测验管理条例
（中国心理学会，2008.01）

第一章　总　则

第1条　为促进中国心理测验的研发与应用，加强心理测验的规范管理，根据国家有关法律法规制定本条例。

第2条　心理测验是指测量和评估心理特征（特质）及其发展水平，用于研究、教育、培训、咨询、诊断、矫治、干预、选拔、安置、任免、就业指导等方面的测量工具。

第3条　凡从事心理测验的研制、修订、使用、发行、出售及使用人员培训的个人或机构都应遵守本条例以及中国心理学会《心理测验工作者职业道德规范》的规定，有责任维护心理测验工作的健康发展。

第4条　中国心理学会授权其下属的心理测量专业委员会负责心理测验的登记和鉴定，负责心理测验使用资格证书的颁发和管理，负责心理测验发行、出售和培训机构的资质认证。

第二章　心理测验的登记

第5条　凡个人或机构编制或修订完成，用以研究、测评服务、出版、发行与出售的心理测验，都应到中国心理学会申请登记。

第6条　登记是心理测验的编制者、修订者或其代理人到中国心理学会就其测验的名称、编制者（修订者）、测量目标、适用对象、测验结构、示范性项目、信度、效度等内容予以申报，中国心理学会按照申报内容备案存档并予以公示。心理测验登记的申请者应当向中国心理学会提供测验的完整材料。

第7条　测验登记的申请者必须确保所登记的测验不存在版权争议。凡修订的心理测验必须提交测验原版权所有者的书面授权证明。

第8条　中国心理学会在收到登记申请后，将申请登记的测验在中国心理学会的有关刊物和网站上公示3个月。3个月内无人对版权提出异议的，视为不存在版权争议；有人提出版权异议的，责成申请者提交补充证明材料，并重新公示（公示期重新计算）。

第9条　公示的测验内容包括但不限于测验的名称、编制者（修订者）、测量目标、适用对象、结构、示范性项目、信度和效度。

第10条　对申请登记的测验提出版权异议需要提供有效证明材料。1个月内不能提供有效证明材料的版权异议不予采纳。

第11条　中国心理学会只对登记内容齐备、能够有效使用、没有版权争议的心理测验提供登记。凡经过登记的心理测验，均给予统一的分类编号。

第三章　心理测验的鉴定

第12条　心理测验的鉴定是指由中国心理学会指定的专家小组遵循严格的认证审核程序对测验的科学性、有效性及其信息的真实性进行审核验证的过程。

第13条　心理测验只有获得登记才能申请鉴定。中国心理学会只对没有版权争议、经过登记的心理测验进行鉴定，只认可经科学程序开发且具有充分科学证据的心理测验。

第14条　中国心理学会每年受理两次测验鉴定的申请。

第15条　鉴定申请材料包括但不限于以下内容：测验（工具）、测验手册（用户手册和技术手册）、记分方法、计分方法、测验科学性证明材料、信效度等研究的原始数据、测试结果报告案例、信息函数、题目参数、测验设计、等值设计、题库特征等内容资料。

第16条　对不存在版权争议的测验，中国心理学会组织专家在3个月内完成鉴定。

第17条　鉴定工作程序包括初审、匿名评审、公开质证和结论审议4个环节。

1）初审主要审核鉴定申请材料的完备程度和是否存在版权争议。

2）初审符合要求后进入匿名评审。匿名评审按通讯方式进行。参加匿名评审的专家有5名（或以上），每个专家都要独立出具是否同意鉴定的书面评审意见。无论鉴定是否通过，参与匿名评审专家的名单均不予以公开，专家本人也不得向外泄露。

3）匿名评审通过后进入公开质证，由鉴定申请者方面向鉴定专家小组说明测验的理论依据、编修或开发过程、相关研究和实际应用等情况，回答鉴定专家小组成员以及旁听学人对测验科学性的质询。鉴定专家小组由5名以上专家组成，成员由中国心理学会聘任或指定。

4）公开质证结束后进入结论审议。鉴定专家小组闭门讨论，以无记名方式投票表决，对测验做出科学性评级。科学性评级分A级（科学性证据丰富，推荐使用）、B级（科学性证据基本符合要求，可以使用）、C级（科学性证据不足，有待完善）。

第18条 为保证测验鉴定的公正性，规定如下：

1）测验的编制者、修订者和鉴定申请者不得担任鉴定专家，也不得指定鉴定专家；

2）为所鉴定测验的科学性和信息真实性提供主要证据的研究者或者证明人不得担任鉴定专家；

3）参加鉴定的专家应主动回避直系亲属及其他可能影响公正性的测验鉴定；

4）参与鉴定的专家应自觉维护测验评审工作的科学性和公正性，评审时只代表自己，不代表所在部门和单位。

第19条 为切实保护鉴定申请者和鉴定参与者的权益，参加鉴定和评审工作的所有人员均须遵守以下规定：

1）不得擅自复制、泄露或以任何形式剽窃鉴定申请者提交的测验材料；

2）不得泄露评审或鉴定专家的姓名和单位；

3）不得泄露评审或鉴定的进展情况和未经批准和公布的鉴定或评审结果。

第20条 对于已经通过鉴定的心理测验，中国心理学会颁发相应级别的证书。

第四章　测验使用人员的资格认定

第21条 使用心理测验从事职业性的或商业性的服务，测验结果用于教育、培训、咨询、诊断、矫治、干预、选拔、安置、任免、指导等用途的人员，应当取得测验的使用资格。

第22条 测验使用人员的资格证书分为甲、乙、丙三种。甲种证书仅授予主要从事心理测量研究与教学工作的高级专业人员，持此种证书者具有心理测验的培训资格。乙种证书授予经过心理测量系统理论培训并通过考试，具有一定使用经验的人。丙种证书为特定心理测验的使用资格证书，此种证书需注明所培训使用的测验名称，只证明持有者具有使用该测验的资格。

第23条 申请获得甲种证书应具有副高以上职称和5年以上心理测验实践经验，需由本人提出申请，经2名心理学教授推荐，由中国心理学会统一审查核发。

第24条 申请获得乙种和丙种证书需满足以下条件之一：

1）　心理专业本科以上毕业；

2）　具有大专以上（含）学历，接受过中国心理学会备案并认可的心理测量培训班培训，且考核合格。

第25条 心理测验使用资格证书有效期为4年。4年期满无滥用或误用测验记录，有持续从事心理测验研究或应用的证明（如论文、被测者承认的测试结果报告、或测量专家的证明），或经不少于8个小时的再培训，予以重新核发。

第26条 中国心理学会对获得心理测验使用资格的人颁发相应的证书。

第五章　测验使用人员的培训

第27条 为取得心理测验使用资格证书举办的培训，必须包括有关测验的理论基础、操作方法、记分、结果解释和防止其滥用或误用的注意事项等内容，安排必要的操作练习，并进行严格的考核，确保培训质量。学员通过考核方能颁发心理测验使用资格证书。

第28条 在心理测验培训中，应将中国心理学会颁布的心理测验管理条例与心理测验工作者职业道德规范纳入培训内容。

第29条 培训班所讲授的测验应当经过登记和鉴定。为尊重和保护测验编制者、修订者或版权拥有者的权益，培训班所讲授的测验应得到测验版权所有者的授权。

第30条 培训班授课者应持有心理测验甲种证书（讲授自己编制的、已通过登记和鉴定的测验除外）。

第31条 中国心理学会对心理测验使用资格的培训机构进行资质认证，并对培训质量进行监控管理。

第32条 通过资质认证的培训机构举办心理测量培训班需到中国心理学会申报登记，并将培训对象、培训内容、课时安排、考核方法、收费标准与详细培训计划及授课人的基本情况上报备案。中国心理学会坚决反对不具有培训资质的培训机构或者个人举办心理测验使用培训。

第33条 培训的举办者有责任对培训人员的资质情况进行审核。

第34条 培训中应严格考勤。学员因故缺席培训超过1/3以上学时的，或者未能参加考核的，不得颁发资格证书。

第35条 培训结束后，主办单位应将考勤表、试题及学员考核成绩等培训情况报中国心理学会备案。凡通过考核的学员需填写心理测量人员登记表。

第36条 中国心理学会建立心理测验专业人员档案库，对获得心理测验使用资格者和专家证书者进行统一管理。凡参加中国心理学会审批认可的心理测量培训班学习并通过考核者，均予颁发心理测验使用资格证书，列入中国心理学会专业心理测验人员库。

第六章 测验的控制、使用与保管

第37条 经登记和鉴定的心理测验只限具有测验使用资格者购买和使用。未经登记和鉴定的心理测验中国心理学会不予以推荐使用。

第38条 为保护测验发展者的权益，防止心理测验的误用与滥用，任何机构或个人不得出售没有得到版权或代理权的心理测验。

第39条 凡个人和机构在修订与出售他人拥有版权的心理测验时，必须首先征得该测验版权所有者的同意；印制、出版、发行与出售心理测验器材的机构应该到中国心理学会登记备案，并只能将测验器材售予具有测验使用资格者；未经版权所有者授权任何网站都不能使用标准化的心理量表，不得制作出售任何心理测验的有关软件。

第40条 任何心理测验必须明确规定其测验的使用范围、实施程序以及测验使用者的资格，并在该测验手册中予以详尽描述。

第41条 具有测验使用资格者，可凭测验使用资格证书购买和使用相应的心理测验器材，并负责对测验器材的妥善保管。

第42条 测验使用者应严格按照测验指导手册的规定使用测验。在使用心理测验结果作为诊断或取舍等重要决策的参考依据时，测验使用者必须选择适当的测验，并确保测验结果的可靠性。测验使用的记录及书面报告应妥善保存3年以备检查。

第43条 测验使用者必需严格按测验指导手册的规定使用测验。在使用心理测验结果作为重要决策的参考依据时，应当考虑测验的局限性。

第44条 个人的测验结果应当严格保密。心理测验结果的使用须尊重测验被测者的权益。

第七章 附则

第45条 对于已经通过登记和鉴定的心理测验，中国心理学会协助版权所有者保护其相关权益。

第46条 中国心理学会对心理测验进行日常管理。为方便心理测验的日常管理和网络维护，对测验的登记、鉴定、资格认定和资质认证等项服务适当收费，制定统一的收费标准。

第47条 测验开发、登记、鉴定和管理中凡涉及国家保密、知识产权和测验档案管理等问题，按国家和中国心理学会有关规定执行。

第48条 中国心理学会对违背科学道德、违反心理测验管理条例、违背《心理测验工作者道德准则》和有关规定的人员或机构，视情节轻重分别采取警告、公告批评、取消资格等处理措施，对造成中国心理学会权益损害的保留予以法律追究的权力。

第49条 本条例自中国心理学会批准之日起生效，其修订与解释权归中国心理学会。

心理测验工作者职业道德规范

(中国心理学会，2008.01)

凡使用心理测验在研究、诊断、安置、教育、培训、矫治、发展、干预、选拔、任免、咨询、就业指导、鉴定等工作的人，都是心理测验工作者。心理测验工作者应意识到自己承担的社会责任，恪守科学精神，遵循下列职业道德规范：

一、心理测验工作者应遵守《心理测验管理条例》，自觉防止和制止测验的滥用和误用。

二、心理测验工作者必须具备中国心理学会认可的心理测验使用资格。

三、心理测验工作者应使用标准化的、通过鉴定的心理测验。

四、使用心理测验需要充分考虑测验结果的局限性和可能的偏差，谨慎解释测验结果。解释测验结果，既要考虑测验的目的，也要考虑多方面的因素，如环境、语言、文化、被测者个人特征等。

五、心理测验工作者有义务向受测者解释使用测验测评的性质和目的，充分尊重受测者对测验的知情权。

六、心理测验工作者应确保通过测验获得的个人信息和测验结果的保密性，仅在可能发生对受测者个人或社会造成危害的情况时才能告知有关方面。

七、无论心理测验专家、助手或电脑程序进行评分和解释，都要采取合理的步骤确保受测者得到真实准确的信息，避免做出无充分根据的断言和解释。

八、应以正确的方式将测验结果告知受测者。应充分考虑到测验结果可能造成的伤害和不良后果，保护受测者或相关人免受伤害。

九、开发心理测验和其他测评技术或测评工具，应该经由经得起科学检验的心理测量学程序，取得有效的常模或临界分数、信度、效度资料，减少或消除测验偏差，并提供测验正确使用的说明。

十、为维护心理测验的有效性，凡规定不宜公开的心理测验内容、器材、评分标准、常模、临界分数等，均应保密。

十一、应诚实守信，保证依专业的标准使用测验，不得因为经济利益或其他任何原因编造和修改数据、篡改测验结果或降低专业标准。

十二、中国心理学会坚决反对不具有心理测验工作者资格的人使用心理测验，反对使用未经注册/鉴定的测验，除非这种使用是在有心理测验使用资格者监督下用于研究目的。

十三、本条例自中国心理学会批准之日起生效，其修订与解释权归中国心理学会心理测量专业委员会。

主要参考文献

1. Sandra A. Mclntire & Leslie A. Miller 著，骆方，孙晓敏译. 心理测量[M]. 北京：中国轻工业出版社，2009.2

2. 安妮·安娜斯塔西，苏珊娜·厄比纳著，缪小春，竺培梁译. 心理测验[M]. 杭州：浙江教育出版社，2001

3. 查尔斯·杰克逊著，姚萍译，万传文审校. 了解心理测验过程[M]. 北京：北京大学出版社，2000.3

4. 戴海琦，张峰，陈雪枫主编. 心理与教育测量（修订本）[M]. 广州：暨南大学出版社，2007.1

5. 戴海琦主编. 心理测量学（第2版）[M]. 北京：高等教育出版社，2015.5

6. 戴忠恒. 心理与教育测量. 上海：华东师范大学出版社，1987

7. 吉尔伯特·萨克斯著，王昌海等译，董奇审校. 教育和心理的测量与评价原理（第四版）[M]. 南京：江苏教育出版社，2002.12

8. 金瑜主编. 心理测量[M]. 上海：华东师范大学出版社，2001

9. 李永鑫. 中国古代人才测评思想初探[J]. 河南大学学报（社会科学版），2006（3）

10. 罗伯特·卡普兰，丹尼斯·萨克佐著，赵国祥等译. 心理测验（第五版）[M]. 西安：陕西师范大学出版社，2005.11

11. 漆书青，戴海琦，丁树良. 现代教育与心理测量学原理[M]. 北京：高等教育出版社，2002.8

12. 王垒，姚宏，廖芳怡，肖敏著. 实用人事测量[M]. 北京：经济科学出版社，1999

13. 郑日昌. 心理测量与测验[M]. 北京：中国人民大学出版社，2008.11

14. Aiken, L. R. . Psychological Testing and Assessment[M]. Allyn and Bacon, Inc. , 1985

15. Brown, F. G. . Principles of Educational and Psychological Testing[M]. Holt, Rinehart and Winston, 1982

16. Kevin R. Murphy, Charles. O, Davidshofer. Psychological Testing: Principles and Applications (6th Edition) [M]. Pearson Education, Inc. Upper Saddle River, New Jersey, 2005

17. Robert J. Gregory. Psychological Testing : History, Principles and Applicationx (fifth Edition) [M]. Pearson Education, Inc. , 2007

18. Ronald Jay Cohen, Mark E. Swerdlik. Psychological Testing and Assessment (sixth Edition) [M]. The McGraw-Hill Companies, Inc. , 2005